新编概率论与数理统计

（第二版）

主　编　夏宁茂
副主编　秦　衍　倪中新

U0952032

華東理工大學出版社
EAST CHINA UNIVERSITY OF SCIENCE AND TECHNOLOGY PRESS

图书在版编目(CIP)数据

新编概率论与数理统计/夏宁茂主编. —2 版. —上海:华东理工大学出版社,2011.2(2025.7 重印)
ISBN 978-7-5628-2963-8

Ⅰ.①新…　Ⅱ.①夏…　Ⅲ.①概率论②数理统计　Ⅳ.①O21

中国版本图书馆 CIP 数据核字(2010)第 264636 号

新编概率论与数理统计(第二版)

主　　编 / 夏宁茂
副 主 编 / 秦　衍　倪中新
责任编辑 / 周永斌
出版发行 / 华东理工大学出版社有限公司
社　址:上海市梅陇路 130 号,200237
电　话:(021)64250306
传　真:(021)64252707
网　址:www.ecustpress.cn
印　　刷 / 上海展强印刷有限公司
开　　本 / 787mm×1092mm　1/16
印　　张 / 21
字　　数 / 479 千字
版　　次 / 2011 年 2 月第 2 版
印　　次 / 2025 年 7 月第 13 次
书　　号 / ISBN 978-7-5628-2963-8/O·235
定　　价 / 38.00 元

To

My Advisor, Professor William E. Boyce

Ning-Mao Xia

第二版前言

以培养学生随机思维与随机处理为主要目标的“概率统计”课程近年来越来越受到人们的重视，对其教材也不断提出更高的要求. 为满足这种变化趋势，我们从“学”与“用”两个角度对本书进行了修改与补充，并配以时新的实际案例. 与第一版相比其主要变化如下：

(1) 新增加了“应用回归分析”一章，以满足读者学以致用的要求，并从实用角度出发分别介绍了“变量筛选”与“残差分析”等方法.

(2) 为方便读者更好地理解与掌握所介绍的内容，在各章后与书末分别新增了“本章小结”、“思考题”和“索引”.

(3) 把各章的习题分成“基本练习题”、“强化练习题”与“自测题”等不同层次.

(4) 重新编写了原书第七章的案例.

本书的第八章以及部分思考题与本章小结由夏宁茂编写，习题由秦衍编写，第七章的案例以及部分思考题与本章小结则由秦衍与倪中新共同编写.

在本书使用与修订的过程中受到广大学生与教师的厚爱，提出了不少建议与意见. 特别是华东理工大学生工学院的邬行彦教授，他不仅仔细阅读了本书的第一版，对照了中外文同类教材，并从学习与使用等多种角度对本书的修改提出了很多非常有价值的建议. 另外，香港岭南大学的孙大宁教授、美国斯坦福大学的王华之博士对第八章的编写也提供了许多帮助. 在此编者对他们表示衷心的感谢.

编　者

于华东理工大学　上海大学

2010年11月

前　言

《概率论与数理统计》是培养学生利用随机思维模式看待和处理随机现象的一门重要数学基础课程．它与“高等数学”和“线性代数”所使用的确定思维模式一起，共同构成了人们认识世界的两大主要思维方式．随着社会的不断发展和进步，不但在教育界，同时在学术理论界和实际应用界，人们都认识到随机思维模式和随机处理思想的重要性．

作为课程的配套教材，国内外已经出版很多．与它们相比，本教材采用以“处理对象”为主要线索的编写线路，同时具有**“新、用、深”**的特点，具体如下：

1. 计算机工具的广泛使用

通过模拟、函数计算及程序调用，把 Excel 工具广泛使用于概念的引进和数值计算，帮助学生形象理解新概念，直达核心处理思想．

2. 现代概念的描述性融入

现代概率论中的基本概念，例如：“可测性”、“概率空间变换”、“条件数学期望”、“期望积分平均”等科普描述性的引进，可使学生缩短与近代概率论之间的距离．

3. 贯串随机思想、强调实际应用

教材重视基本概念与方法，又强调随机处理的思想．通过借用 MBA 的案例分析方法，引导学生灵活运用所学知识，掌握随机处理的基本过程．

4. 概率统计前后呼应、相互融合，兼顾传统理论与时代精神

教材改变以往常用的先概率后统计的两段式编写方法，以“描述统计”引领概率，重视两者的融合．教材既尊重传统的教学大纲，又注意吸纳新方法、新技术

(如 Bootstrap 方法求置信区间等)，具有明显的时代气息．

本教材主要适用于(对理论证明要求不高的)大学本科各专业的3学分课程．由于书中包含了编者多年来在教学与科研中的体会，有助于读者理解概念实质，体会计算技巧以及掌握应用过程，所以也可作为其他专业师生以及实际工作者的参考用书．同时，考虑到日益广泛的应用需要，本书在案例分析中添加了“决策树”与“回归分析”等内容，读者可以有选择性地学习．另外，对于课堂例子与作业技巧有更高要求的读者，可以参考作者在2005年出版的《概率论与数理统计考研指导》(华东理工大学出版社)一书．

本书概率部分由夏宁茂编写，统计部分主要由倪中新编写，习题部分由秦衍编写，全书由夏宁茂与秦衍进行修改、整合和统稿．书中部分例子选自所列的参考文献，例子中有关“正态概率纸”的计算使用了陆元鸿教授编制的软件，在此一并表示感谢．

本书的主要内容虽然多次在华东理工大学的优秀生班、宁波镇海炼油厂的学习班以及温州的MBA班中试用过，但由于作者的水平有限，有不当和错误之处，敬请读者和专家批评指正．

编　　者

于华东理工大学　香港中文大学

2005年11月18日

目 录

1 随机事件与概率

1.1 随机事件及其运算

1.1.1 随机现象与样本空间

“概率论与数理统计”所讨论的对象主要是随机现象（随机变量）. 所谓随机指的是随意的，即在一定条件下，事情结果可能有多种，且预先不一定知道何种结果将会发生. 我们以前学的知识大多数都是确定性的. 例如：太阳每天从东方升起；对于函数 $y=f(x)$，当 $x=2$ 时，$y=f(2)$ 等等. 然而世界上还存在很多不确定的现象，例如：抛一枚硬币时，有可能正面朝上，也有可能反面朝上；每天的股票价格也是变化多端，在股票交易中，下一秒股票的交易价格有可能上涨，也有可能下跌. 在这种不确定的现象中，有一类现象，从整体角度看，它具有某些规律性（例如出现机会大小或概率大小），这种类型的不确定现象便是我们讨论的重点，常称为随机现象. 至于那些内在规律不太明显的不确定现象则不是本书讨论的重点.

随机现象在我们的生活中广泛存在，讨论这类现象具有重要的意义. 例如，估计明年国际市场对我国某产品的需求量 ξ（单位：t），它具有随机性，若需求量在[2 000, 4 000]区间是等可能的，今要组织确定性的货源 y（单位：t），则显然 $y\in[2\,000,\ 4\,000]$，假设当供小于求 $(y\leqslant\xi)$ 时，收益为 $3y$（万元）；当供大于求 $(y>\xi)$ 时，收益分别为卖出的利润 3ξ（万元）与积压仓库的损失 $1\times(y-\xi)$（万元）之代数和，即 $3\xi-(y-\xi)=4\xi-y$，问应如何确定 y，使得总收益大而风险小. 这种问题就可以用概率论的随机处理思想解决. 在第 2 章的案例分析中我们将给出答案 $y=3\,000$ t.

在概率论中对随机现象可能结果的多样性可以用引进样本点与样本空间的办法加以简化. 随机现象的每种基本结果对应于一个样本点 ω，则基本结果全体就构成样本空间(Sample Space)，记为 Ω. 例如，抛一枚硬币的样本空间为 $\Omega=\{\omega_1,\ \omega_2\}$，其中 ω_1 表示正面朝上，ω_2 表示反面朝上. 又如，上面例中出口商品需求量 ξ 所对应的样本空间为 $\Omega=\{\omega\mid\omega\in[2\,000,\ 4\,000]\}$. 应该指出的是样本空间中样本点的个数，有时是有限个，有时是无限个，但在概率统计中为讨论方便，不过多强调有限与无限，而是强调可列与不可列的区分. 所谓可列是指样本点 ω 的个数既可以是有限个，也可以是无限个. 例如，$\Omega=\{\omega_1, \omega_2, \omega_3, \cdots\}$. 而不可列是指其样本点个数不仅是无限个，而且往往会出现像上面出口商品需求量 ξ 那样，其对应的 ω 布满整个 $[2\,000, 4\,000]$ 区间. 关于可列与不可列的概念其实在高等数学中已出现过，无穷级数 $\sum_{i=1}^{\infty} x_i$ 中 x_i 的个数就是可列个，而定积分 $\int_a^b f(x)\mathrm{d}x$ 中积分变量 $x\in[a, b]$，其对应的个数就是不可列个.

1.1.2 随机事件与随机变量

引进样本点与样本空间可以帮助我们理解与分析随机现象多结果的问题. 对于某给定的样本空间，由于处理问题的需要，我们不但关心每个基本事件(即单个样本点)，而且关心由多个样本点组成的复合事件. 所谓复合事件，从集合的角度看是由某些样本点 ω 构成的集合，即 Ω 的子集，它具有随机的性质，故又称为随机事件或事件. 例如：在掷一颗骰子时，出现的点数可以构成空间 $\Omega=\{1, 2, 3, \cdots, 6\}$ 或 $\Omega=\{\omega_1, \omega_2, \omega_3, \cdots, \omega_6\}$，而作为随机事件(常用大写字母 A, B 等表示)可以是基本事件 $A=\{\omega_2\}$，也可以是复合事件 $B=\{\omega_1, \omega_3, \omega_5\}$，其含义为掷出点数为奇数点. 应该注意的是：有了事件后，我们的视觉范围不再局限于 Ω 中的单个样本点 ω，而是扩展到 Ω 中的子集，如 $\{\omega_2\}$，$\{\omega_1, \omega_3, \omega_5\}$，$\{\omega_1, \omega_2, \omega_3, \cdots, \omega_6\}$. 为更强调我们的讨论对象已变为各种子集，有时把所关心的子集的全体记为 $\mathcal{F}$，称为集合的类(即以子集合为元素所构成的集合)，用符号表示即讨论对象由原来的 $\{\omega, \Omega\}$ 演变成了新的 $\{A, \mathcal{F}\}$. 进一步为讨论方便，常假设 $\mathcal{F}$ 包含空集 $\varnothing$ 与 Ω 本身，前者称为不可能事件，后者称为必然事件. 另外应该说明的是我们需要的 $\mathcal{F}$ 不必包含 Ω 的所有子集，但至少应包含 $\varnothing$ 与 Ω，即 $\mathcal{F}$ 最小为 $\{\varnothing, \Omega\}$.

当随机现象的结果可以用数量表示时，这种随机结果又称为随机变量，常用希腊字母 ξ，η 等表示. 例如，用 ξ 表示掷一颗骰子时出现的点数，则“$\xi>2$”表示随机事件“出现点数大于 2”. 在讨论随机事件时，所谓的“示性函数”就是一个有用的随机变量，我们常把它记为 $I_A(\omega)$，实际上它的定义为

$$I_A(\omega)=\begin{cases}1, & \omega\in A,\\ 0, & \omega\notin A.\end{cases}$$

随机变量是 ω 的函数，其随机性可由 ω 体现出来. 另外由于后面概率控制的需要，对随机变量还要提出其他(如可测性)的要求. 至此为止可用 3 种方法描写随机事件：集合表示、语言表示、随机变量表示. 除此之外，样本空间文氏图对于帮助理解以集合表示的随机事件的有关概念也是十分有用的. 例如，在图 1.1.1 中事件 A 为 Ω 中的一个子集，该子集中任一样本点(ω_4 或 ω_5)发生时，事件 A 就发生.

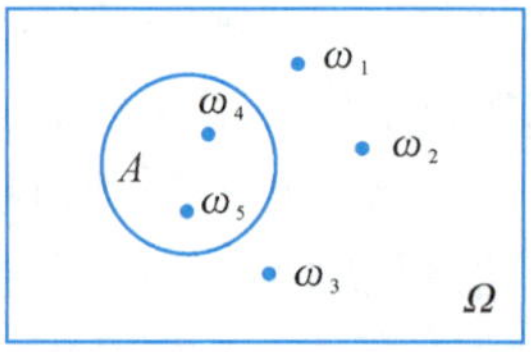

图 1.1.1 文氏图

1.1.3 事件关系与运算

事件是概率论讨论的主要对象，与集合相似，事件间也有各种关系与运算.

1. 事件关系

包含关系：如果事件 A 发生必然导致事件 B 发生，则称 A 被包含于 B，记为 $A\subset B$，或称 B 包含 A，记为 $B\supset A$. 用文氏图表示，则 A 的样本点必属于 B，即对 $\forall\omega\in A$ 必有 $\omega\in B$（图 1.1.2）. 包含关系也可用示性函数表示，即 $A\subset B$ 等价于 $I_A(\omega)\leqslant I_B(\omega)$.

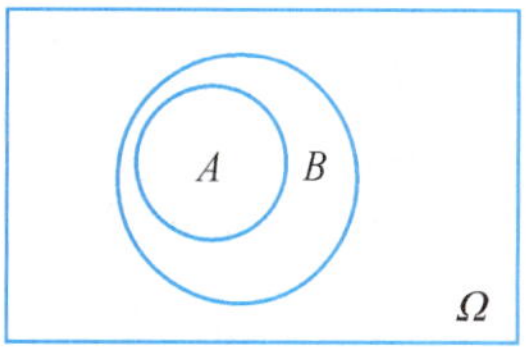

图 1.1.2　$A\subset B$

相等关系：A、B 两事件中任一事件发生必然导致另一事件发生，此时 A 与 B 称为相等，记作 $A=B$，或者说"$A=B$"等价于"$A\subset B$，$B\subset A$ 同时成立". 用示性函数表示为 $I_A(\omega)=I_B(\omega)$.

对立关系：如果两个事件 A、B 中，$B=$"A 不发生"，则 A、B 称为具有对立关系（或互逆关系），又称 B 为 A 的对立事件，记为 $B=\overline{A}$. 此时 $I_A(\omega)+I_B(\omega)=1$. 注意到 $\overline{\overline{A}}=A$，故 $\overline{B}=A$，即对立关系是相互的（图 1.1.3）.

互不相容关系：对于事件 A、B，如果不可能同时发生，则 A、B 称为互不相容，从文氏图看，A、B 没有相同的样本点（图 1.1.4），用示性函数描写为 $I_A(\omega)I_B(\omega)=0$.

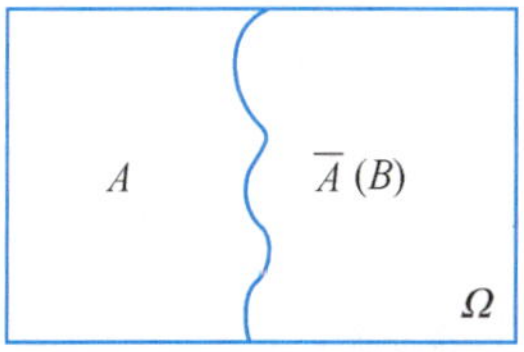

图 1.1.3　A 的对立事件 $\overline{A}$

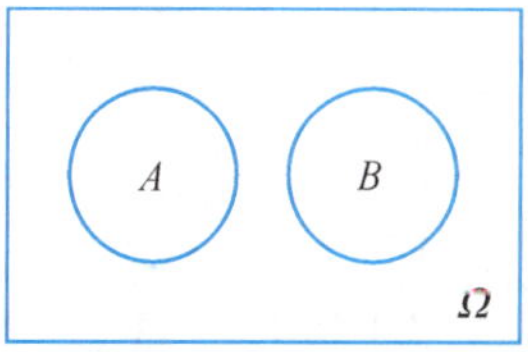

图 1.1.4　A、B 互不相容

2. 事件运算

事件 A 与 B 的并："A 与 B 中至少有一事件发生"这一事件称为事件 A 与事件 B 的并，记作 $A\cup B$ 或 $A+B$，用文氏图 1.1.5 中的 ω 语言表示为"由 A、B 中所有样本点（相同的 ω 只计一次）构成的新事件"，并运算相当于代数中的加运算，而上面指出的"相同的 ω 在求并时只计一次"则体现了集合并运算与代数加运算之间的差别.

事件 A 与 B 的交："A 与 B 同时发生"这一事件称为事件 A 与事件 B 的交，记作 $A\cap B$ 或 AB. 在文氏图 1.1.5 中则为"由 A 与 B 中公共样本点构成的新事件".

事件并与交的运算可以推广到有限多个或无限多个. 在可列无限多个时，常可用与高等数学中无穷级数类似的记号，即记 $\bigcup\limits_{i=1}^{\infty}A_i$ 为可列并，$\bigcap\limits_{i=1}^{\infty}A_i$ 为可列交.

事件 A 与 B 的差：新事件"A 发生而 B 不发生"称为事件 A 与事件 B 的差，记作 $A-B$，从集合角度看则是由"A 中所有不在 B 中的样本点 ω 所构成的集合". 事件差与集合减法相似而与代数减法不同. 例如：若 $A-B=C$，则一般 $A\neq B\cup C$，利用差运算常可把 $A\cup B$ 分解为互不相容的 3 个事件的并，即 $A\cup B=(A-B)\cup AB\cup(B-A)$，这种分解法有时可以简化后面的概率运算. 另外，由文氏图容易看出成立等式 $A-B=A-AB=A\overline{B}$，它有时也可帮助我们进行计算. 当 $A=\Omega$ 时，$\Omega-B=\Omega\overline{B}=\overline{B}$，其中 $\overline{B}$ 为 B 的对立事件. 有时从运算角度看也可认为 $\overline{B}$ 是事件 B 经余运算所得.

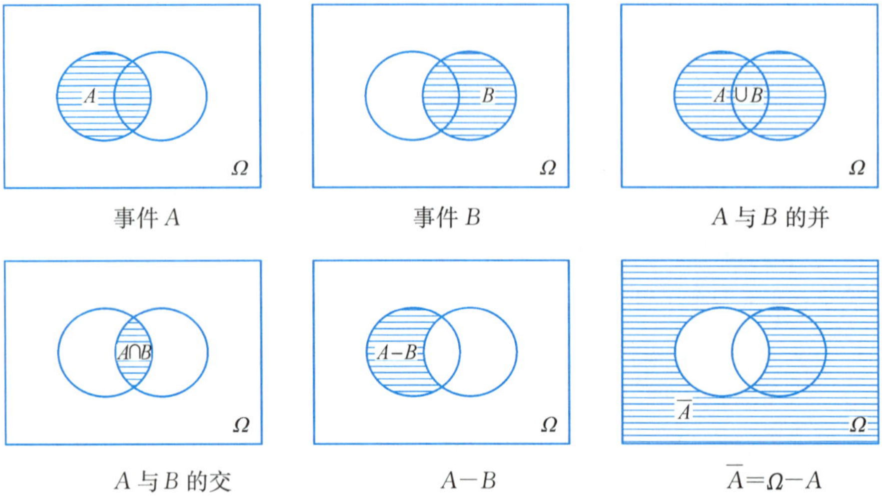

图 1.1.5 事件运算文氏图

3. 运算性质

对任意事件 A、B、C，有

交换律：$A\cup B=B\cup A,\ AB=BA$ (1.1.1)

结合律：$(A\cup B)\cup C=A\cup(B\cup C),\ (AB)C=A(BC)$ (1.1.2)

分配律：$A(B\cup C)=AB\cup AC,\ A\cup(BC)=(A\cup B)(A\cup C)$ (1.1.3)

对偶律(德莫根公式)：$\overline{A\cup B}=\overline{A}\cap\overline{B}$(图 1.1.6)，$\overline{A\cap B}=\overline{A}\cup\overline{B}$ (1.1.4)

一般地，对于任意事件 $A_1, A_2, \cdots, A_n$ 有：

$$\overline{A_1\cup A_2\cup\cdots\cup A_n}=\overline{A_1}\cap\overline{A_2}\cap\cdots\cap\overline{A_n},$$

$$\overline{A_1\cap A_2\cap\cdots\cap A_n}=\overline{A_1}\cup\overline{A_2}\cup\cdots\cup\overline{A_n}.$$

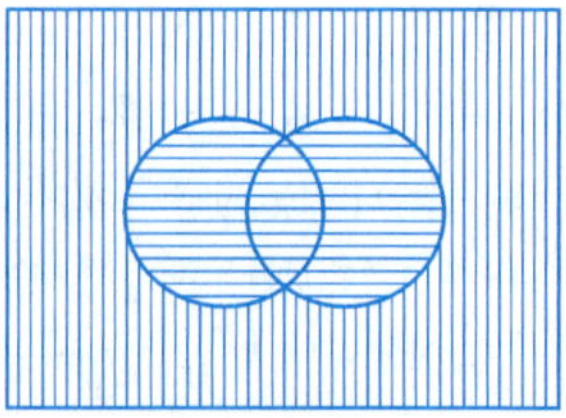

图 1.1.6 $\overline{A\cup B}=\overline{A}\cap\overline{B}$

这些性质不难用集合中 ω 子集包含或相等关系加以证明. 性质中的对偶关系实际上指的是并交关系可以通过余运算来转换，它在讨论问题时是很有用的. 作为例子我们设法通过它以及分配律中第一个等式来证明分配律中第二个等式：

把事件 $\overline{A}$, $\overline{B}$, $\overline{C}$ 代入分配律中第一个等式后，有 $\overline{A}(\overline{B}\cup\overline{C})=\overline{A}\,\overline{B}\cup\overline{A}\,\overline{C}$，两边取余，则成立

$$\overline{\overline{A}(\overline{B}\cup\overline{C})}=\overline{\overline{A}\,\overline{B}\cup\overline{A}\,\overline{C}},$$

再利用对偶律

$$\overline{\overline{A}}\cup\overline{(\overline{B}\cup\overline{C})}=\overline{\overline{A}\,\overline{B}}\cap\overline{\overline{A}\,\overline{C}},$$

进一步可有 $$A \cup (B \cap C) = (A \cup B) \cap (A \cup C).$$
从而分配律中第二个等式成立.

例 1.1.1 试写出下列随机现象的样本空间:

(1) 一天内进入某超市的顾客数; (2) 某电子元件的寿命;

(3) 车床加工零件的直径 ξ, $\xi \in [a, b]$; (4) 掷两颗骰子出现的点数.

解: (1) $\Omega_1 = \{0, 1, 2, 3, \cdots\}$,其中样本点个数为可列无限个;

(2) $\Omega_2 = \{t \mid t \geqslant 0\}$,其中样本点个数为不可列个;

(3) $\Omega_3 = \{x \mid a \leqslant x \leqslant b\}$,样本点个数为不可列个;

(4) $\Omega_4 = \left\{\begin{matrix} (1, 1), & (1, 2), & \cdots, & (1, 6) \\ (2, 1), & (2, 2), & \cdots, & (2, 6) \\ \vdots & \vdots & \vdots & \vdots \\ (6, 1), & (6, 2), & \cdots, & (6, 6) \end{matrix}\right\}$,样本点个数为 36 个.

例 1.1.2 今掷两颗骰子,记事件 A 为“两颗骰子的点数之和等于 5”,事件 B 为“两颗骰子中最大点数为 4”,(1) 分别利用集合方式、随机变量方式表示事件 A 与事件 B;(2) 用集合方式分别表示 $A \cup B$, $A \cap B$, $A - B$, $B - A$.

解: (1) 设 ξ, η 分别表示第一颗与第二颗骰子出现的点数,则

$$A = \{(1, 4), (2, 3), (3, 2), (4, 1)\} = (\xi + \eta = 5),$$

其中 $(\xi + \eta = 5)$ 表示使等式 $\xi + \eta = 5$ 成立的样本点全体,即 $\{\omega \mid \xi(\omega) + \eta(\omega) = 5\}$. 类似地,$B = \{(1, 4), (2, 4), (3, 4), (4, 4), (4, 1), (4, 2), (4, 3)\} = (\max(\xi, \eta) = 4)$.

(2) $A \cup B = \{(1, 4), (2, 3), (3, 2), (4, 1), (2, 4), (3, 4), (4, 4), (4, 2), (4, 3)\}$;

$A \cap B = \{(1, 4), (4, 1)\}$;

$A - B = \{(2, 3), (3, 2)\}$;

$B - A = \{(2, 4), (3, 4), (4, 4), (4, 2), (4, 3)\}$.

例 1.1.3 设 A、B、C 表示三个事件,用 A、B、C 表示如下事件:

(1) A 发生且 B 与 C 至少有一个发生; (2) A 与 B 发生而 C 不发生;

(3) A、B、C 中至少有两个发生; (4) A、B、C 中至多有两个发生;

(5) A、B、C 中不多于一个发生; (6) A、B、C 中恰有一个发生.

解: (1) 由于 $B \cup C$ 表示 B 与 C 至少有一个发生,故答案为 $A \cap (B \cup C)$;

(2) A 与 B 发生表示 A 和 B 同时发生,即 AB 发生,故答案为 $AB\overline{C}$;

(3) 答案为 $AB \cup BC \cup AC$;

(4) A、B、C 中至多两个发生的对立事件为 ABC 发生,故答案为 $\overline{ABC}$;

(5) A、B、C 中不多于一个发生意味着没有两个或两个以上事件同时发生,故答案为 $\overline{AB \cup AC \cup BC}$;

(6) 答案为 $A\overline{B}\,\overline{C} \cup \overline{A}B\overline{C} \cup \overline{A}\,\overline{B}C$.

例 1.1.4 设 A、B 是随机事件,试证:$\overline{(AB)}=\overline{A}B\cup A\overline{B}\cup\overline{A}\,\overline{B}$.

证:对欲证等式两边取余后变为 $AB=\overline{(\overline{A}B\cup A\overline{B}\cup\overline{A}\,\overline{B})}$,
对右边用对偶定律展开得

$$\overline{(\overline{A}B)}\cap\overline{(A\overline{B})}\cap\overline{(\overline{A}\,\overline{B})}=(A\cup\overline{B})\cap(\overline{A}\cup B)\cap(A\cup B),$$

再利用分配律展开后,有

$$\begin{aligned}&(A\overline{A}\cup AB\cup\overline{B}\,\overline{A}\cup\overline{B}B)\cap(A\cup B)=(AB\cup\overline{B}\,\overline{A})\cap(A\cup B)\\=&ABA\cup ABB\cup\overline{B}\,\overline{A}A\cup\overline{B}\,\overline{A}B=AB\cup AB=AB,\end{aligned}$$

从而原式成立.

例 1.1.5 试问下列命题是否成立?

(1) $A-(B-C)=(A-B)\cup C$; (2) 若 $AB=\varnothing$,且 $C\subset A$,则 $BC=\varnothing$;

(3) $(A\cup B)-B=A$; (4) $(A-B)\cup B=A$.

解:(1) 由于 $A-(B-C)=A(\overline{B-C})=A(\overline{B\overline{C}})=A(\overline{B}\cup C)=A\overline{B}\cup AC$,而 $(A-B)\cup C=A\overline{B}\cup C=A\overline{B}\cup AC\cup\overline{A}C$,注意到 A 与 $\overline{A}$ 互不相容,同时 $\overline{A}C$ 不一定是空集,故原式不成立.

(2) 证法 1:由于 $C\subset A$,故 $CB\subset AB$,从而在 $AB=\varnothing$ 的假设下,总有 $\varnothing=AB\supset CB\supset\varnothing$,这样 $CB=\varnothing$,故原式成立.

证法 2:令 $I_A(\omega)$,$I_B(\omega)$ 分别为 A、B 的示性函数,则 $AB=\varnothing$ 等价于 $I_A(\omega)I_B(\omega)=0$. 由 $C\subset A$ 可知,$I_C(\omega)\leqslant I_A(\omega)$,其中 $I_C(\omega)\geqslant 0$ 为 C 的示性函数,从而在不等式 $0\leqslant I_C(\omega)\leqslant I_A(\omega)$ 两边同时乘上非负函数 $I_B(\omega)$ 后有 $0\leqslant I_C(\omega)I_B(\omega)\leqslant I_A(\omega)I_B(\omega)$,这样由 $I_A(\omega)I_B(\omega)=0$ 即知 $I_C(\omega)I_B(\omega)=0$,从而 $BC=\varnothing$,故原式成立.

(3) 原式不成立,其理由是

$$\text{左式}=(A\cup B)-B=(A\cup B)\overline{B}=A\overline{B}\cup B\overline{B}=A\overline{B}\cup\varnothing=A\overline{B},$$

一般不等于右式 A.

(4) 原式不成立,其理由是

$$\text{左式}=(A-B)\cup B=(A\overline{B})\cup B=(A\cup B)\cap(\overline{B}\cup B)=(A\cup B)\Omega=A\cup B,$$

一般不等于右式 A.

注:从此例可以看出,在事件进行运算时,对减法要特别小心.

1.2 概率的定义及性质

1.2.1 概率的统计定义与几何定义

正如上节所指出的随机事件是概率论中的主要考察对象,随机事件有两个重要特性,即发生结果与机会大小，其发生结果的多样性可以用引进样本点 ω 的办法处理，而机会大小就要用概率(Probability)来表示. 概率可用多种方法加以定义.

概率的统计定义：在不变条件下重复做 n 次试验，记 m 为 n 次试验中事件 A 发生的次数. 当试验次数 n 很大时，如果频率 $\frac{m}{n}$ 稳定在某一数值 p 的附近摆动，而且一般说来，随着试验次数的增多，这种摆动的幅度愈来愈小，此时数值 p 称为随机事件 A 发生的概率，记作 $P(A)=p$. 上述定义可以简单地说成"概率是频率的稳定值". 频率在一定条件下具有稳定性，这可以用后面的极限定理加以严格证明，也可以用试验加以验证. 历史上曾经有一些著名的统计学家进行过抛掷硬币的试验，其结果如表 1.2.1 所示.

表 1.2.1 硬币试验

试验者	抛掷硬币次数(n)	出现正面次数(m)	频率$\left(\frac{m}{n}\right)$
蒲　丰	4 040	2 048	0.506 9
皮尔逊	12 000	6 019	0.501 6
皮尔逊	24 000	12 012	0.500 5

模仿上述试验可用 Excel 软件进行仿真. 例如，首先使用统计函数 RANDBETWEEN(−1 000, 1 000)产生随机数，然后用 IF 函数，根据随机数的正负确定硬币抛掷后出现正面与反面，经累加可得频数 m，进一步计算频率 $\frac{m}{n}$ 后，就可观察到当 n 变大后频率变化趋势的稳定性. 与物理化学中的实验类似，在概率统计中模拟仿真的正确使用常可帮助验证结论，发现规律，建议读者通过上机实验逐步掌握计算机软件的这一重要功能.

概率的几何定义：若随机现象的样本空间 Ω 是某几何区域，该区域的"测度"(一维时指"长度"，二维时指"面积"等)为 $S_\Omega(S_\Omega<\infty)$，进一步假设随机事件发生具有某种等可能性，即任意一点落入测度相等的子区域(形状可以不同)是等可能的. 若事件 A 表示 Ω 的某个子区域，S_A 为子区域 A 的测度，则 A 发生的概率 $P(A)=\frac{S_A}{S_\Omega}$.

例 1.2.1(会面问题) 甲、乙两人约定在下午 7 时到 8 时之间在某处会面，并约定先到者应等候另一个人 20 min，过时即可离去，求两人能会面的概率.

解：以 7 点 x 分和 7 点 y 分分别表示甲、乙两人到达约会地点的时间(x、y 的单位：min)，在平面上建立 xOy 直角坐标系(图 1.2.1).

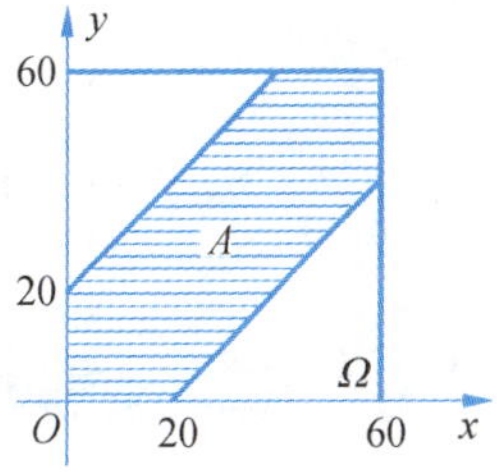

图 1.2.1 区域 Ω 与 A

因为甲、乙都是在 0 至 60 min 内等可能地到达，所以这是一个几何概率问题. (x, y)的所有可能取值是边长为 60 的正方形，其面积为 $S_\Omega=60^2$. 而事件 $A=$"两人能够会面"相当于 $|x-y|\leqslant 20$，即图 1.2.1 中的阴影部分，其面积为 $S_A=60^2-$

40^2，于是

$$P(A)=\frac{S_A}{S_\Omega}=\frac{60^2-40^2}{60^2}=\frac{5}{9}=0.5556.$$

例 1.2.2(投针问题) 平面上画有间隔为 $d(d>0)$ 的等距平行线，向平面任意投掷一枚长为 $l(l<d)$ 的针，求针与任一平行线相交的概率.

解: 设 x 表示针的中点与最近一条平行线的距离，又设 φ 表示针与此直线间的夹角(图 1.2.2). 易知样本空间 $\Omega=\left\{(x,\varphi)\,\middle|\,0\leqslant x\leqslant\frac{d}{2},0\leqslant\varphi\leqslant\pi\right\}$，在 φ-x 平面上这是一个矩形，其面积为$S_\Omega=\frac{\pi d}{2}$. 记事件 A 为针与平行线相交，事件 A 发生的充要条件是

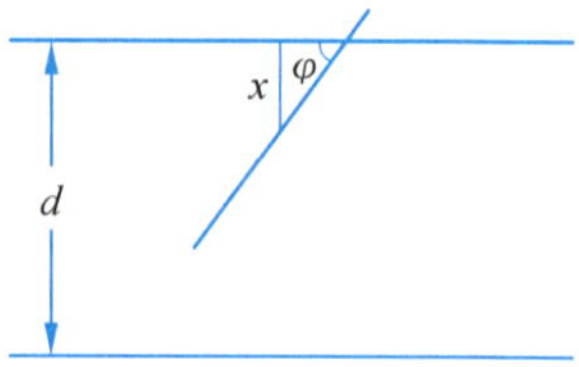

图 1.2.2　投针问题

$$x\leqslant\frac{l}{2}\sin\varphi.$$

由这个不等式表示的区域是图 1.2.3 中的阴影部分.

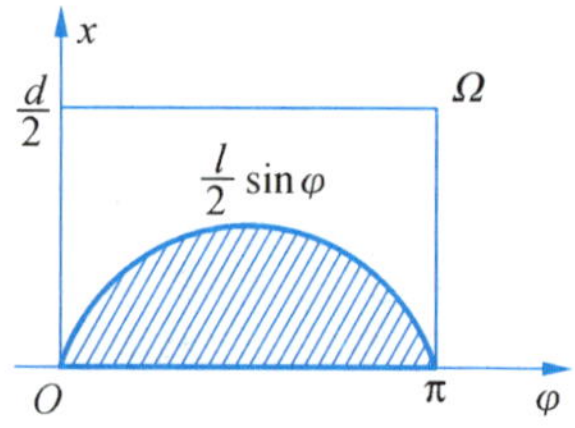

图 1.2.3　区域 Ω 与 A

由于针是向平面任意投掷的，所以由等可能性知这是一个几何概率问题. 于是

$$P(A)=\frac{S_A}{S_\Omega}=\frac{\int_0^\pi\frac{l}{2}\sin\varphi\mathrm{d}\varphi}{\frac{\pi}{2}d}=\frac{2l}{\pi d}.$$

例 1.2.3 在区间(0, 1)中随机地取两个数，求两数之积小于$\frac{1}{4}$的概率.

解: 设(x, y)为从区间(0, 1)中随机取出的两个数，则样本空间 Ω 为正方形 $\{(x,y)\mid 0<x<1,0<y<1\}$. 而随机事件 A 可用图 1.2.4 中阴影部分 g 表示，它是由双曲线 $xy=\frac{1}{4}$ 与 Ω 相交而成. 注意到双曲线与直线 $x=1$ 交点坐标为 $\left(1,\frac{1}{4}\right)$，与直线 $y=1$ 的交点坐标为$\left(\frac{1}{4},1\right)$. 由几何概率的定义，得

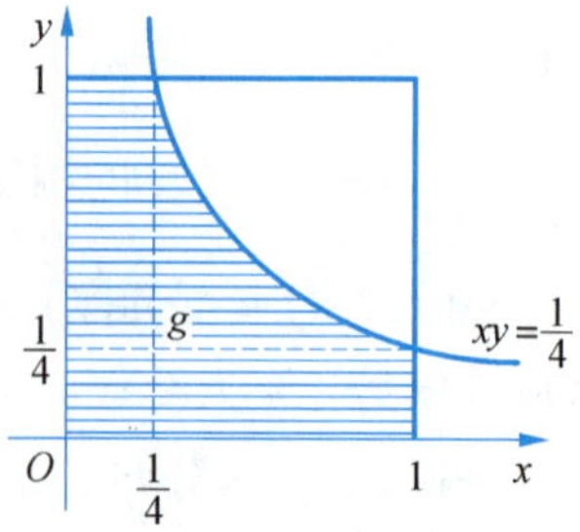

图 1.2.4　区域 Ω 与 A

$$P(A)=\frac{S_g}{S_\Omega}=\frac{g\text{ 的面积}}{\Omega\text{ 的面积}}=\frac{1}{4}+\int_{\frac{1}{4}}^1\frac{1}{4x}\mathrm{d}x=0.5966.$$

1.2.2 概率的古典定义

利用中学里学习过的排列组合知识，可以计算古典概型的问题，这类模型的特点是基本

事件具有等概性和有限性，即样本空间 $\Omega=\{\omega_1, \omega_2, \cdots, \omega_n\}$，其中 n 是有限数，且 $\omega_1, \omega_2, \cdots, \omega_n$ 发生的机会相等，即 $P(\omega_1)=P(\omega_2)=\cdots=P(\omega_n)=\frac{1}{n}$，此时我们可以定义随机事件 A 的概率为

$$P(A)=\frac{A\text{包含的样本点数}}{\Omega\text{中样本点总数}}=\frac{k}{n}.$$

式中，k 常称为 A 的有利事件数；n 常称为基本事件总数.

对于这一类问题，其概率计算问题涉及 k 和 n 的计数. 为了方便后面的计算，把计数时要涉及的因素归结为“放回”与“计序”的区分. 所谓“放回”指抽样后把所抽到的元素放回后，再进行下一次抽样；所谓“计序”指前后抽到的结果与顺序有关. 显然“计序”与“不计序”对应着中学时的“排列”与“组合”. 这样凡是从 n 个元素里抽取 r 个元素时，就可能产生四种不同的结果，即：

(1) 采用“放回”，“计序”模式时，共有 n^r 种不同结果.

(2) 采用“放回”，“不计序”模式时，共有 $C_{n+r-1}^r=\binom{n+r-1}{r}$ 种不同结果.

(3) 采用“不放回”，“计序”模式时，共有 $A_n^r=\frac{n!}{(n-r)!}=n(n-1)\cdots(n-r+1)$ 种不同结果.

(4) 采用“不放回”，“不计序”模式时，共有 $C_n^r=\binom{n}{r}=\frac{n!}{r!(n-r)!}$ 种不同结果.

由于结果不同，故凡计算古典概型题目时必须先明确是否“放回”及是否“计序”，实际上“放回”与后面将要介绍的“独立”有关系. 古典概型问题初看简单，实际上有的问题在计算时需很大的技巧性，其中记住一些重要的模型和方法对于求解这类问题常常是很有帮助的.

例 1.2.4(放回抽样与二项分布) 一批产品共有 $a+b$ 个，其中 a 个正品、b 个次品. 今采用放回抽样 n 次，问抽到的 n 个产品里恰有 k 个是正品的概率是多少？

解: 令 ξ 为所抽 n 个产品中正品个数，则 ξ 为随机变量，ξ 的取值 $k=0, 1, 2, \cdots, n$，今设法求 $P(\xi=k)$. 把 $\{\xi=k\}$ 理解为随机事件 A，则问题变为求 $P(A)$. 由于本模型符合古典概型的条件，故可用样本点计数公式进行计算. 先计算分母中的样本点的总数，考虑到题目要求放回抽样，故在选取公式时，只需区别是否“计序”. 为了能推出后面常用到的二项分布，现在规定按“计序”模型进行(实际上绝大部分问题，在放回抽样时都考虑为计序模式)，从而样本点总数为 $(a+b)^n$，对于分子中的有利事件数，在计算时自然要采用与分母匹配的放回计序模式，其结果为 $\binom{n}{k}a^k b^{n-k}$. 其中 $\binom{n}{k}$ 是考虑 n 个产品中正品与次品的不同位置，而 a^k 是一旦正品位置确定以后按放回计序模式在 a 个正品中抽取 k 个正品的不同抽法，类似地，对次品有 b^{n-k} 种抽法. 把上面的结果结合起来，得

$$P(\xi=k)=P(A)=\frac{\binom{n}{k}a^k b^{n-k}}{(a+b)^n}=\binom{n}{k}\left(\frac{a}{a+b}\right)^k\left(\frac{b}{a+b}\right)^{n-k}\qquad (k=0,1,2,\cdots,n),$$

如把 $\frac{a}{a+b}$, $\frac{b}{a+b}$ 分别记为 p, q,则 p, q 非负且 $p+q=1$,此时

$$P(\xi=k)=\binom{n}{k}p^k q^{n-k}\qquad (k=0,1,2,\cdots,n).$$

由于上式是二项展开式 $1=(p+q)^n=\sum_{k=0}^{n}\binom{n}{k}p^k q^{n-k}$ 中Σ的被加项,故又称上述模型为二项分布模型. 对应的随机变量 ξ 也称为服从二项分布的随机变量. 它是概率论中的最重要的离散型随机变量之一.

例 1.2.5(不放回抽样与超几何分布) 在例 1.2.4 中如采用不放回抽样,此时的概率应该等于多少?

解法一(不计序): 由于涉及不放回不计序模式,故样本点总数为 $\binom{a+b}{n}$. 同时与例 1.2.4 相比在计算有利事件时不需涉及正品、次品的位置,故不用前例中的因子 $\binom{n}{k}$,同时上例用的 $a^k b^{n-k}$ 亦要换成 $\binom{a}{k}\binom{b}{n-k}$,从而

$$P(\xi=k)=P(A)=\frac{\binom{a}{k}\binom{b}{n-k}}{\binom{a+b}{n}}\qquad (k=1,2,\cdots,\min(n,a)).$$

这个公式在产品质量检查等场合被普遍应用,对应的随机变量常称为服从超几何分布,上述公式有时也可简记为"正抽正,次抽次,全体抽总数",如图 1.2.5 所示.

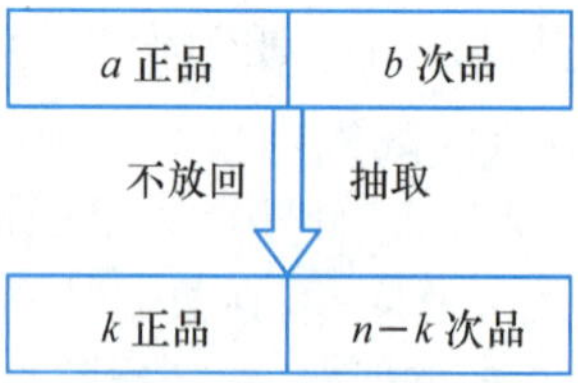

图 1.2.5

这种表示有利于不同形式下的概率公式的记忆. 例如,若记 $a+b=N$,则

$$P(\xi=k)=\frac{\binom{a}{k}\binom{N-a}{n-k}}{\binom{N}{n}} \qquad \left(\begin{matrix}k=0,1,2,\cdots,r\\ r=\min(n,a)\end{matrix}\right).$$

解法二(计序): 若我们注意到问题为不放回模式,则计算过程要相应地改为

$$P(\xi=k)=P(A)=\frac{\binom{n}{k}\mathrm{A}_a^k\,\mathrm{A}_b^{n-k}}{\mathrm{A}_{a+b}^n}=\frac{\frac{n!}{k!(n-k)!}\frac{a!}{(a-k)!}\frac{b!}{(b-n+k)!}}{\frac{(a+b)!}{(a+b-n)!}}$$

$$=\frac{\frac{a!}{k!(a-k)!}\frac{b!}{(n-k)!(b-n+k)!}}{\frac{(a+b)!}{n!(a+b-n)!}}=\frac{\binom{a}{k}\binom{b}{n-k}}{\binom{a+b}{n}}.$$

与不计序的解法一中的结果是相同的,故以后在讨论不放回抽样的超几何分布时无需再强调是否计序的因素.

例 1.2.6(抽签原理) 设袋中有 a 个白球和 b 个黑球,现按不放回抽样方式,依次把球一个个取出来,试求第 k 次取出的球是白球的概率 $(1\leqslant k\leqslant a+b)$.

解: 由于抽样方式已规定为不放回抽样,故要分析是否计序的问题,注意到题中问及第 k 次取球颜色,所以要顾及次序的因素,为此分两种情况讨论:

(1) 把 a 个白球及 b 个黑球都看作是不同的(例如设想把它们分别编号).

解法一: 把 $a+b$ 个球按不放回方式依次摸出后依次排列成一直线,这样共有 $(a+b)!$ 种不同排法,相应的样本空间 Ω_1 有 $(a+b)!$ 个样本点. 令事件 A 为"第 k 次取到白球",则 A 的有利事件数应为 $\mathrm{A}_a^1\cdot(a+b-1)!$,实际上第 k 个位置取到白球时有 A_a^1 种不同取法,而对每一种上面的取法余下的前后 $a+b-1$ 个位置都有 $(a+b-1)!$ 种不同取法. 从而由古典概型公式得

$$P(A)=\frac{\mathrm{A}_a^1\cdot(a+b-1)!}{(a+b)!}=\frac{a}{a+b}.$$

解法二: 只考虑前 k 次取球. 此时样本空间变为 Ω_2,它的样本点总数为 A_{a+b}^k,而有利事件数可仿照解法一,但其中的 $(a+b-1)!$ 要改为 A_{a+b-1}^{k-1},从而

$$P(A)=\frac{\mathrm{A}_a^1\,\mathrm{A}_{a+b-1}^{k-1}}{\mathrm{A}_{a+b}^k}=\frac{a\cdot\frac{(a+b-1)!}{(a+b-k)!}}{\frac{(a+b)!}{(a+b-k)!}}=\frac{a\cdot(a+b-1)!}{(a+b)!}=\frac{a}{a+b}.$$

(2) 把 a 个白球看作没有区别,b 个黑球也看作没有区别,这时样本空间 Ω_3 中的样本点总数应从原来 Ω_1 时的 $(a+b)!$ 变为 $\frac{(a+b)!}{a!b!}=\binom{a+b}{a}$,其中分母中出现的 $a!b!$ 可以理

解为把原来 Ω_1 中白球可区别和黑球可区别的因素去除，相应地 A 的有利事件数亦从 $A_a^1\cdot(a+b-1)!$ 变为 $\dfrac{A_a^1\cdot(a+b-1)!}{a\cdot(a-1)!\cdot b!}=\dbinom{a+b-1}{a-1}$，从而

$$P(A)=\frac{\dbinom{a+b-1}{a-1}}{\dbinom{a+b}{a}}=\frac{\dfrac{(a+b-1)!}{(a-1)!b!}}{\dfrac{(a+b)!}{a!b!}}=\frac{a}{a+b}.$$

从上面计算结果看，不管白球及黑球是否分别看成是不同的，随机事件 A 的概率都相同且等于 $\dfrac{a}{a+b}$，如果进一步注意到此结果与 k 无关，说明在抽签时，是否能抽到"签"与先后抽签的次序无关，这就是"抽签原理".

例 1.2.7(住房问题) 设有 n 个人，每个人都等可能地分配到 N 间房间中的任一间，且每间房间所住人数不限. 试求：(1) 某指定的 n 间房间各有一人住（$n\leqslant N$）的概率 p_1；(2) 恰有 n 间房间（$n\leqslant N$），各有一人住的概率 p_2.

解：n 个人住进 N 间房间，在允许多人住同一房间时对应于"放回"，"计序"的计数模式. 从而此时样本点总数为 N^n 个.

对于问题(1)，指定的某 n 间房间各有一人住的不同住法相应于 n 个数的全排列，故有利事件数为 $n!$，从而

$$p_1=\frac{n!}{N^n}.$$

对于问题(2)，由于住人的 n 间房间可在 N 间房间中任意选取，其不同方式共有 $\dbinom{N}{n}$ 种，对选定的某 n 间房间再由问题(1)中的方法计算有利事件数，这样有利事件数从前面的 $n!$ 变为 $\dbinom{N}{n}n!$，从而所求概率

$$p_2=\frac{\dbinom{N}{n}n!}{N^n}=\frac{N!}{N^n(N-n)!}.$$

这个例子是古典概型中的一个典型问题，不少实际问题可以归结为它，把房间解释为相空间中的小区域，把人解释为粒子，则这个问题就相应于统计物理学中的 Maxwell-Boltzmann 统计模型.

1.2.3 概率的公理化定义及性质

确定随机事件的概率是概率论中最重要的问题，前面引进的几个概率定义都有相当的局限性，例如几何概型及古典概型都要求等概性(等可能性)，这就限制了我们的讨论和应用

范围.1933年,苏联数学家柯尔莫哥洛夫从性质的角度提出了概率的公理化定义,为概率统计的发展奠定了坚实的基础.

定义1.2.1 设Ω为一个样本空间,A为其中的任一随机事件,定义实值函数$P(A)$,如果它同时满足以下三个公理:

公理1(非负性) $P(A) \geqslant 0$;

公理2(规范性) $P(\Omega) = 1$;

公理3(可列可加性) 对于可列个互不相容的随机事件$A_1, A_2, \cdots, A_n, \cdots$,有

$$P(\bigcup_{n=1}^{\infty} A_n) = \sum_{n=1}^{\infty} P(A_n), \tag{1.2.1}$$

则$P(A)$称为事件A发生的概率.

在上述定义中涉及$\bigcup\limits_{i=1}^{\infty} A_i$的问题,即可列个随机事件的并到底是否仍是随机事件.为此我们对什么是随机事件先进行一些规定.首先把随机事件理解为Ω中的子集,同时要求事件为集合类$\mathcal{F}$的元素,而对$\mathcal{F}$则要求其满足某些运算封闭性.

定义1.2.2 设Ω为一样本空间,$\mathcal{F}$为Ω某些子集所组成的集合类,如果$\mathcal{F}$满足:

(1) $\Omega \in \mathcal{F}$;

(2) 若$A \in \mathcal{F}$,则对立事件$\overline{A} \in \mathcal{F}$;

(3) 若$A_n \in \mathcal{F}$, $n = 1, 2, \cdots$,则可列并$\bigcup\limits_{n=1}^{\infty} A_n \in \mathcal{F}$,

则称$\mathcal{F}$为一个由这样的事件所组成的"事件域"或"σ-代数"(所谓域与代数指的是$\mathcal{F}$的元素满足某种运算封闭性).我们常把$(\Omega, \mathcal{T})$称为可测空间,这里"可测"是指凡是$\mathcal{F}$中的元素(即事件)都可以定义其概率,或者说可以用概率来测量,有时为了更强调概率与测量的关系,干脆把概率称为"概率测度".另外容易看出:由定义1.2.2中的性质(1)、(2)可知任意事件域都包含$\{\Omega, \varnothing\}$,实际上不难验证$\{\Omega, \varnothing\}$是元素个数最少的事件域.

以后我们把随机事件都看作为$\mathcal{F}$中的元素,写成$A \in \mathcal{F}$,或者说事件A是$\mathcal{F}$可测的(可测这个概念比较抽象,但是由于它在近代概率论中有非常重要的作用,所以仍然希望读者有所了解).事件域在可测空间$(\Omega, \mathcal{F})$的基础上可以按定义1.2.1的要求进一步定义概率P,这样就构成了有3个"元素"的所谓"概率空间"$(\Omega, \mathcal{F}, P)$.首先应该注意的是:概率空间(Probability Space)并不是真正的几何空间,而是指有联系的3个"元素",它有点类似于"线性代数"中的"向量空间".另外应该指出的是:对于同一个可测空间$(\Omega, \mathcal{F})$,其上的概率有时可以有多种不同的定义,只要它们都符合定义1.2.1的3个公理即可.例如:我们抛掷一枚硬币所得样本空间$\Omega = \{\omega_+, \omega_-\}$,$\omega_+$为正面朝上,$\omega_-$为反面朝上,对应的$\mathcal{F}$可以是$\{\varnothing, \{\omega_+\}, \{\omega_-\}, \Omega\}$,其中任一个元素都是随机事件,对于均匀硬币$P\{\omega_+\} = P\{\omega_-\} = \frac{1}{2}$,对于不均匀硬币可以是$P\{\omega_+\} = \frac{1}{3}$和$P\{\omega_-\} = \frac{2}{3}$.这种可测空间上的概率可以变换的思想对于理解后面将引进的"条件概率"的性质是很有帮助的,在近代概率论中也经常利用

这种变换思想来简化问题. 为方便起见，本书后面（如没有特别说明）都将直接在某给定的概率空间上进行讨论，而不再一一给出其具体形式.

从概率的三个公理出发，可以推导其他重要性质：

性质 1.2.1 不可能事件的概率是 0，即 $P(\varnothing)=0$.

证： 由于 $\Omega=\Omega\cup\varnothing\cup\varnothing\cup\cdots$，且 Ω、$\varnothing$、$\varnothing$、$\cdots$ 互不相容，所以对随机事件 Ω 利用可列可加性公理有

$$P(\Omega)=P(\Omega\cup\varnothing\cup\varnothing\cup\cdots)=P(\Omega)+P(\varnothing)+P(\varnothing)+\cdots,$$

从而 $P(\varnothing)=0$. 证明中我们利用了 Ω 与 $\varnothing$ 是随机事件的性质. 实际上对任意的可测空间 $(\Omega,\mathcal{F})$、$\varnothing$、Ω 都属于 $\mathcal{F}$，从而都是随机事件.

性质 1.2.2（有限可加性） 若事件 $A_1, A_2, \cdots, A_n$ 互不相容，则

$$P\left(\bigcup_{i=1}^{n}A_i\right)=\sum_{i=1}^{n}P(A_i). \tag{1.2.2}$$

证： 由于 $\varnothing$ 及 $A_1, A_2, \cdots, A_n\in\mathcal{F}$，故利用 $\mathcal{F}$ 的可列并运算封闭性，$\bigcup_{i=1}^{n}A_i=A_1\cup A_2\cup\cdots A_n\cup\varnothing\cup\varnothing\cup\cdots\in\mathcal{F}$，再利用概率的可列可加性及 $P(\varnothing)=0$ 后，就得

$$P\left(\bigcup_{i=1}^{n}A_i\right)=\sum_{i=1}^{n}P(A_i).$$

性质 1.2.3 对任一事件 A，有

$$P(\overline{A})=1-P(A). \tag{1.2.3}$$

证： 由于 $A\in\mathcal{F}$，故 $\overline{A}\in\mathcal{F}$. 注意到 $A\cup\overline{A}=\Omega$，$A\overline{A}=\varnothing$. 故 $P(\Omega)=P(A\cup\overline{A})=P(A)+P(\overline{A})$，即 $1=P(A)+P(\overline{A})$，从而

$$P(\overline{A})=1-P(A).$$

性质 1.2.4 对任意两个事件 A、B，有

$$P(A-B)=P(A)-P(AB). \tag{1.2.4}$$

证： 首先我们证明 $\mathcal{F}$ 对事件交运算封闭，即设法证明若 $A\in\mathcal{F}$、$B\in\mathcal{F}$，则 $AB\in\mathcal{F}$. 这是由于 $AB=\overline{(\overline{AB})}=\overline{(\overline{A}\cup\overline{B})}$，而求余运算及并运算对于 $\mathcal{F}$ 而言皆是封闭的，即由 $A\in\mathcal{F}$、$B\in\mathcal{F}$ 可推出 $\overline{A}\in\mathcal{F}$、$\overline{B}\in\mathcal{F}$，于是得到 $\overline{A}\cup\overline{B}\in\mathcal{F}$，进一步有 $\overline{(\overline{A}\cup\overline{B})}\in\mathcal{F}$，从而可知 $AB\in\mathcal{F}$. 接着证明 $A-B\in\mathcal{F}$. 这可直接从等式 $A-B=A\overline{B}$ 以及 $\mathcal{F}$ 对余、交运算的封闭性看出.

下面证明概率等式（式 1.2.4）成立：

由于 $A=A\Omega=A(B\cup\overline{B})=AB\cup A\overline{B}$，注意到 B、$\overline{B}$ 不相容以及 AB 与 $A\overline{B}$ 不相容. 所以，由性质 1.2.2 可知 $P(A)=P(AB)+P(A\overline{B})$，从而

$$P(A-B)=P(A\overline{B})=P(A)-P(AB).$$

性质 1.2.5 对任意两事件 A、B,若 $A\supset B$,则

$$P(A-B)=P(A)-P(B). \tag{1.2.5}$$

证: 因为 $A\in\mathcal{F}$、$B\in\mathcal{F}$、$A\supset B$,故 $AB=B\in\mathcal{F}$. 利用性质 1.2.4 得

$$P(A-B)=P(A)-P(AB)=P(A)-P(B).$$

推论(单调性) 若 $A\supset B$,则 $P(A)\geqslant P(B)$. (1.2.6)

性质 1.2.6 (加法公式)对任意两个事件 A、B,有

$$P(A\cup B)=P(A)+P(B)-P(AB). \tag{1.2.7}$$

证: 因为 $A\cup B=A\overline{B}\cup B$,而且 $A\overline{B}$ 与 B 互不相容,由性质 1.2.2 得

$$P(A\cup B)=P(A\overline{B})+P(B)=P(A-B)+P(B),$$

再由性质 1.2.4 得 $P(A-B)=P(A)-P(AB)$,代入上式,得

$$P(A\cup B)=P(A)+P(B)-P(AB).$$

推论(半可加性) 对任意两个事件 A、B,有

$$P(A\cup B)\leqslant P(A)+P(B). \tag{1.2.8}$$

利用数学归纳法,可以将性质 1.2.6 推广到任意有限个事件的并,即有

$$P\left(\bigcup_{i=1}^{n}A_i\right)=\sum_{i=1}^{n}P(A_i)-\sum_{1\leqslant i<j\leqslant n}P(A_iA_j)+\sum_{1\leqslant i<j<k\leqslant n}P(A_iA_jA_k)+\cdots+(-1)^{n-1}P\left(\bigcap_{i=1}^{n}A_i\right). \tag{1.2.9}$$

显然对于任意 3 个事件 A、B、C,有

$$P(A\cup B\cup C)=P(A)+P(B)+P(C)-P(AB)-P(AC)-P(BC)+P(ABC).$$

例 1.2.8 已知 $P(A)=P(B)=P(C)=\frac{1}{4}$, $P(AB)=0$, $P(AC)=P(BC)=\frac{1}{16}$, 试求 A、B、C 都不发生的概率.

解: 由于 $P(AB)=0$ 且 $ABC\subset AB$,故由概率的非负性及单调性知 $0\leqslant P(ABC)\leqslant P(AB)=0$,从而 $P(ABC)=0$,再由加法公式得

$$\begin{aligned}P(A\cup B\cup C)&=P(A)+P(B)+P(C)-P(AB)-P(AC)-P(BC)+P(ABC)\\&=\frac{3}{4}-\frac{2}{16}=\frac{10}{16}=\frac{5}{8}.\end{aligned}$$

从而"A、B、C 都不发生"的概率为

$$P(\overline{A}\,\overline{B}\,\overline{C})=P(\overline{A\cup B\cup C})=1-P(A\cup B\cup C)=1-\frac{5}{8}=\frac{3}{8}.$$

例 1.2.9 设 12 件产品中有 9 件正品、3 件次品,从中任取 5 件,试求在取出的 5 件中:(1) 至少有一件次品的概率;(2) 至多有一件次品的概率.

解：设 A_i＝{取出 5 件产品中恰有 i 件次品} $(i=0,1,2,3)$，则 A_i 的概率可用超几何分布的公式计算，即

$$P(A_0)=\frac{\binom{3}{0}\binom{9}{5}}{\binom{12}{5}}=\frac{7}{44},\quad P(A_1)=\frac{\binom{3}{1}\binom{9}{4}}{\binom{12}{5}}=\frac{21}{44},$$

$$P(A_2)=\frac{\binom{3}{2}\binom{9}{3}}{\binom{12}{5}}=\frac{7}{22},\quad P(A_3)=\frac{\binom{3}{3}\binom{9}{2}}{\binom{12}{5}}=\frac{1}{22}.$$

(1) 设 A＝{取出 5 件产品中至少有一件次品}，由于 $A=A_1\cup A_2\cup A_3$，且 A_1、A_2、A_3 互不相容，故由性质 1.2.2 有

$$\begin{aligned}P(A)&=P(A_1)+P(A_2)+P(A_3)\\&=\frac{21}{44}+\frac{7}{22}+\frac{1}{22}=\frac{37}{44}.\end{aligned}$$

也可用对立事件计算，即 $P(A)=1-P(\overline{A})=1-P(A_0)=1-\frac{7}{44}=\frac{37}{44}$.

(2) 设 B＝{取出 5 件产品中至多有一件次品}，由事件关系知 $B=A_0\cup A_1$，注意到 A_0 与 A_1 互不相容，故 $P(B)=P(A_0)+P(A_1)=\frac{7}{44}+\frac{21}{44}=\frac{7}{11}$.

1.3 条件概率与独立性

1.3.1 条件概率与乘法公式

上面一节中我们导出了事件并、事件差、事件余的概率计算公式，它们给一些复合事件的概率计算带来很大的方便. 然而当涉及以事件的概率计算事件交的概率(定理 1.3.1)，时，往往要用到“条件概率”这样的新概念. 条件概率(Conditional Probability)指的是在事件 B 发生的条件下，另一事件 A 发生的概率，记为 $P(A|B)$. 由于比较的基础对象不一样，所以它与 $P(A)$是不同的两类概率.

例如，两台机床加工同一种零件，得到结果如下表：

	合格品数	次品数	总计
第一台机床加工的零件数	35	5	40
第二台机床加工的零件数	50	10	60
总计	85	15	100

从 100 个零件中任取一个零件，取得合格品(设为事件 A)的概率

$$P(A)=\frac{85}{100}=0.85,$$

如果已知取出的零件是第一台机床加工的(设为事件 B)，则有条件概率

$$P(A\mid B)=\frac{35}{40}=0.875,$$

如果已知取出的零件是第二台机床加工的(设为事件$\overline{B}$)，则有条件概率

$$P(A\mid \overline{B})=\frac{50}{60}=0.833,$$

若把 $P(A\mid B)=\frac{35}{40}$ 的分子分母各除以总数 100，则有 $P(A\mid B)=\frac{35/100}{40/100}$，注意到分母 $\frac{40}{100}=P(B)$，而分子 $\frac{35}{100}=P(AB)$. 故

$$P(A\mid B)=\frac{P(AB)}{P(B)}.$$

这个关系具有一般性，即条件概率是两个无条件概率之商.

定义 1.3.1 设 A、B 是概率空间$(\Omega,\ \mathcal{F},\ P)$中的两事件，$P(B)>0$，则

$$P(A\mid B)=\frac{P(AB)}{P(B)} \tag{1.3.1}$$

称为"在事件 B 发生条件下，事件 A 发生的条件概率"，简称为条件概率.

例 1.3.1 设某样本空间 Ω 含有 25 个等可能的样本点，事件 A 含有 15 个样本点，事件 B 含有 7 个样本点，交事件 AB 含 5 个样本点(图 1.3.1)，这时有 $P(A)=\frac{15}{25}$，$P(B)=\frac{7}{25}$，$P(AB)=\frac{5}{25}$. 则 B 发生条件下，事件 A 发生的条件概率为

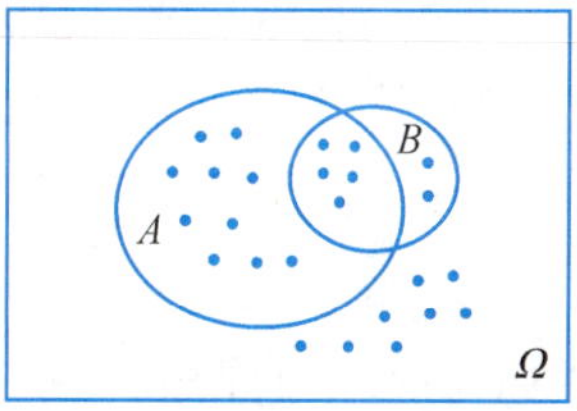

图 1.3.1

$$P(A\mid B)=\frac{P(AB)}{P(B)}=\frac{5/25}{7/25}=\frac{5}{7}.$$

此结果也可如此考虑：在事件 B 发生的条件下，B 中的 7 个样本点属于 A 的只有 5 个，所以其比例 $P(A\mid B)=\frac{5}{7}$. 即在计算这一类等概性问题(例如古典概型问题)时，常可认为样本空间从 Ω"缩小"为 $\Omega_B=B$. 但应该指出的是上述看法严格讲是不正确的. 因为随机事件 A 必须是样本空间的一个子集，若新的样本空间为 $\Omega_B=B$，那么 $A\overline{B}$中的 10 个样本点不属于 B，从而 A 亦不能认为是 Ω_B 的子集，故"缩小"样本空间的看法仅适用于古典概型这类问题的计算中，而不能任意地加以推广. 事实上，比较严格的看法应该是利用概率测度变换的

思想，把条件概率 $P(A\mid B)$ 理解为定义于可测空间$(\Omega, \mathcal{F})$上的新概率，为此我们固定事件 B，让 A 为$\mathcal{F}$中的任意元素，那么可以验证概率公理化定义中的 3 个要求对 $P(\cdot\mid B)$而言都成立，即当 $P(B)>0$ 时有：

非负性，$P(A\mid B)=\dfrac{P(AB)}{P(B)}\geqslant 0$；

规范性，$P(\Omega\mid B)=\dfrac{P(\Omega B)}{P(B)}=\dfrac{P(B)}{P(B)}=1$；

可列可加性，$P(\bigcup\limits_{i=1}^{\infty} A_i\mid B)=\dfrac{P(\bigcup\limits_{i=1}^{\infty} A_i\cdot B)}{P(B)}=\dfrac{P(\bigcup\limits_{i=1}^{\infty}(A_iB))}{P(B)}$.

在 A_1、A_2、… 互不相容时，A_1B、A_2B、… 也互不相容，故由 $P\Big(\bigcup\limits_{i=1}^{\infty}(A_iB)\Big)=\sum\limits_{i=1}^{\infty}P(A_iB)$ 可知，$P(\bigcup\limits_{i=1}^{\infty} A_i\mid B)=\dfrac{\sum\limits_{i=1}^{\infty}P(A_iB)}{P(B)}=\sum\limits_{i=1}^{\infty}\dfrac{P(A_iB)}{P(B)}=\sum\limits_{i=1}^{\infty}P(A_i\mid B)$.
从而利用概率公理化定义，可以认为 $P(\cdot\mid B)$为新的概率 $P_{新}(\cdot)$. 于是概率空间从原有的$(\Omega, \mathcal{F}, P)$变为新的$(\Omega, \mathcal{F}, P_{新})$，其中样本空间以及事件域$\mathcal{F}$都没有变化. 利用这个观点，可以帮助我们把前面证明过的概率的很多性质直接推广到条件概率. 例如：

$$P(\overline{A}\mid B)=P_{新}(\overline{A})=1-P_{新}(A)=1-P(A\mid B);$$

$$\begin{aligned}P(A_1\cup A_2\mid B)&=P_{新}(A_1\cup A_2)=P_{新}(A_1)+P_{新}(A_2)-P_{新}(A_1A_2)\\&=P(A_1\mid B)+P(A_2\mid B)-P(A_1A_2\mid B).\end{aligned}$$

在使用这种公式时当然要注意公式中的 B 是始终不变的.

由条件概率定义，自然可得到概率的乘法公式.

定理 1.3.1 对于给定的概率空间$(\Omega, \mathcal{F}, P)$，设 A、B 为任意事件，则当 $P(B)>0$ 时，有

$$P(AB)=P(B)P(A\mid B);$$

当 $P(A)>0$ 时，有

$$P(AB)=P(A)P(B\mid A).$$

乘法公式可推广到多个事件，即若 $P(A_1A_2\cdots A_{n-1})>0$，则

$$P(\bigcap_{i=1}^{\infty} A_i)=P(A_1)P(A_2\mid A_1)P(A_3\mid A_1A_2)\cdots P(A_n\mid A_1A_2\cdots A_{n-1}).\qquad(1.3.2)$$

证： $n=2$ 时的乘法公式可直接由条件概率的定义得到. 当 $n>2$ 时，为证式(1.3.2)，首先注意到 $P(A_1)\geqslant P(A_1A_2)\geqslant P(A_1A_2A_3)\geqslant\cdots\geqslant P(A_1A_2\cdots A_{n-1})$.
故式(1.3.2)中的条件概率均有意义，再按条件概率定义，式(1.3.2)的右边为

$$P(A_1)\cdot\frac{P(A_1A_2)}{P(A_1)}\cdot\frac{P(A_1A_2A_3)}{P(A_1A_2)}\cdot\cdots\cdot\frac{P(A_1A_2\cdots A_n)}{P(A_1A_2\cdots A_{n-1})}=P(A_1A_2\cdots A_n).$$

从而式(1.3.2)成立.

例 1.3.2 一批零件共 100 个,其中 10 个为次品,从中(按不放回方式)逐个抽取零件,问:

(1) 试求第三次才取到合格品的概率;

(2) 如果取到一个合格品后就不用继续抽取零件,试求在 3 次内取到合格品的概率.

解:设事件 A_i 表示第 i 次取到合格品 $(i=1, 2, 3)$.

(1) 事件"第三次才取到合格品" $=\overline{A}_1\,\overline{A}_2A_3$. 故从

$$P(\overline{A}_1)=\frac{10}{100},\ P(\overline{A}_2\mid\overline{A}_1)=\frac{9}{99},\ P(A_3\mid\overline{A}_1\,\overline{A}_2)=\frac{90}{98},$$

可知

$$P(\overline{A}_1\,\overline{A}_2A_3)=P(\overline{A}_1)P(\overline{A}_2\mid\overline{A}_1)P(A_3\mid\overline{A}_1\,\overline{A}_2)=\frac{10}{100}\cdot\frac{9}{99}\cdot\frac{90}{98}\approx 0.008\,3.$$

(2) 事件"在 3 次内取到合格品" $=A_1\cup\overline{A}_1A_2\cup\overline{A}_1\,\overline{A}_2A_3\xlongequal{\Delta}A$, 故所求概率为

$$\begin{aligned}P(A)&=P(A_1\cup\overline{A}_1A_2\cup\overline{A}_1\,\overline{A}_2A_3)=P(A_1)+P(\overline{A}_1A_2)+P(\overline{A}_1\,\overline{A}_2A_3)\\&=P(A_1)+P(\overline{A}_1)P(A_2\mid\overline{A}_1)+0.008\,3=\frac{90}{100}+\frac{10}{100}\cdot\frac{90}{99}+0.008\,3\\&\approx 0.999\,3.\end{aligned}$$

当然,(2) 还可用对立事件 $\overline{A}$ 计算,此时由于 $\overline{A}=\overline{A}_1\,\overline{A}_2\,\overline{A}_3$,故从 $P(\overline{A})=P(\overline{A}_1)P(\overline{A}_2\mid\overline{A}_1)P(\overline{A}_3\mid\overline{A}_1\,\overline{A}_2)=\frac{10}{100}\cdot\frac{9}{99}\cdot\frac{8}{98}\approx 0.000\,7$ 可得到一样的结果.

1.3.2 事件独立性和试验独立性

独立性是概率论中又一重要概念,独立性(Independence)是指试验结果互不影响. 利用独立性我们可以简化事件交的概率计算. 前面提到的放回抽样往往与独立性有关. 事实上由于抽样是放回的,故第一次抽样与第二次抽样时的情况基本相同,所以第一次抽样的结果不会影响第二次抽样. 用条件概率进行描写,即成立 $P(A_2\mid A_1)=P(A_2)$,其中 A_i 为第 i 次抽样的结果 $(i=1, 2)$. 概率论中有多种独立性,但最基本的是两个事件的独立性. 另外由于条件概率要涉及 $P(A_1)\neq 0$,故有时直接用事件交的公式来定义两个事件的独立性.

定义 1.3.2 对于随机事件 A、B,若有

$$P(AB)=P(A)P(B), \tag{1.3.3}$$

则称 A 与 B 相互独立,否则 A 与 B 相互不独立.

显然当 $P(B)\neq 0$ 时,利用条件概率表达式 $P(A\mid B)=\dfrac{P(AB)}{P(B)}$,可把式(1.3.3)化为 $P(A\mid B)=P(A)$ 来定义;类似地,当 $P(A)\neq 0$ 时,独立性可用 $P(B\mid A)=\dfrac{P(AB)}{P(A)}$ 来定义.

应该注意“独立”与“不相容”是两个不同的概念，后者甚至不涉及概率的定义.

判断事件独立性有多种方法，有时可以直观地看出，例如前后两次掷骰子时，由于所得结果互不影响，故事件 A=“第一次骰子的结果为 1 点”与事件 B=“第二次骰子结果为 2 点”相互独立；有时可以利用下面的性质进行判别.

性质：若事件 A 与 B 独立，则 A 与$\overline{B}$独立，$\overline{A}$与 B 独立，$\overline{A}$与$\overline{B}$也独立.

证：由概率性质知

$$P(A\overline{B}) = P(A-B) = P(A-AB) = P(A) - P(AB),$$

利用已知条件 A 与 B 独立，即 $P(AB) = P(A)P(B)$，上式可变为

$$P(A\overline{B}) = P(A) - P(A)P(B) = P(A)(1-P(B)) = P(A)P(\overline{B}),$$

故 A 与$\overline{B}$独立. 交换 A 与 B 的位置，可得$\overline{A}$与 B 独立，进一步还可得$\overline{A}$与$\overline{B}$也独立.

例 1.3.3 设有甲、乙两名射手，他们命中目标的概率分别为 0.8 和 0.7，现两人同时向该目标射击一次，(1) 试求目标被击中的概率；(2) 若已知目标被击中，再求其中甲命中的概率.

解：设 A={甲命中目标}，B={乙命中目标}，C={目标被命中}，且由题意可看出 A、B 是独立的，故

(1)
$$\begin{aligned} P(C) &= P(A\cup B) = P(A)+P(B)-P(AB) \\ &= P(A)+P(B)-P(A)P(B) \\ &= 0.8+0.7-0.8\times 0.7 = 0.94. \end{aligned}$$

也可用对立事件计算，即由于 $\overline{C} = \overline{A}\,\overline{B}$，且$\overline{A}$与$\overline{B}$也独立，故

$$\begin{aligned} P(C) &= 1-P(\overline{C}) = 1-P(\overline{A}\,\overline{B}) = 1-P(\overline{A})P(\overline{B}) \\ &= 1-(1-0.8)(1-0.7) = 0.94. \end{aligned}$$

(2) 所求为条件概率 $P(A|C)$，由条件概率展开式有

$$P(A\mid C) = \frac{P(AC)}{P(C)} = \frac{P(A)}{P(C)} = \frac{0.8}{0.94} = \frac{40}{47}.$$

例 1.3.4 设随机事件 A、B，成立条件 $0<P(A)<1$ 及 $P(B\mid A) = P(B\mid \overline{A})$，试证：$A$ 与 B 独立.

证：由展开等式 $P(B\mid A) = P(B\mid \overline{A})$，得

$$\frac{P(BA)}{P(A)} = \frac{P(B\overline{A})}{P(\overline{A})},$$

约去分母得 $P(\overline{A})P(BA) = P(A)P(B\overline{A})$，代入 $P(\overline{A}) = 1-P(A)$ 后得

$$[1-P(A)]P(BA) = P(A)P(B\overline{A}),$$

即 $P(BA)-P(A)P(BA) = P(A)P(B\overline{A})$，移项，得

$$P(BA) = P(A)P(BA)+P(A)P(B\overline{A}) = P(A)[P(BA)+P(B\overline{A})].$$

注意到 A 与 $\overline{A}$ 不相容，BA 与 $B\overline{A}$ 不相容，故

$$P(BA)+P(B\overline{A})=P(BA\cup B\overline{A})=P(B\Omega)=P(B).$$

代入前式，得

$$P(BA)=P(A)P(B),$$

故 A 与 B 独立.

对于三个事件，我们不仅可以定义两两独立性，还可定义要求更高的相互独立性.

定义 1.3.3 设 A、B、C 是三个事件，如果有

$$\begin{cases}P(AB)=P(A)P(B),\\ P(AC)=P(A)P(C),\\ P(BC)=P(B)P(C),\end{cases}\tag{1.3.4}$$

则称 A、B、C 为两两独立. 若进一步还有

$$P(ABC)=P(A)P(B)P(C),\tag{1.3.5}$$

则称 A、B、C 为相互独立.

相互独立的要求比两两独立要求高，对 n 个事件 $A_1, A_2, \cdots, A_n$，如果以下的乘法关系成立：

$$P(A_{i1}A_{i2}\cdots A_{im})=P(A_{i1})P(A_{i2})\cdots P(A_{im}),\tag{1.3.6}$$

其中 $A_{i1}, A_{i2}, \cdots, A_{im}$ 是 $A_1, A_2, \cdots, A_n$ 中的任意 m 个事件 $(2\leqslant m\leqslant n)$，则称这 n 个事件相互独立.

从上述定义可以看出，n 个相互独立的事件中的任意一部分仍是相互独立的，同时与定义 1.3.2 中的性质类似，可以证明：将相互独立事件中的任一部分换成对立事件，所得诸事件仍是相互独立的.

例 1.3.5 3 人独立破译密码，他们单独能破译的概率分别为 $\frac{1}{5}, \frac{1}{3}, \frac{1}{4}$，试求此密码能被破译出的概率.

解： 设 $A_i=\{$第 i 个人能破译密码$\}$ $(i=1, 2, 3)$，$B=\{$该密码被破译$\}$. 由于 $\overline{B}=\overline{A}_1\overline{A}_2\overline{A}_3$，故

$$P(B)=1-P(\overline{B})=1-P(\overline{A}_1\overline{A}_2\overline{A}_3).$$

注意到 $A_i(i=1, 2, 3)$ 之间相互独立，故 $\overline{A}_i(i=1, 2, 3)$ 之间也相互独立，从而有

$$\begin{aligned}P(B)&=1-P(\overline{A}_1\overline{A}_2\overline{A}_3)=1-P(\overline{A}_1)P(\overline{A}_2)P(\overline{A}_3)\\&=1-\left(1-\frac{1}{5}\right)\times\left(1-\frac{1}{3}\right)\times\left(1-\frac{1}{4}\right)=\frac{3}{5}.\end{aligned}$$

例 1.3.6 有甲、乙两名射手比赛射击，各人轮流射击同一目标，甲射击的命中概率为

α，乙射击的命中概率为 β，甲先射击，比赛规定谁先命中谁获胜，问甲、乙两人获胜概率各为多少 $(0<\alpha<1,\ 0<\beta<1)$？

解：令事件 A_i 为"第 i 次射击命中目标" $(i=1,2,\cdots)$，由于甲先射击，故事件"甲获胜"可以表示为

$$A_1\cup\overline{A}_1\,\overline{A}_2A_3\cup\overline{A}_1\,\overline{A}_2\,\overline{A}_3\,\overline{A}_4A_5\cup\cdots,$$

注意到上述分解式中求并运算符两边的事件是互不相容的，故

$$\begin{aligned}P\{\text{甲获胜}\}&=P(A_1)+P(\overline{A}_1\,\overline{A}_2A_3)+P(\overline{A}_1\,\overline{A}_2\,\overline{A}_3\,\overline{A}_4A_5)+\cdots\\&=\alpha+(1-\alpha)(1-\beta)\alpha+(1-\alpha)^2(1-\beta)^2\alpha+\cdots\\&=\sum_{i=0}^{\infty}(1-\alpha)^i(1-\beta)^i\alpha=\frac{\alpha}{1-(1-\alpha)(1-\beta)},\end{aligned}$$

而

$$\begin{aligned}P\{\text{乙获胜}\}&=1-P\{\text{甲获胜}\}=1-\frac{\alpha}{1-(1-\alpha)(1-\beta)}\\&=\frac{1-(1-\alpha-\beta+\alpha\beta)-\alpha}{1-(1-\alpha)(1-\beta)}=\frac{\beta(1-\alpha)}{1-(1-\alpha)(1-\beta)}.\end{aligned}$$

当 $\alpha=\beta=p$ 时，

$$P\{\text{甲获胜}\}=\frac{p}{1-(1-p)^2}=\frac{p}{2p-p^2}=\frac{1}{2-p}=\frac{1}{1+q},$$

$$P\{\text{乙获胜}\}=1-\frac{1}{1+q}=\frac{q}{1+q}.$$

其中 $q=1-p$. 由于 $0<q<1$，故甲获胜可能性大，这意味着在水平相当的比赛中先开局能形成较大的优势，故实际比赛时往往通过抽签来确定谁先开局.

例 1.3.7 系统由多个元件构成(图 1.3.2)，假设每个元件正常工作的概率为 0.9，试求在各元件独立工作的情况下，整个系统正常工作的概率.

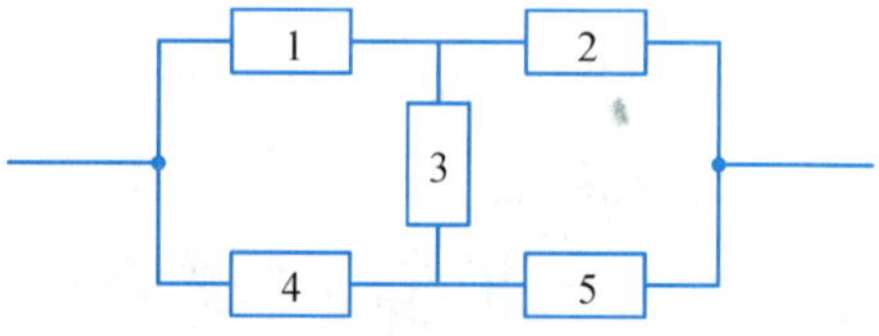

图 1.3.2 系统 S

解：设 $S=$"整个系统能正常工作"，$A_i=$"第 i 个元件正常工作" $(i=1,2,\cdots,5)$. 每个元件正常工作概率记为 p，为讨论系统 S，按关键元件 3 的情况进行分解，即 $S=SA_3\cup S\overline{A}_3$. 然后利用事件并的概率加法公式，得

$$P(S)=P(SA_3)+P(S\overline{A}_3),$$

进一步利用概率的乘法公式把上式化为

$$P(S)=P(S\mid A_3)P(A_3)+P(S\mid\overline{A}_3)P(\overline{A}_3).$$

由于 $P(A_3)=p$，$P(\overline{A}_3)=1-P(A_3)=1-p$，故要计算 $P(S)$ 只需设法计算 $P(S|A_3)$ 与

$P(S|\overline{A}_3)$即可. 对于 $P(S|A_3)$，注意到在 A_3 条件下系统 S 能正常工作等价于一个新的“先并后串”系统 S_1(图 1.3.3)能正常工作，故

$$P(S \mid A_3) = P(S_1 \mid A_3),$$

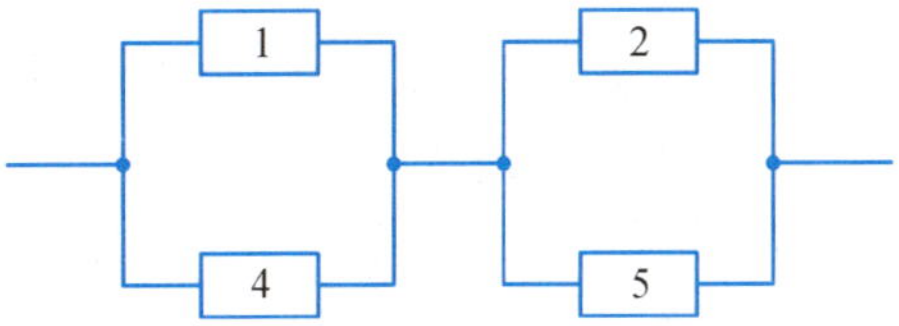

图 1.3.3 先并联后串联系统 S_1

但 S_1 由元件 1, 2, 4, 5 所构成，利用元件工作的独立性即知 $P(S_1 \mid A_3) = P(S_1)$. 从而有 $P(S \mid A_3) = P(S_1) = P[(A_1 \cup A_4) \cap (A_2 \cup A_5)]$，进一步利用独立性简化交运算后有

$$\begin{aligned} P(S \mid A_3) &= P(A_1 \cup A_4) \cdot P(A_2 \cup A_5) \\ &= [P(A_1) + P(A_4) - P(A_1A_4)] \cdot [P(A_2) + P(A_5) - P(A_2A_5)] \\ &= (2p - p^2)^2 = p^2(2-p)^2. \end{aligned}$$

类似地

$$P(S \mid \overline{A}_3) = P(S_2 \mid \overline{A}_3) = P(S_2),$$

其中 S_2 为“先串联后并联”新系统(图 1.3.4)，故

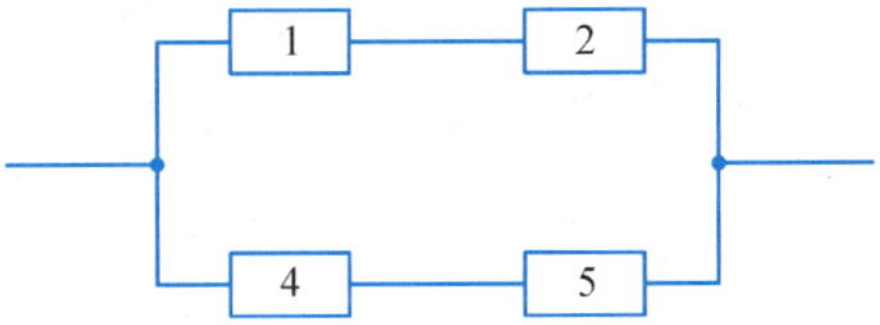

图 1.3.4 先串联后并联系统 S_2

$$\begin{aligned} P(S \mid \overline{A}_3) = P(S_2) &= P(A_1A_2 \cup A_4A_5) = P(A_1A_2) + P(A_4A_5) - P(A_1A_2A_4A_5) \\ &= p^2 + p^2 - p^4 = 2p^2 - p^4 = p^2(2-p^2). \end{aligned}$$

把所有结果代入到前面的 $P(S)$中，得

$$\begin{aligned} P(S) &= P(S \mid A_3)P(A_3) + P(S \mid \overline{A}_3)P(\overline{A}_3) \\ &= p^2(2-p^2)^2 p + p^2(2-p^2)(1-p) \\ &= 0.9^2 \times (1.089 + 0.119) = 0.97848. \end{aligned}$$

注：本例涉及的问题有时也称为可靠性问题，有关可靠性的例子还可见例 3.4.12.

利用事件的独立性可以定义两个试验的独立性.

定义 1.3.4 设有两个试验 E_1 和 E_2，试验 E_1 的任一结果(事件 A)与试验 E_2 的任一结果(事件 B)都相互独立时，称这两个试验是独立的.

例如掷一枚硬币(试验 E_1)，其可能结果记为事件 A_1、A_2(即出现正面或出现反面)；另外掷一颗骰子，其可能结果分别记为事件 $B_1, B_2, \cdots, B_6$(即出现点数分别为 1 点，2 点，…，6 点)，则当对 $\forall\ i = 1, 2,\ j = 1, 2, \cdots, 6$，

$$P(A_iB_j) = P(A_i)P(B_j)$$

成立时，称这两个试验独立.

类似地，多个事件相互独立概念也可推广到多个试验的相互独立性. 对试验 E_1，E_2，…，E_n 而言，如果 E_1 的任一结果，E_2 的任一结果，…，E_n 的任一结果都是相互独立的，则称这 n 个试验相互独立.

进一步，如果这 n 个独立试验是同一种试验(例如反复掷同一颗骰子)，这时称为 n 重重复独立试验. 而在 n 重重复独立试验中，若每次试验的结果只有两个(例如反复掷硬币时，只会出现正面或反面)时，则这种试验称为 n 重伯努利试验. n 重伯努利试验涉及概率论中很重要的二项分布，这在后面几章中会详细讨论.

1.4 全概率公式与贝叶斯公式

利用上一节引进的“条件概率”概念，我们不仅可以得到乘法公式，还可以导出有用的全概率公式与贝叶斯(Bayes)公式，它们为我们提供了一种计算复杂事件概率的有效途径.

1.4.1 全概率公式与贝叶斯公式

性质 1.4.1(全概率公式) 设事件 B_1，B_2，…，B_n 为样本空间 Ω 的一个分割(图 1.4.1)，即 B_1，B_2，…，B_n 互不相容，且 $\bigcup\limits_{i=1}^{n} B_i=\Omega$，如果要求 $P(B_i)>0$($i=1,2,\cdots,n$)，则对任一事件 A，有

$$P(A)=\sum_{i=1}^{n}P(B_i)P(A\mid B_i).$$

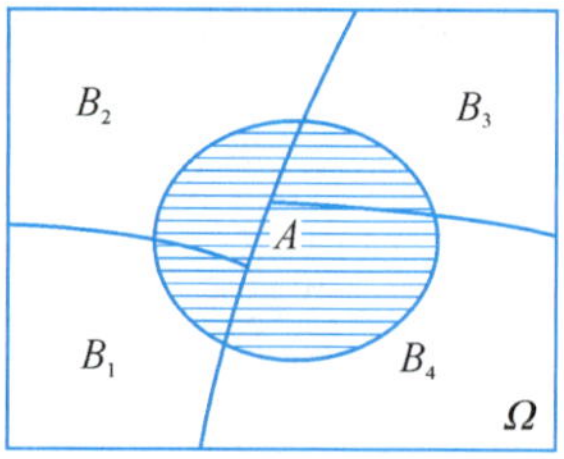

图 1.4.1 $n=4$ 时 Ω 的一个分割

证明: 由于 $\Omega=\bigcup\limits_{i=1}^{n} B_i$，故

$$A=A\Omega=A\bigcup_{i=1}^{n} B_i=\bigcup_{i=1}^{n}(AB_i).$$

注意到$\{B_i\}$之间互不相容性必然导致$\{AB_i\}$之间的互不相容性，故

$$P(A)=P\left[\bigcup_{i=1}^{n}(AB_i)\right]=\sum_{i=1}^{n}P(AB_i),$$

进一步利用 $P(AB_i)=P(B_i)P(A\mid B_i)$ 后，得

$$P(A)=\sum_{i=1}^{n}P(AB_i)=\sum_{i=1}^{n}P(B_i)P(A\mid B_i).$$

在使用全概率公式时，要注意选取合适的分割$\{B_i\}$，B_i 的出现可以把整体 Ω 分解为 $\Omega=\bigcup\limits_{i=1}^{n} B_i$，同时也把整体 A 分解为 $A=\bigcup\limits_{i=1}^{n}(AB_i)$. 这种化整为零、逐个击破的思想正是全概率公式之所以有用的原因.

例 1.4.1 某学生把钥匙遗失了，估计落在宿舍、教室、路上的概率分别为 p_1、p_2、p_3，($p_1+p_2+p_3=1$)，而在这 3 种情况下能找到钥匙的概率分别为 α_1、α_2、α_3，试求该学生能找到钥匙的概率.

解:记 A_1、A_2、A_3 分别为钥匙落在宿舍、教室、路上 3 个事件，记 B 为能找到钥匙这一事件. 由于$\{A_1, A_2, A_3\}$可以构成 Ω 的一个分割，而且由题知 $P(A_i)=p_i$，$P(B \mid A_i)=\alpha_i(i=1, 2, 3)$. 应用全概率公式，得

$$P(B)=\sum_{i=1}^{3} P(A_i) P(B \mid A_i)=\sum_{i=1}^{3} p_i \alpha_i .$$

观察上面结果，注意到 $p_1+p_2+p_3=1$，故 $P(B)$可认为是$\{\alpha_i\}$的加权平均，或者说$P(B)$是$\{P(B|A_1)$、$P(B|A_2)$、$P(B|A_3)\}$的加权平均，其加权系数正好就是$\{P(A_1), P(A_2), P(A_3)\}$.

例 1.4.2 某工厂有 4 条流水线生产同一种产品，4 条流水线的产量分别占总产量的 15%，20%，30%，35%，且这 4 条流水线的不合格品的概率依次为 0.05，0.04，0.03，0.02，现从该厂的产品中任取一件，问抽到合格品的概率为多少?

解:设 A={任取一件产品，恰好抽到合格品}，B_i={任取一件产品，恰好抽到第 i 条流水线的产品}($i=1, 2, 3, 4$). 由于$\{B_i\}$构成 Ω 的一个分割，同时容易计算 $P(B_i)$以及 $P(A \mid B_i)=1-P(\bar{A} \mid B_i)$，故利用全概率公式得

$$\begin{aligned} P(A) &= \sum_{i=1}^{4} P(B_i) P(A \mid B_i)=\sum_{i=1}^{4} P(B_i)[1-P(\bar{A} \mid B_i)] \\ &= 0.15 \times(1-0.05)+0.20 \times(1-0.04)+0.30 \times(1-0.03)+0.35 \times(1-0.02) \\ &= 0.15 \times 0.95+0.20 \times 0.96+0.30 \times 0.97+0.35 \times 0.98=0.9685 . \end{aligned}$$

分析本例的已知条件，4 条流水线的产量占总产量的比例是确定的，然而在前面的例 1.4.1 中，钥匙落在不同地区的概率却是估计的(常称为先验概率). 为使答案准确，当然希望能找到较为正确的数据，其中常采用的就是设法用后验概率来修正先验概率，在修正时所谓的贝叶斯公式就起了很大的作用.

性质 1.4.2(贝叶斯公式) 设事件 $B_1, B_2, \cdots, B_n$ 是样本空间 Ω 的一个分割，即 $B_1, B_2, \cdots, B_n$ 互不相容，且 $\bigcup_{i=1}^{n} B_i=\Omega$，则对任一事件 A，在条件 $P(A)>0$，$P(B_i)>0$ ($i=1, 2, \cdots, n$) 成立时，必有

$$P(B_i \mid A)=\frac{P(B_i) P(A \mid B_i)}{P(A)}=\frac{P(B_i) P(A \mid B_i)}{\sum_{j=1}^{n} P(B_j) P(A \mid B_j)} \quad (i=1, 2, \cdots, n).$$

证:利用概率交的乘法公式 $P(AB_i)=P(A) P(B_i \mid A)=P(B_i) P(A \mid B_i)$，即知

$$P(B_i \mid A)=\frac{P(B_i) P(A \mid B_i)}{P(A)},$$

再代入全概率公式后，就有

$$P(B_i \mid A) = \frac{P(B_i)P(A \mid B_i)}{\sum_{i=1}^{n} P(B_i)P(A \mid B_i)}.$$

为避免混淆，我们把分母中 $\sum$ 求和的累加指标从 i 改为 j，这就是欲证的公式.

例 1.4.3 对于例 1.4.1 中的情况，假设该学生在宿舍里没找到钥匙，试问此时他对钥匙落在 3 个地区的概率可作什么修正(设 $0<\alpha_i<1,\ 0<p_i<1$)？

解：令 $A_i(i=1,2,3)$ 含义如前，C="在宿舍里没找到钥匙". 由全概率公式

$$\begin{aligned} P(C) &= \sum_{i=1}^{3} P(A_i)P(C \mid A_i) = p_1(1-\alpha_1) + p_2 \times 1 + p_3 \times 1 \\ &= p_1 + p_2 + p_3 - \alpha_1 p_1 = 1 - \alpha_1 p_1, \end{aligned}$$

利用贝叶斯公式，可求钥匙落在 3 个地区的后验概率分别为

$$P(A_1 \mid C) = \frac{P(A_1)P(C \mid A_1)}{P(C)} = \frac{p_1(1-\alpha_1)}{1-\alpha_1 p_1};$$

$$P(A_2 \mid C) = \frac{P(A_2)P(C \mid A_2)}{P(C)} = \frac{p_2}{1-\alpha_1 p_1};$$

$$P(A_3 \mid C) = \frac{P(A_3)P(C \mid A_3)}{P(C)} = \frac{p_3}{1-\alpha_1 p_1}.$$

注意到 $0<\alpha_1 p_1<1$，故 $0<1-\alpha_1 p_1<1$. 由此 $0<p_2<\frac{p_2}{1-\alpha_1 p_1}$，这意味着落在教室里的可能性有所增加，类似地落在路上的可能性也会增加，当然落入宿舍的可能性必有所下降. 本例这种利用后验概率修正先验概率的做法，在后面几章的贝叶斯决策案例分析中还会碰到.

1.4.2 应用案例及分析

例 1.4.4(无线电通讯) 在无线电通讯中，由于随机干扰，当发出信号为"•"时收到信号为"•"、"不清"、"—"的概率分别为 0.7、0.2 和 0.1，当发出信号为"—"时，收到信号为"•"、"不清"、"—"的概率分别为 0, 0.1 和 0.9. 如果整个发报过程中"•"和"—"出现的概率分别为 0.6 和 0.4，试问当收到信号"不清"时应如何估计原发信号？

解：设事件 A={收到"不清"}，B={发出"•"}，$\overline{B}$={发出"—"}.

由题意 $P(B)=0.6,\ P(\overline{B})=0.4,\ P(A \mid B)=0.2,\ P(A \mid \overline{B})=0.1$，根据贝叶斯公式可得

$$P(B \mid A) = \frac{P(B)P(A \mid B)}{P(B)P(A \mid B) + P(\overline{B})P(A \mid \overline{B})}$$

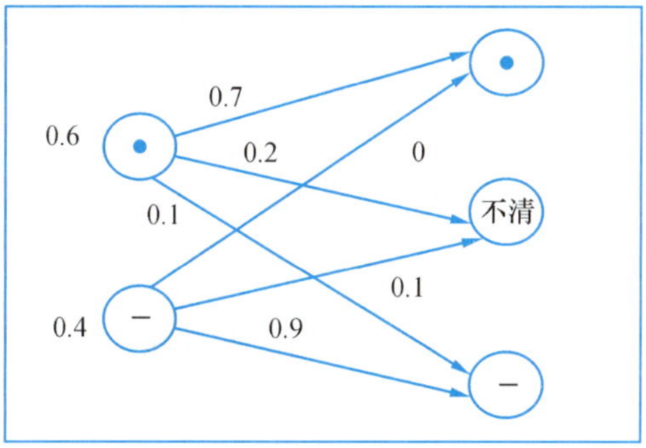

图 1.4.2 发报与收报示意图

$$= \frac{0.6 \times 0.2}{0.6 \times 0.2 + 0.4 \times 0.1} = 0.75 .$$

同样根据贝叶斯公式可得

$$P(\overline{B} \mid A) = 1 - P(B \mid A) = 0.25 .$$

由于 $0.75 > 0.25$ 所以收到信号“不清”时，原发信号为“•”的可能性较大.

注：在本例中我们仅用了部分已知数据，其原因是实际上我们把收到的信号只区分为“不清”与“清”，如果更仔细一些，希望计算收报为“•”时发报也是“•”的概率时，则要用到所有的已知数据.

例 1.4.5(选择题合理性) 考试时每个选择题有 4 个答案，其中只有 1 个是正确的. 当学生不会做时可以随机猜测，估计一个学生会做题与不会做题的概率相等. 现在从卷面上看该题答对了，求此学生确实会做该题的概率.

解：设事件 $A=\{$学生答对该题$\}$，$B=\{$学生会做该题$\}$. 由题意 $P(B) = P(\overline{B}) = 0.5$，同时 $P(A \mid B) = 1$，$P(A \mid \overline{B}) = 0.25$，从而

$$P(B \mid A) = \frac{P(B)P(A \mid B)}{P(B)P(A \mid B) + P(\overline{B})P(A \mid \overline{B})} = \frac{0.5 \times 1}{0.5 \times 1 + 0.5 \times 0.25} = 0.8 .$$

从计算结果分析其结果基本上还是可以的，但若还想提高或改进的话，则可以从几方面着手，一是增加选择题的备选答案(例如 MBA 入学考试)，当备选答案从 4 个增加到 5 个时，对应的 $P(B|A)=0.833$，另外我们对题目的难易度可作适当调整，实际上当把学生会做题的概率令为 p 以后，本题答案应为

$$P(B \mid A) = \frac{p \times 1}{p \times 1 + (1-p) \times 0.25} = \frac{p}{0.75p + 0.25} = \frac{1}{0.75 + \frac{0.25}{p}} .$$

当 p 增加(即题目易做)时，$P(B|A)$增加；当 p 减少(即题目不易做)时，$P(B|A)$减少，所以适当调整题目的难易度可以使选择题的结果更正确反映该生的真实状况.

例 1.4.6(选购方案) 玻璃杯整箱出售，每箱 20 只，假设各箱含 0、1、2 只残次品的概

率分别为0.8、0.1和0.1，顾客欲购一箱玻璃杯，在购买时售货员随意取一箱，而顾客随机察看该箱中4只玻璃杯，若无残次品，则买下该箱玻璃杯，否则退回. 试求：(1) 顾客买下该箱的概率 α；(2) 在顾客买下的一箱中，确实没有残次品的概率 β.

解：设事件 A={顾客买下该箱}，B_i={箱子中有 i 只残次品} $(i=0,1,2)$. 由题意，得 $P(B_0)=0.8$，$P(B_1)=P(B_2)=0.1$，又由超几何分布公式知

$$P(A \mid B_i)=\frac{\binom{20-i}{4}}{\binom{20}{4}} \quad (i=0,1,2).$$

(1) 利用全概率公式，得

$$\alpha=P(A)=\sum_{i=0}^{2} P(B_i)P(A \mid B_i)=0.8\times 1+0.1\times\frac{\binom{19}{4}}{\binom{20}{4}}+0.1\times\frac{\binom{18}{4}}{\binom{20}{4}}=0.94316.$$

(2) 利用贝叶斯公式，得

$$\beta=P(C \mid A)=\frac{P(B_0)P(A \mid B_0)}{P(A)}=\frac{0.8\times 1}{P(A)}=0.84821.$$

本章小结

本章是"概率论"的基础，它围绕着最核心的"概率"进行展开，逐步介绍了一些基本的概念与处理方法. 其中"独立性"与"条件概率"是概率论中两个很重要的概念，利用它们我们可以比较深入地讨论两个事件的相互关系.

概率论基础知识：
- 基本对象(随机事件，随机变量)
- 基本框架(Ω, $\mathcal{F}$, P)
- 基本概念(概率，条件概率，独立性)
- 基本公式(并、交、差公式，全概率公式、Bayes公式)
- 基本模型(古典概型，二项公式、超几何分布模型，抽签模型)

应该指出"概率论"是在"高等数学"之后学习的一门课程，其内容涉及很多高等数学的知识. 但由于处理对象与方法的不同，两者之间还存在着实质性的差别.

思考题

1. 概率中集合运算与高数中代数运算有什么差别？为何随机事件运算涉及集合运算？
2. 概率论基本框架中的"σ-代数$\mathcal{F}$"是什么？为何要引进？

3. 我们常称概率为零的集合为“零概集”. 请问概率为零的集合是否一定是空集$\varnothing$,概率为1的集合是否一定是全空间Ω?
4. 事件“独立”、“不相容”、“互补”有什么差别？为何说“独立”往往“相容”？
5. 条件概率与普通概率有什么差别？如何判别与计算条件概率？
6. 两个随机事件之间可能存在什么关系？“独立性”与“条件概率”在讨论事件关系时分别可以发挥什么作用？
7. 什么场合下,下面各公式分别成立？

$$P(A\cup B)=P(A)+P(B);\ P(A-B)=P(A)-P(B);$$
$$P(A\cap B)=P(A)\cdot P(B);\ P(A\mid B)=P(A)/P(B).$$

8. Bayes公式中什么是“先验概率”和“后验概率”？为何“后验概率”可以修正“先验概率”？能否举出实际应用该处理思想的例子？
9. 概率是否就是频率？我们说一个事件发生的概率是1/3,是否意味着进行三次试验其中有一次成功？学习第4章后,再看此问题,又有什么新的体会？

习题一

基本练习题

1-1 写出下列随机试验的样本空间及下列事件中的样本点:

(1) 将一枚均匀硬币抛二次,两次出现同一面.

(2) 一个口袋中有5只外形完全相同的球,编号分别为1、2、3、4、5,从中同时取3只球,球的最小号码为1.

(3) 将长度为1米的细棒折成三段,观察各段的长度.

1-2 任意抛掷一颗骰子,设事件A表示“出现偶数点”,事件B表示“出现的点数能被3整除”:

(1) 用集合方式表示事件A与B.

(2) 用集合方式分别表示$\overline{A}$, $\overline{B}$, $A\cup B$, AB, $\overline{A\cup B}$,并说明它们分别表示什么事件.

1-3 考虑一对夫妻的年龄,设事件A表示“丈夫的年龄大于40岁”,事件B表示“丈夫的年龄比妻子大”,事件C表示“妻子的年龄大于40岁”. 若以x表示丈夫的年龄,y表示妻子的年龄,试在直角坐标系中标出事件A、B、C的几何区域,并叙述下列事件的意义:(1) ABC;(2) $A-AB$;(3) $A\overline{B}C$.

1-4 根据上题的条件,验证:$A\overline{C}\subset B$.

1-5 考虑数字1, 2, 3, 4的24种可能的排列,并且假设每个排列出现的可能性相等. 设事件A_i表示“数字i出现在第i个位置”,$i=1, 2, 3, 4$,验证:$A_1A_2A_3\subset A_4$和$A_1A_2\overline{A_3}\subset\overline{A_4}$.

1-6 对飞机进行两次射击,每次射一弹,设事件A=“恰有一弹击中飞机”, 事件B=“至少有一弹击中飞机”,事件C=“两弹都击中飞机”, 事件D=“两弹都没击中飞机”,又设随机变量ξ为击中飞机的次数,试用ξ表示事件A、B、C、D. 进一步问A、B、C、D中哪些是互不相容的事件？哪些是对立的事件？

1-7 如果事件A与事件B互为对立事件,证明:事件$\overline{A}$与事件$\overline{B}$也互为对立事件.

1-8 在题1-5的条件下,验证公式:$P(A_1+A_2)=P(A_1)+P(A_2)-P(A_1A_2)$.

1-9 随机地向半圆$0<y<\sqrt{4x-x^2}$内掷一点,点落在半圆内任何区域的概率与区域的面积成正比例,

试求该点与原点的连线与 x 轴的夹角大于$\frac{\pi}{6}$ 的概率.

1-10 某人有 n 把钥匙,其中只有一把能打开他的门,他逐个地用它们去试开(抽样是无放回的).这可能要1次、2次,甚至 n 次才能把门打开,试用古典概型的方法证明这 n 种不同结果的概率都是$\frac{1}{n}$.

1-11 把10本书任意地放在书架上,求其中指定的三本书放在一起的概率.

1-12 某油漆公司发出17桶油漆,其中白漆10桶,黑漆4桶,红漆3桶,在搬运中所有标签脱落,交货人随意将这些油漆发给顾客,问一个订货为4桶白漆、3桶黑漆、2桶红漆的顾客,能按所订颜色如数得到订货的概率是多少?

1-13 已知在10只产品中有2只次品,在其中取两次,每次任取一只,作不放回抽样,求下列事件的概率:

(1) 两只都是正品;(2) 两只都是次品;

(3) 一只是正品,一只是次品;(4) 第二次取出的是次品.

1-14 设事件 A、B 及 $A\cup B$ 的概率分别为 p、q 及 r,求 $P(AB)$, $P(A\overline{B})$, $P(\overline{A}B)$, $P(\overline{A}\,\overline{B})$.

1-15 已知 $P(A)=0.7$, $P(A-B)=0.3$,求 $P(\overline{AB})$.

1-16 已知 $P(\overline{A})=0.3$, $P(B)=0.4$, $P(A\overline{B})=0.5$,求 $P(B\mid A\cup\overline{B})$.

1-17 某人忘记了电话号码的最后有一个数字,因而随意地拨号,求它拨号不超过三次而接通所需电话的概率;若已知最后一个数字是奇数,那么此概率又是多少?

1-18 设四次独立试验中,事件 A 出现的概率相等.若已知事件 A 至少出现一次的概率等于$\frac{65}{81}$,求事件 A 在一次试验中出现的概率.

1-19 两台机床加工同样的零件,第一台出现废品的概率是0.03,第二台出现废品的概率是0.02,加工出来的零件放在一起,并且已知第一台加工的零件比第二台加工的零件多一倍,求任意取出的零件是合格品的概率;如果任意取出的零件经检查是废品,求它是第二台机床加工的概率.

1-20 设 A、B、C 三个地区爆发了某种流行病,三个地区感染此病的比例分别为$\frac{1}{6}$、$\frac{1}{4}$、$\frac{1}{3}$,现从这三个地区任取一个人,问:(1) 此人感染此病的概率是多少?(2) 如果此人感染此病,问此人选自 B 地区的概率是多少?

强化练习题

1-21 设 A、B、C 表示三个随机事件,试将下列事件用 A、B、C 表示出来:

(1) A、B、C 都发生;(2) A、B、C 都不发生;

(3) A、B、C 不都发生;(4) A、B、C 中至少有一事件发生;

(5) A、B、C 中最多有一事件发生.

1-22 任意两个事件之并可表示成两个互不相容的事件之和,例如 $A\cup B=A\cup(B-AB)$,试用类似的方法表达三个事件 A、B、C 之并.

1-23 向半径为 R 的圆周上任意投掷两点,假设点投掷在圆周的某段弧线上的概率与该段弧线的长度成正比,求两点之间的距离小于$\sqrt{3}R$ 的概率.

1-24 将长为 a 的细棒折成三段,求这三段能构成三角形的概率.

1-25 设二维随机点 (p, q) 等可能地落在区域 Ω: $[-1, 1]\times[-1, 1]$ 中,试求方程 $x^2+px+q=0$ 的两个根:(1) 都是实数的概率;(2) 都是正数的概率.

1-26 一个盒子里装有 1, 2, …, n 的标签,现随机依次选取两张标签,假如:
(1) 标签的选取是不放回的;(2) 标签的选取是有放回的. 分别求两张标签上的数字为相邻整数的概率.

1-27 一学生宿舍有 6 名学生,问:(1) 6 人生日都在星期天的概率是多少? (2) 6 个人的生日都不在星期天的概率是多少? (3) 6 个人的生日不都在星期天的概率是多少?

1-28 将 3 个球随机放入 4 个杯子中去,问杯子中球的最大个数分别为 1、2、3 的概率是多少?

1-29 将 n 只球随机放入编号为 1, 2, …, n 的 n 只盒子中去,求恰有一只空盒的概率.

1-30 利用题 1-22 的结果,证明:
$P(A\cup B\cup C)=P(A)+P(B)+P(C)-P(AB)-P(AC)-P(BC)+P(ABC)$.

1-31 一赌徒认为掷一颗骰子 4 次至少出现一次 6 点与掷两颗骰子 24 次至少出现一次双 6 点的机会是相等的,你认为如何?

1-32 某人在桥上将遇到的 n 辆车(牌号从 $1\sim N$)抄下(可重复),问抄到的数值最大牌号为 k 的概率是多少?

1-33 设 A, B, C 为三个事件,且 $P(A)=a$, $P(B)=2a$, $P(C)=3a$, $P(AB)=P(AC)=P(BC)=b$,证明:$a\leqslant 1/4$, $b\leqslant 1/4$.

1-34 掷 10 颗骰子,已知其中至少有一个幺点出现,求有两个以上的幺点出现的条件概率.

1-35 一学生连续参加同一课程的两次考试,第一次及格的概率为 p,若第一次及格则第二次及格的概率也为 p;若第一次不及格则第二次及格的概率为 $p/2$,若至少有一次及格则他通过考试,问他通过考试的概率.

1-36 设 10 件产品中有 4 件不及格,从中任取两件,已知两件中有一件是不合格品,则另一件也是不合格品的概率是多少?

1-37 设 A, B, C 相互独立,试证:$A-B$ 与 C 独立.

1-38 设 A, B, C 两两独立,且 $ABC=\varnothing$,
(1) 如果 $P(A)=P(B)=P(C)=x$,试求 x 的最大值;
(2) 如果 $P(A)=P(B)=P(C)<\dfrac{1}{2}$,且 $P(A\cup B\cup C)=\dfrac{9}{16}$,求 $P(A)$.

1-39 一实习生用同一台机器连续独立地制造 3 个同种零件,第 i 个零件是不合格品的概率为 $p_i=\dfrac{1}{1+i}$, $i=1, 2, 3$,以 ξ 表示 3 个零件中合格品的个数,求 $P\{\xi=2\}$.

1-40 如果一危险情况 C 发生时,一电路闭合并发出警报,我们可以借用两个或多个开关并联以改善可靠性,在 C 情况发生时这些开关每一个都应闭合,且若至少一个开关闭合了,警报就发出,如果两个这样的开关并联,它们每个具有 0.96 的可靠性(即在情况 C 发生时闭合的概率),设各开关闭合与否是相互独立的,问系统的可靠性(即电路闭合的概率)是多少? 如果需要有一个可靠性至少为 0.999 9 的系统,则至少需要用多少个开关并联?

1-41 甲乙两个篮球运动员的投篮命中率分别为 0.7 及 0.6,每人投篮三次,求:
(1) 两人进球数相等的概率;(2) 甲比乙进球数多的概率.

1-42 袋中有 9 只白球及 1 只红球,10 个人依次从袋中各取一球,每人取一球后不再放回袋中,问第一人、第二人、最后一人取得红球的概率各是多少?

1-43 某工厂的车床、钻床、磨床、刨床的台数之比为 9∶3∶2∶1,它们在一定时间内需要修理的概率之比为 1∶2∶3∶1,当一台机床需要修理时,求这台机床修理时车床的概率.

1-44 在盛有 n 个球的器皿中投进一白球，如果器皿中最初的白球数是 n ($n=0, 1, 2, \cdots$) 个，这 $n+1$ 种最初的白球数是等可能的，试问从该器皿中取出一个白球的概率是多少?

1-45 在 n 个袋中各有 4 只白球，6 只黑球；而另一只袋中有 5 只白球，5 只黑球，今从这 $n+1$ 个袋中任选一袋，从中随机取出两球，都是白球的情况下，有 5 只黑球和 3 只白球留在选出的袋中的概率为1/7，求 n.

1-46 盒中放着 12 只乒乓球，其中有 9 只是新的，第一次比赛时从中任取 3 只使用，比赛后仍放回盒中. 第二次比赛时再从盒中任取 3 只，求第二次取出的球都是新球的概率. 又已知第二次取出的球都是新球，求第一次取到都是新球的概率.

1-47 将 n 只球($1\sim n$)随机地放入 n 只盒子($1\sim n$ 号)中去，一只盒子装一只球，若一只球装入与球同号的盒子中，称为一个配对，试求：(1) 至少有一个配对的概率；(2) 恰有 r ($r\leqslant n$) 个配对的概率.

1-48 一质量控制检查员通过一系列相互独立的在线检查过程(每一过程有一定的持续时间)以检查新生产元件的缺陷，已知若缺陷确实存在，缺陷在任一在线检查过程被查出的概率为 p：

(1) 缺陷在第二个过程结束之前被查出的概率(缺陷若在一个过程查出就不再进行下一个过程)；

(2) 求缺陷在第 n 个过程结束之前被查出的概率；

(3) 若缺陷经 3 个过程未被查出该元件就通过检查，求一个有缺陷的元件通过检查的概率；

(4) 设随机地取一元件，它有缺陷的概率为 0.1，设当元件无缺陷时将自动通过检查，求在(3)的假设下一元件通过检查的概率；

(5) 已知一元件通过检查，求该元件确实是有缺陷的概率(设 $p=0.5$).

自测题

选择题

1-49 如果下列________条件成立，则事件 A, B 互不相容. ( )

(A) $A\subset(\Omega-B)$　　(B) $A\subset B$

(C) $P(AB)=0$　　(D) $P(AB)=P(A)P(B)$

1-50 同时掷 4 颗均匀骰子，则至少有一骰子出现 6 的概率为 ( )

(A) $C_4^1\left(\frac{1}{6}\right)\left(\frac{5}{6}\right)^3$　　(B) $\frac{5}{6}$　　(C) $1-C_4^0\left(\frac{5}{6}\right)^4$　　(D) $\frac{1}{4}$

1-51 设 $B\subset A$，则下列命题成立的是 ( )

(A) $P(B\mid A)=P(B)$　　(B) $P(\overline{B}-\overline{A})=P(\overline{B})-P(\overline{A})$

(C) $P(\overline{AB})=1-P(A)$　　(D) $P(A\mid \overline{B})=P(A)$

1-52 设 A, B 是随机事件，满足：$P(A)>0$, $P(B)>0$, $P(A\mid B)+P(\overline{A}\mid \overline{B})=1$，则必有 ( )

(A) A, B 互不相容　　(B) A, B 相互对立

(C) A, B 相互独立　　(D) A, B 不相互独立

1-53 设 A, B, C 三个人各自独立地向一个目标射击一次，三人的命中率分别是 0.5, 0.6, 0.8，则目标被击中的概率为 ( )

(A) 0.90　　(B) 0.96　　(C) 0.63　　(D) 0.72

填空题

1-54 袋中有 50 只球，其中 20 只黄的，15 只白的和 15 只红的，现在两个人不放回地依次从袋中各取一只. 则第二个人取到黄球的概率是________.

1-55 从 0, 1, …, 9 中任取三个数字(不放回)，则这三个数字中最大数字为 5 的概率是________.

1-56 设 A, B 是随机事件，$P(A)=0.5$, $P(B)=0.4$, $P(A\cup B)=0.7$，则 $P(A\overline{B})=$ ________.

1-57 设在一次试验中，事件 A 发生的概率为 p，现进行 n 次独立试验，则 A 至少发生一次的概率为________.

计算题

1-58 设某地成年居民中肥胖者占 10%，不胖不瘦者占 82%，瘦者占 8%，又知肥胖者患高血压的概率为 20%，不胖不瘦者患高血压的概率为 10%，瘦者患高血压的概率为 5%，试求：

(1) 该地区成年居民患高血压的概率是多少？

(2) 若已知该地区的某个成年居民患高血压，求他是肥胖者的概率.

1-59 某仪器由三个部件组装而成，质量互不影响，它们的优质品率分别为产品总数的 80%、70% 和 90%，已知如果三个部件都是优质品，则组装后的仪器一定合格；如果有一个部件不是优质品，则组装后的仪器不合格率是 20%；如果有两个部件不是优质品，则组装后的仪器不合格率是 60%；如果有三个部件不是优质品，则组装后的仪器不合格率是 90%. 试求：

(1) 组装后的仪器上有 i 个部件不是优质品的概率 ($i=0, 1, 2, 3$)；

(2) 仪器的不合格率.

2 抽样数据的描述统计和随机变量的概率分布

2.1 抽样数据的描述统计

在第 1 章中我们初步讨论了随机事件与随机变量，指出了用概率控制事件发生的思想，与高等数学中的“连续”、“可导”等局部性概念不同，概率往往涉及整体. 当所考察的对象其概率特性不甚明了时，进行一定量的随机抽样，对由此得到的一组抽样数据进行必要的分析，往往能近似反映被考察对象的随机特性.

2.1.1 频率与累计频率

在很多情况下，“频率”可作为“概率”的近似，“累计频率”可作为后面随机变量“分布函数”的近似，它们的计算可以通过建立频率分布表的方法进行，具体过程可参考下面的例子.

例 2.1.1 为分析某厂工人生产能力，随机调查了该厂 20 名工人每天生产某产品的数量，得到的数据如下：

160	196	164	148	170
175	178	166	181	162
161	168	166	162	172
156	170	157	162	154

对这 20 个数据进行整理.

(1) 确定分组数 k. 分组数 k 一般在 5～20 个之间，且较多取为等分组. 具体分组数可根据抽样数据的个数多少来定，个数较少的分成 5 组或 6 组；数据在 100 个左右的可分为 7～10 组；个数在 200 个左右的可分为 9～13 组；个数为 300 左右以及以上的可分为 12～20 组. 本例只有 20 个数据，故可取分组数 $k=5$.

(2) 确定每组组距. 我们常选相等的组距 d，其计算公式为

$$\text{组距 } d=\frac{(\text{样本最大观察值}-\text{样本最小观察值})}{\text{组数 } k}.$$

本例中 $d=\dfrac{196-148}{5}=9.6\approx 10$.

(3) 确定每组组限. 各组区间端点为 a_0, $a_1 = a_0 + d$, …, $a_k = a_{k-1} + d$, 形成分组区间

$$(a_0, a_1], (a_1, a_2], \cdots, (a_{k-1}, a_k],$$

其中 a_0 略小于最小观察值, a_k 略大于最大观察值, 本例中 $a_0 = 147$, $a_5 = 197$, 于是本例的分组区间为

$$(147, 157], (157, 167], (167, 177], (177, 187], (187, 197].$$

(4) 计算样本数据落入各个区间的个数和频数, 并进一步计算频数与总数的比(频率), 以及相应的累计频率, 这样可得表 2.1.1.

表 2.1.1 例 2.1.1 的频率分布表

组序	分组区间	频数	频率	累计频率(%)
1	(147, 157]	4	0.20	20
2	(157, 167]	8	0.40	60
3	(167, 177]	5	0.25	85
4	(177, 187]	2	0.10	95
5	(187, 197]	1	0.05	100
合计		20	1	

(5) 直方图显示. 频数分布常用直方图表示, 它在组距相等的场合常用宽度相等的长条矩形表示, 矩形高低表示频数大小, 即横坐标表示随机变量的取值区间, 纵坐标表示落在相应区间内的频数, 这样就得到了频数直方图(图 2.1.1).

若把纵轴改为频率就得频率直方图. 另外为使各长条矩形面积之和为 1, 可将纵轴取为频率/组距, 如此得到的直方图称为单位频率直方图, 或简称为频率直方图. 这三种直方图外观没有区别, 其差别仅在于纵轴刻图的不同, 故有时(像 Excel 图形显示)就不再加以严格区分.

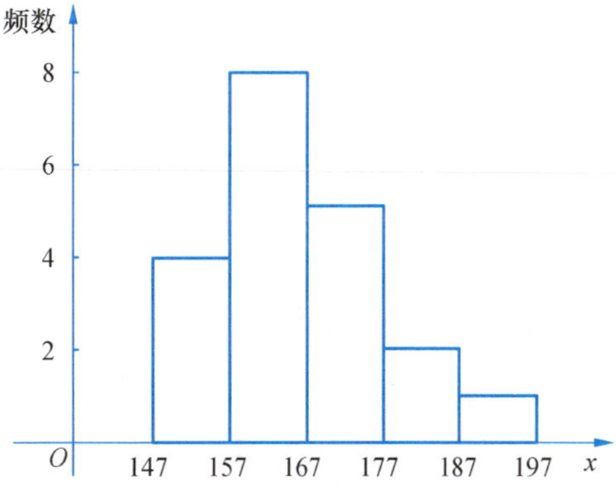

图 2.1.1 例 2.1.1 的频数直方图

当抽样数据个数较多时, 上面的计算过程及图形显示有时可用 Excel 软件完成, 具体过程参见 2.1.4 节.

2.1.2 样本数据分布中心的描述

描写一组样本数据分布中心的量(称为统计量, 严格定义见统计部分)可以有样本均值

(Mean)、样本中位数(Median)、样本众数(Mode),具体定义如下:

(1) 样本均值 $\overline{x}=\frac{1}{n}\sum_{i=1}^{n}x_i$,其中$\{x_1, x_2, \cdots, x_n\}$为一组样本数据. 例如现有 5 个数据 140, 150, 155, 130, 145,则

$$\overline{x}=\frac{(140+150+155+130+145)}{5}=144.$$

它描述了这组数据的数值算术平均值.

(2) 样本中位数 *Me* 将原始数据按数值大小重新排序,结果记为

$$x_{(1)}\leqslant x_{(2)}\leqslant\cdots\leqslant x_{(n)},$$

处于中间位置的数称为中位数,记为 Me. 具体计算公式为

$$Me=\begin{cases}x_{(\frac{n+1}{2})}, & n\text{ 为奇数},\\ \frac{1}{2}\left[x_{(\frac{n}{2})}+x_{(\frac{n}{2}+1)}\right], & n\text{ 为偶数}.\end{cases}$$

例如,一组共 13 个数据,按大小重新排列后为:2, 3, 4, 4, 5, 5, 5, 5, 6, 6, 7, 7, 8,处于中间的位置是 $\frac{n+1}{2}=\frac{13+1}{2}=7$,故 $Me=x_{(7)}=5$. 又如,一组共 10 个数据,排序后为:3, 15, 28, 29, 29, 30, 31, 33, 35, 67,由于 $n=10$ 为偶数,先找出 $x_{(\frac{n}{2})}=x_{(\frac{10}{2})}=x_{(5)}=29$, $x_{(\frac{n}{2}+1)}=x_{(\frac{10}{2}+1)}=x_{(6)}=30$,代入公式后,得

$$Me=\frac{1}{2}[x_{(5)}+x_{(6)}]=\frac{1}{2}[29+30]=29.5.$$

与样本均值相比,$\overline{x}$是数值中心. Me 是位置中心,当样本数据有大误差且样本数据分布不对称时,样本均值会受到较大的影响,但对于中位数,由于样本数据中有一半比它小,一半比它大. 故不易受极端误差数据影响,从而更能正确反映数据的中心.

(3) 样本众数 Mod 它是一组数据中出现频数最大的数,它不一定唯一. 例如,一组数据:2, 3, 3, 3, 3, 4, 4, 5, 6, 6, 6, 6, 6, 7, 7, 8,其中每个数出现的频数为

数值	2	3	4	5	6	7	8
频数	1	4	2	1	5	2	1

故这组数据的众数 Mod = 6. 众数是一个反映数据分布集中趋势的数. 它不易受到极端误差数据的影响,且既适用于“计量”又适用于“不能计量”的场合,但由于它不一定唯一(甚至可能不存在),故使用时没有中位数普及.

2.1.3 样本数据离散程度的描述

描述一组样本数据分布离散程度的量常有极差(Range)、标准偏差(Standard Deviation)、样本方差(Variance)等.

(1) 极差 R $R = x_{\max} - x_{\min} = x_{(n)} - x_{(1)}$，即极差等于样本数据中的最大值与最小值之差. 例如对上面样本均值 $\overline{x}$ 定义中的例子，由于 $x_{\max} = 155$，$x_{\min} = 130$，故极差 $R = 155 - 130 = 25$，显然在极差小的数组中数据较靠拢.

(2) 标准偏差 σ_{n-1}

$$\sigma_{n-1} = \sqrt{\frac{1}{n-1}\sum_{i=1}^{n}(x_i - \overline{x})^2}.$$

它可以衡量数组中 x_i 与均值 $\overline{x}$ 的差距大小，σ_{n-1} 小说明 x_i 都在 $\overline{x}$ 附近，即数据不分散.

注：有的书上用 $\sigma_n = \sqrt{\frac{1}{n}\sum_{i=1}^{n}(x_i - \overline{x})^2}$ 来代替此处的 σ_{n-1}，然而以后在统计部分可以证明当 n 比较小的时候，用 σ_{n-1} 比用 σ_n 有时更"准确".

(3) 样本方差 S_{n-1}^2

$$S_{n-1}^2 = \sigma_{n-1}^2 = \frac{1}{n-1}\sum_{i=1}^{n}(x_i - \overline{x})^2 = \frac{1}{n-1}\left[\sum_{i=1}^{n}x_i^2 - n\overline{x}^2\right].$$

与上面相同，有的书上用 $S_n^2 = \sigma_n^2$ 代替 S_{n-1}^2，但由于存在"系统偏差". 当 n 较小时，常推荐使用 S_{n-1}^2（参见第 6 章）.

对于样本 140，150，155，130，145，由于 $\overline{x} = 144$，所以

$$S_{n-1}^2 = \frac{1}{5-1}[(140-144)^2 + (150-144)^2 + (155-144)^2 + (130-144)^2 + (145-144)^2] = 92.5,$$

$$\sigma_{n-1} = \sqrt{92.5} = 9.62.$$

除此以外，描述样本数组的离散程度，还可以用其他统计量，其中的第一 4 分位数 Q_1 和第三 4 分位数 Q_3，就可与最小观测值 $x_{\min} = x_{(1)}$、最大观测值 $x_{\max} = x_{(n)}$ 和中位数 Me 构成 5 个数来大致描述一组数据的轮廓或分布. 其中的 Q_1 与 Q_3 可以采用与 Me 类似方法计算，即先把原始数据按由小到大重新排序，构成

$$x_{(1)} \leqslant x_{(2)} \leqslant \cdots \leqslant x_{(n)},$$

处于中间位置的是 Me，处于前 $\frac{1}{4}$ 位置的是 Q_1，处于后 $\frac{1}{4}$ 位置的是 Q_3. 例如，原始数据为 88，93，92，95，87，90，88，93，90，89，90，重新排序为

87，88，88，89，90，90，90，92，93，93，95，

显然 $Me = 90$，$Q_1 = 88$，$Q_3 = 93$. 有时也用 $Q_3 - Q_1 = 93 - 88 = 5$ 来描述数组离散程度，它与极差有类似的作用，但可减小极端误差数据的不良影响.

统计数据有时可以把上面提到的几个办法灵活组合来综合描述其大致轮廓. 例如，美国数学会把 2004—2005 年某类型大学教师的年收入数据进行分析归纳，得到图 2.1.2.

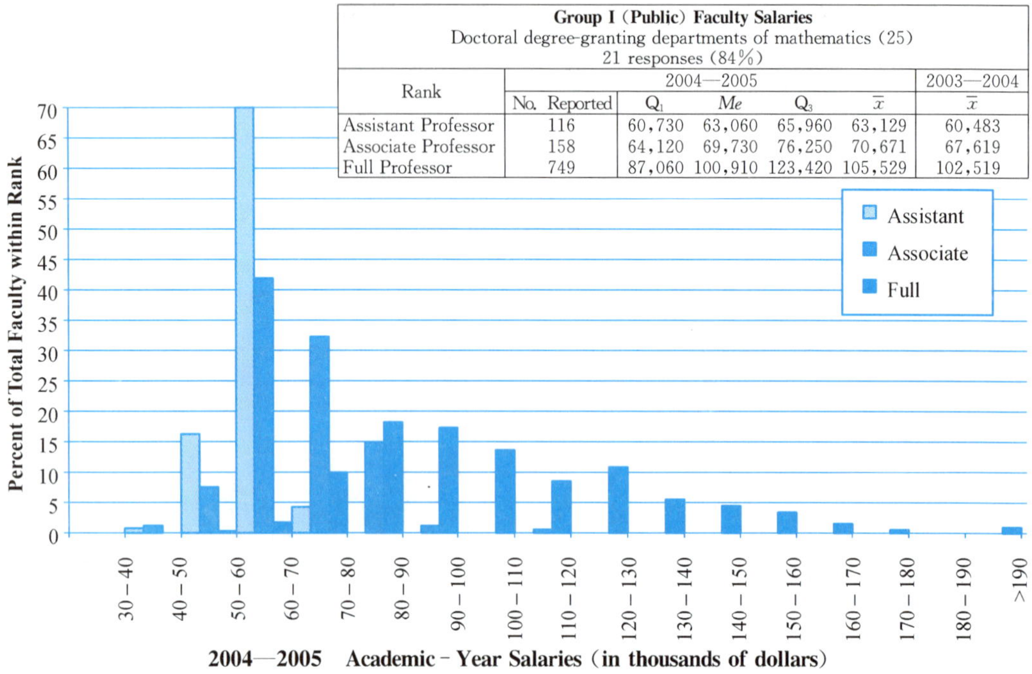

Group I (Public) Faculty Salaries Doctoral degree-granting departments of mathematics (25) 21 responses (84%)						
Rank	2004—2005					2003—2004
	No. Reported	Q_1	*Me*	Q_3	$\bar{x}$	$\bar{x}$
Assistant Professor	116	60,730	63,060	65,960	63,129	60,483
Associate Professor	158	64,120	69,730	76,250	70,671	67,619
Full Professor	749	87,060	100,910	123,420	105,529	102,519

图 2.1.2 美国某类型大学年收入情况分析

2.1.4 Excel 软件的使用与显示

统计数据的描述统计可以用 Excel 软件中的“分析工具库”实现，若尚未装载，则可以下拉“工具”菜单，选择“加载宏”，然后在加载宏对话框中选择“分析工具库”，这样 Excel 软件会自动把“分析工具库”装载到系统，再下拉“工具”菜单时，会发现有“数据分析”选项，利用“数据分析”内含的各种功能可以画出直方图进行统计数据描述统计，还可帮助我们进行简单的统计分析，如假设检验、回归分析等. 本节只介绍其中的前几项功能，后面几项功能的使用可以参阅本书统计部分的有关章节.

(1) 统计数据的频率计算与直方图显示

以例 2.1.1 中数据为例，先把 20 个数据输入到 Excel 文件中，再把分组信息输入到文件的其他单元中，接着选择“工具”菜单的“数据分析”，在“数据分析”窗口的分析工具中选择“直方图”，按“确定”按钮，然后在“直方图”窗口填入相应的内容(图 2.1.3)，按“确定”按钮，得到所要的直方图(图 2.1.4).

(2) 统计数据的样本统计量计算

利用 Excel 的“工具”菜单中的“数据分析”工具，不但可方便给出统计数据的直方图、饼图(图 2.1.5)，而且还可以计算样本统计量，具体可在“数据分析”窗口中选“描述统计”，然后把有关数据填入，再选适当的选项即可(图 2.1.6). 例如现有 12 个数据：

$$40,\ 31,\ 34,\ 34,\ 33,\ 43,\ 23,\ 49,\ 26,\ 40,\ 33,\ 39,$$

利用 Excel 的“工具”菜单中的“数据分析”工具，选择“直方图”并且填入相关内容得到直方图及饼图如图 2.1.5 所示；选择“工具”的“数据分析”项，在窗口中选择“描述统计”作样本统计量计算结果如图 2.1.6 所示.

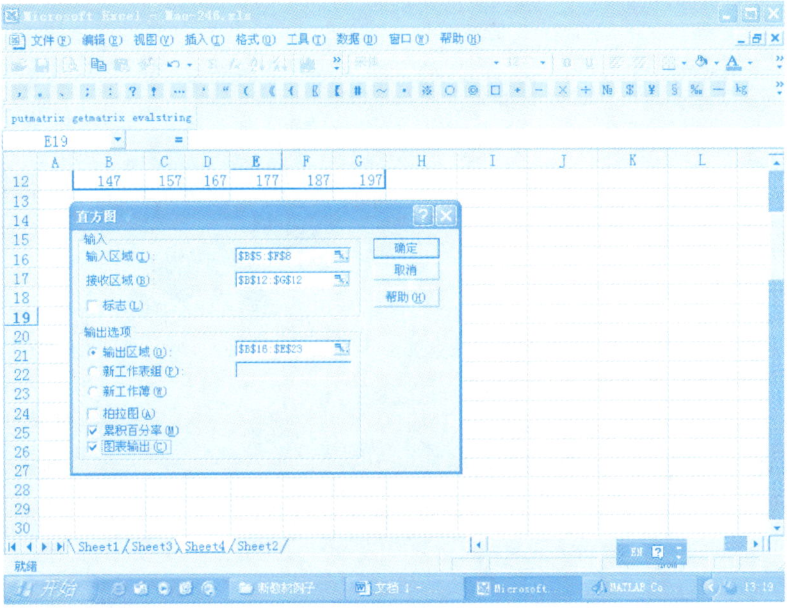

图 2.1.3

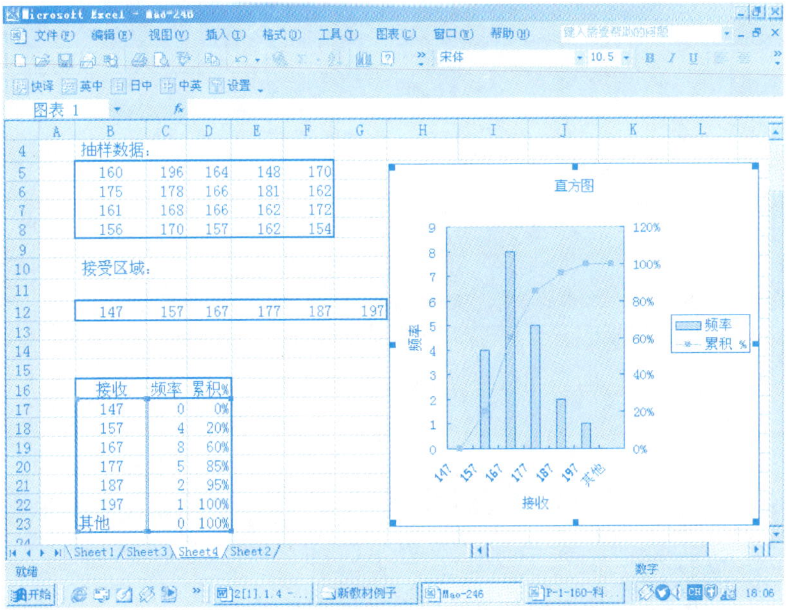

图 2.1.4

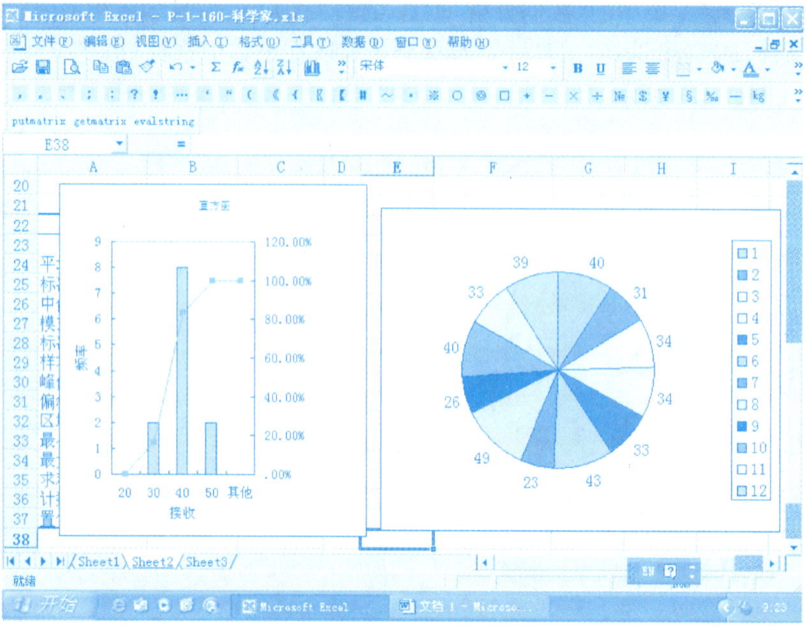

图 2.1.5

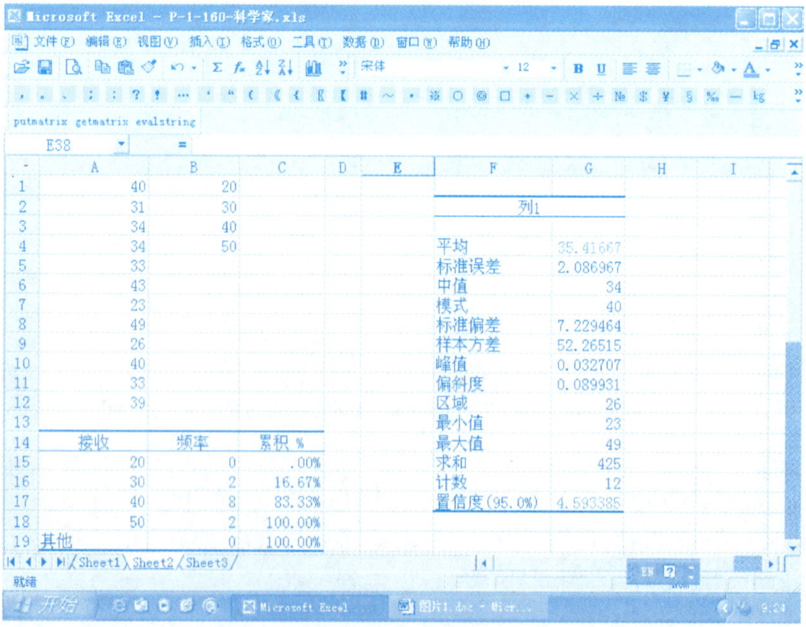

图 2.1.6

图 2.1.6 中 Excel 输出的各项结果含义如表 2.1.2 所示.

表 2.1.2

Excel 输出	具体含义或计算公式	Excel 输出	具体含义或计算公式
平均	样本均值 $\bar{x}=\frac{1}{n}\sum_{i=1}^{n}x_i$	峰值	见表注
		偏斜度	见表注
标准误差	$\mu=\frac{\sigma_{n-1}}{\sqrt{n}}$	区域	极差 R
中值	样本中位数 Me	最小值	$x_{(1)}=x_{\min}$
模式	样本众数 Mod	最大值	$x_{(n)}=x_{\max}$
标准偏差	$\sigma_{n-1}=\sqrt{\frac{\sum_{i=1}^{n}(x_i-\bar{x})^2}{(n-1)}}$	求和	$\sum_{i=1}^{n}x_i$
		计数	n
样本方差	$S_{n-1}^2=\sigma_{n-1}^2$	置信度(95.0%)	见表注

注：表中的“峰值”与“偏斜度”可以描述数据分布的形态特征，而表中最后一行的“置信度(95.0%)”则描述了样本均值会以 95%的概率落入某一个区间范围内，详细可参考本书第 6 章区间估计部分.

2.2 随机变量及其概率分布

2.2.1 随机变量的(可测性)定义及其分布函数

第 1 章中我们提出了随机变量这一名词，简单地认为随机现象的数量化即是随机变量. 由于概率处理的主要思想为概率控制随机发生的结果，所以我们又在样本空间 Ω 的基础上引进了事件 σ 域及概率，构成所谓的概率空间$(\Omega, \mathcal{F}, P)$，以此作为讨论框架. 在此框架下各种随机现象的发生结果都要落在 $\mathcal{F}$ 的范围内，这就对随机变量提出了可测性[所谓可测性是指可用概率来度量(测量)]要求.

定义 2.2.1 在$(\Omega, \mathcal{F}, P)$概率空间框架下，如果对一切 $x\in\mathbf{R}$，有事件 $A=\{\xi(\omega)\leqslant x\}\in\mathcal{F}$(可测性)，则实值函数 $\xi=\xi(\omega)(\omega\in\Omega)$ 称为随机变量(简记为 $r.v.$). 有时为强调 ξ 与 $\mathcal{F}$ 的关系，ξ 又称为 $\mathcal{F}$ 可测的随机变量，记为 $\xi\in\mathcal{F}$.

由上述定义可知，ξ 是 ω 的函数，所以是随机的，又 ξ 是 $\mathcal{F}$ 可测的，故 $P\{\omega\mid\xi(\omega)\leqslant x\}$ 对一切 $x\in\mathbf{R}$ 都存在. 另外，由于 $\mathcal{F}$ 是对可列运算满足某种封闭性的 Ω 子集的集合类，所以由 $\{\omega\mid\xi(\omega)\leqslant x\}\in\mathcal{F}$ 可以推出当 ξ 属于任何区间时，对应的 ω 集合都属于 $\mathcal{F}$，从而可放心地对随机变量落在各个区间时计算其对应的概率，不用担心是否存在概率的问题. 例如：注意到 $\{\omega\mid\xi(\omega)<x\}=\lim\limits_{n\to\infty}\left\{\omega\mid\xi(\omega)\leqslant x-\frac{1}{n}\right\}=\bigcup\limits_{n=1}^{\infty}\left\{\omega\mid\xi(\omega)\leqslant x-\frac{1}{n}\right\}$，故由 $\mathcal{F}$ 对可列交运算的封闭性及 $\left\{\omega\mid\xi(\omega)\leqslant x-\frac{1}{n}\right\}\in\mathcal{F}$，可方便地推出 $\{\omega\mid\xi(\omega)<x\}\in\mathcal{F}$.

利用随机变量的可测性特点，可以定义描述其概率分布的分布函数.

定义 2.2.2 设 ξ 是定义在 $(\Omega, \mathcal{F}, P)$ 上的随机变量，对任意的实数 $x \in \mathbf{R}$，

$$F_\xi(x) = P\{\omega \mid \xi(\omega) \leqslant x\} \overset{\Delta}{=} P\{\xi \leqslant x\} \tag{2.2.1}$$

称为 ξ 的分布函数，有时简记为 $F(x)$.

很明显，任意一个随机变量都存在唯一的分布函数，但同样的分布函数有时可以对应于不同的随机变量(后面有例子可以说明). 其原因是分布函数仅仅描写了随机变量的概率特性，而概率特性只是随机变量众特性中的一种特性(当然是很重要的特性). 有时为区分这种与高等数学中"函数相等"不一样的特性，常记为 $\xi \sim F(x)$(注意不是等号)，称为 ξ 服从 $F(x)$ 对应的分布或 ξ 服从于 $F(x)$.

例 2.2.1 掷一枚硬币，把出现正面与反面分别记为 $+1$ 与 -1，这样可以把掷硬币的结果用随机变量 ξ 来表示，显然对均匀硬币 $P(\xi = \pm 1) = \dfrac{1}{2}$，试求：(1) ξ 的分布函数 $F_1(x)$；(2) 若令 $\eta = -\xi$，再求 η 的分布函数 $F_2(x)$.

解：(1) 当 $x < -1$ 时，由于 $P\{\xi \leqslant x\} = P(\varnothing) = 0$，故 $F_1(x) = 0$；

当 $x \in [-1, 1)$ 时，由于 $P\{\xi \leqslant x\} = P(\xi = -1) = \dfrac{1}{2}$，故 $F_1(x) = \dfrac{1}{2}$；

当 $x \in [+1, \infty)$ 时，由于 $P\{\xi \leqslant x\} = P(\xi = -1) \cup P(\xi = +1) = P(\xi = -1) + P(\xi = +1) = \dfrac{1}{2} + \dfrac{1}{2} = 1$，故 $F_1(x) = 1$.

因此

$$F_1(x) = \begin{cases} 0, & x \in (-\infty, -1), \\ \dfrac{1}{2}, & x \in [-1, +1), \\ 1, & x \in [+1, +\infty). \end{cases}$$

对于 η，注意到 $P(\eta = \mp 1) = P(\xi = \pm 1) = \dfrac{1}{2}$，所以立即可以看出 $F_\eta(x) = F_2(x) = F_1(x)$，值得注意的是尽管 ξ 与 η 的分布函数相同，即服从相同的分布，但 ξ 与 η 是不相同的随机变量.

由上述例子还可看出，与高等数学中不同，概率论中的分布函数常会出现不连续的情况. 然而，与一般的不连续函数不同，分布函数还具有一些良好的性质.

定理 2.2.1 任一分布函数 $F(x)$ 都具有如下 3 条基本性质：

(1) 非降性 $F(x)$ 是定义在整个实数轴上的单调非降函数，即对任意的 $x_1 < x_2$，有

$$F(x_1) \leqslant F(x_2);$$

(2) 0-1 性 对任意 $x \in \mathbf{R}$，有 $0 \leqslant F(x) \leqslant 1$，且

$$F(-\infty) = \lim_{x \to -\infty} F(x) = 0,\ F(+\infty) = \lim_{x \to \infty} F(x) = 1;$$

(3) 右连左极性 $F(x)$是x的右连左极函数，即对任意的$x_0 \in \mathbf{R}$，有

$$\lim_{x \to x_0^+} F(x) = F(x_0)\text{，即 } F(x_0+0) = F(x_0),$$

$$\lim_{x \to x_0^-} F(x) = F(x_0-0) \leqslant F(x_0).$$

证明：(1)显然成立；(2)可以用概率的可列可加性加以证明. 下面只证明(3)右连左极性.

首先由性质(1)、(2)知道，分布函数$F(x)$是单调有界非降函数，故对任意的$x_0 \in \mathbf{R}$，其左右极限$F(x_0-0)$、$F(x_0+0)$存在，且$F(x_0-0) \leqslant F(x_0) \leqslant F(x_0+0)$. 为证明右连续，只需进一步证明$F(x_0+0)=F(x_0)$，注意到$F(x)$的单调性，所以只需证明对单调下降数列$x_1 > x_2 > \cdots > x_n > \cdots > x_0$，当$x_n \to x_0$时，$F(x_n) \to F(x_0)$即可. 为此把区间$(x_0, x_1]$分解为可列个不相交区间的并，即$(x_0, x_1] = \bigcup_{i=1}^{\infty}(x_{i+1}, x_i]$，这样利用分布函数定义以及概率的可列可加性，得

$$\begin{aligned}
& F(x_1)-F(x_0) = P(\xi \leqslant x_1) - P(\xi \leqslant x_0) = P(x_0 < \xi \leqslant x_1) \\
&= P(\xi \in (x_0, x_1]) = P\Big(\xi \in \bigcup_{i=1}^{\infty}(x_{i+1}, x_i]\Big) = P\Big(\bigcup_{i=1}^{\infty}(\xi \in (x_{i+1}, x_i])\Big) \\
&= \sum_{i=1}^{\infty} P(\xi \in (x_{i+1}, x_i]) = \sum_{i=1}^{\infty}(F(x_i)-F(x_{i+1})) = \lim_{n\to\infty}\sum_{i=1}^{n-1}(F(x_i)-F(x_{i+1})) \\
&= \lim_{n\to\infty}[F(x_1)-F(x_n)] = F(x_1) - \lim_{n\to\infty}F(x_n).
\end{aligned}$$

比较等式两边，约去共有项$F(x_1)$，就得到$F(x_0)=\lim_{n\to\infty}F(x_n)$. 这样就证明了分布函数$F(x)$在$x=x_0$处是右连续的，再由$x_0$的任意性，可知对一切$x \in \mathbf{R}$，$F(x)$为右连续函数，这说明本定理成立.

进一步还可证明任意满足上面3个性质的函数必定是某个随机变量的分布函数，所以这3个性质就成为判断某个函数能否成为分布函数的充分必要条件了.

利用分布函数的差可以方便地计算随机变量落在各个区间里的概率. 例如，对任意的实数$a<b$，必有

$$\begin{aligned}
& P(a < \xi \leqslant b) = F(b) - F(a), \\
& P(\xi > b) = F(+\infty) - F(b) = 1 - F(b), \\
& P(\xi < a) = \lim_{n\to\infty} P\left(\xi \leqslant a - \frac{1}{n}\right) = \lim_{n\to\infty} F\left(a - \frac{1}{n}\right) = F(a-0), \qquad (2.2.2) \\
& P(\xi = a) = P(\xi \leqslant a) - P(\xi < a) = F(a) - F(a-0), \\
& P(a \leqslant \xi < b) = F(b-0) - F(a-0).
\end{aligned}$$

从上面的式子可看出由于引进了分布函数$F(x)$，我们可以把原来在(由ω构成的)空间Ω中的概率计算化为(由x构成的)空间$\mathbf{R}$里的概率计算，这就给我们带来了方便. 像这种空间变换简化运算的思想，在后面还可能会遇到，如以$\mathcal{B}$记由$\mathbf{R}$中各种区间及其可列个运算构成的x集合全体，此时$\mathbf{R}$，$\mathcal{B}$，以及μ_F可以构成新的概率空间(图2.2.1).

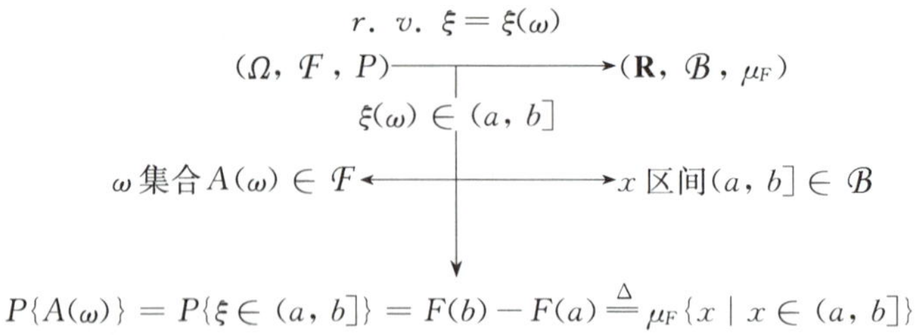

图 2.2.1 随机变量及概率空间的变换

2.2.2 离散型随机变量及其分布律

随机变量可以分成几种不同类型,其中分布函数为阶梯型的随机变量称为离散型随机变量.

定义 2.2.3 设 $\mathbf{R}$ 上的函数 $F(x)$满足分布函数三个充要条件,而且是阶梯型函数,则对应的随机变量称为离散型随机变量.

所谓阶梯型是指存在最多可列个点 $\{x_i,\ i=1,\ 2,\ \cdots\}$ 把实数轴 $\mathbf{R}$ 划分为互不相交可列个区间$\{(-\infty,\ x_1),\ [x_i,\ x_{i+1}),\ i=1,\ 2,\ \cdots\}$,这些区间构成 $\mathbf{R}$ 的一个分割,即它们之间互不相交,且 $(-\infty,\ x_1)\cup\{\cup[x_i,\ x_{i+1})\}=\mathbf{R}$. 在每一个区间上 $F(x)$ 取常数,即 $F(x)=c_0,\ x\in(-\infty,\ x_1),\ F(x)=c_i,\ x\in[x_i,\ x_{i+1})\ (i=1,\ 2,\ \cdots)$.

利用上节推出的 $P(\xi=a)=F(a)-F(a-0)$ 公式,容易知道,离散型随机变量具有如下特点:当 $x\neq x_i$ 时,$P(\xi=x)=F(x)-F(x-0)=$ 常数 $-$ 常数 $=0$. 从而导出另一个常用的定义:若随机变量 ξ 的可能取值为 $x_1,\ x_2,\ \cdots,\ x_n,\ \cdots$ 对应的概率为 $P(\xi=x_i)=p_i$ $(i=1,\ 2,\ \cdots)$,且满足 $\sum\limits_{i=1}^{\infty}p_i=1$,则该随机变量称为离散型随机变量,而其对应的分布称为(离散型)概率分布列或分布律.

分布律有时也可用列表方式给出:

ξ	$x_1,\ x_2,\ \cdots,\ x_n,\ \cdots$
P	$p_1,\ p_2,\ \cdots,\ p_n,\ \cdots$

或用两行的矩阵形式表示:

$$\begin{bmatrix} x_1,\ x_2,\ \cdots,\ x_n,\ \cdots \\ p_1,\ p_2,\ \cdots,\ p_n,\ \cdots \end{bmatrix}.$$

与分布函数相似,离散型随机变量的分布律可以完整地描写其概率性质,同时它具有下面两个性质:

(1) 非负性:$p_i\geqslant 0(i=1,\ 2,\ \cdots)$;

(2) 规范性:$\sum\limits_{i=1}^{\infty}p_i=1$.

以上性质是充分必要的，即若 $\{p_i,\ i=1,\ 2,\ \cdots\}$ 满足上面两个性质，则必存在概率空间 $(\Omega,\ \mathcal{F},\ P)$ 及其上的取值于 $\{x_i,\ i=1,\ 2,\ \cdots\}$ 的离散型随机变量 ξ，使 $P(\xi=x_i)=p_i(i=1,\ 2,\ \cdots)$.

例 2.2.2 设随机变量 ξ 的分布函数为

$$F(x)=\begin{cases}0, & x<-1,\\ 0.25, & -1\leqslant x<2,\\ 0.75, & 2\leqslant x<3,\\ 1, & 3\leqslant x.\end{cases}$$

试求其分布律.

解: 由公式 $P(\xi=x)=F(x)-F(x-0)$ 容易知道当 x 属于开区间 $(-\infty,\ -1)$，$(-1,\ 2)$，$(2,\ 3)$，$(3,\ +\infty)$ 时，$P(\xi=x)=0$；而当 x 等于区间端点时，对应的概率不等于 0，即

$$P(\xi=-1)=F(-1)-F(-1-0)=0.25-0=0.25,$$
$$P(\xi=2)=F(2)-F(2-0)=0.75-0.25=0.5,$$
$$P(\xi=3)=F(3)-F(3-0)=1-0.75=0.25.$$

由于上述 3 个数之和等于 1，故 ξ 的分布律为

ξ	-1	2	3
P	0.25	0.5	0.25

由此例容易看出，离散型随机变量的分布律可由其分布函数的跳跃点 x_i 及跃度 $[F(x_i)-F(x_i-0)]$ 方便求出；反之若已知分布律，则分布函数可由其累加和得到，即

$$F(x)=\sum_{x_i\leqslant x}P(\xi=x_i)=\sum_{x_i\leqslant x}p_i,$$

在抽样统计中，“分布函数”的概念与“累计频率”相对应(参见 2.1.1 小节).

例 2.2.3 设 ξ 是一个离散型随机变量，其分布律如下表所示.

ξ	-1	0	1
P	0.5	$1-2q$	q^2

试求：(1) 常数 q；(2) ξ 的分布函数.

解: 由分布律充要条件 $\sum\limits_{i=1}^{3}p_i=1$ 以及 $0\leqslant p_i\leqslant 1$，可列出关系式

$$\begin{cases}0.5+1-2q+q^2=1,\\ 0\leqslant 1-2q\leqslant 1,\\ q^2\leqslant 1,\end{cases}$$

解方程组,得

$$\begin{cases} q = 1 \pm \dfrac{\sqrt{2}}{2}, \\ 0 \leqslant q \leqslant 0.5, \\ -1 \leqslant q \leqslant 1. \end{cases}$$

故 $q = 1 - \dfrac{\sqrt{2}}{2}$,再利用 $F(x) = \sum\limits_{x_i \leqslant x} P(\xi = x_i)$,得

$$F(x) = \begin{cases} 0, & x \in (-\infty, -1), \\ 0.5, & x \in [-1, 0), \\ 0.5 + 1 - 2q, & x \in [0, 1), \\ 0.5 + 1 - 2q + q^2, & x \in [1, +\infty), \end{cases}$$

代入 q 值后,得

$$F(x) = \begin{cases} 0, & x \in (-\infty, -1), \\ 0.5, & x \in [-1, 0), \\ \sqrt{2} - 0.5, & x \in [0, 1), \\ 1, & x \in [1, +\infty). \end{cases}$$

例 2.2.4 一汽车沿街道行驶,需经过三个设红绿灯的道口,若每个道口信号灯显示红绿灯的时间相等,且各信号灯工作相互独立,以 ξ 记该车首次遇到红灯前已通过的道口数,求 ξ 的概率分布.

解: 由题设知 ξ 的取值可能范围为 $\{0, 1, 2, 3\}$. 若记事件 A_i =“汽车在第 i 个道口遇到红灯”,则由于 A_1, A_2, A_3 之间相互独立,$P(A_i) = P(\overline{A_i}) = 0.5$,故对应的概率为

$$P(\xi = 0) = P(A_1) = 0.5,$$

$$P(\xi = 1) = P(\overline{A}_1 A_2) = P(\overline{A}_1)P(A_2) = 0.5^2,$$

$$P(\xi = 2) = P(\overline{A}_1\, \overline{A}_2 A_3) = P(\overline{A}_1)P(\overline{A}_2)P(A_3) = 0.5^3,$$

$$P(\xi = 3) = P(\overline{A}_1\, \overline{A}_2\, \overline{A}_3) = P(\overline{A}_1)P(\overline{A}_2)P(\overline{A}_3) = 0.5^3.$$

由此可得 ξ 的分布律为

ξ	0	1	2	3
P	0.5	0.5^2	0.5^3	0.5^3

显然 p_i 符合非负及规范性.

2.2.3 连续型随机变量及其密度函数

定义 2.2.4 设随机变量 ξ 的分布函数为 $F(x)$,如果存在一个定义在实数轴 $\mathbf{R}$ 上的非

负可积函数 $p(x)$，使得对 $x \in \mathbf{R}$，有

$$F(x)=\int_{-\infty}^{x} p(t)\mathrm{d}t, \tag{2.2.3}$$

则 ξ 称为连续型随机变量，$p(x)$ 称为 ξ 的概率密度函数，简称为密度函数．“密度函数”曲线与在抽样统计中的“单位频率直方图”相对应，而使 $p(x)$ 达最大的 x 则与那里的“众数”相对应．

密度函数具有与分布律类似的性质与充分必要条件，即

(1) 非负性：$p(x) \geqslant 0$，$x \in \mathbf{R}$；

(2) 规范性：$\int_{-\infty}^{+\infty} p(x)\mathrm{d}x=1$．

利用充要性，我们可以判别某给定函数是否为随机变量的密度函数．

例 2.2.5（均匀分布） 已知随机变量 ξ 的密度函数为

$$p(x)=\begin{cases} c, & x \in (a, b), \\ 0, & \text{其他}. \end{cases}$$

试求常数 c 及分布函数．

解：利用规范性有

$$1=\int_{-\infty}^{+\infty} p(x)\mathrm{d}x=\int_{a}^{b} c\,\mathrm{d}x=c(b-a),$$

故常数 $c=\dfrac{1}{b-a}$．从而

$$p(x)=\begin{cases} \dfrac{1}{b-a}, & x \in (a, b), \\ 0, & \text{其他}. \end{cases}$$

以后常称 ξ 服从 (a, b) 上的均匀分布，记为 $\xi \sim U(a, b)$，密度函数见图 2.2.2.

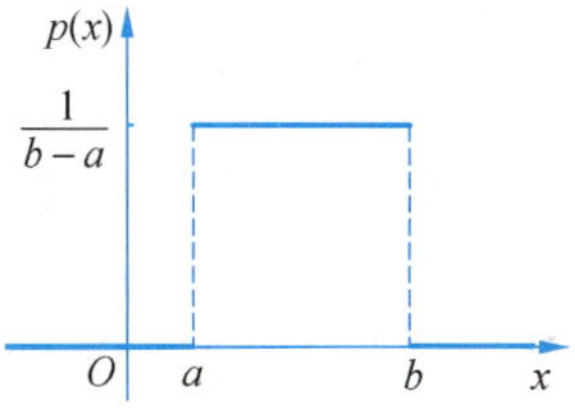

图 2.2.2 均匀分布密度函数

利用分布函数是密度函数积分的定义，得

当 $x \in (-\infty, a)$ 时，$F(x)=\int_{-\infty}^{x} 0\mathrm{d}t=0$；

当 $x \in [a, b)$ 时，

$$\begin{aligned} F(x) &= \int_{-\infty}^{x} p(t)\mathrm{d}t=\int_{-\infty}^{a} p(t)\mathrm{d}t+\int_{a}^{x} p(t)\mathrm{d}t \\ &= 0+\int_{a}^{x} \frac{1}{b-a}\mathrm{d}t=\frac{1}{b-a}(x-a); \end{aligned}$$

当 $x \in [b, +\infty)$ 时，

$$F(x)=\int_{-\infty}^{x}p(t)\mathrm{d}t=\int_{-\infty}^{a}p(t)\mathrm{d}t+\int_{a}^{b}p(t)\mathrm{d}t+\int_{b}^{x}p(t)\mathrm{d}t$$
$$=0+\int_{a}^{b}p(t)\mathrm{d}t+0=\int_{a}^{b}\frac{1}{b-a}\mathrm{d}t=1.$$

故分布函数为

$$F(x)=\begin{cases}0, & x\in(-\infty,\ a),\\ \dfrac{1}{b-a}(x-a), & x\in[a,\ b),\\ 1, & x\in[b,\ +\infty).\end{cases}$$

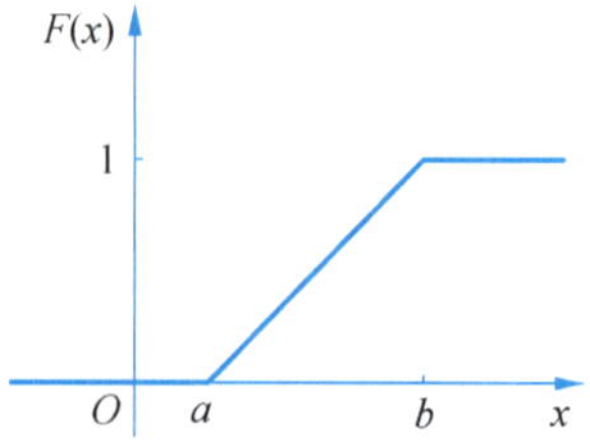

图 2.2.3 均匀分布的分布函数

画出图像如图 2.2.3 所示.

从本例结果可以看出,尽管 $p(x)$不是$(-\infty,\ +\infty)$上的连续函数,但 $F(x)$是连续函数,事实上由于

$$P(\xi=x)=F(x)-F(x-0)=\int_{x-0}^{x}p(t)\mathrm{d}t=\lim_{\varepsilon\to 0^+}\int_{x-\varepsilon}^{x}p(t)\mathrm{d}t=0,$$

故连续型随机变量在计算概率时可不区分开、闭区间,这样就有概率的密度计算公式(图 2.2.4):

$$P\{\xi\in[a,\ b]\}=P\{\xi\in(a,\ b)\}=P\{\xi\in(a,\ b]\}=F(b)-F(a)=\int_{a}^{b}p(t)\mathrm{d}t.$$

进一步有

$$P\{\xi\in I\}=\int_{\{x|x\in I\}}p(x)\mathrm{d}t=\int_{\{x|x\in I\}}\mathrm{d}F(x).\qquad(2.2.4)$$

为方便记忆,常把该公式记为概率是密度的积分,若进一步把分布函数与高等数学中的原函数相联系,则等式

$$P\{\xi\in[a,\ b]\}=F(b)-F(a)=\int_{a}^{b}p(t)\mathrm{d}t$$

与高等数学中的"牛顿-莱布尼兹"公式相同,故常把它们归并后记为"概率等于分布函数的差等于密度的积分". 当然对于连续型随机变量可以不区分开、闭区间,但其他场合还应加以区分.

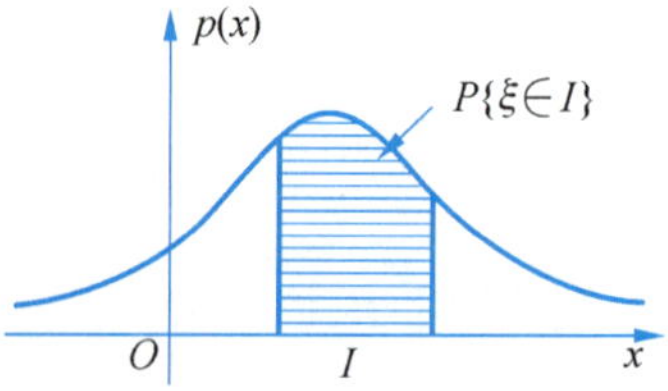

图 2.2.4

与离散型随机变量不同,连续型随机变量的取值范围常常"连续"地布满一个或几个区间,这是之所以称其为连续型的理由之一. 另外应该指出的是连续型随机变量的分布函数必定是连续的,当它可导时,在可导点求导关系 $F'(x)=p(x)$ 成立,然而在虽连续但不可导的点,这种关系显然不成立. 例如,对于例 2.2.5 当 $x=a$ 或 $x=b$ 时,$F(x)$虽连续但不可导.

例 2.2.6 某元件在损坏前可连续运行的时间(单位:h)是一个连续型的随机变量 ξ,其密度为含有参数 $\lambda(\lambda>0)$ 的函数

$$p(x)=\begin{cases}\lambda e^{-\frac{x}{100}}, & x\geqslant 0,\\ 0, & x<0.\end{cases}$$

试求:(1) ξ 分布函数;(2) 元件连续运行时间为 50～150 h 的概率.

解: 首先由规范性求参数 λ,由于

$$1=\int_{-\infty}^{+\infty}p(t)\mathrm{d}t=\int_{-\infty}^{0}p(t)\mathrm{d}t+\int_{0}^{+\infty}p(t)\mathrm{d}t=0+\int_{0}^{+\infty}\lambda e^{-\frac{t}{100}}\mathrm{d}t=100\lambda,$$

故得 $\lambda=\frac{1}{100}$, 由此可得分布函数:

当 $x<0$ 时, $F(x)=\int_{-\infty}^{x}p(t)\mathrm{d}t=0$;

当 $x\geqslant 0$ 时, $F(x)=\int_{-\infty}^{x}p(t)\mathrm{d}t=\int_{-\infty}^{0}p(t)\mathrm{d}t+\int_{0}^{x}p(t)\mathrm{d}t=\int_{0}^{x}\lambda e^{-\frac{t}{100}}\mathrm{d}t=1-e^{-\frac{x}{100}}$.

故

$$F(x)=\begin{cases}1-e^{-\frac{x}{100}}, & x\geqslant 0,\\ 0, & x<0,\end{cases}$$

所求概率

$$P(50\leqslant\xi\leqslant 150)=F(150)-F(50)=e^{-\frac{50}{100}}-e^{-\frac{150}{100}}=e^{-\frac{1}{2}}-e^{-\frac{3}{2}}\approx 0.3834.$$

例 2.2.7 设连续型随机变量 ξ 的密度函数为

$$p(x)=\begin{cases}4x^3, & 0<x<1,\\ 0, & \text{其他}.\end{cases}$$

(1) 若已知存在 a,使 $P(\xi<a)=P(\xi>a)$, 试求常数 a(称为中位数);

(2) 已知 $P(\xi>b)=0.05$,试求常数 b.

解:(1) 由于 ξ 为连续型随机变量 $P(\xi=a)=0$, 从而由规范性,得

$$P(\xi<a)+P(\xi=a)+P(\xi>a)=1.$$

解得 $P(\xi<a)=P(\xi>a)=0.5$. 另外,由密度公式显然可设 $a\in(0,1)$,且

$$P(\xi<a)=\int_{-\infty}^{a}p(t)\mathrm{d}t=\int_{-\infty}^{0}p(t)\mathrm{d}t+\int_{0}^{a}p(t)\mathrm{d}t=0+\int_{0}^{a}4t^3\mathrm{d}t=t^4\Big|_{0}^{a}=a^4,$$

从而得到 $0.5=a^4$,解出 $a=\sqrt[4]{0.5}=0.8409$.

该点 $x=a$, 把 ξ 的取值范围分成概率相同的左右两部分,故常称其为中位数,此概念与抽样统计中的中位数 Me 相对应.

(2) 由 $P(\xi>b)=0.05$,可令 $b\in(0,1)$, 故

$$P(\xi>b)=\int_{b}^{1}4t^3\mathrm{d}t=1-b^4,$$

解方程 $1-b^4=0.05$，得 $b=\sqrt[4]{1-0.05}=\sqrt[4]{0.95}=0.9873$.

最后应该指出，随机变量除了离散型与连续型外还有其他类型. 例如，分布函数满足三个充分必要条件，但是它既有不连续点又不是阶梯型时，就必定属于非连续非离散型了，对于这种随机变量我们可直接用分布函数讨论它的概率性质.

2.3 随机变量的数学期望

2.3.1 数学期望的定义

随机变量除了用分布函数、分布律、密度函数进行描述外，还可用一些数字特征进行描述，与抽样统计中的样本平均值 $\bar{x}$ 相似，数学期望就是对随机变量平均值的一种描述.

定义 2.3.1 设离散型随机变量 ξ 的分布律为 $P(\xi=x_i)=p_i \quad (i=1,2,\cdots)$，如果 $\sum_{i=1}^{\infty}|x_i|p_i<\infty$，则

$$E\xi=\sum_{i=1}^{\infty}x_ip_i \tag{2.3.1}$$

称为 ξ 的数学期望，简称期望(Expectation)，记作 $E\xi$.

例 2.3.1 设随机变量 ξ 服从 0-1 分布，即 $P(\xi=1)=p$，$P(\xi=0)=1-p=q$，求 $E\xi$.

解: 由于 $\sum_i|x_i|p_i=1\times p+0\times q=p<\infty$，故

$$E\xi=\sum_i x_ip_i=p.$$

注：此例说明示性函数 $I_A(\omega)$ 的期望是事件 A 的概率 $P(A)$.

在上面定义中 $E\xi$ 的含义是 ξ 取值 $\{x_i\}$ 的平均值，然而为取到合理的平均值，必须要把 x_i 乘上 p_i 再相加，而不能直接用 x_i 的算术平均值来代替. 例如，在例 2.3.1 中若 $p=q=\frac{1}{2}$，则 $E\xi=\frac{1}{2}=\frac{0+1}{2}$ 是很合理的，但是如果 $p=\frac{2}{3}$，$q=\frac{1}{3}$，对应的试验结果可能会出现 $x_1=1$，$x_2=1$，$x_3=0$，这时的平均值显然应该是 $\frac{1+1+0}{3}=\frac{2}{3}$，而不是 $\frac{1+0}{2}=\frac{1}{2}$.

另外，定义式中的假设条件 $\sum_i|x_i|p_i<\infty$，对 i 的个数有限时没什么作用，可以不验证；当 i 的个数为可列无限时，级数的绝对收敛可以保证 i 的先后次序变动不影响无穷级数的收敛性以及它的和，即数学期望与 i 的次序无关.

例 2.3.2 设随机变量 ξ 的取值 $x_i=(-1)^i\frac{2^i}{i} \quad (i=1,2,\cdots,n,\cdots)$，对应的概率

$p_i = P(\xi = x_i) = \dfrac{1}{2^i}$，试证明其期望不存在.

证：首先指出$\{p_i\}$可构成概率分布，这是由于 $p_i > 0$，

$$\sum_{i=1}^{\infty} p_i = \sum_{i=1}^{\infty}\left(\frac{1}{2}\right)^i = \sum_{i=0}^{\infty}\left(\frac{1}{2}\right)^i - 1 = \frac{1}{1-\dfrac{1}{2}} - 1 = 1,$$

符合分布律的非负、规范充要条件. 同时由于绝对值构成的无穷级数为

$$\sum_{i=1}^{\infty} |x_i| p_i = \sum_{i=1}^{\infty} \frac{2^i}{i} \times \frac{1}{2^i} = \sum_{i=1}^{\infty} \frac{1}{i},$$

注意到它是调和级数，而调和级数是发散的，从而尽管 $\sum\limits_{i=1}^{\infty} x_i p_i < \infty$，还是认为 $E\xi$ 不存在.

上面我们已经指出 $E\xi$ 的含义为 ξ 的平均值，所以有时也可以用 Mean Value 来表示，简写成 $M\xi$. 至于为何叫期望，有其历史的原因，比如它可以是著名的分赌本时的有根据的希望值. 直观地可以认为 $E\xi$ 在计算时会向概率大的 x_i 靠拢，而概率大的事件在进行随机试验时就比较容易出现，由于在很多场合（比如正态分布）期望处的概率会达到最大，故期望常可理解为下次试验时期待出现的值.

对于连续型随机变量，可以类似定义期望，只要注意连续时的 $p(x)\mathrm{d}x$ 与离散时的 p_i 相对应即可.

定义 2.3.2 设连续型随机变量 ξ 的密度函数为 $p(x)$，则当 $\int_{-\infty}^{+\infty} |x| p(x)\mathrm{d}x < \infty$ 时，

$$E\xi = \int_{-\infty}^{+\infty} x p(x)\mathrm{d}x \tag{2.3.2}$$

称为 ξ 的数学期望，简称期望或均值，记作 $E\xi$.

例 2.3.3 设随机变量 ξ 服从均匀分布（例 2.2.5），求其期望.

解：由例 2.2.5 知 ξ 的密度为

$$p(x) = \begin{cases} \dfrac{1}{b-a}, & x \in (a, b), \\ 0, & \text{其他}. \end{cases}$$

令 $M = \max(|a|, |b|)$，则当 $x \in (a, b)$ 时 $|x| \leqslant M$，从而

$$\int_{-\infty}^{+\infty} |x| p(x)\mathrm{d}x = \int_a^b |x| p(x)\mathrm{d}x = \frac{1}{b-a}\int_a^b |x| \mathrm{d}x \leqslant M < \infty,$$

故 $E\xi$ 存在，而且

$$E\xi = \int_{-\infty}^{+\infty} x p(x)\mathrm{d}x = \int_a^b x p(x)\mathrm{d}x = \frac{1}{b-a}\int_a^b x\mathrm{d}x = \frac{1}{b-a}\left.\frac{x^2}{2}\right|_a^b = \frac{a+b}{2}.$$

在计算过程中为说明 $E\xi$ 存在，我们先设法用有界性证明积分绝对收敛，实际上当 $p(x)$

是分段函数时，由于$|x|p(x)$在有限闭区间上积分，只要被积函数连续则积分总存在，所以本题的绝对收敛性可直接加以判断.

例 2.3.4(柯西分布) 设随机变量ξ的密度为

$$p(x)=\frac{1}{\pi(1+x^2)}(-\infty<x<+\infty),$$

试证其期望不存在.

证: 由于绝对值积分为

$$\int_{-\infty}^{+\infty}|x|p(x)\mathrm{d}x=\int_{-\infty}^{+\infty}|x|\frac{\mathrm{d}x}{\pi(1+x^2)}=\int_{-\infty}^{0}|x|\frac{\mathrm{d}x}{\pi(1+x^2)}+\int_{0}^{+\infty}x\frac{\mathrm{d}x}{\pi(1+x^2)},$$

当 $x\to+\infty$ 时，被积函数 $\frac{x}{\pi(1+x^2)}$ 与 $\frac{1}{x}$ 同阶，而广义积分 $\int_1^{+\infty}\frac{1}{x}\mathrm{d}x$ 发散，故 $\int_1^{+\infty}\frac{x}{\pi(1+x^2)}\mathrm{d}x$ 也发散，从而 $\int_0^{+\infty}\frac{\mathrm{d}x}{\pi(1+x^2)}$ 发散，进一步 $\int_{-\infty}^{+\infty}|x|p(x)\mathrm{d}x$ 发散，这说明 $E\xi$ 不存在.

计算数学期望涉及无穷级数求和或广义积分求积，若能充分利用概率分布的规范性往往能简化计算.

例 2.3.5 设随机变量ξ的密度函数为

$$p(x)=\begin{cases}\dfrac{1}{2^{\frac{n}{2}}\Gamma\left(\dfrac{n}{2}\right)}x^{\frac{n}{2}-1}\mathrm{e}^{-\frac{x}{2}}, & x\geqslant 0,\\ 0, & x<0.\end{cases}$$

试求其期望$E\xi$(常称ξ服从自由度为n的χ^2分布，记为$\xi\sim\chi^2(n)$).

解: 我们在计算时将利用规范性，即密度积分

$$\int_{-\infty}^{+\infty}p(x)\mathrm{d}x=\int_0^{+\infty}\frac{1}{2^{\frac{n}{2}}\Gamma\left(\frac{n}{2}\right)}x^{\frac{n}{2}-1}\mathrm{e}^{-\frac{x}{2}}\mathrm{d}x=1$$

这个等式，实际上给我们一个积分公式:

$$\int_0^{+\infty}x^{\frac{n}{2}-1}\mathrm{e}^{-\frac{x}{2}}\mathrm{d}x=2^{\frac{n}{2}}\Gamma\left(\frac{n}{2}\right).\tag{2.3.3}$$

现设法计算$E\xi$，考虑到绝对值积分等于$\int_0^{+\infty}xp(x)\mathrm{d}x$，故直接讨论下式:

$$E\xi=\int_{-\infty}^{+\infty}xp(x)\mathrm{d}x=\int_0^{+\infty}xp(x)\mathrm{d}x=\int_0^{+\infty}x\frac{1}{2^{\frac{n}{2}}\Gamma\left(\frac{n}{2}\right)}x^{\frac{n}{2}-1}\mathrm{e}^{-\frac{x}{2}}\mathrm{d}x$$

$$=\frac{1}{2^{\frac{n}{2}}\Gamma\left(\frac{n}{2}\right)}\int_0^{+\infty}x^{\frac{n+2}{2}-1}\mathrm{e}^{-\frac{x}{2}}\mathrm{d}x.$$

注意到上面的广义积分与式(2.3.3)具有相同的形式，只是 x 的幂次不同，故直接由

$$\int_0^{+\infty}x^{\frac{n+2}{2}-1}\mathrm{e}^{-\frac{x}{2}}\mathrm{d}x=2^{\frac{n+2}{2}}\Gamma\left(\frac{n+2}{2}\right)$$

可得

$$E\xi=\frac{1}{2^{\frac{n}{2}}\Gamma\left(\frac{n}{2}\right)}\times 2^{\frac{n+2}{2}}\Gamma\left(\frac{n+2}{2}\right)=2\times\frac{\Gamma\left(\frac{n}{2}+1\right)}{\Gamma\left(\frac{n}{2}\right)}=2\times\frac{\frac{n}{2}\Gamma\left(\frac{n}{2}\right)}{\Gamma\left(\frac{n}{2}\right)}=2\times\frac{n}{2}=n.$$

2.3.2 数学期望的性质

随机变量 ξ 的期望可在区分离散型、连续型后，分别用定义 2.3.1 与定义 2.3.2 加以定义. 注意到在连续型时可以改写为分布函数的形式，即

$$E\xi=\int_{-\infty}^{+\infty}xp(x)\mathrm{d}x=\int_{-\infty}^{+\infty}x\mathrm{d}F(x), \tag{2.3.4}$$

而这个式子中的 $F(x)$ 对于离散型、连续型及其他类型的随机变量都有定义，故有时为方便统一处理，常把期望 $E\xi$ 用上式表示，此时只要注意当 $F(x)$ 不可微分时，把上述积分理解为 Stieltjes 积分，这种积分也是和式的极限，只是在求积分的和式时把 $\mathrm{d}F(x)$ 改写为差分 $F(x_i)-F(x_i-\Delta x)$ 即可. 另外，由于分布函数的单调性，故总认为 $\mathrm{d}F(x)\geqslant 0$.

性质 2.3.1(随机变量函数的期望) 设随机变量 η 为 ξ 的函数，即 $\eta=f(\xi)$，其中 f 为连续或分段连续实值函数，ξ 的分布函数为 $F_\xi(x)$，则当 $\int_{-\infty}^{+\infty}|f(x)|\mathrm{d}F_\xi(x)<+\infty$ 时，η 的期望 $E\eta$ 存在，且成立等式关系

$$E\eta=Ef(\xi)=\int_{-\infty}^{+\infty}f(x)\mathrm{d}F_\xi(x), \tag{2.3.5}$$

当离散时，该式变为

$$E\eta=Ef(\xi)=\sum_i f(x_i)P(\xi=x_i), \tag{2.3.6}$$

当连续时，该式变为

$$E\eta=Ef(\xi)=\int_{-\infty}^{+\infty}f(x)p_\xi(x)\mathrm{d}x. \tag{2.3.7}$$

这个性质的价值在于求 η 的期望时不必先求 η 的分布，可直接引用 ξ 的分布或分布函数 $F_\xi(x)$. 在很多场合中，这种方法可简化计算过程，由于该性质证明涉及较多数学知识，故不加以证明.

性质 2.3.2(线性性质) 设 ξ 为随机变量,期望存在,a 和 b 为两个常数(确定性),则

$$E(a\xi+b)=aE\xi+b.$$

证明:令 $\eta=a\xi+b=f(\xi)$,代入性质 2.3.1,有

$$E\eta=E(a\xi+b)=\int_{-\infty}^{+\infty}(ax+b)\mathrm{d}F_{\xi}(x)=a\int_{-\infty}^{+\infty}x\mathrm{d}F_{\xi}(x)+b\int_{-\infty}^{+\infty}\mathrm{d}F_{\xi}(x)$$
$$=aE\xi+bF_{\xi}(x)\Big|_{-\infty}^{+\infty}=aE\xi+b(1-0)=aE\xi+b.$$

性质 2.3.3 设 $f(\xi)$、$g(\xi)$都是随机变量 ξ 的连续或分段连续函数,其对应的期望都存在,则

$$E[f(\xi)\pm g(\xi)]=Ef(\xi)\pm Eg(\xi). \tag{2.3.8}$$

证明可直接利用积分展开以及性质 2.3.1 得到.

性质 2.3.4(单调性) 设 $f(x)\leqslant g(x)$,$f(\xi)$、$g(\xi)$都是 ξ 的连续或分段连续函数,它们的期望存在,则

$$Ef(\xi)\leqslant Eg(\xi).$$

证明:由于 $Ef(\xi)=\int_{-\infty}^{+\infty}f(x)\mathrm{d}F_{\xi}(x)$,$Eg(\xi)=\int_{-\infty}^{+\infty}g(x)\mathrm{d}F_{\xi}(x)$,注意到 $F_{\xi}(x)$ 为非降函数,当增量 $\mathrm{d}x>0$ 时,增量 $\mathrm{d}F_{\xi}(x)\geqslant 0$,故当 $f(x)\leqslant g(x)$ 时必有

$$\int_{-\infty}^{+\infty}f(x)\mathrm{d}F_{\xi}(x)\leqslant\int_{-\infty}^{+\infty}g(x)\mathrm{d}F_{\xi}(x),$$

从而 $Ef(\xi)\leqslant Eg(\xi)$.

从上面的性质 2.3.2 至性质 2.3.4 可以看出,如把 $E\xi$ 理解为运算符 E 作用在随机变量 ξ 上面,则 E 运算符具有与积分运算符的相似性质,故可以认为数学期望的"本质"是积分.

例 2.3.6 设 ξ 为离散型随机变量,其分布律为

ξ	0	1	2
P	$\frac{1}{4}$	$\frac{1}{3}$	$\frac{5}{12}$

试求 $E(\xi^2+\xi)$.

解:利用离散时随机变量函数期望公式(2.3.6),有

$$E(\xi^2+\xi)=\sum_i(x_i^2+x_i)P(\xi=x_i)$$
$$=\left[(0^2+0)\times\frac{1}{4}+(1^2+1)\times\frac{1}{3}+(2^2+2)\times\frac{5}{12}\right)\Bigg]=\frac{19}{6}.$$

例 2.3.7 据统计在一年内健康人的死亡率为 0.2%,保险公司开展生命保险业务,参加者每年支付 1 200 元保险费,若一年中死亡,保险公司赔偿 A 元 ($A>1\,200$),问 A 应为多

少才能使保险公司获益?

解: 设保险公司从每个投保者处获得的净收益为随机变量 ξ,则 ξ 的分布律为

ξ	1 200−A	1 200
p	0.002	0.998

从而期望值 $E\xi=(1\,200-A)\times 0.002+1\,200\times 0.998=1\,200-0.002A$,为使 $E\xi>0$,必须 $A<600\,000$,又考虑到 $A>1\,200$,故当 $1\,200<A<600\,000$ 时公司有望获益.

注:本题计算时没有涉及投保费的利息收益,实际上操作时由于年份不一定局限于一年,故应兼顾本金与利息的收益,同时适当扣除公司运转费用等成本.另外,本题考虑的是期望收益,期望涉及大样本,即投保人需非常多,当投保人不是很多或需要更仔细的分析时,就要用另外方法计算(例 2.5.4).

例 2.3.8 设随机变量 ξ 与 η 具有相同的密度函数

$$p(x)=\begin{cases}\dfrac{3}{8}x^2, & 0<x<2,\\ 0, & \text{其他}.\end{cases}$$

(1) 设事件 $A=\{\omega\mid\xi(\omega)>a\}$ 与事件 $B=\{\omega\mid\eta(\omega)>a\}$ 独立,且 $P(A\cup B)=\dfrac{3}{4}$,求常数 a;(2) 求 $E\dfrac{1}{\xi^2}$.

解: (1) 首先 $P(A)=P(\xi>a)=\int_a^{+\infty}p(x)\mathrm{d}x=P(\eta>a)=P(B)$,又

$$P(A\cup B)=P(A)+P(B)-P(AB),$$

利用 A、B 独立性,易知 $P(AB)=P(A)\cdot P(B)$,代入上式再利用已知条件,得

$$P(A\cup B)=P(A)+P(B)-P(AB)=2P(A)-[P(A)]^2=\frac{3}{4},$$

由此解出位于 $[0,1]$ 的解 $P(A)=\dfrac{1}{2}$. 把 $P(A)$ 值代入密度积分表达式后,容易看出 $a\in(0,2)$,故

$$\frac{1}{2}=P(A)=\int_a^{+\infty}p(x)\mathrm{d}x=\int_a^2\frac{3}{8}x^2\mathrm{d}x=\frac{1}{8}x^3\Big|_a^2=\frac{1}{8}(8-a^3),$$

从中解出 $a=\sqrt[3]{4}$.

(2) 利用随机变量函数的期望公式,得

$$E\left(\frac{1}{\xi^2}\right)=\int_{-\infty}^{+\infty}\frac{1}{x^2}p(x)\mathrm{d}x=\int_0^2\frac{1}{x^2}\cdot\frac{3}{8}x^2\mathrm{d}x=\frac{3}{8}x\Big|_0^2=\frac{3}{4}.$$

2.4 随机变量的方差

随机变量 ξ 分布的中心可以用均值或期望来描述,而其离散程度则可以用随机变量方差

$D\xi$ 来描述，它与统计数据中的样本方差 S_n^2 相对应.

2.4.1 方差的定义

定义 2.4.1 若 $E(\xi-E\xi)^2$ 存在，则称其为随机变量 ξ 的方差（Variance），记为 $D\xi$ 或 $\mathrm{Var}\xi$，即

$$D\xi = E(\xi-E\xi)^2. \tag{2.4.1}$$

在实际使用时，还常用到与 ξ 具有相同量纲的量 $\sqrt{D\xi}$，称其为标准差或均方差，记为 σ.

当 ξ 是离散型时，$D\xi=\sum\limits_i (x_i-E\xi)^2 p_i$，其中 $p_i=p(\xi=x_i)$；当 ξ 是连续型时 $D\xi=\int_{-\infty}^{+\infty}(x-E\xi)^2 p(x)\mathrm{d}x$，其中 $p(x)$ 为 ξ 的密度函数. 统一用分布函数描述时，则为

$$D\xi=\int_{-\infty}^{+\infty}(x-E\xi)^2\mathrm{d}F_\xi(x),$$

其中 $F_\xi(x)$ 为 ξ 的分布函数. 由定义式易知 $D\xi$ 是随机变量 ξ 的函数 $(\xi-E\xi)^2$ 的均值，故它反映了随机变量 ξ 与其分布中心 $E\xi$ 之间差距的大小. $D\xi$ 小，说明 ξ 的取值聚集在 $E\xi$ 附近；$D\xi$ 大，说明 ξ 的取值分布较分散.

在计算 $D\xi$ 时，有时要用性质 2.4.1 的展开公式.

性质 2.4.1 $D\xi=E(\xi^2)-(E\xi)^2$.

证： 由于 $D\xi=E(\xi-E\xi)^2$，展开二项式 $(\xi-E\xi)^2$ 代入 $D\xi$ 表达式有 $D\xi=E[\xi^2-2\xi E\xi+(E\xi)^2]$. 若令 $E\xi=c$，则 $D\xi=E[\xi^2-2c\xi+c^2]$，利用 E 运算符的线性展开公式：

$$\begin{aligned}D\xi &= E[\xi^2-2c\xi+c^2]=E(\xi^2)-2cE\xi+c^2=E(\xi^2)-2c^2+c^2\\ &=E(\xi^2)-c^2=E(\xi^2)-(E\xi)^2.\end{aligned}$$

由此式可见，若 $E\xi$ 存在，则 $D\xi$ 的存在性等价于 $E\xi^2$ 的存在性，同时易知 $D\xi$ 的存在性比 $E\xi$ 的存在性要求更高，由此可见并非任意随机变量都存在方差.

例 2.4.1 设随机变量 ξ 服从均匀分布（例 2.2.5），求其方差.

解： 由例 2.3.3 可知 $E\xi=\dfrac{a+b}{2}$，所以为求方差，只需求出 $E\xi^2$，利用随机变量函数期望公式，得

$$E\xi^2=\int_{-\infty}^{+\infty}x^2 p_\xi(x)\mathrm{d}x=\int_a^b x^2\frac{1}{b-a}\mathrm{d}x=\frac{1}{b-a}\cdot\frac{x^3}{3}\bigg|_a^b=\frac{a^2+b^2+ab}{3}.$$

从而由性质 2.4.1，有

$$D\xi=E(\xi^2)-(E\xi)^2=\frac{a^2+ab+b^2}{3}-\left(\frac{a+b}{2}\right)^2=\frac{(b-a)^2}{12}.$$

例 2.4.2 设随机变量 ξ 的期望 $E\xi$ 与方差 $D\xi$ 都等于 λ，又已知 $E[(\xi-1)(\xi-2)]=1$，

试求 λ.

解：由 $D\xi$ 展开式知 $\lambda = D\xi = E\xi^2 - (E\xi)^2 = E\xi^2 - \lambda^2$，故 $E\xi^2 = \lambda + \lambda^2$，代入 $E[(\xi-1)(\xi-2)]=1$ 的展开式中，有

$$1 = E(\xi-1)(\xi-2) = E(\xi^2 - 3\xi + 2) = E\xi^2 - 3E\xi + 2 = \lambda + \lambda^2 - 3\lambda + 2,$$

得到 λ 的方程

$$\lambda^2 - 2\lambda + 1 = 0,$$

该方程的根 $\lambda = 1$.

随机变量 ξ 的期望 $E\xi$ 是一个描述 ξ 分布中心的特征数，它反映了 ξ 的取值总在 $E\xi$ 附近"波动"，而方差 $D\xi$ 则反映了"波动"的大小. 下面的例子充分地说明了这一点.

例 2.4.3 设 ξ，η 分别服从三角分布与倒三角分布(图 2.4.1)，即它们的密度函数分别为

$$p_\xi(x) = \begin{cases} 1+x, & -1 \leqslant x < 0, \\ 1-x, & 0 \leqslant x < 1, \\ 0, & \text{其他}; \end{cases}$$

$$p_\eta(x) = \begin{cases} -x, & -1 \leqslant x \leqslant 0, \\ x, & 0 \leqslant x < 1, \\ 0, & \text{其他}. \end{cases}$$

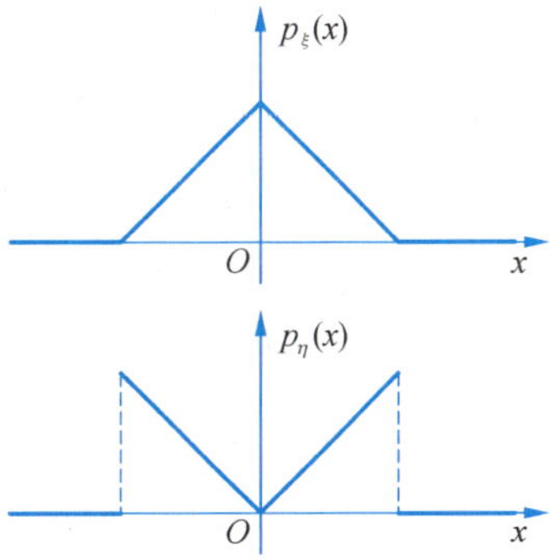

图 2.4.1 密度函数

试分别计算它们的期望与方差.

解：由于 $p_\xi(x)$，$p_\eta(x)$ 关于 y 轴对称，故利用被积函数的奇偶性，有

$$E\xi = \int_{-\infty}^{+\infty} x p_\xi(x)\mathrm{d}x = \int_{-1}^{+1} x p_\xi(x)\mathrm{d}x = 0;$$

$$E\eta = \int_{-\infty}^{+\infty} x p_\eta(x)\mathrm{d}x = \int_{-1}^{+1} x p_\eta(x)\mathrm{d}x = 0.$$

由此

$$D\xi = E\xi^2 - (E\xi)^2 = E\xi^2 - 0^2 = E\xi^2 = \int_{-1}^{+1} x^2 p_\xi(x)\mathrm{d}x$$

$$= 2\int_0^1 x^2(1-x)\mathrm{d}x = 2\left(\frac{x^3}{3} - \frac{x^4}{4}\right)\Bigg|_0^1 = 2\times\left(\frac{1}{3} - \frac{1}{4}\right) = \frac{1}{6};$$

$$D\eta = E\eta^2 = 2\int_0^1 x^2 \cdot x\mathrm{d}x = 2\times\frac{x^4}{4}\Bigg|_0^1 = \frac{1}{2}.$$

从计算结果可以看出 $D\eta = \frac{1}{2} > \frac{1}{6} = D\xi$. 究其原因是 η 的取值比较分散，它取 1 与 −1 附近数值的概率要比 ξ 大.

2.4.2 方差的性质

性质 2.4.2 常数的方差为 0，即 $DC=0$，其中 C 是(确定性)常数.

证：若 C 为常数，则 $EC=C$，故由方差定义

$$DC=E(C-EC)^2=E(C-C)^2=E0=0.$$

性质 2.4.3 若 a、b 为常数，ξ 为随机变量，则 $D(a\xi+b)=a^2D\xi$.

证：当 a、b 是常数时，$E(a\xi+b)=aE\xi+b$，故

$$\begin{aligned}D(a\xi+b)&=E\{[(a\xi+b)-E(a\xi+b)]^2\}=E\{[(a\xi+b)-(aE\xi+b)]^2\}\\&=E\{[a\xi-aE\xi]^2\}=E[a^2(\xi-E\xi)^2]=a^2E(\xi-E\xi)^2,\end{aligned}$$

从而在注意到 $E(\xi-E\xi)^2=D\xi$ 后即知本性质成立.

性质 2.4.4 若 C 是常数，ξ 为随机变量，则

$$\min_C E(\xi-C)^2=E(\xi-E\xi)^2=D\xi.$$

即当且仅当 $C=E\xi$ 时，$E(\xi-C)^2$ 达到最小值 $D\xi$.

证：由性质 2.4.3 与性质 2.4.1 可知

$$D\xi=D(\xi-C)=E(\xi-C)^2-[E(\xi-C)]^2\leqslant E(\xi-C)^2,$$

显然等号成立当且仅当 $E(\xi-C)=0$，此时 $C=E\xi$，$E(\xi-C)^2$ 达到最小值 $D\xi$.

例 2.4.4 设随机变量 ξ 具有期望 $E\xi$ 与大于 0 的方差 $D\xi$，令 $\xi^*=\dfrac{\xi-E\xi}{\sqrt{D\xi}}$，试证：$E\xi^*=0$，$D\xi^*=1$.

证：利用期望与方差的有关线性运算的计算公式

$$E\xi^*=E\frac{\xi-E\xi}{\sqrt{D\xi}}=\frac{1}{\sqrt{D\xi}}E(\xi-E\xi)=\frac{1}{\sqrt{D\xi}}[(E\xi-E(E\xi)]=\frac{1}{\sqrt{D\xi}}[(E\xi-E\xi)]=0,$$

$$D\xi^*=D\frac{\xi-E\xi}{\sqrt{D\xi}}=\frac{1}{D\xi}D(\xi-E\xi)=\frac{1}{D\xi}D\xi=1.$$

由于 ξ^* 具有简单的期望与方差，故常称其为标准化随机变量. 在讨论分布，特别是后面提到的“正态”分布与极限定理时，它有特殊的作用.

性质 2.4.5 (切比雪夫不等式)对任何具有有限方差的随机变量 ξ 有估计式：

$$P\{|\xi-E\xi|\geqslant\varepsilon\}\leqslant\frac{D\xi}{\varepsilon^2},\tag{2.4.2}$$

其中 ε 是任一正数.

证：设 ξ 的分布函数为 $F_\xi(x)$. 由于它非降，故可认为 $\mathrm{d}F_\xi(x)\geqslant 0$，从而可以逐步放大被积函数

$$P\{|\xi-E\xi|\geqslant\varepsilon\}\leqslant\int_{\{x\mid|x-E\xi|\geqslant\varepsilon\}}\left(\frac{x-E\xi}{\varepsilon}\right)^2\mathrm{d}F_\xi(x)=\frac{1}{\varepsilon^2}\int_{\{x\mid|x-E\xi|\geqslant\varepsilon\}}(x-E\xi)^2\mathrm{d}F_\xi(x),$$

再把积分区域放大到 x 的全空间,可得概率估计

$$P\{|\xi-E\xi|\geqslant\varepsilon\}\leqslant\frac{1}{\varepsilon^2}\int_{-\infty}^{+\infty}(x-E\xi)^2\mathrm{d}F_\xi,$$

利用随机变量函数的期望公式,把不等式右边的积分改写为期望

$$P\{|\xi-E\xi|\geqslant\varepsilon\}\leqslant\frac{1}{\varepsilon^2}E(\xi-E\xi)^2=\frac{1}{\varepsilon^2}D\xi,$$

即式(2.4.2)成立.

把不等号的方向变动后,切比雪夫不等式还可有不同的形式

$$P\{|\xi-E\xi|<\varepsilon\}\geqslant 1-\frac{D\xi}{\varepsilon^2}. \qquad (2.4.3)$$

例 2.4.5 试证:方差为 0 的随机变量必是单点分布,即

$$P\{\xi=E\xi\}=1.$$

证: 由 $D\xi=0$ 及切比雪夫不等式,对任 $\varepsilon>0$,

$$P\{|\xi-E\xi|\geqslant\varepsilon\}\leqslant\frac{D\xi}{\varepsilon^2}=0.$$

取 $\varepsilon=\frac{1}{n}$, 此时

$$P\left\{|\xi-E\xi|\geqslant\frac{1}{n}\right\}=0.$$

注意到

$$\{|\xi-E\xi|>0\}=\lim_{n\to\infty}\left\{\omega\,\Big|\,|\xi-E\xi|\geqslant\frac{1}{n}\right\}=\bigcup_{n=1}^{\infty}\left\{\omega\,\Big|\,|\xi-E\xi|\geqslant\frac{1}{n}\right\},$$

故

$$P\{|\xi-E\xi|>0\}=P\left\{\bigcup_{n=1}^{\infty}\left\{\omega\,\Big|\,|\xi-E\xi|\geqslant\frac{1}{n}\right\}\right\}\leqslant\sum_{n=1}^{\infty}P\left\{|\xi-E\xi|\geqslant\frac{1}{n}\right\}=0.$$

这样,由概率非负性得知 $P\{|\xi-E\xi|>0\}=0$, 从而 $P\{|\xi-E\xi|=0\}=1$, 即 $P\{\xi=E\xi\}=1$.

切比雪夫不等式说明随机变量 ξ 与其分布中心 $E\xi$ 之间的差距可用方差 $D\xi$ 来估计,它体现了方差可描述 ξ 分布离散程度的特性,由于这个不等式对 ξ 服从什么分布没有过多的要求,所以适用面较广,尽管其精度比较低,但在讨论极限分布时还是发挥了重要的作用(参见第 4 章).

例 2.4.6 设随机变量 $\xi \sim U(a, b)$，试分别用切比雪夫不等式估计 $P\{|\xi - E\xi| \geqslant \varepsilon_i\}$，其中 $\varepsilon_1 = \dfrac{b-a}{4}$，$\varepsilon_2 = \dfrac{3(b-a)}{8}$.

解: 由例 2.3.3 及例 2.4.1 分别得到 $E\xi = \dfrac{a+b}{2}$，$D\xi = \dfrac{(b-a)^2}{12}$，故对 $\varepsilon_1 = \dfrac{b-a}{4}$ 用切比雪夫不等式得到估计

$$P\left\{\left|\xi - \frac{a+b}{2}\right| \geqslant \frac{b-a}{4}\right\} \leqslant \frac{D\xi}{\varepsilon_1^2} = \frac{\dfrac{(b-a)^2}{12}}{\left(\dfrac{b-a}{4}\right)^2} = \frac{16}{12} = \frac{4}{3}.$$

注意到概率永远不会超过 1，故上述估计式尽管正确但没有实际意义.

当 $\varepsilon_2 = \dfrac{3(b-a)}{8}$ 时，估计式为

$$P\left\{\left|\xi - \frac{a+b}{2}\right| \geqslant \frac{3}{8}(b-a)\right\} \leqslant \frac{D\xi}{\varepsilon_2^2} = \frac{\dfrac{(b-a)^2}{12}}{\left(\dfrac{3(b-a)}{8}\right)^2} = \frac{1}{12} \times \frac{8^2}{3^2} = \frac{16}{27}.$$

由于此估计式右边 $\dfrac{16}{27} < 1$，故与 ε_1 时的估计相比本估计式是有意义的. 为比较此估计式的正确程度，我们用密度函数重新计算不等式左边：

$$\begin{aligned}
P\left\{\left|\xi - \frac{a+b}{2}\right| \geqslant \frac{3}{8}(b-a)\right\} &= \int_{\left\{x \,\middle|\, \left|x - \frac{a+b}{2}\right| \geqslant \frac{3}{8}(b-a)\right\}} p(x)\mathrm{d}x = 1 - \int_{\left\{x \,\middle|\, \left|x - \frac{a+b}{2}\right| < \frac{3}{8}(b-a)\right\}} p(x)\mathrm{d}x \\
&= 1 - \int_{\frac{a+b}{2} - \frac{3}{8}(b-a)}^{\frac{a+b}{2} + \frac{3}{8}(b-a)} p(x)\mathrm{d}x = 1 - \int_{\frac{7a+b}{8}}^{\frac{a+7b}{8}} p(x)\mathrm{d}x = 1 - \int_{\frac{7a+b}{8}}^{\frac{a+7b}{8}} \frac{1}{b-a}\mathrm{d}x \\
&= 1 - \frac{1}{b-a}\left(\frac{a+7b}{8} - \frac{7a+b}{8}\right) = 1 - \frac{1}{b-a} \cdot \frac{6}{8}(b-a) = 1 - \frac{6}{8} = \frac{1}{4}.
\end{aligned}$$

由于 $\dfrac{1}{4} \leqslant \dfrac{16}{27}$，故说明切比雪夫不等式的估计是正确的，然而，进一步注意到 $\dfrac{1}{4}$ 与 $\dfrac{16}{27}$ 差距比较大，说明用切比雪夫不等式估计有时会不太精确，但由于该不等式适用于分布未知，故它的应用面仍然很广.

2.5 常用随机变量的分布

每个随机变量由于可测性，故总具有唯一的分布，然而分布仅描述了随机变量的概率特性，所以不同的随机变量有时会具有相同的分布. 当我们主要关心随机变量的概率特性时，可以从分布的角度对随机变量进行分类，使同一类的随机变量具有同一分布，这在讨论大部分问题时都是行之有效的. 为方便，下面就以不同的分布对随机变量进行描述，又由于常用

的分布都属于离散型或连续型，于是可分别用分布律或密度进行讨论.

2.5.1 离散型随机变量

1. 单点分布

若随机变量ξ以概率1取常数C，即$P(\xi=C)=1$，则称ξ服从单点分布或退化分布，有时记为$\xi\sim I(x-C)$，此时显然有$E\xi=C$，$D\xi=0$.

确定性常数必然服从单点分布，但服从单点分布$\xi\sim I(x-C)$的随机变量不能认为必是个确定性常数，因为它可能取不同于C的另外的值，只不过那时的概率必为0，即$P\{\xi\neq C\}=0$.

2. 两点分布

若随机变量可取两个不同的值a、b，分布律为$P(\xi=a)=p_1$，$P(\xi=b)=p_2$，且$p_1+p_2=1$，则称其为两点分布. 由于可以用简单的线性变换把它变成$a=1$，$b=0$的场合，故常讨论取值为$\{1,0\}$的两点分布，此时又简称为0－1分布. 显然对于这种随机变量其期望$E\xi=1\times p_1+0\times p_2=p_1$，$D\xi=E\xi^2-(E\xi)^2=(1^2\times p_1+0^2\times p_2)-p_1^2=p_1-p_1^2=p_1(1-p_1)=p_1p_2$. 有时常把$p_1$记为$p$，把$p_2$记为$q$，此时$E\xi=p$，$D\xi=pq$.

0－1分布比较简单，常可描写随机试验结果仅有两个状态的场合，利用它可以构成下面的二项分布及超几何分布等，所以它又是讨论其他分布的基础.

3. 二项分布 $B(n,p)$

如例1.2.4所示，产品放回抽样时，其中正品数ξ的概率分布为

$$P(\xi=k)=\binom{n}{k}p^kq^{n-k}\quad(k=0,1,2,\cdots,n),\tag{2.5.1}$$

像这种随机变量服从的分布称为二项分布(Binomial Distribution)，并记为$\xi\sim B(n,p)$.

把二项分布的产品放回抽样与1.3.2节中的n重伯努利相联系，可知，若记ξ为n重伯努利试验中成功(记为事件A)的次数，则ξ必定服从二项分布$B(n,p)$，其中p为每次试验中A发生的概率，即$P(A)=p$，$P(\overline{A})=q$.

其理由可以通过下面的分析得到：

首先，因为n重伯努利试验的基本结果可记作$\boldsymbol{\omega}=(\omega_1,\omega_2,\cdots,\omega_n)$，其中的$\omega_i$或者为$A$，或者为$\overline{A}$，把不同的情况组合起来可得到$2^n$个$\boldsymbol{\omega}$，它们就组成了样本空间$\Omega$. 然而应该注意的是，这里没有所谓的“等概性”，故不能简单地用古典概型中的计数法讨论概率.

为求$P(\xi=k)$，先考虑当某个样本点$\boldsymbol{\omega}\in\{\boldsymbol{\omega}\mid\xi(\boldsymbol{\omega})=k\}$时，在这个$\boldsymbol{\omega}$的$n$个分量$(\omega_1,\omega_2,\cdots,\omega_n)$中必定有$k$个为$A$，有$n-k$个为$\overline{A}$. 由独立性可知，$\boldsymbol{\omega}$的概率为$p^kq^{n-k}$，而且在$\{\boldsymbol{\omega}\mid\xi=k\}$中，这样的$\boldsymbol{\omega}$样本点共有$\binom{n}{k}$个，它们互不相容，从而

$$P(\xi=k)=\binom{n}{k}p^kq^{n-k},$$

已知 $k=0, 1, 2, \cdots, n$，故随机变量 ξ 服从二项分布 $B(n, p)$. 0－1 分布是 $n=1$ 时的二项分布，记为 $B(1, p)$.

二项分布是最重要的离散型随机变量分布，在判断二项分布时，常要注意其试验的独立二状态特点.

二项分布的数学期望与方差分别为 $E\xi=np$，$D\xi=npq$，这在后面可以利用二项分布的和式展开及期望方差性质方便得到，这里仅给出期望的证明.

由于

$$E\xi=\sum_{k=0}^{n}x_kp_k=\sum_{k=0}^{n}k\binom{n}{k}p^kq^{n-k}=\sum_{k=1}^{n}k\cdot\frac{n!}{k!(n-k)!}p^kq^{n-k}$$
$$=\sum_{k=1}^{n}\frac{n!}{(k-1)!(n-k)!}p^kq^{n-k},$$

令 $k-1=l$，$n-1=m$，则

$$E\xi=\sum_{l=0}^{m}\frac{(m+1)m!}{l!(m-l)!}p^{l+1}q^{m-l}=(m+1)p\sum_{l=0}^{m}\binom{m}{l}p^lq^{m-l}$$
$$=(m+1)p=np.$$

在上面证明中，我们利用了等式 $\sum_{l=0}^{m}\binom{m}{l}p^lq^{m-l}=1$. 这可由二项展开式 $\sum_{l=0}^{m}\binom{m}{l}p^lq^{m-l}=(p+q)^m=1$ 得到，也可从二项分布 $B(n, p)$ 的规范性，即 $\sum_{k=0}^{n}p_k=\sum_{k=0}^{n}\binom{n}{k}p^kq^{n-k}=1$ 直接看出.

例 2.5.1 设 $\xi\sim B(2, p)$，$\eta\sim B(3, p)$，若 $P(\xi\geqslant 1)=\frac{5}{9}$，求 $P(\eta\geqslant 1)$.

解： 由 $P(\xi\geqslant 1)=\frac{5}{9}$ 知，$P(\xi=0)=1-P(\xi\geqslant 1)=1-\frac{5}{9}=\frac{4}{9}$. 而由二项分布的分布律又知 $P(\xi=0)=\binom{2}{0}p^0q^{2-0}=q^2$，故 $q^2=\frac{4}{9}$，解出 $q=\pm\frac{2}{3}$，舍去负值后 $q=\frac{2}{3}$，因此 $p=\frac{1}{3}$. 把 p 代入 η 的分布，可知 $\eta\sim B\left(3, \frac{1}{3}\right)$，故

$$P(\eta\geqslant 1)=1-P(\eta=0)=1-\binom{3}{0}p^0q^{3-0}=1-q^3=\frac{19}{27}.$$

例 2.5.2 设厂家生产的仪器，每台以概率 0.70 可直接出厂，以概率 0.30 需暂时留下作进一步调试，经调试后以概率 0.80 可以出厂，以概率 0.20 定为不合格品不能出厂. 现该厂共生产了 n 台仪器 $(n\geqslant 2)$，为方便，又设各台仪器间的质量相互独立，试求全部仪器能出厂的概率 α 以及其中恰有 2 件不能出厂的概率 β.

解： 本问题属二项分布 $B(n, p)$，其中 n 已知而 p 需要计算. 考虑到在二项分布中，p 为

每次试验中事件 A 成功的概率，故可令事件 $A=\{$一台仪器可以出厂$\}$，$B=\{$一台仪器需要调试$\}$，由例中条件可知 $P(A)=p$，$P(\overline{B})=0.70$，$P(B)=0.30$，$P(A\mid B)=0.80$，$P(A\mid \overline{B})=1$，故由全概率公式有

$$p=P(A)=P(B)P(A\mid B)+P(\overline{B})P(A\mid \overline{B})=0.3\times 0.8+0.7\times 1=0.94.$$

再利用二项分布的分布公式计算出厂仪器数量 ξ 的有关概率为

$$\alpha=P(\xi=n)=\binom{n}{n}p^n q^{n-n}=p^n=0.94^n,$$

$$\beta=P(\xi=n-2)=\binom{n}{n-2}p^{n-2}q^2=\binom{n}{2}\times 0.94^{n-2}\times 0.06^2.$$

例 2.5.3 某车间有 200 台独立工作的车床，各台车床开工的概率都是 0.6，开工时每台车床耗电 1 kW，问供电所至少要供给此车间多少电力(kW)，才能以 99.9%的概率保证车间不会因供电不足而影响生产？

解：200 台车床独立工作，可看作进行 200 次独立的重复试验，设 ξ 为实际开工的车床数，则 $\xi\sim B(n,\ p)$，其中 $n=200$，$p=0.6$. 令 x(kW)为供电局的供电数，则要求的是使下面不等式成立的最小的整数 x：

$$P(0\leqslant\xi\leqslant x)\geqslant 0.999.$$

此问题可以用后面极限定理(参见第 4 章例 4.1.3)进行近似计算，也可用 Excel 里的统计函数 BINOMDIST 进行精确计算. 当该函数的第四个参数设为 TURE 时，其函数的返回值是累计概率，故我们可调整第一个参数，以求出最小整数解 x. 实际上由于 BINOMDIST (140, 200, 0.6, TRUE) $=0.998\ 687<0.999$，而 BINOMDIST(141, 200, 0.6, TRUE) >0.999，故解 $x=141$(kW).

例 2.5.4(保险业务) 与例 2.3.7 相似，今有 2 500 名同一类型的人参加保险公司的人寿保险，参加者每年参保费为 1 200 元，一年中若死亡，保险公司赔偿 200 000 元，据生命表统计这类人员每年死亡率为 0.2%. 试求：(1) 保险公司获益的概率 α；(2) 保险公司获益不少于 1 000 000元的概率 β.

解：与例 2.3.7 不同，这里投保人数已知为 2 500 名，且死亡赔偿费 200 000 元远低于例 2.3.7 中的 600 000 元，所以，在同样不计其他利息、管理费用时，估计保险公司会有很大机会获利. 现以二项分布进行计算，设 ξ 为一年内的死亡人数，则 $\xi\sim B(2\ 500,\ 0.002)$，为使保险公司获益，则收入 $1\ 200\times 2\ 500$ 必须大于支出 $200\ 000\xi$，从中解出 $\xi<15$(人)，对应的获利的概率为

$$P(\xi<15)=\sum_{k=0}^{14}B(k,\ 2\ 500,\ 0.002)=\sum_{k=0}^{14}\binom{2\ 500}{k}0.002^k\times 0.998^{2\ 500-k}.$$

此计算量很大，我们可利用 Excel 的统计函数 BINOMDIST(14, 2 500, 0.002, TRUE)计算

得到概率为

$$\alpha = P(\xi < 15) = 0.999\ 778.$$

同理有

$$\begin{aligned}\beta &= P\{1\ 200 \times 2\ 500 - 200\ 000\xi \geqslant 1\ 000\ 000\} \\ &= P\{\xi \leqslant 10\} \\ &= \sum_{k=0}^{10} \binom{2\ 500}{k} 0.002^k \times 0.998^{2\ 500-k} \\ &= \text{BINOMDIDST}\ (10,\ 2\ 500,\ 0.002,\ \text{TRUE}) \\ &= 0.986\ 395.\end{aligned}$$

分析所得结果，其之所以会以大概率获利，原因在于赔偿费200 000元远远低于例 2.3.7 中的 600 000 元.

4. 泊松分布 $P(\lambda)$

设随机变量 ξ 取值范围为 $k = 0, 1, 2, \cdots$，其对应的概率为

$$P(\xi = k) = \frac{\lambda^k}{k!} e^{-\lambda}, \tag{2.5.2}$$

其中 $\lambda > 0$ 为常数，则称 ξ 服从泊松分布(Poisson Distribution)$P(\lambda)$，记为 $\xi \sim P(\lambda)$.

上述分布律中的 $e^{-\lambda}$ 是规范化常数，此常数可保证分布律的规范化条件成立，即

$$\sum_{k=0}^{\infty} P(\xi = k) = \sum_{k=0}^{\infty} \frac{\lambda^k}{k!} e^{-\lambda} = e^{-\lambda} \sum_{k=0}^{\infty} \frac{\lambda^k}{k!} = e^{-\lambda} \cdot e^{\lambda} = 1.$$

泊松分布是离散型随机变量中的又一重要分布，它与二项分布以及后面的正态分布有密切的关系，又是构成所谓“带跳”随机过程的重要基础，实践中它常与单位时间(面积、产品)上的计数过程有关. 例如，单位时间内电话总机接到的电话数、一个铸件上的砂眼数等，都服从泊松分布.

泊松分布的期望与方差都等于 λ，即 $E\xi = D\xi = \lambda$. 事实上

$$E\xi = \sum_{k=0}^{\infty} kP(\xi = k) = \sum_{k=0}^{\infty} k \cdot \frac{\lambda^k}{k!} e^{-\lambda} = \sum_{k=1}^{\infty} \frac{\lambda^k}{(k-1)!} e^{-\lambda},$$

令 $k - 1 = l$，则利用分布规范性容易得到

$$E\xi = e^{-\lambda} \sum_{l=0}^{\infty} \frac{\lambda^{l+1}}{l!} = e^{-\lambda} \cdot \lambda \sum_{l=0}^{\infty} \frac{\lambda^l}{l!} = \lambda.$$

另外利用随机变量函数期望公式有

$$E\xi^2 = \sum_{k=0}^{\infty} k^2 P(\xi = k) = \sum_{k=0}^{\infty} k^2 \cdot \frac{\lambda^k}{k!} e^{-\lambda} = \sum_{k=1}^{\infty} k \frac{\lambda^k}{(k-1)!} e^{-\lambda},$$

令 $k - 1 = l$，则

$$E\xi^2=\sum_{l=0}^{\infty}(l+1)\frac{\lambda^{l+1}}{l!}e^{-\lambda}=\sum_{l=0}^{\infty}l\cdot\frac{\lambda^{l+1}}{l!}e^{-\lambda}+\sum_{l=0}^{\infty}\frac{\lambda^{l+1}}{l!}e^{-\lambda}$$
$$=\lambda\left(\sum_{l=0}^{\infty}l\cdot\frac{\lambda^{l}}{l!}e^{-\lambda}+\sum_{l=0}^{\infty}\frac{\lambda^{l}}{l!}e^{-\lambda}\right),$$

其中，括号内第一个级数可以用 $E\xi$ 求和，即

$$\sum_{l=0}^{\infty}l\cdot\frac{\lambda^{l}}{l!}e^{-\lambda}=\sum_{l=0}^{\infty}l\,P(\xi=l)=E\xi=\lambda,$$

而括号内第二个级数则可以用泊松分布律的规范性求出，其和为 1，故 $E\xi^2=\lambda(\lambda+1)$，代入方差公式，得

$$D\xi=E\xi^2-(E\xi)^2=\lambda(\lambda+1)-\lambda^2=\lambda.$$

例 2.5.5　由销售记录可知，某种商品每月销售数可用 $\lambda=10$ 的泊松分布描述(统计中将会介绍如何利用销售记录确定分布类型)，为了以 95%以上的概率保证不脱销，问在月底至少应该进该种商品多少件(假设上月没有存货)?

解: 设月底进货 x 件，每月销售量为 ξ 件，当 $\xi\leqslant x$ 时就不会脱销，注意到 $\xi\sim P(10)$，故由题意要求最小整数 x，使

$$P(\xi\leqslant x)=\sum_{k=0}^{x}\frac{10^k}{k!}e^{-10}\geqslant 0.95,$$

查书末附表 3，得

$$\sum_{k=0}^{14}\frac{10^k}{k!}e^{-10}\approx 0.916\,6<0.95,$$
$$\sum_{k=0}^{15}\frac{10^k}{k!}e^{-10}\approx 0.951\,3>0.95,$$

故求得最少进货 $x=15$ 件.

此题亦可用 Excel 统计函数 POISSON (x, 10, TRUE) $\geqslant 0.95$ 解出最小整数 $x=15$.

5. 超几何分布 $H(n, N, M)$

不放回抽样检验常涉及超几何分布(例 1.2.5)，一般地，若随机变量 ξ 具有分布律

$$P(\xi=k)=\frac{\binom{M}{k}\binom{N-M}{n-k}}{\binom{N}{n}}\quad(k=0,\ 1,\ \cdots,\ r),\tag{2.5.3}$$

其中 n, N, M 均为正整数，且 $n\leqslant N$, $M\leqslant N$, $r=\min(M, n)$，则称 ξ 服从超几何分布，记为 $\xi\sim H(n, N, M)$. 应当指出的是，在上述概率表达式中，如果遇到 $n-k>N-M$，则应令 $\binom{N-M}{n-k}=0$.

为说明上面给出的确是分布律，除了注意非负性外，还需验证规范性，即

$$\sum_{k=0}^{r} P(\xi=k)=\sum_{k=0}^{r} \frac{\binom{M}{k}\binom{N-M}{n-k}}{\binom{N}{n}}=1.$$

这可用 $(1+x)^N$ 的展开式加以证明. 实际上若记 $N-M=p$，则上式化为

$$\sum_{k=0}^{r}\binom{M}{k}\binom{p}{n-k}=\binom{N}{n},$$

由于 $(1+x)^N=\sum_{k=0}^{N}\binom{N}{k}1^{N-k}x^k=\sum_{k=0}^{N}\binom{N}{k}x^k$，而

$$(1+x)^M(1+x)^p=\sum_{k=0}^{M}\binom{M}{k}x^k\cdot\sum_{s=0}^{p}\binom{p}{s}x^s=\sum_{k=0}^{M}\sum_{s=0}^{p}\binom{M}{k}\binom{p}{s}x^{k+s},$$

考虑到恒等式 $(1+x)^N=(1+x)^M(1+x)^p$ 中 x^n 的系数一定相等，故

$$\binom{N}{n}=\sum_{k=0}^{M}\sum_{\substack{s=0\\k+s=n}}^{p}\binom{M}{k}\binom{p}{s}=\sum_{k=0}^{r}\binom{M}{k}\binom{p}{n-k}=\sum_{k=0}^{r}\binom{M}{k}\binom{N-M}{n-k}.$$

这就是所要证明的规范性，当然应指出我们又一次用到了记号 $\binom{N-M}{n-k}=0$（当 $n-k>N-M$ 时），这是为了简化公式的表达.

下面计算超几何分布的期望：

$$E\xi=\sum_{k=0}^{r}kP(\xi=k)=\sum_{k=0}^{r}k\frac{\binom{M}{k}\binom{N-M}{n-k}}{\binom{N}{n}}$$

$$=n\frac{M}{N}\sum_{k=1}^{r}\frac{\binom{M-1}{k-1}\binom{N-M}{n-k}}{\binom{N-1}{n-1}},$$

令 $k-1=l$，则

$$E\xi=n\frac{M}{N}\sum_{l=0}^{r-1}\frac{\binom{M-1}{l}\binom{N-M}{n-1-l}}{\binom{N-1}{n-1}}=n\frac{M}{N}\cdot 1=n\frac{M}{N}.$$

其中,为证 $\sum_{l=0}^{r-1}\frac{\binom{M-1}{l}\binom{N-M}{n-1-l}}{\binom{N-1}{n-1}}=1$,我们利用了超几何分布 $H(n-1, N-1, M-1)$ 的规范性. 超几何分布方差的计算公式比较复杂,我们不再给出,有兴趣的读者可参考书末附表 1.

6. 几何分布 $Ge(p)$

与伯努利试验序列相联系的离散型分布,除了二项分布以外,还有几何分布与巴斯卡分布等. 所谓几何分布,指首次成功发生在第 k 次试验时所服从的概率分布,即若记 p 为伯努利试验序列中每次试验时事件 A 发生的概率,而令随机变量 ξ 为事件 A 首次发生时的试验次数,则 ξ 的取值可能为 $k=1, 2, 3, \cdots$, 对应的分布律为

$$P(\xi=k)=(1-p)^{k-1}p. \tag{2.5.4}$$

此时称 ξ 服从几何分布(Geometrical Distribution),记为 $\xi\sim Ge(p)$.

容易证明几何分布的数学期望 $E\xi=\frac{1}{p}$. 实际上若令 $q=1-p$,利用 $\frac{1}{1-q}=\sum_{k=0}^{\infty}q^k$ $(0<q<1)$, 可得

$$\begin{aligned}E\xi&=\sum_{k=1}^{\infty}kP(\xi=k)=\sum_{k=1}^{\infty}kpq^{k-1}=p\sum_{k=1}^{\infty}kq^{k-1}=p\sum_{k=1}^{\infty}\frac{\mathrm{d}}{\mathrm{d}q}q^k\\&=p\sum_{k=0}^{\infty}\frac{\mathrm{d}}{\mathrm{d}q}q^k=p\frac{\mathrm{d}}{\mathrm{d}q}\Big(\sum_{k=0}^{\infty}q^k\Big)=p\frac{\mathrm{d}}{\mathrm{d}q}\Big(\frac{1}{1-q}\Big)=\frac{p}{(1-q)^2}=\frac{1}{p}.\end{aligned}$$

为计算 $D\xi$,先计算

$$\begin{aligned}E\xi^2&=\sum_{k=1}^{\infty}k^2pq^{k-1}=p\Big\{\sum_{k=1}^{\infty}k(k-1)q^{k-1}+\sum_{k=1}^{\infty}kq^{k-1}\Big\}\\&=pq\sum_{k=1}^{\infty}k(k-1)q^{k-2}+\frac{1}{p}=pq\sum_{k=1}^{\infty}\frac{\mathrm{d}^2}{\mathrm{d}q^2}q^k+\frac{1}{p}\\&=pq\sum_{k=0}^{\infty}\frac{\mathrm{d}^2}{\mathrm{d}q^2}q^k+\frac{1}{p}=pq\frac{\mathrm{d}^2}{\mathrm{d}q^2}\Big(\sum_{k=0}^{\infty}q^k\Big)+\frac{1}{p}=pq\frac{\mathrm{d}^2}{\mathrm{d}q^2}\Big(\frac{1}{1-q}\Big)+\frac{1}{p}\\&=pq\frac{2}{(1-q)^2}+\frac{1}{p}=\frac{2q}{p^2}+\frac{1}{p},\end{aligned}$$

故

$$D\xi=E\xi^2-(E\xi)^2=\frac{2q}{p^2}+\frac{1}{p}-\Big(\frac{1}{p}\Big)^2=\frac{q}{p^2}.$$

2.5.2 连续型随机变量

1. 均匀分布 $U(a, b)$

若对连续型随机变量 ξ,有密度函数

$$p(x)=\begin{cases}\dfrac{1}{b-a}, & x\in(a,\ b),\\ 0, & \text{其他},\end{cases} \tag{2.5.5}$$

其中 a、$b(a<b)$ 为常数，则称 ξ 服从均匀分布(Uniform Distribution)，记为 $\xi\sim U(a,\ b)$(例 2.2.5).

由于当 $x\in(a,\ b)$ 时，$p(x)=$ 常数 $=\dfrac{1}{b-a}$，即 ξ 落入 $(a,\ b)$ 中任意两个长度相等的区间的概率必然相等，故服从均匀分布的随机变量 ξ 具有在古典概型、几何概型中提到过的"等概型". 均匀分布的分布函数、期望与方差分别在例 2.2.5、例 2.3.3 与例 2.4.1 中已经给出.

例 2.5.6 某公共汽车从上午 7 时起每 15 min 来一班车，即 7:00，7:15，7:30，…有汽车到达车站，如果某乘客到达此车站的时间是服从 7:00 到 7:30 之间均匀分布的随机变量，试求：(1) 他等候不到 5 min 能乘到车的概率；(2) 等车时间超过 10 min 的概率.

解：(1) 令 ξ 为乘客到站时间减去 7:00(min)，则 $\xi\sim U(0,\ 30)$，为使候车时间不到5 min，则乘客须在 7:10 到 7:15 之间或 7:25 到 7:30 之间到达，故所求概率为

$$P(10<\xi<15)+P(25<\xi<30)=\int_{10}^{15}\frac{1}{30}\,\mathrm{d}x+\int_{25}^{30}\frac{1}{30}\,\mathrm{d}x=\frac{1}{3};$$

(2) 候车超过 10 min 相当于 $0<\xi<5$ 或 $15<\xi<20$，故对应概率为

$$P(0<\xi<5)+P(15<\xi<20)=\frac{1}{3}.$$

均匀分布有时可以与其他分布结合在一起.

例 2.5.7 设随机变量 ξ 服从 $(0,\ 10)$ 上的均匀分布，现对 ξ 进行观察，试求在不多于 3 次的观察中至少有一次观察值超过 8 的概率.

解：由于 $\xi\sim U(0,\ 10)$，故密度

$$p(x)=\begin{cases}\dfrac{1}{10}, & x\in(0,\ 10),\\ 0, & \text{其他},\end{cases}$$

这样对 ξ 进行一次观察发现其值超过 8 的概率为

$$p=P(\xi>8)=\int_{8}^{10}\frac{1}{10}\mathrm{d}x=\frac{1}{5}.$$

令 η 为观察值首次超过 8 的观察次数，则 $\eta\sim Ge(p)$，显然问题要求的是

$$\begin{aligned}P(\eta\leqslant 3)&=P(\eta=1)+P(\eta=2)+P(\eta=3)=p+qp+q^2p\\&=\frac{1}{5}+\frac{4}{5}\times\frac{1}{5}+\left(\frac{4}{5}\right)^2\times\frac{1}{5}=\frac{1}{5}\left(1+\frac{4}{5}+\left(\frac{4}{5}\right)^2\right)=\frac{61}{125}.\end{aligned}$$

注：此题亦可用二项分布计算，实际上如果令 ξ 为 3 次观察中观察值超过 8 的次数，则

$$P(\xi \geqslant 1) = 1 - P(\xi = 0) = 1 - (1-p)^3 = 1 - \left(\frac{4}{5}\right)^3 = \frac{61}{125}.$$

2. 指数分布 $E(\lambda)$

若对连续型随机变量 ξ，有密度函数（图 2.5.1）

$$p(x) = \begin{cases} \lambda e^{-\lambda x}, & x > 0, \\ 0, & x \leqslant 0, \end{cases} \qquad (2.5.6)$$

其中 $\lambda > 0$ 为常数，则称 ξ 服从指数分布（Exponential Distribution），记为 $\xi \sim E(\lambda)$.

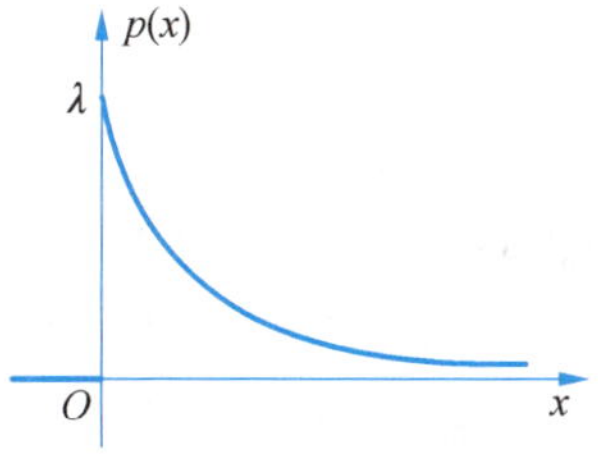

图 2.5.1 指数分布的密度函数

指数分布密度的规范性，可由指数函数 $e^{-\lambda x}$ 前的规范化系数 λ 加以保证，其分布函数（图 2.5.2）为

$$F(x) = \begin{cases} 1 - e^{-\lambda x}, & x \geqslant 0, \\ 0, & x < 0. \end{cases}$$

指数分布常用来描述电子元件的寿命、电话的通话时间、随机服务系统的等待时间等，故在可靠性理论与排队论中有广泛的应用.

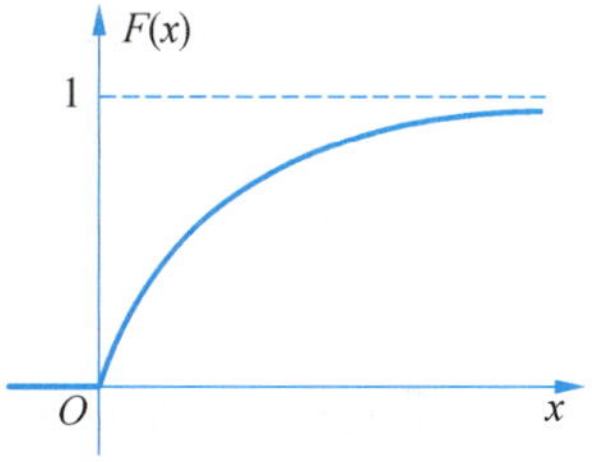

图 2.5.2 指数分布的分布函数

指数分布的期望与方差可以方便地用分部积分法算出，即

$$E\xi = \int_{-\infty}^{+\infty} x p(x) dx = \int_0^{+\infty} x \lambda e^{-\lambda x} dx = \int_0^{+\infty} x d(-e^{-\lambda x})$$
$$= -x e^{-\lambda x} \Big|_0^{+\infty} + \int_0^{+\infty} e^{-\lambda x} dx = 0 + \frac{1}{\lambda} = \frac{1}{\lambda}.$$

其中，积分 $\int_0^{+\infty} e^{-\lambda x} dx$ 的计算结果可由密度规范性直接得到.

又因为

$$E\xi^2 = \int_{-\infty}^{+\infty} x^2 p(x) dx = \int_0^{+\infty} x^2 \lambda e^{-\lambda x} dx = \int_0^{+\infty} x^2 d(-e^{-\lambda x})$$
$$= -x^2 e^{-\lambda x} \Big|_0^{+\infty} + 2\int_0^{+\infty} x e^{-\lambda x} dx = 0 + \frac{2}{\lambda} \cdot E\xi = \frac{2}{\lambda^2},$$

故

$$D\xi = E\xi^2 - (E\xi)^2 = \frac{2}{\lambda^2} - \frac{1}{\lambda^2} = \frac{1}{\lambda^2}.$$

性质 2.5.1（指数分布的无记忆性） 若 $\xi \sim E(\lambda)$，则对任意的 $s > 0$，$t > 0$ 有

$$P(\xi > s + t \mid \xi > s) = P(\xi > t).$$

证：由于 $\xi \sim E(\lambda)$，故 $P(\xi > s) = e^{-\lambda s}$ 注意到事件 $\{\xi > s + t\} \subset$ 事件 $\{\xi > s\}$，故

$$P(\xi > s+t \mid \xi > s) = \frac{P(\{\xi > s+t\} \cap \{\xi > s\})}{P(\xi > s)} = \frac{P(\xi > s+t)}{P(\xi > s)}$$

$$= \frac{\mathrm{e}^{-\lambda(s+t)}}{\mathrm{e}^{-\lambda s}} = \mathrm{e}^{-\lambda t} = P(\xi > t).$$

这个性质说明若某电子元件寿命(h)服从指数分布，则此元件正常使用 s(h)后，还能正常使用 t(h)的概率与 s 无关，从而戏称为"无记忆"或"永远年轻". 然而应注意的是，这并不意味着元件永不损坏，因为上述等式左边是条件概率，它指的是 $\{\xi > s+t\}$ 在 $\{\xi > s\}$ 中的比例，而不是在整个样本空间中的比例.

例 2.5.8 某仪器内装了同型号的两个电子元件，它们独立工作，且寿命服从相同的平均寿命 600(h)的指数分布，试求在最初使用的 200 h 内至少有一个元件损坏的概率 α.

解: 设 ξ_i 为第 i 个元件的使用寿命 $(i=1, 2)$；A_i 为事件"在仪器最初使用的 200 h 内，第 i 个元件损坏"$(i=1, 2)$. 由于 $\xi_i \sim E(\lambda)$，$\lambda = \frac{1}{600}$，故

$$P(A_i) = P(\xi_i \leqslant 200) = \int_0^{200} \frac{1}{600}\mathrm{e}^{-\frac{x}{600}}\mathrm{d}x = 1-\mathrm{e}^{-\frac{1}{3}},$$

从而，利用电子元件工作的独立性可得所需的概率

$$\alpha = P(A_1 \cup A_2) = 1 - P(\overline{A}_1 \cap \overline{A}_2) = 1 - P(\overline{A}_1)P(\overline{A}_2) = 1-\mathrm{e}^{-\frac{2}{3}}.$$

例 2.5.9 设观察到银行窗口等待服务的时间 ξ(min)服从指数分布 $E\left(\frac{1}{5}\right)$. 某顾客在窗口最多等候 10 min，如超过 10 min 他就离开. 假设他一个月到该银行 5 次，试求他在一个月内到银行后未等到服务而离开窗口的平均次数.

解: 设 η 为顾客未等到服务而离开窗口的次数，显然 η 可能取值为 $0, 1, \cdots, 5$，且服从二项分布 $B(5, p)$，其中 p 可用 ξ 的分布计算，即

$$p = P\{\xi > 10\} = \int_{10}^{+\infty} p(x)\mathrm{d}x = \int_{10}^{+\infty} \frac{1}{5}\mathrm{e}^{-\frac{x}{5}}\mathrm{d}x = -\mathrm{e}^{-\frac{x}{5}}\Big|_{10}^{+\infty} = \mathrm{e}^{-2},$$

故所求的离开窗口平均次数为 $E\eta = 5p = 5\mathrm{e}^{-2}$.

3. 正态分布 $N(\mu, \sigma^2)$

正态分布(Normal Distribution)是概率统计中的最重要的分布. 正态分布首先被高斯(Gauss)引进，用以刻画误差，故它又被称为高斯分布. 实践中，很多随机变量都可用正态分布描述，而与二项分布、泊松分布有关的一些问题，也可用正态分布来近似计算(参见第 4 章极限定理)，正态分布的密度函数为

$$p(x) = \frac{1}{\sqrt{2\pi}\sigma}\mathrm{e}^{-\frac{(x-\mu)^2}{2\sigma^2}} \quad (-\infty < x < +\infty), \tag{2.5.7}$$

其中 μ, σ^2 为常数，且通常 $\sigma > 0$，这时，对应的随机变量 ξ 称为正态变量，又称 ξ 服从正态分布，记为 $\xi \sim N(\mu, \sigma^2)$.

$p(x)$图形如图 2.5.3 所示，它是一条钟形曲线，中间高，两边低，左右关于 $x=\mu$ 对称，$\mu\pm\sigma$ 是曲线拐点，曲线最高处的峰值为$\frac{1}{\sqrt{2\pi}\sigma}$.

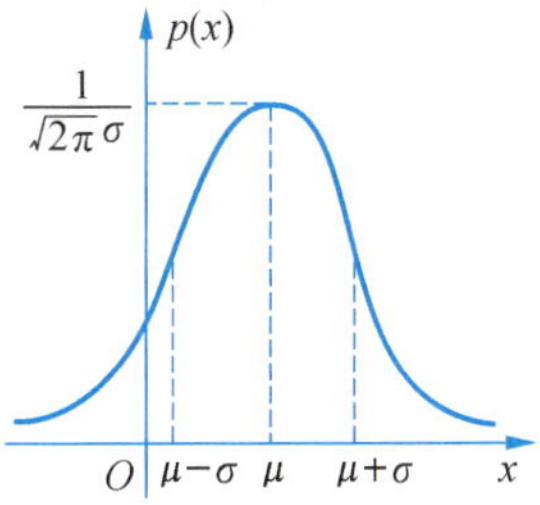

图 2.5.3 正态分布的密度函数

当参数 μ 与 σ 变化时，密度曲线的位置与形态随之变化. 固定 σ，改变 μ 值时，曲线会沿 x 轴平行移动，而形态不变(图 2.5.4(a))；固定 μ，改变 σ 值时，则曲线中心位置不变，形态改变，由于规范性带来的约束，当 σ 减小时，曲线变高变瘦；当 σ 增大时，曲线变矮变胖(图 2.5.4(b)). 当 $\mu=0$，$\sigma=1$ 时的正态分布 $N(0,\ 1)$称为标准正态分布.

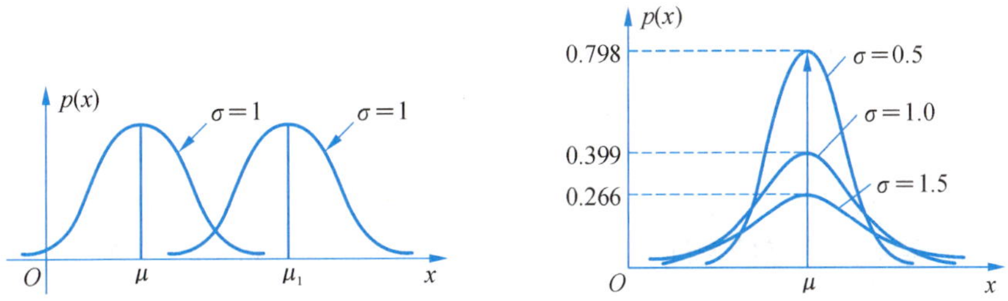

(a) σ 固定，μ 值改变　　(b) μ 固定，σ 值改变

图 2.5.4

一般地，正态分布的概率计算可以通过 $N(0,\ 1)$来实现，所以我们特别关注标准正态分布，记它的概率密度为 $\varphi(x)$，分布函数为 $\Phi(x)$，对应的随机变量为 U(或 Z)，即当 $U\sim N(0,\ 1)$时，对应的概率密度函数与分布函数分别为

$$\varphi(x)=\frac{1}{\sqrt{2\pi}}\mathrm{e}^{-\frac{x^2}{2}}\quad(-\infty<x<+\infty),\tag{2.5.8}$$

$$\Phi(x)=\frac{1}{\sqrt{2\pi}}\int_{-\infty}^{x}\mathrm{e}^{-\frac{t^2}{2}}\,\mathrm{d}t\quad(-\infty<x<+\infty).\tag{2.5.9}$$

附表 4 给出了有关的数值. 在具体查表计算时，下面公式常常是有用的：

$$\begin{cases}\Phi(-x)=1-\Phi(x),\\ P(U>x)=1-\Phi(x),\\ P(a<U<b)=\Phi(b)-\Phi(a),\\ P(|U|<c)=2\Phi(c)-1.\end{cases}\tag{2.5.10}$$

其证明不难用 $y=\varphi(x)$ 的对称性以及概率计算的有关公式得到.

对于一般的正态分布 $N(\mu,\ \sigma^2)$，又将如何利用附表 4 计算 $F(x)$呢？实际上我们可以引

进积分变量代换 $\frac{x-\mu}{\sigma}=y$，把问题简化为

$$F(x)=\int_{-\infty}^{x}\frac{1}{\sqrt{2\pi}\sigma}\mathrm{e}^{-\frac{(x-\mu)^2}{2\sigma_2}}\mathrm{d}x=\int_{-\infty}^{\frac{x-\mu}{\sigma}}\frac{1}{\sqrt{2\pi}}\mathrm{e}^{-\frac{y^2}{2}}\mathrm{d}y,$$

注意到积分号下的函数实际上是 $N(0,\ 1)$的概率密度，故利用标准正态分布的分布函数 $\Phi(x)$，得转换公式

$$F(x)=\Phi\left(\frac{x-\mu}{\sigma}\right). \tag{2.5.11}$$

这样，利用 $N(0,\ 1)$的 $\Phi(x)$表就可以计算 $N(\mu,\ \sigma^2)$的各种概率问题了.

另外，由上述等式还可证明，若 $\xi\sim N(\mu,\ \sigma^2)$，则 $\eta=\frac{\xi-\mu}{\sigma}\sim N(0,\ 1)$. 事实上

$$\begin{aligned}F_\eta(y)&=P(\eta\leqslant y)=P\left(\frac{\xi-\mu}{\sigma}\leqslant y\right)=P(\xi\leqslant\mu+\sigma y)=F_\xi(\mu+\sigma y)\\&=\Phi\left(\frac{x-\mu}{\sigma}\right)\Bigg|_{x=\mu+\sigma y}=\Phi\left(\frac{\mu+\sigma y-\mu}{\sigma}\right)=\Phi(y),\end{aligned}$$

故 $\eta\sim N(0,\ 1)$，看到这一点后，我们常把变换 $\eta=\frac{\xi-\mu}{\sigma}$ 称为“标准化”变换(例 2.4.4)，并常把它用于与正态分布有关的各种问题中.

正态分布 $N(\mu,\ \sigma^2)$的期望为 μ，方差为 σ^2. 为证明此结论，我们先考虑简单的场合：设 $\xi^*\sim N(0,\ 1)$，试证 $E\xi^*=0$，$D\xi^*=1$. 因为

$$E\xi^*=\int_{-\infty}^{+\infty}x\varphi(x)\mathrm{d}x=\int_{-\infty}^{+\infty}x\frac{1}{\sqrt{2\pi}}\mathrm{e}^{-\frac{x^2}{2}}\mathrm{d}x=\frac{1}{\sqrt{2\pi}}\left(-\mathrm{e}^{-\frac{x^2}{2}}\right)\Bigg|_{-\infty}^{+\infty}=0,$$

而

$$\begin{aligned}E\xi^{*2}&=\int_{-\infty}^{+\infty}x^2\varphi(x)\mathrm{d}x=\int_{-\infty}^{+\infty}x^2\frac{1}{\sqrt{2\pi}}\mathrm{e}^{-\frac{x^2}{2}}\mathrm{d}x=\frac{1}{\sqrt{2\pi}}\int_{-\infty}^{+\infty}x\mathrm{d}\left(-\mathrm{e}^{-\frac{x^2}{2}}\right)\\&=\frac{1}{\sqrt{2\pi}}\left\{-x\mathrm{e}^{-\frac{x^2}{2}}\Bigg|_{-\infty}^{+\infty}+\int_{-\infty}^{+\infty}\mathrm{e}^{-\frac{x^2}{2}}\mathrm{d}x\right\}=\int_{-\infty}^{+\infty}\frac{1}{\sqrt{2\pi}}\mathrm{e}^{-\frac{x^2}{2}}\mathrm{d}x=\int_{-\infty}^{+\infty}\varphi(x)\mathrm{d}x\\&=1,\end{aligned}$$

故

$$D\xi^*=E\xi^{*^2}-(E\xi^*)=1-0=1.$$

现在，利用标准化变换讨论 ξ，即当 $\xi\sim N(\mu,\ \sigma^2)$时，由于 $\xi^*=\frac{\xi-\mu}{\sigma}\sim N(0,\ 1)$，故从 $\xi=\mu+\sigma\xi^*$ 可知

$$\begin{aligned}E\xi&=E(\mu+\sigma\xi^*)=\mu+\sigma E\xi^*=\mu+\sigma\times 0=\mu,\\D\xi&=D(\mu+\sigma\xi^*)=0+\sigma^2D\xi^*=\sigma^2\times 1=\sigma^2.\end{aligned}$$

例 2.5.10 设随机变量 $\xi \sim N(1, 4)$，求 $P(0 \leqslant \xi \leqslant 1.6)$.

解： $P(0 \leqslant \xi \leqslant 1.6) = F_\xi(1.6) - F_\xi(0) = \Phi\left(\frac{1.6-\mu}{\sigma}\right) - \Phi\left(\frac{0-\mu}{\sigma}\right)$，

其中 $\mu = 1$，$\sigma^2 = 4$，而 Φ 是标准正态分布的分布函数，代入已知数据，查附表 4 得

$$P(0 \leqslant \xi < 1.6) = \Phi\left(\frac{1.6-1}{2}\right) - \Phi\left(\frac{0-1}{2}\right) = \Phi(0.3) - \Phi(-0.5),$$

注意到 $\Phi(0.3) = 0.6179$，$\Phi(-0.5) = 1 - \Phi(0.5) = 1 - 0.6915$，故

$$P(0 \leqslant \xi < 1.6) = 0.6179 + 0.6915 - 1 = 0.3094.$$

例 2.5.11 我国学生考试目前常采用百分制，学生成绩常近似服从正态分布 $N(\mu, \sigma^2)$，现因需要折合成 A、B、C、D、E 五级记分值，规定分数超过 $\mu+\sigma$ 为 A 级，分数在 μ 到 $\mu+\sigma$ 间为 B 级，分数在 $\mu-\sigma$ 到 μ 间为 C 级，$\mu-2\sigma$ 到 $\mu-\sigma$ 间为 D 级，低于 $\mu-2\sigma$ 为 E 级，这种分数分级法虽略显粗糙，但可避免因微小随机差异而误评学生的情况，故在不少国家与地区被采用，试估计这种分级法下各级学生的比例.

解： 设事件 A、B、C、D、E 分别对应学生属于 A、B、C、D、E 级，ξ 为学生的成绩百分制分数，则

$$\begin{aligned} P(A) &= P(\xi > \mu+\sigma) = 1 - F_\xi(\mu+\sigma) = 1 - \Phi\left(\frac{x-\mu}{\sigma}\right)\bigg|_{x=\mu+\sigma} \\ &= 1 - \Phi\left(\frac{\mu+\sigma-\mu}{\sigma}\right) = 1 - \Phi(1) \approx 0.1587, \end{aligned}$$

$$\begin{aligned} P(B) &= P(\mu < \xi \leqslant \mu+\sigma) = F_\xi(\mu+\sigma) - F_\xi(\mu) \\ &= \Phi\left(\frac{x-\mu}{\sigma}\right)\bigg|_{x=\mu+\sigma} - \Phi\left(\frac{x-\mu}{\sigma}\right)\bigg|_{x=\mu} \\ &= \Phi(1) - \Phi(0) \approx 0.3413. \end{aligned}$$

类似地有

$$P(C) \approx 0.3413,\ P(D) = 0.1359,\ P(E) = 0.0228.$$

如把 D 与 E 级都归为不及格，则这种分类法中学生不及格率约为 16%，由于它的比例是恒定的，故可避免因考题的难易变化导致成绩的人为波动.

进一步注意到对服从 $N(\mu, \sigma^2)$ 的 ξ 而言，

$$P\{|\xi-\mu| < 3\sigma\} = 2\Phi(3) - 1 \approx 0.9974,$$

这表明 ξ 落在以 μ 为中心的 3σ 邻域内的概率达到 99.7%以上，可近似地认为 ξ 落在以 μ 为中心的 3σ 邻域外的情况基本上不可能发生，这就称为“正态分布的 3σ 原则”.

例 2.5.12 在电源电压不超过 200 V、在 200～240 V 之间和超过 240 V 的三种情况下，电子元件损坏概率分别为 0.1、0.001 和 0.2，今设电源电压 $\xi \sim N(220, 15^2)$，试求该元件损坏的概率.

解:此题可区分三种情况后用全概率公式计算，为此设事件 A 为“电子元件损坏”，$B_1=\{\xi\leqslant 200\}$，$B_2=\{200<\xi\leqslant 240\}$，$B_3=\{240<\xi\}$，则已知 $P(A\mid B_1)=0.1$，$P(A\mid B_2)=0.001$，$P(A\mid B_3)=0.2$，另外

$$P(B_1)=P(\xi\leqslant 200)=F_\xi(200)=\Phi\left(\frac{200-220}{15}\right)=1-\Phi(1.333)=0.0918,$$

$$P(B_2)=P(200<\xi\leqslant 240)=F_\xi(240)-F_\xi(200)=\Phi\left(\frac{240-220}{15}\right)-\Phi\left(\frac{200-220}{15}\right)$$
$$=\Phi(1.33)-\Phi(-1.33)=2\Phi(1.33)-1=0.8164,$$

$$P(B_3)=P(240<\xi)=1-F_\xi(240)=1-\Phi\left(\frac{240-220}{15}\right)=1-\Phi(1.33)=0.0918,$$

故由全概率公式有

$$P(A)=\sum P(B_i)P(A\mid B_i)=0.0918\times 0.1+0.8164\times 0.001+0.0918\times 0.2$$
$$=0.0918\times 0.3+0.8164\times 0.001=0.0284.$$

例 2.5.13(对数正态分布) 设随机变量 $\xi\sim N(\mu,\sigma^2)$，试求 $\eta=\mathrm{e}^\xi$ 的数学期望.

解:引用随机变量函数期望公式(第 2.3.2 小节性质 2.3.1)，有

$$E\eta=E\mathrm{e}^\xi=\int_{-\infty}^{+\infty}\mathrm{e}^x p_\xi(x)\mathrm{d}x=\int_{-\infty}^{+\infty}\mathrm{e}^x\frac{1}{\sqrt{2\pi}\sigma}\mathrm{e}^{-\frac{(x-\mu)^2}{2\sigma^2}}\mathrm{d}x,$$

利用变换 $y=\frac{x-\mu}{\sigma}$(注意与标准化变换 $\frac{\xi-\mu}{\sigma}$ 相对应)，上述积分变为

$$E\eta=\int_{-\infty}^{+\infty}\mathrm{e}^{\mu+\sigma y}\frac{1}{\sqrt{2\pi}\sigma}\mathrm{e}^{-\frac{y^2}{2}}\mathrm{d}y=\frac{\mathrm{e}^\mu}{\sqrt{2\pi}}\int_{-\infty}^{+\infty}\mathrm{e}^{\sigma y-\frac{y^2}{2}}\mathrm{d}y,$$

配方幂指数 $-\frac{y^2}{2}+\sigma y=-\frac{1}{2}(y^2-2\sigma y)=-\frac{1}{2}(y^2-2\sigma y+\sigma^2-\sigma^2)=-\frac{(y-\sigma)^2}{2}+\frac{\sigma^2}{2}$，代入上式，得

$$E\eta=\frac{\mathrm{e}^\mu}{\sqrt{2\pi}}\int_{-\infty}^{+\infty}\mathrm{e}^{-\frac{(y-\sigma)^2}{2}+\frac{\sigma^2}{2}}\mathrm{d}y=\frac{\mathrm{e}^{\mu+\frac{\sigma^2}{2}}}{\sqrt{2\pi}}\int_{-\infty}^{+\infty}\mathrm{e}^{-\frac{(y-\sigma)^2}{2}}\mathrm{d}y,$$

利用 $N(\sigma,1^2)$ 的密度规范性，可方便计算积分，即

$$E\eta=\mathrm{e}^{\mu+\frac{\sigma^2}{2}}\int_{-\infty}^{+\infty}\frac{1}{\sqrt{2\pi}}\mathrm{e}^{-\frac{(y-\sigma)^2}{2}}\mathrm{d}y=\mathrm{e}^{\mu+\frac{\sigma^2}{2}}\times 1=\mathrm{e}^{\mu+\frac{\sigma^2}{2}}.$$

上述类型的随机变量 η 常称为服从对数正态分布，由于它的取值为正数，在很多场合得到应用，本书后面的例 3.4.4 中还会再次提到.

2.6 应用案例及分析

利用前面介绍的概率知识，我们不仅能被动地解释一般随机现象，而且可以设法用随机

处理思想主动地控制随机事件. 在实际应用中,各种计算机辅助软件可以帮助我们简化分析与计算过程.

例 2.6.1(随机模拟与均匀分布定理证明) 设随机变量 $\xi \sim N(0, 1)$,其分布函数为 $\Phi(x)$,试问新随机变量 $\eta = \Phi(\xi)$ 是否服从(0, 1)间的均匀分布 $U(0, 1)$?

证法一(随机模拟): 利用 Excel 软件“工具”菜单下“数据分析”选项中的随机数发生器,产生 4×20 个 $N(0, 1)$随机数,然后利用统计函数 NORMDIST(x, 0, 1, TRUE)把随机数代入后产生与 η 相应的随机数(图 2.6.1),再用“直方图”工具显示其频率图(图 2.6.2).

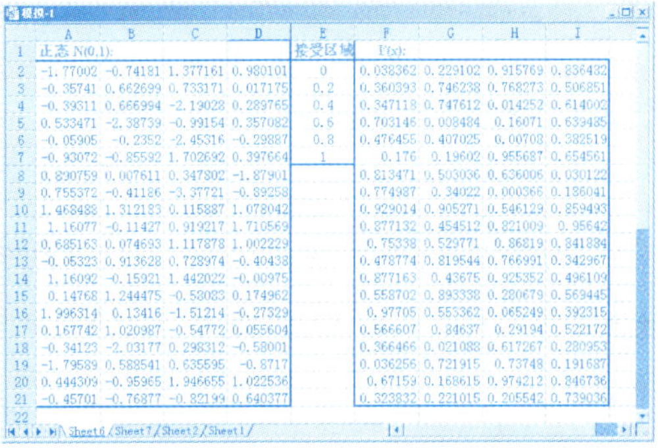

	A	B	C	D	E	F	G	H	I
1	正态 N(0,1):				接受区域	F(x):			
2	-1.77002	-0.74181	1.377161	0.980101	0	0.038362	0.229102	0.915769	0.836432
3	-0.35741	0.662699	0.733171	0.017175	0.2	0.360393	0.746238	0.768273	0.506851
4	-0.39311	0.666994	-2.19028	0.289765	0.4	0.347118	0.747612	0.014252	0.614002
5	0.533471	-2.38739	-0.99154	0.357082	0.6	0.703146	0.008484	0.16071	0.639485
6	-0.05905	-0.2352	-2.45316	-0.29887	0.8	0.476455	0.407025	0.00708	0.382519
7	-0.93072	-0.85592	1.702692	0.397664	1	0.176	0.19602	0.955687	0.654561
8	0.890759	0.007611	0.347802	-1.87901		0.813471	0.503036	0.636006	0.030122
9	0.755372	-0.41186	-3.37721	-0.89258		0.774987	0.34022	0.000366	0.186041
10	1.468488	1.312183	0.115887	1.078042		0.929014	0.905271	0.546129	0.859493
11	1.16077	-0.11427	0.919217	1.710569		0.877132	0.454512	0.821009	0.95642
12	0.685163	0.074693	1.117878	1.002229		0.75338	0.529771	0.86819	0.841884
13	-0.05323	0.913628	0.728974	-0.40438		0.478774	0.819544	0.766991	0.342967
14	1.16092	-0.15921	1.442022	-0.00975		0.877163	0.43675	0.925352	0.496109
15	0.14768	1.244475	-0.58083	0.174962		0.558702	0.893338	0.280679	0.569445
16	1.996314	0.13416	-1.51214	-0.27329		0.97705	0.553362	0.065249	0.392315
17	0.167742	1.020987	-0.54772	0.055604		0.566607	0.84637	0.29194	0.522172
18	-0.34123	-2.03177	0.298312	-0.58001		0.366466	0.021088	0.617267	0.280953
19	-1.79589	0.588541	0.635595	-0.8717		0.036256	0.721915	0.73748	0.191687
20	0.444309	-0.95965	1.946655	1.022536		0.67159	0.168615	0.974212	0.846736
21	-0.45701	-0.76877	-0.82199	0.640377		0.323832	0.221015	0.205542	0.739036

图 2.6.1

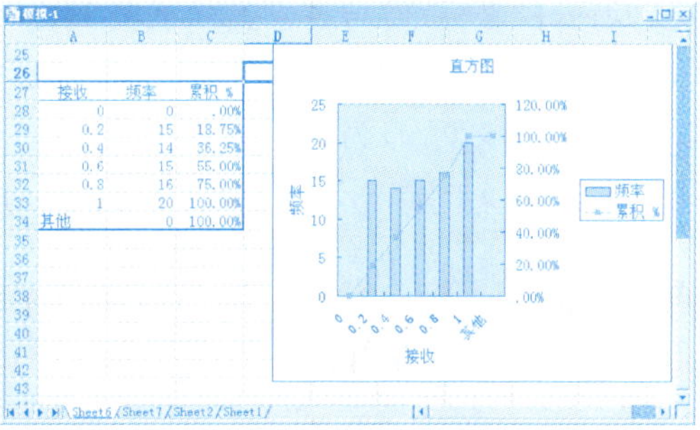

图 2.6.2

由于它与图 2.2.3 基本相似,故可以猜想 η 类似于均匀分布 $U(0, 1)$.

证法二(严格证明): 设 η 的分布函数为 $F_\eta(y)$,则由定义有

$$F_\eta(y) = P\{\eta \leqslant y\} = P\{\Phi(\xi) \leqslant y\},$$

由于 Φ 为 ξ 的分布函数,其值域范围为[0, 1],故当 $y < 0$ 时,$F_\eta(y) = P(\varnothing) = 0$;当 $y \geqslant 1$ 时,$F_\eta(y) = P(\Omega) = 1$. 下面仅考虑 $y \in [0, 1)$, 此时,由于 Φ 严格递增,故

$$F_\eta(y) = P\{\Phi(\xi) \leqslant y\} = P\{\xi \leqslant \Phi^{-1}(y)\} = F_\xi(\Phi^{-1}(y)),$$

注意到 $\xi \sim N(0, 1)$,其分布函数 $F_\xi(x) = \Phi(x)$, 故

$$F_\eta(y) = \Phi(x)\big|_{x=\Phi^{-1}(y)} = \Phi(\Phi^{-1}(y)) = y,$$

这样

$$F_\eta(y) = \begin{cases} 0, & y < 0, \\ y, & 0 \leqslant y < 1, \\ 1, & 1 \leqslant y, \end{cases}$$

这正是均匀分布 $U(0, 1)$的分布函数,从而 $\eta \sim U(0, 1)$.

注:(1) 从上面证明过程看,ξ 不必局限于 $U(0, 1)$,实际上只需 $F_\xi(x)$是严格单调的连续函数即可.

(2) 由于频率与概率有一定差异(参见第 4 章),故随机模拟时,随机数个数不能太少.

例 2.6.2(正态概率纸与汽车轮胎寿命临界值确定) 某汽车轮胎制造厂为了给予新生

产的 JB 007 型轮胎以一定的使用寿命保证，对产品进行了一系列测试，测试结果为(单位：km)

75 007	77 443	78 302	81 109	80 146	73 535	74 883	79 339	78 059	74 010
79 799	73 672	82 066	76 974	79 211	70 494	72 638	76 303	74 987	80 451

问这种型号轮胎的寿命是否服从正态分布？若要求不超过 4%的轮胎可以更换，则其使用寿命下限应规定为多少公里？

分析：上述问题的求解涉及到如何判别对象服从正态分布的问题. 测试某对象是否服从正态分布有多种办法，例如，可以采用第 7 章中的总体分布假设检验，但是工程上有时利用正态概率纸来进行判断，其优点是使用方便，另外可同时对 μ, σ^2进行估计. 所谓正态概率纸，是一种特殊的坐标纸. 与对数坐标纸类似，这种坐标纸的横坐标是等间隔的，而纵坐标是按标准正态分布的分布函数值给出的，即在等间隔的纵坐标原来标以 y 的地方重新标以数值 $\Phi(y)$，其中的 $\Phi(y)$ 为 $N(0,\ 1)$ 的分布函数. 当某随机变量 $\xi \sim N(\mu,\ \sigma^2)$ 时，其分布函数 $F_\xi(x) = \Phi\left(\frac{x-\mu}{\sigma}\right)$，这种函数在我们现在的坐标系下显然是一条直线 $y = \frac{x-\mu}{\sigma}$，利用这一点，我们可以判断一组随机变量样本值所对应的分布是否服从正态分布，具体方法如下：

假设有 10 个抽样数

$$100.5,\ 90.0,\ 100.7,\ 97.0,\ 99.0,\ 105.0,\ 95.0,\ 86.0,\ 91.7,\ 83.0.$$

首先将数据按从小到大的次序重新排列，$x_{(1)} \leqslant x_{(2)} \leqslant \cdots \leqslant x_{(10)}$，利用经验分布函数的修正(参见第5.1.2小节)将点$\left(x_{(i)},\ \frac{i-0.375}{n+0.25}\right)$ ($i = 1,\ 2,\ \cdots,\ n$，这里 $n = 10$) 逐一标记在正态概率纸上，观察上述 n 个点的位置，若在一条直线附近，则认为其分布是正态的.

具体计算如表 2.6.1 所示.

表 2.6.1 计算的数值表

i	$x_{(i)}$	$\frac{i-0.375}{n+0.25}$	i	$x_{(i)}$	$\frac{i-0.375}{n+0.25}$
1	83.0	0.061	6	97.0	0.549
2	86.0	0.159	7	99.0	0.646
3	90.0	0.256	8	100.5	0.743
4	91.7	0.354	9	100.7	0.841
5	95.0	0.451	10	105.0	0.939

利用所得到的拟合直线 l，在正态的情况下还可进一步估计其中参数μ、σ. 实际上如果注意到 $F_\xi(\mu) = \Phi(0) = 0.5$，$F_\xi(\mu+\sigma) = \Phi(1) = 0.8413$，为估计 μ 与σ，我们可以从纵轴为 0.5 处画一条水平直线交直线 l 于点 A，点 A 对应的横坐标就是μ 的一个近似估计. 类似地，从纵轴为 0.841 3 处画一条水平直线交直线 l 于点 B，则点 B 的横坐标为 $\mu+\sigma$，对上面所给 10 个抽样数据可得 $\mu = 95$，$\sigma = 7$(图 2.6.3).

上述判别过程也可用计算机通过编程实现，注意到我们拟合的直线 l 实际上是 $y=\frac{x-\mu}{\sigma}$，故 σ 等于直线 l 的斜率的倒数，μ 等于直线 l 的截距除以斜率. 我们在计算过程中之所以使用点 $\left(x_{(i)},\ \frac{i-0.375}{n+0.25}\right)$，其理由可参阅参考文献[1]的第 363 页，而正态概率纸的样式可参阅参考文献[1]的第 362 页.

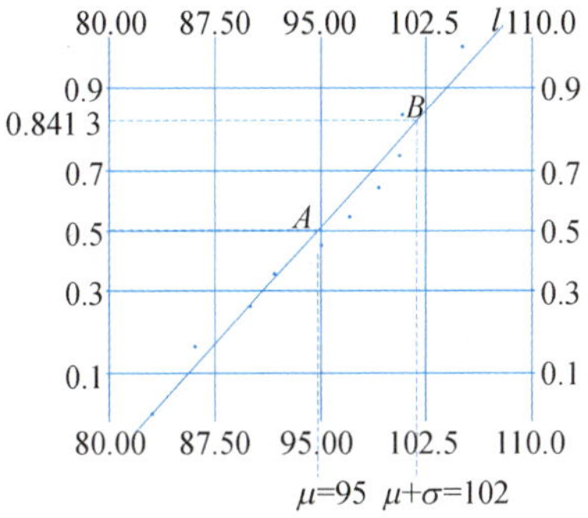

图 2.6.3　正态概率图

解：把题中 20 个样本数据重新排序，变为次序统计量 $x_{(1)}\leqslant x_{(2)}\leqslant\cdots\leqslant x_{(20)}$，将点 $\left(x_{(i)},\ \frac{i-0.375}{n+0.25}\right)(i=1,\ 2,\ \cdots,\ n$，这里 $n=20)$ 逐一标记在正态概率纸上，画出拟合直线 l(图 2.6.4)，由图判断拟合得比较好(更仔细时，可用统计中"回归直线样本相关系数"等判断拟合得是否好)，并且得到估计的均值 $\mu=76\ 921$，$\sigma=3\ 096$，故 $\xi\sim N(76\ 921,\ 3\ 096^2)$.

下面设法求公司宣称的使用寿命下限 $\tilde{x}$，使 $P(\xi\leqslant\tilde{x})\leqslant 0.04$，为此作标准化变换 $\frac{x-\mu}{\sigma}=\eta\sim N(0,\ 1)$，从而

$$P(\xi\leqslant\tilde{x})=P\left(\frac{\xi-\mu}{\sigma}\leqslant\frac{\tilde{x}-\mu}{\sigma}\right)=\Phi\left(\frac{\tilde{x}-\mu}{\sigma}\right)\leqslant 0.04.$$

查正态分布函数表，注意到 $1-0.04=0.96$，$\Phi(1.75)=0.96$，故 $\frac{\tilde{x}-\mu}{\sigma}\leqslant-1.75$，即

$$\tilde{x}\leqslant\mu-1.75\sigma=76\ 921-1.75\times 3\ 096=71\ 503(\mathrm{km}).$$

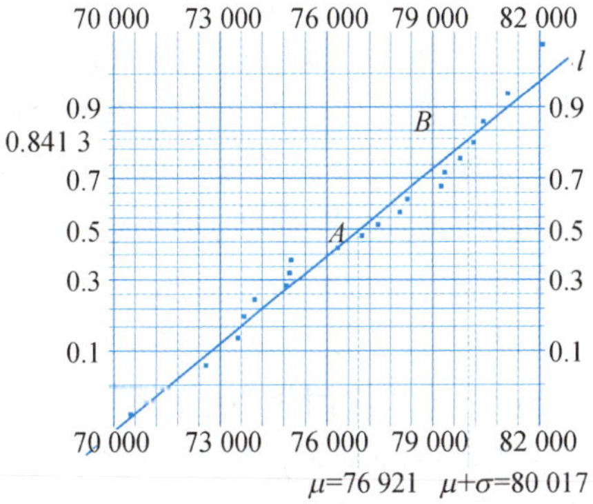

图 2.6.4　轮胎寿命拟合图

这就是公司保证的轮胎使用寿命下限.

例 2.6.3(市场货源组织与随机模拟)　通过经济预测，国际市场每年对我国某出口商品的需求量为随机变量 ξ(单位：t)，它服从[2 000，4 000]上的均匀分布，设每售出商品可创利 3 万元/吨，如售不出囤积于仓库，则需支付保养费 1 万元/吨，问应组织多少货源可使收益最佳？

解法一：由题可知需求量 ξ 的密度函数为

$$P_{\xi}(x)=\begin{cases}\frac{1}{2\ 000}, & 2\ 000\leqslant x\leqslant 4\ 000,\\ 0, & \text{其他},\end{cases}$$

设 y 为所组织的货源数量(它是确定的，且显然可令 $2000\leqslant y\leqslant 4000$)，则总收益 η 为 ξ 与 y 的函数，即

$$\eta=f(\xi,\ y)=\begin{cases}3y, & \xi\geqslant y,\\ 3\xi-(y-\xi), & \xi<y.\end{cases}$$

为使 η 最佳，最容易的就是考虑其均值，并使它最大化. 显然 $E\eta$ 为 y 的函数，即

$$E\eta=\int_{-\infty}^{+\infty}f(x,\ y)p_{\xi}(x)\mathrm{d}x=\int_{2\,000}^{y}[3x-(y-x)]\frac{1}{2\,000}\mathrm{d}x+\int_{y}^{4\,000}3y\frac{1}{2\,000}\mathrm{d}x$$

$$=\frac{1}{1\,000}(-y^2+7\,000y-4\times10^6),$$

为方便计，令 $y=t\times10^3$，则 $E\eta$ 可视为 t 的函数，即

$$E\eta=\frac{1}{1\,000}(-t^2+7t-4)\times10^6=(-t^2+7t-4)\times10^3,$$

为使 $E\eta$ 达最大，考虑 $E\eta$ 对 t 的导数，并令其为 0，这样由 $\frac{\mathrm{d}}{\mathrm{d}t}(-t^2+7t-4)=-2t+7=0$，可解出 $t^*=3.5$，再注意到 $E\eta$ 对 t 的二阶导数小于 0，故当 $t=t^*$，或 $y=y^*=3.5\times10^3$ 时，$E\eta$ 达最大.

解法二：为验证上述结果的有效性，用 Excel 软件进行数字模拟，其中 ξ 的样本值可以通过函数 RANDBETWEEN(2 000, 4 000)产生，把该随机模拟数代入收益函数 $f(\xi,\ y)\mid_{y=3.5\times10^3}$ 就可得到对应的收益，其中的分段函数可以用 IF 语句实现，模拟结果如表 2.6.2 所示.

表 2.6.2 数据模拟表

货源 Y =	3500		
模拟次数 =	20		
平均收益 =	8037.00		
标准偏差 =	2103.12		
	模拟编号	需求量（吨）	收益（万元）
	1	2768	7572
	2	3672	10500
	3	2498	6492
	4	3458	10332
	5	3100	8900
	6	2396	6084
	7	3160	9140
	8	2670	7180
	9	2040	4660
	10	3835	10500
	11	2374	5996
	12	3476	10404
	13	3001	8504
	14	2536	6644
	15	3801	10500
	16	2434	6236
	17	2249	5496
	18	3707	10500
	19	3372	9988
	20	2153	5112

从表 2.6.2 中发现，在 20 次模拟中收益相当分散，分析原因是由于在解法一中使用 $E\eta$ 作为目标函数，而 $E\eta$ 作为随机变量 η 的均值，反映的是多次试验的平均结果，而均值优化往往适用于长期结果，对于像本例这样的短期运作光注意 $E\eta$ 是不够的，为此我们进一步分析 $D\eta$.

为考虑 $D\eta$，先计算 $E\eta^2$，由于

$$E\eta^2=\int_{-\infty}^{+\infty}f^2(x,\ y)p_{\xi}(x)\mathrm{d}x$$

$$=\int_{2\,000}^{y}[3x-(y-x)]^2\times\frac{1}{2\,000}\mathrm{d}x+\int_{y}^{4\,000}(3y)^2\frac{1}{2\,000}\mathrm{d}x$$

$$=\frac{1}{2\,000}\left\{\int_{2\,000}^{y}(4x-y)^2\mathrm{d}x+\int_{y}^{4\,000}9y^2\mathrm{d}x\right\}$$

$$=\frac{1}{2\,000}\left\{\frac{1}{4}\times\frac{1}{3}\times(4x-y)^3\Big|_{2\,000}^{y}+9y^2x\Big|_{y}^{4\,000}\right\},$$

类似于解法一，令 $y=t\times10^3$，则

$$E\eta^2=\frac{1}{2\,000}\left\{\frac{1}{12}[27t^3-(8-t)^3]+36t^2-9t^3\right\}\times 10^9$$
$$=\left\{-\frac{10}{3}t^3+17t^2+8t-\frac{64}{3}\right\}\times 10^6,$$

从而

$$D\eta=E\eta^2-(E\eta)^2$$
$$=\left\{\left[-\frac{10}{3}t^3+17t^2+8t-\frac{64}{3}\right]-[t^4-14t^3+57t^2-56t+16]\right\}\times 10^6$$
$$=\left\{-t^4+\frac{32}{3}t^3-40t^2+64t-\frac{112}{3}\right\}\times 10^6.$$

注意到 $D\eta$ 对 t 的二阶导函数是二次函数，其图像(图 2.6.5)容易画出，由它可依次画出 $(D\eta)_t'$ 以及 $D\eta$ 的草图，其中特别应指出的是 $D\eta$ 在[2, 4]中是 t 的单调增函数.

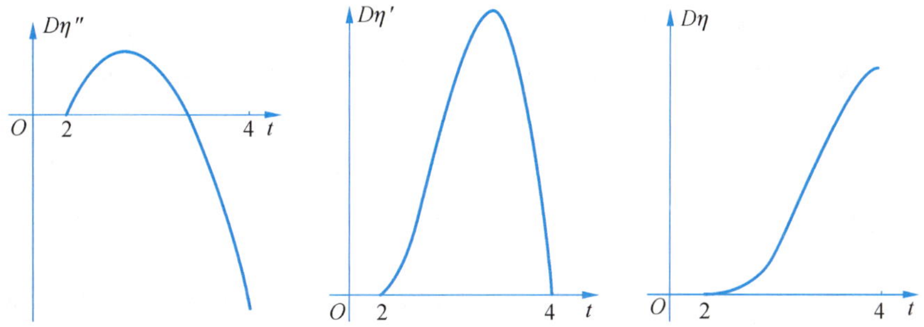

图 2.6.5

在实际应用中，我们往往希望兼顾 $E\eta$ 与 $D\eta$. 例如，要求在期望函数收益 $E\eta\geqslant 8\,000$ 的条件下使风险尽量小，因为 $E\eta$ 是 t 的二次函数，所以约束条件 $E\eta\geqslant 8\,000$ 可化为 $t\in[3, 4]$，从而利用 $D\eta$ 关于 t 的严格单调性可知 $t=t^*=3$ 为最佳值，对应的 $y^*=3000$ 就是我们所要求的最佳货源数量. 再一次利用 Excel 进行模拟，结果如表 2.6.3 所示.

此时收益的样本均方差要比 $y=3\,500$ 时小.

注：为兼顾期望与风险，有时还可采用“效用函数法”，请参阅第 3 章的案例.

表 2.6.3 数据模拟表

货源 Y =	3000		
模拟次数 =	20		
平均收益 =	8023.60		
标准偏差 =	1232.54		
	模拟编号	需求量（吨）	收益（万元）
	1	2965	8860
	2	3564	9000
	3	2115	5460
	4	3197	9000
	5	2371	6484
	6	2900	8600
	7	3052	9000
	8	3166	9000
	9	2579	7316
	10	3686	9000
	11	2158	5632
	12	3060	9000
	13	2903	8612
	14	2510	7040
	15	3898	9000
	16	2664	7656
	17	2654	7616
	18	3545	9000
	19	2340	6360
	20	2959	8836

本章小结

本章讲述“概率论”的常用处理方法，主要介绍如何利用已学的高等数学与本书第 1 章的知识来讨论分析随机变量的概率特性. 容易看出高数中的“连续”、“导数”、“积分”等概念在本章中都有广泛的应用. 同时应该注意到由于随机变量有“取值”、“概率”两个特性，所以在讨论时往往都会涉及这两个方面.

随机变量常用处理方法
- 类型区分(离散型、连续型、其他型)
- 特性描述
  - 概率特性的完整描述(分布函数、密度函数、分布律)
  - 数字特性的综合描述(数学期望、方差)
- 常用分布模型
  - 连续(均匀、正态、指数分布)
  - 离散(两点、二项、泊松、超几何、几何分布)
- 分布判别与应用(采样、分析)

应该指出第 1 章与第 2 章是“概率论”中最主要的部分，很多概念与方法在这里已经展开. 仔细弄清各种概念的含义，学会方法的使用，比较“随机”与“确定”处理的差别实在是非常重要的.

思考题

1. 概率论中“分布函数”、“密度函数”、“分布律”、“期望”、“方差”等概念如何同时兼顾到随机变量的“取值”、“概率”两个特性?
2. 概率论中讨论“分布函数”时，为何常用 $\xi \sim F(x)$，而不用 $\xi = F(x)$ 这种高数中常见的记号?它与定义 2.2.1 中出现的 $\xi = \xi(\omega)$ 有什么不同?具有相同“分布函数”的随机变量是否是同一个随机变量?
3. 概率论中“分布函数”、“密度函数”、“期望”、“方差”等与描述统计中什么概念相对应? 又有什么差别?
4. 如何利用“分布函数”、“密度函数”、“分布律”计算概率? 如何利用“期望”、“方差”估计概率?
5. “期望”、“方差”有几种计算方法? 学习第 3 章后，对此问题你又有什么新的体会?
6. 根据案例总结随机变量正态分布可以用什么方法加以判别? 在实际中又有什么应用?
7. 观察附录 1 的常用分布表，对比(两点分布、二项分布);(泊松分布、指数分布)的数字特征，看它们有什么联系或差别.

习题二

基本练习题

2-1 假若某地区 30 名 2000 年某专业毕业生实习期满后的月薪数据如下：

909	1 086	1 120	999	1 320	1 091
1 071	1 081	1 130	1 336	967	1 572
825	914	992	1 232	950	775
1 203	1 025	1 096	808	1 224	1 044
871	1 164	971	950	866	738

(1) 构造该批数据的频率分别表(分 6 组)；(2) 画出直方图.

2-2 从某种机械零件中抽取 90 个零件，测得它们的直径(mm)的数据如下：

34.6	34.9	35.0	36.0	34.6	35.8	35.0	34.6	34.9	35.4
35.1	34.4	34.7	36.3	35.5	34.2	36.5	35.0	35.2	34.7
35.9	34.9	35.5	35.4	34.4	35.2	34.7	35.2	35.4	35.2
34.6	34.3	34.7	35.5	35.7	34.9	35.3	34.5	35.0	35.8
35.3	34.6	35.2	35.0	35.2	34.4	35.4	35.1	34.7	34.7
33.7	35.6	35.2	35.6	35.0	35.1	34.8	35.8	34.7	35.2
35.2	34.7	34.2	34.6	34.9	35.0	35.1	34.8	35.3	36.4
35.0	35.2	34.5	34.9	35.5	34.1	35.1	35.5	35.2	34.8
35.1	35.2	34.0	35.3	34.8	35.3	34.9	35.1	35.5	34.4

(1) 写出零件直径观测值的频率分布表；(2) 画出直方图.

2-3 用 Excel 软件对题 2-1、2-2 的数据作统计：

(1) 计算频率和画出直方图；

(2) 计算统计量均值、中位数、众数、极差、标准差、方差.

2-4 在桥牌游戏中通常需要计算牌的点数，若从 52 张牌中任取一张牌，定义牌的点数随机变量 ξ 如下：如果得到的牌为 A，定义 $\xi=4$；如果得到的牌为 K，定义 $\xi=3$；如果得到的牌为 Q，定义 $\xi=2$；如果得到的牌为 J，定义 $\xi=1$；否则，定义 $\xi=0$. 假设从 52 张牌中取到的每一张牌的可能性相等，写出随机变量 ξ 的分布律和分布函数.

2-5 求常数 c，使得下列式子能够成为某个离散型随机变量 ξ 的概率分布律：

(1) $P\{\xi=k\}=c\left(\frac{2}{3}\right)^k$, $k=1, 2, 3, \cdots$；

(2) $P\{\xi=k\}=ck$, $k=1, 2, 3, 4, 5, 6$.

2-6 设离散型随机变量 ξ 的概率分布律为 $P\{\xi=k\}=\dfrac{k}{15}$, $k=1, 2, 3, 4, 5$.

求 $P\{\xi=1$ 或 $\xi=2\}$，$P\left\{\dfrac{1}{2}<\xi<\dfrac{5}{2}\right\}$ 和 $P\{1\leqslant\xi\leqslant 2\}$.

2-7 已知连续型随机变量 ξ 的密度函数如下，求其相应的分布函数 $F(x)$，并画出密度函数和分布函数的图形.

(1) $p(x)=\begin{cases}3(1-x)^2, & 0<x<1,\\ 0, & \text{其他}；\end{cases}$ (2) $p(x)=\begin{cases}\dfrac{1}{3}, & 0<x<1 \text{ 或 } 2<x<4,\\ 0, & \text{其他}.\end{cases}$

2-8 学生完成一道作业的时间 ξ 是一个随机变量(单位：小时)，它的密度函数为

$$p(x)=\begin{cases}cx^2+x, & 0\leqslant x\leqslant 0.5,\\ 0, & \text{其他}.\end{cases}$$

(1) 确定常数 c；

(2) 写出 ξ 的分布函数；

(3) 试求 20 min 内完成一道作业的概率；

(4) 试求 10 min 以上完成一道作业的概率.

2-9 某服装店根据历年销售资料得知：一位顾客在商店中购买服装的件数 ξ 的分布律为

ξ	0	1	2	3	4	5
P	0.10	0.33	0.31	0.13	0.09	0.04

试求顾客在商店平均购买服装件数.

2-10 设离散型随机变量 ξ 的概率分布律为 $P\{\xi=k\}=\frac{1}{5}$, $k=1, 2, 3, 4, 5$. 求随机变量 ξ 的数学期望 $E\xi$, $E\xi^2$ 和 $D\xi$, 利用 $(\xi+2)^2=\xi^2+4\xi+4$ 计算 $E(\xi+2)^2$.

2-11 某厂推土机发生故障后的维修时间 T 是一个随机变量，它的密度函数为

$$p(t)=\begin{cases}0.02\mathrm{e}^{-0.02t}, & t>0,\\ 0, & t\leqslant 0.\end{cases}$$

试求平均维修时间.

2-12 设随机变量 ξ 的概率密度为

$$p(x)=\begin{cases}\frac{2}{\pi}\cos^2 x, & |x|\leqslant\frac{\pi}{2},\\ 0, & |x|>\frac{\pi}{2}.\end{cases}$$

求 $E\xi$, $D\xi$.

2-13 设随机变量 ξ 的方差存在，证明：$E\xi^2\geqslant(E\xi)^2$.

2-14 已知随机变量 ξ 的数学期望 $E\xi=3$, $E\xi^2=13$，利用切比雪夫不等式估计 $P\{-2<\xi<8\}$.

2-15 已知正常成人男性每毫升血液中的白细胞数平均是 7 300，标准差是 700，试利用切比雪夫不等式估计每毫升血液中的白细胞数在 5 200 至 9 400 之间的概率的下界.

2-16 一个保险公司推销员把保险单卖给 5 个人，他们都是健康的相同年龄的成年人，根据保险统计表，这类成年人中的每一人将活 30 年的概率是 $\frac{2}{3}$. 求：(1) 5 个人都活 30 年的概率；(2) 至少有 3 人能活 30 年的概率；(3) 仅有 2 个人能活 30 年的概率；(4) 至少有 1 个人能活 30 年的概率.

2-17 设随机变量 $\xi\sim B(n, p)$，已知 $E(\xi)=2.4$, $D(\xi)=1.44$，求两个参数 n 与 p 各为多少？

2-18 设在时间 t(min) 内，通过某交叉路口的汽车数服从参数与 t 成正比的普阿松分布. 已知在 1 min 内没有汽车通过的概率为 0.2，求在 2 min 内有多于一辆汽车通过的概率.

2-19 已知一电话交换台每分钟的呼唤次数服从参数为 4 的泊松分布，求：(1) 每分钟恰有 8 次呼唤的概率；(2) 每分钟呼唤次数大于 8 的概率.

2-20 某种产品上的缺陷数 ξ 服从分布律

$$P(\xi=k)=\frac{1}{2^{k+1}},\ k=0, 1, \cdots$$

求此种产品上的平均缺陷数.

2-21 在某车站上，从上午 7 点起，每隔 15 min 有一列驶往甲地的火车，而从上午 7:05 起，每隔 15 min 有一列驶往乙地的火车，一乘客到达此站的时间均匀地分布于上午 7 点到 8 点之间. 如果他见到火车就上，他 5 min 内乘上车的可能性有多大？如果他到达此站的时间均匀地分布于上午 7:10 到 8:10

之间呢,可能性又有多大?

2-22 飞机雷达上的某种型号的发射管,寿命的分布服从 $E\left(\frac{1}{180}\right)$ 分布,求:(1) 发射管使用不到 90 小时的概率;(2) 超过 360 小时的概率.

2-23 已知 $\Phi(x)=\int_{-\infty}^{x}\frac{1}{\sqrt{2\pi}}e^{-\frac{x^2}{2}}dx$,证明:$\Phi(-x)=1-\Phi(x)$.

2-24 若 $\xi\sim N(4, 3^2)$,(1) 求 $P(-2<\xi\leqslant 10)$;(2) 求 $P(\xi>3)$;(3) 设 d 满足 $P(\xi>d)\geqslant 0.9$,问 d 至多为多少?

2-25 若 $\xi\sim N(\mu, \sigma^2)$ 且 $P(\xi<89)=0.90$, $P(\xi<94)=0.95$,求 μ 和 σ^2.

2-26 某地抽样调查结果表明,考生的外语成绩(百分制)近似服从于正态分布 $N(72, \sigma^2)$,96 分以上占考生总数的 2.3%,试求考生的外语成绩在 60 分至 84 分之间的概率.

强化练习题

2-27 将一颗骰子连掷 2 次,以 ξ 表示 2 次所得点数之和,试求 ξ 的分布律,并验证它满足分布律的两个性质.

2-28 一批零件中有 9 个合格品与 3 个废品,安装机器时从这批零件中任取 1 个,如果每次取出的废品不再放回去,求在取得合格品以前已取出的废品数的概率分布、分布函数,并作出分布函数的图形.

2-29 设随机变量 ξ 的分布函数为

$$F(x)=\begin{cases}0, & x<0,\\ 1/4, & 0\leqslant x<1,\\ 1/3, & 1\leqslant x<3,\\ 1/2, & 3\leqslant x<6,\\ 1, & x\geqslant 6.\end{cases}$$

试求 ξ 的概率分布律及 $P(\xi<3)$, $P(\xi\leqslant 3)$, $P(\xi>1)$, $P(\xi\geqslant 1)$.

2-30 已知随机变量 ξ 只能取 -1, 0, 1, 2 四个值,相应概率依次为 $\frac{1}{2c}$, $\frac{3}{4c}$, $\frac{5}{8c}$, $\frac{7}{16c}$. 试确定常数 c,并计算 $P\{\xi<1\mid\xi\neq 0\}$.

2-31 考虑函数

$$\varphi(x)=\begin{cases}c(2x-x^2), & 0<x<\frac{5}{2},\\ 0, & \text{其他}.\end{cases}$$

能否作为随机变量的概率密度? 如果能,试求出 c 的值.

2-32 (柯西分布)设连续随机变量 ξ 的分布函数为

$$F(x)=A+B\arctan x,\qquad -\infty<x<+\infty.$$

求:(1) 系数 A 及 B;(2) 随机变量 ξ 落在区间 $(-1, 1)$ 内的概率;(3) 随机变量 ξ 的概率密度.

2-33 设随机变量 ξ 的概率密度为

$$p(x)=\begin{cases}\frac{A}{\sqrt{1-x^2}}, & |x|<1,\\ 0, & |x|\geqslant 1.\end{cases}$$

求:(1) 系数 A;(2) 随机变量 ξ 落在 $\left(-\frac{1}{2}, \frac{1}{2}\right)$ 内的概率;(3) 随机变量 ξ 的分布函数.

2-34 [拉普拉斯(Laplace)分布]设随机变量 ξ 的概率密度为

$$p(x) = Ae^{-|x|}, \qquad -\infty < x < +\infty.$$

求:(1) 系数 A;(2) 随机变量 ξ 落在(0, 1)内的概率;(3) 随机变量 ξ 的分布函数.

2-35 逐批检查产品,如果发现次品就中止检查,否则如果抽到第 n_0 件仍未发现废品,也停止检查并认为产品是合格的,假设每批产品的数量都很大(可以认为是作无放回抽样),设每次查到废品的概率都是 p,问平均每批产品要检查多少件?

2-36 设离散型随机变量 ξ 的取值为 −1, 0, 1,否则概率为 0.

(1) 如果 $P\{\xi = 0\} = \frac{1}{4}$,求 $E\xi^2$;

(2) 如果 $P\{\xi = 0\} = \frac{1}{4}$ 且 $E\xi = \frac{1}{4}$,求 $P\{\xi = -1\}$ 和 $P\{\xi = 1\}$.

2-37 设轮船横向摇摆的随机振幅 ξ 的概率密度为

$$p(x) = Ax\mathrm{e}^{-x^2/2\sigma^2} \qquad (x > 0).$$

求:(1) 系数 A;(2) 遇到大于其振幅均值的概率是多少?(3) ξ 的方差.

2-38 方向盘有整分度 1°,如果计算角度时是把零头数化为最靠近的整分度计算的,求测量方位角时误差的数学期望及标准差.

2-39 工程队完成某项工程的时间 ξ(单位:月)是一个随机变量,它的分布律为

ξ	10	11	12	13
P	0.4	0.3	0.2	0.1

(1) 试求该工程队完成此项工程的平均月数;

(2) 设该工程队所获利润为 $\eta = 50(13 - \xi)$ (单位:万元),试求工程队的平均利润;

(3) 若该工程队调整安排,完成该项工程的时间 ξ(单位:月)的分布律为

ξ	10	11	12
P	0.5	0.4	0.1

则其平均利润可增加多少?

2-40 设随机变量 ξ 的概率密度为

$$p(x) = \begin{cases} \frac{1}{2}\cos\frac{x}{2}, & 0 \leqslant x \leqslant \pi, \\ 0, & \text{其他}. \end{cases}$$

对 ξ 独立随机重复观察 4 次,η 表示观察值大于 $\pi/3$ 的次数,求 η 的数学期望.

2-41 对球的直径作近似测量,设其值均匀地分布在区间[a, b]内,求球体积的平均值.

2-42 点随机地落在中心在原点,半径为 R 的圆周上,并关于弧长服从均匀分布的,求落在横坐标的平均值及方差.

2-43 设随机变量 ξ 仅在区间[a, b]上取值,试证:

$a \leqslant E\xi \leqslant b,\ D(\xi) \leqslant \left(\frac{b-a}{2}\right)^2$

提示：利用 $E\left(\xi-\frac{a+b}{2}\right)^2 \leqslant \left(\frac{b-a}{2}\right)^2$.

2-44 如果非负连续型随机变量的数学期望 $E\xi$ 存在，则对任意的 $a>0$，试证：

$P\{\xi<a\} \geqslant 1-\frac{E\xi}{a}$ 成立.

2-45 设 $g(x)$ 为随机变量 ξ 取值的集合上的非负不减函数且 $E(g(\xi))$ 存在，证明：对任意的 $\varepsilon>0$，有 $P(\xi>\varepsilon) \leqslant \frac{E(g(\xi))}{g(\varepsilon)}$.

2-46 设随机变量 ξ 的密度函数为

$$p(x)=\begin{cases}2x, & 0<x<1,\\ 0, & \text{其他}.\end{cases}$$

以 η 表示对 ξ 的三次独立重复观察中事件 $(\xi \leqslant 1/2)$ 出现的次数，试求 $P(\eta=2)$.

2-47 设随机变量 ξ 服从二项分布 $B(2,\ p)$，随机变量 η 服从二项分布 $B(4,\ p)$，若 $P(\xi \geqslant 1)=8/9$，试求 $P(\eta \geqslant 1)$.

2-48 设有一决策，其中每个成员作出的决策互不影响，且每个成员作出正确决策的概率均为 $p\ (0<p<1)$，当占半数以上的成员作出正确决策时，系统作出正确决策，问 p 多大时，5 个成员的决策系统比 3 个成员的决策系统更为可靠？

2-49 设 $\xi \sim P(\lambda)$ 且 $P\{\xi=1\}=P\{\xi=2\}$，求 $P\{\xi=4\}$.

2-50 设某高速公路一年内发生恶性交通事故的次数 $\xi \sim P(\lambda)$，而每一次事故造成一位司机死亡的概率为 p，且一次事故至多只造成一位司机死亡，求一年内恰有 r 位司机因车祸丧生的概率.

2-51 在 $(0,\ 1)$ 上任取一点记为 ξ，试求 $P\left(\xi^2-\frac{3}{4}\xi+\frac{1}{8} \geqslant 0\right)$.

2-52 设流经一个 2Ω 电阻上的电阻 I 是一个随机变量，它均匀分布在 9 A 至 11 A 之间，试求此电阻上消耗的平均功率，其中功率 $W=2I^2$.

2-53 设一大型设备在任何长为 t(h)的时间内发生故障的次数 $N(t)$ 服从参数为 λt 的泊松分布.

(1) 求相继两次故障之间时间间隔 T 的概率分布；

(2) 求在设备已无故障工作 8 h 的情形下，再无故障运行 8 h 的概率.

2-54 公共汽车门高度是按男子与车门碰头的机会在 0.01 以下设计的，设男子身高（单位：cm）$\xi \sim N(170,\ 36)$，问应如何选择车门的高度？

2-55 假设测量的随机误差 $\xi \sim N(0,\ 10^2)$，试求在 100 次独立重复测量中，至少有 2 次测量误差的绝对值大于 19.6 的概率 α.

2-56 求常数 c，使得 $p(x)=c2^{-x^2}$ 某个随机变量的密度函数（提示：$2=\mathrm{e}^{\ln 2}$）.

2-57 设随机变量 ξ 服从正态分布 $N(\mu,\ \sigma^2)$，求 $E\mid\xi-\mu\mid$.

2-58 某商品每周需求量 ξ 是服从于 $[10,\ 30]$ 上的均匀分布的随机变量，而经销商店进货量为 $[10,\ 30]$ 中某一整数，商店每销售 1 单位商品可获利 500 元，若供大于求则削价处理，每处理 1 单位商品亏损 100 元，若供不应求，则可从外部调剂供应，此时每 1 单位商品获利 300 元.

(1) 为使商店期望获利不少于 9 280 元，试确定如何组织进货量；

(2) 为使商店期望获利最大，试确定进货量.

2-59 一工厂生产的某种设备的寿命 ξ(以年计)服从参数为 $\frac{1}{4}$ 的指数分布,工厂规定,出售的设备若在售出一年之内损坏可予以调换,若工厂售出一台设备盈利 100 元,调换一台设备厂方需花费 300 元,试求厂方的平均利润.

自测题

选择题

2-60 离散型随机变量 ξ 的分布函数为 $F(x)$,则 $P(\xi = x_k)$ 等于 ( )

(A) $P(x_{k-1} \leqslant \xi \leqslant x_k)$　　(B) $F(x_{k+1}) - F(x_{k-1})$

(C) $P(x_{k-1} \leqslant \xi \leqslant x_{k+1})$　　(D) $F(x_k) - F(x_{k-1})$

2-61 设 $f(x)$ 为随机变量 ξ 的概率密度函数,且 $f(x)$ 连续,则 $\lim\limits_{x\to\infty} \frac{f(x)}{x}$ 等于 ( )

(A) 1　　(B) 不存在　　(C) 0　　(D) 不可判断

2-62 现有 10 张奖券,其中 8 张为 2 元、2 张为 5 元,某人从中随机地无放回地抽取 3 张,则此人所得奖金的数学期望为 ( )

(A) 6.5　　(B) 12　　(C) 7.8　　(D) 9

2-63 设随机变量 $\xi \sim P(\lambda)$,且 $P(\xi \leqslant 1) = 4P(\xi = 2)$,则参数 λ 等于 ( )

(A) 0.5　　(B) 1　　(C) 2　　(D) 3

2-64 随机变量 $\xi \sim N(0, 4)$,则 $P\{\xi < 1\}$ 等于 ( )

(A) $\int_0^1 \frac{1}{2\sqrt{2\pi}} e^{-\frac{x^2}{8}} dx$　　(B) $\int_0^1 \frac{1}{4} e^{-\frac{x}{4}} dx$

(C) $\frac{1}{\sqrt{2\pi}} e^{-\frac{1}{2}}$　　(D) $\int_{-\infty}^{\frac{1}{2}} \frac{1}{\sqrt{2\pi}} e^{-\frac{x^2}{2}} dx$

填空题

2-65 如果连续型随机变量 ξ 具有分布函数 $F(x) = \begin{cases} a + be^{-5x}, & x > 0, \\ 0, & x \leqslant 0, \end{cases}$ 则 $a =$ ______, $b =$ ______.

2-66 连续型随机变量 ξ 的密度函数为 $p(x) = \begin{cases} 2x, & x \in [0, 1], \\ 0, & 其他, \end{cases}$ 则 $E(\xi^3 + 2) =$ ______.

2-67 设随机变量 ξ 的概率分布律为

ξ	-2	-1	0	1	2
P	0.3	b	0.15	a	0.05

已知 $E\xi = -0.5$,其中 a, b 为两个常数,则 $D\xi =$ ______.

2-68 若离散型随机变量 ξ 的概率分布律为

ξ	1	2	3
p	0.2	0.3	0.5

试用切比雪夫不等式估计 $P\{|\xi-E\xi|<1.5\}\geqslant$______.

2-69 从一批子弹中任意抽取 5 发试验，如果没有一发子弹落在靶心 2 m 以外，则整批子弹将被接受，设弹着点与靶心的距离 ξ 的概率密度为

$$p(x)=\begin{cases}Ax\mathrm{e}^{-x^2}, & x>0,\\ 0, & x\leqslant 0,\end{cases}$$

则 $A=$______，这批子弹被接受的概率为______.

计算题

2-70 设随机变量 ξ 的概率密度为

$$f(x)=\begin{cases}ax+1, & 0\leqslant x\leqslant 2,\\ 0, & \text{其他}.\end{cases}$$

求：(1) 常数 a；(2) ξ 的分布函数 $F(x)$；(3) $P(1<\xi<3)$.

2-71 已知随机变量 ξ 的概率密度为

$$\varphi(x)=Ae^{-2x^2+4x-2}.$$

求：(1) 系数 A；(2) 求概率 $P(0<\xi<2)$ 及 $P\left\{\left|\xi-\frac{1}{2}\right|\leqslant\frac{1}{2}\right\}$.

3 随机向量及其函数的概率分布

3.1 随机向量及其联合分布

与线性代数中的向量相似，当被考察的随机变量个数不止一个，同时对变量之间的交互作用感兴趣时，往往可以用(有限维)随机向量的形式，把它们作为一个整体进行讨论.

3.1.1 随机向量及其联合分布函数

定义 3.1.1 设 $\xi_i(\omega)$ $(i=1, 2, \cdots, n)$ 是定义在同一个概率空间$(\Omega, \mathcal{F}, P)$上的 n 个随机变量，则称 $\xi(\omega)=(\xi_1(\omega), \xi_2(\omega), \cdots, \xi_n(\omega))$ 为 n 维随机向量或 n 维随机变量.

对随机向量我们不但关心其取值，同时还关心相应的概率，为此常首先讨论 $\{\xi_1(\omega)\leqslant x_1\}$，$\{\xi_2(\omega)\leqslant x_2\}$，$\cdots$，$\{\xi_n(\omega)\leqslant x_n\}$ 这种类型事件的概率，其中的 $x_1, x_2, \cdots, x_n$ 为任意实数. 由于 $\xi_i(\omega)$为随机变量，故由定义 2.2.1 可知事件 $\{\xi_i(\omega)\leqslant x_i\}\in\mathcal{F}$，再注意到这些事件在同一概率空间中，这样，利用 σ-代数$\mathcal{F}$的定义 1.2.2 中关于“有限交”运算封闭性的特点，易知事件 $\{\xi_1(\omega)\leqslant x_1\}\cap\{\xi_2(\omega)\leqslant x_2\}\cap\cdots\cap\{\xi_n(\omega)\leqslant x_n\}\in\mathcal{F}$，从而对于上述“交事件”可以定义概率 P，这就保证了下面的分布函数的存在性.

定义 3.1.2 对任意实数 $x_1, x_2, \cdots, x_n$，称函数

$$F(x_1, x_2, \cdots, x_n)=P\{\xi_1\leqslant x_1, \xi_2\leqslant x_2, \cdots, \xi_n\leqslant x_n\} \tag{3.1.1}$$

为随机向量 ξ 的(联合)分布函数，有时为强调与$(\xi_1, \xi_2, \cdots, \xi_n)$的关系，还把它记为 $F_{\xi_1, \xi_2, \cdots, \xi_n}(x_1, x_2, \cdots, x_n)$.

应该强调的是：式 3.1.1 的右边实际上是 n 个事件“交”的概率. 在分析独立对象时，这种把“多维”与“交”联系起来的看法常常是很有帮助的.

本章主要研究二维随机向量，此时的分布函数常直接写成 $F(x, y)$(或 $F_{\xi,\eta}(x, y)$). 作为二维分布函数它包含了关于(ξ, η)的所有概率信息，自然也包含了有关一维分量的信息(或特性). 二维分布函数具有以下的性质.

性质 3.1.1 (1) 固定 y(或 x)后，对于 x(或 y)，函数 $F(x, y)$是一维的非降函数；

(2) 固定 y(或 x)后，对于 x(或 y)，函数 $F(x, y)$是一维的右连续函数；

(3) 对任意的 x 或 y，函数 $F(x, y)$具有如下的“0－1”性：

$$F(-\infty, y) = \lim_{x \to -\infty} F(x, y) = 0,$$
$$F(x, -\infty) = \lim_{y \to -\infty} F(x, y) = 0,$$
$$F(+\infty, +\infty) = \lim_{\substack{x \to +\infty \\ y \to +\infty}} F(x, y) = 1.$$

与一维分布函数不同，上述三个性质仅是二维分布函数的必要条件而不是充要条件.

简单场合下的概率计算可以用分布函数直接完成. 例如，注意到二维随机向量的分布函数定义为

$$F(x, y) = P\{\xi \leqslant x, \eta \leqslant y\},$$

实际上，它是(ξ, η)落在点(x, y)左下方的平面区域$(-\infty, x] \times (-\infty, y]$中的概率(图 3.1.1). 故$(\xi, \eta)$落在矩形区域$D$(图 3.1.2)的概率为

$$\begin{aligned} &P\{a_1 < \xi \leqslant b_1, a_2 < \eta \leqslant b_2\} \\ &= F(b_1, b_2) - F(a_1, b_2) - F(b_1, a_2) + F(a_1, a_2). \end{aligned}$$

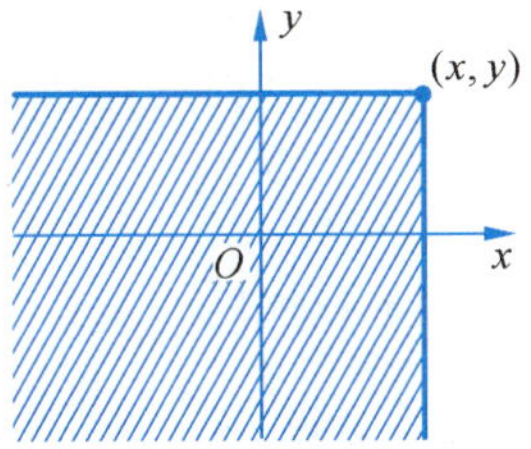

图 3.1.1 分布函数 $F(x, y)$

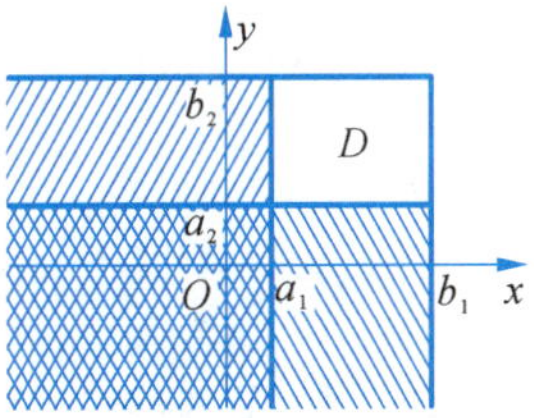

图 3.1.2 矩形区域概率计算

对于非矩形区域，计算公式比上面复杂，故在多维时，概率问题常常不直接用“联合分布函数”，而是用后面将要提到的离散型“分布律”或连续型“密度函数”进行计算.

例 3.1.1 设随机变量(ξ, η)的联合分布函数为

$$F(x, y) = A\left(B + \arctan\frac{x}{2}\right)\left(C + \arctan\frac{y}{2}\right)$$

其中$(x, y) \in (-\infty, +\infty) \times (-\infty, +\infty)$，求常数$A$、$B$、$C$.

解:由$F(x, -\infty) = 0$，可知$C = \frac{\pi}{2}$；由$F(-\infty, y) = 0$，可知$B = \frac{\pi}{2}$；再由$F(+\infty, +\infty) = 1$，可知$A = \frac{1}{\pi^2}$.

例 3.1.2 设(ξ_1, ξ_2)的分布函数为$F(x_1, x_2)$，令$\eta_1 = 3\xi_1 + 2$，$\eta_2 = 2\xi_2 - 3$，试求(η_1, η_2)的分布函数$G(y_1, y_2)$.

解:由定义易知(η_1, η_2)的联合分布函数为

$$G(y_1, y_2) = P\{\eta_1 \leqslant y_1, \eta_2 \leqslant y_2\}$$

$$= P\{3\xi_1 + 2 \leqslant y_1, 2\xi_2 - 3 \leqslant y_2\}$$
$$= P\left\{\xi_1 \leqslant \frac{y_1 - 2}{3}, \xi_2 \leqslant \frac{y_2 + 3}{2}\right\},$$

对照(ξ_1, ξ_2)分布函数定义 $F(x_1, x_2) = P\{\xi_1 \leqslant x_1, \xi_2 \leqslant x_2\}$，故

$$G(y_1, y_2) = F\left(\frac{y_1 - 2}{3}, \frac{y_2 + 3}{2}\right), \text{其中的}(y_1, y_2) \in (-\infty, +\infty) \times (-\infty, +\infty).$$

注：(1) 在上面等式推导过程中 $P\{\eta_1 \leqslant y_1, \eta_2 \leqslant y_2\} = P\left\{\xi_1 \leqslant \frac{y_1 - 2}{3}, \xi_2 \leqslant \frac{y_2 + 3}{2}\right\}$，实际上意味着在同样的概率(测度)$P$ 下两个 ω 集合 $\{\omega \mid \eta_1(\omega) \leqslant y_1, \eta_2(\omega) \leqslant y_2\}$ 与 $\left\{\omega \middle| \xi_1 \leqslant \frac{y_1 - 2}{3}, \xi_2 \leqslant \frac{y_2 + 3}{2}\right\}$ 是相等的.

(2) 本例中使用的方法是：首先把“未知”的(η_1, η_2)关系化为“已知”的(ξ_1, ξ_2)关系，然后利用(ξ_1, ξ_2)的分布来推导(η_1, η_2)的分布. 这种方法在本章后面有关随机变量函数的分布问题中会再一次提到.

3.1.2 离散型随机变量的联合概率分布

定义 3.1.3 若二维随机变量(ξ, η)的可能取值为有限个(或可列个)数对(x_i, y_j)，其对应的概率为

$$p_{ij} = P\{\xi = x_i, \eta = y_j\} \ (i, j = 1, 2, \cdots),$$

满足规范性条件 $\sum\limits_{i, j=1}^{+\infty} p_{ij} = 1$，则称$(\xi, \eta)$为二维离散型随机变量.

与一维相同，称对应的概率分布为“分布列”或“分布律”，分布律常用通式或表格方式给出，如

$\xi \backslash \eta$	y_1	y_2	$\cdots$	y_j	$\cdots$
x_1	p_{11}	p_{12}	$\cdots$	p_{1j}	$\cdots$
x_2	p_{21}	p_{22}	$\cdots$	p_{2j}	$\cdots$
$\vdots$	$\vdots$	$\vdots$	$\vdots$	$\vdots$	$\vdots$
x_i	p_{i1}	p_{i2}	$\cdots$	p_{ij}	$\cdots$
$\vdots$	$\vdots$	$\vdots$	$\vdots$	$\vdots$	$\vdots$

$\{p_{ij}\}$成为某随机变量(ξ, η)分布律的充要条件仍为

(1) 非负性，即 $p_{ij} \geqslant 0$；(2) 规范性，即 $\sum\limits_{i, j=1}^{+\infty} p_{ij} = 1$.

离散型二维随机变量的分布函数是阶梯型的. 例如，单点分布 $P\{\xi = a, \eta = b\} = 1$ 的分布函数为

$$F(x,\ y)=\begin{cases}1, & x\geqslant a \text{ 且 } y\geqslant b,\\ 0, & x<a \text{ 或 } y<b.\end{cases}$$

例 3.1.3(多维超几何分布) 在 10 件产品中有 2 件一级品、7 件二级品、1 件次品，从中任取 3 件用 ξ 表示其中的一级品数，η 表示其中的二级品数，求$(\xi,\ \eta)$的联合分布.

解: 此问题与例 1.2.5 相似，其区别仅在于以前产品仅分为正品、次品两种规格，而现在则分成一级品、二级品与次品 3 种规格，故若从中(不放回)抽样 n 件，要求一级品 n_1 件、二级品 n_2 件、次品 n_3 件，且 $n=n_1+n_2+n_3$，则相应的概率为

$$P=\frac{\binom{2}{n_1}\binom{7}{n_2}\binom{1}{n_3}}{\binom{10}{n}}.$$

为有实际意义，自然要求 $n_1\leqslant 2,\ n_2\leqslant 7,\ n_3\leqslant 1$. 常称这种类型的分布为多维超几何分布.

对于本题 $n=3$，另外，如果约定当 $M<m$ 时组合公式 $\binom{M}{m}=0$，则我们可以有统一的分布律表达式

$$P(\xi=i,\ \eta=j)=\frac{\binom{2}{i}\binom{7}{j}\binom{1}{3-i-j}}{\binom{10}{3}}\quad (i+j\leqslant 3),$$

经计算得

ξ \ η	0	1	2	3
0	0	0	$\frac{21}{120}$	$\frac{35}{120}$
1	0	$\frac{14}{120}$	$\frac{42}{120}$	0
2	$\frac{1}{120}$	$\frac{7}{120}$	0	0

例 3.1.4 盒中有 2 个白球、3 个红球，从中逐个地取球，令

$$\xi_i=\begin{cases}1, & \text{第 } i \text{ 次取到白球},\\ 0, & \text{第 } i \text{ 次取到红球},\end{cases}\quad (i=1,\ 2)$$

试求在“不放回”、“放回”两种不同取球方式下，$(\xi_1,\ \xi_2)$的联合分布.

解: 先考虑“不放回”取球方式. 由于问题蕴含“计序”，故

$$P(\xi_1=0,\ \xi_2=0)=\frac{3\times 2}{5\times 4}=0.3,\ P(\xi_1=0,\ \xi_2=1)=\frac{3\times 2}{5\times 4}=0.3,$$

$$P(\xi_1=1,\ \xi_2=0)=\frac{2\times 3}{5\times 4}=0.3,\ P(\xi_1=1,\ \xi_2=1)=\frac{2\times 1}{5\times 4}=0.1.$$

四个概率之和等于 1,它们组成的概率分布,可用表格表示,如

ξ_1 \ ξ_2	0	1
0	0.3	0.3
1	0.3	0.1

对于"放回"取球方式,由于仍涉及"计序",故

$$P(\xi_1=0,\ \xi_2=0)=\frac{3\times 3}{5\times 5}=0.36,\ P(\xi_1=0,\ \xi_2=1)=\frac{3\times 2}{5\times 5}=0.24,$$

$$P(\xi_1=1,\ \xi_2=0)=\frac{2\times 3}{5\times 5}=0.24,\ P(\xi_1=1,\ \xi_2=1)=\frac{2\times 2}{5\times 5}=0.16.$$

同样概率之和为 1,组成的分布可以列表,如

ξ_1 \ ξ_2	0	1
0	0.36	0.24
1	0.24	0.16

3.1.3 连续型随机变量的联合密度函数

与一维时相似,存在密度的随机变量称为连续型随机变量.

定义 3.1.4 设二维随机变量$(\xi,\ \eta)$的分布函数为$F(x,\ y)$,如果存在一个定义在$R\times R$上的二元非负可积函数$p(x,\ y)$,使得对$\forall(x,\ y)\in R\times R$,有

$$F(x,\ y)=\int_{-\infty}^{x}\int_{-\infty}^{y}p(u,\ v)\mathrm{d}u\mathrm{d}v,\tag{3.1.2}$$

则称$(\xi,\ \eta)$为二维连续型随机变量,同时称$p(x,\ y)$为$(\xi,\ \eta)$的联合概率密度函数,或简称为密度函数.

由上式容易看出,在$p(x,\ y)$的连续点有

$$\frac{\partial^2 F(x,\ y)}{\partial x\partial y}=p(x,\ y),$$

另外,与二维分布律相似,密度函数的充要条件为

(1) 非负性,即$p(x,\ y)\geqslant 0$;

(2) 规范性,即$\int_{-\infty}^{+\infty}\int_{-\infty}^{+\infty}p(x,\ y)\mathrm{d}x\mathrm{d}y=1.$

概率密度函数可以完整地描写连续型随机变量的概率特性. 例如,在计算$(\xi,\ \eta)$落入平

面区域 G 内的概率时，常可利用积分公式

$$P\{(\xi, \eta) \in G\} = \iint\limits_{(x, y)\in G} p(x, y)\mathrm{d}x\mathrm{d}y. \tag{3.1.3}$$

（请注意积分符号下面 G 中出现的变量是 (x, y)，而不是 (ξ, η)！）.

具体使用上述积分公式时要注意：

(1) 由于涉及的积分为二重积分，故从几何角度看，式(3.1.3)左边的概率在数值上等于密度曲面 $z = p(x, y)$ 以区域 G 为底的“曲顶柱体”的体积，而计算体积时不区分 G 是开区域还是闭区域，从而 (ξ, η) 落在 G 内的概率与 G 的开闭性质无关.

(2) 当密度函数 $p(x, y)$ 是分段函数时，要在不同区域内使用不同的函数表达式，然后把二重积分化为累次积分进行计算.

例 3.1.5 设 (ξ, η) 具有概率密度

$$p(x, y) = \begin{cases} c\mathrm{e}^{-2x-3y}, & x \geqslant 0, y \geqslant 0, \\ 0, & \text{其他}. \end{cases}$$

试求：(1) 常数 c；(2) 分布函数 $F(x, y)$；(3) $P(\xi > \eta)$.

解：(1) 常数 c 可用密度规范性求取，即由 $\int_{-\infty}^{+\infty}\int_{-\infty}^{+\infty} p(x, y)\mathrm{d}x\mathrm{d}y = 1$，得

$$\int_0^{+\infty}\int_0^{+\infty} c\mathrm{e}^{-2x-3y}\mathrm{d}x\mathrm{d}y = c\int_0^{+\infty}\mathrm{e}^{-2x}\mathrm{d}x\int_0^{+\infty}\mathrm{e}^{-3y}\mathrm{d}y = 1,$$

直接积分（或利用一维指数分布的规范性），容易知道 $\int_0^{+\infty}\mathrm{e}^{-2x}\mathrm{d}x = \frac{1}{2}$，$\int_0^{+\infty}\mathrm{e}^{-3y}\mathrm{d}y = \frac{1}{3}$，故 $c = 2\times 3 = 6$.（注：在学习独立性后，可有更简单的计算方法）.

(2) 由式(3.1.2)可得分布函数

$$\begin{aligned} F(x, y) &= \int_{-\infty}^{x}\int_{-\infty}^{y} p(u, v)\mathrm{d}u\mathrm{d}v \\ &= \begin{cases} c\int_0^x\int_0^y \mathrm{e}^{-2u-3v}\mathrm{d}u\mathrm{d}v, & 0 \leqslant x < +\infty, 0 \leqslant y < +\infty \\ 0, & \text{其他} \end{cases} \\ &= \begin{cases} (1-\mathrm{e}^{-2x})(1-\mathrm{e}^{-3y}), & 0 \leqslant x < +\infty, \quad 0 \leqslant y < +\infty, \\ 0, & \text{其他}. \end{cases} \end{aligned}$$

(3) 积分区域 G 见图 3.1.3 阴影部分，故

$$P(\xi > \eta) = P\{(\xi, \eta) \in G\} = \iint\limits_{(x, y)\in G} p(u, v)\mathrm{d}u\mathrm{d}v,$$

化成累次积分

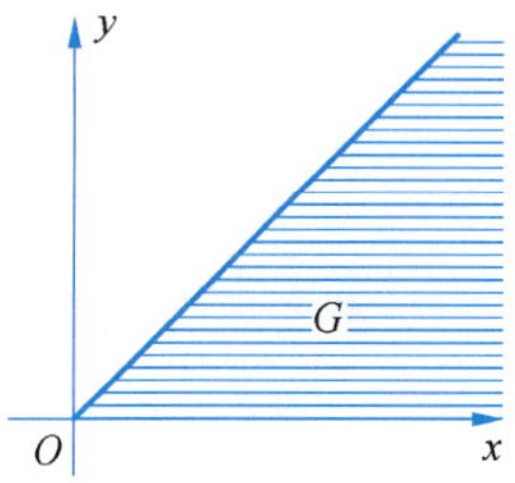

图 3.1.3 积分区域 G

$$P(\xi > \eta) = \int_0^{+\infty} dx \cdot \int_0^x 6e^{-2x}e^{-3y}dy$$
$$= \int_0^{+\infty} 2e^{-2x}(1-e^{-3x})dx$$
$$= \left[-e^{-2x}+\frac{2}{5}e^{-5x}\right]\Big|_0^{\infty} = 1-\frac{2}{5} = \frac{3}{5}.$$

例 3.1.6(二维正态分布) 设μ_1、μ_2、σ_1、σ_2、ρ为五个常数,且$\sigma_1>0$, $\sigma_2>0$, $|\rho|\leqslant 1$,试证下面的函数为密度函数:

$$\varphi(x, y) = \frac{1}{2\pi\sigma_1\sigma_2\sqrt{1-\rho^2}}\exp\left\{-\frac{1}{2(1-\rho^2)}\left[\frac{(x-\mu_1)^2}{\sigma_1^2}-2\rho\frac{(x-\mu_1)(y-\mu_2)}{\sigma_1\sigma_2}+\frac{(y-\mu_2)^2}{\sigma_2^2}\right]\right\}$$
$$(-\infty < x, y < +\infty). \quad (3.1.4)$$

与之对应的(ξ, η)常称为服从二元正态分布的随机变量,记为$(\xi, \eta)\sim N(\mu_1, \mu_2, \sigma_1^2, \sigma_2^2, \rho)$,以后将指出$\mu_1$, μ_2分别是ξ, η的均值;σ_1^2, σ_2^2分别是ξ, η的方差;而ρ则是描写ξ, η相互之间线性关系的"相关系数".

证: 由于$\varphi(x, y)>0$,故为证明$\varphi(x, y)$是二元密度函数,只需考察其规范性.为此首先积一次分,令$\varphi_\xi(x)=\int_{-\infty}^{+\infty}\varphi(x, y)dy$(注意此时尚不知它是否是一维密度函数!),同时作变换$\frac{x-\mu_1}{\sigma_1}=u$, $\frac{y-\mu_2}{\sigma_2}=v$,则

$$\varphi_\xi(x) = \frac{1}{2\pi\sigma_1\sqrt{1-\rho^2}}\int_{-\infty}^{+\infty} e^{-\frac{1}{2(1-\rho^2)}[u^2-2\rho uv+v^2]}dv.$$

注意到$u^2-2\rho uv+v^2=u^2-2\rho uv+v^2+(\rho u)^2-(\rho u)^2=(v-\rho u)^2+(1-\rho^2)u^2$,故

$$\varphi_\xi(x) = \frac{1}{2\pi\sigma_1\sqrt{1-\rho^2}}\int_{-\infty}^{+\infty} e^{-\frac{(v-\rho u)^2}{2(1-\rho^2)}}\cdot e^{-\frac{u^2}{2}}dv$$
$$= \frac{1}{\sqrt{2\pi}\sigma_1}e^{-\frac{u^2}{2}}\int_{-\infty}^{+\infty}\frac{1}{\sqrt{2\pi(1-\rho^2)}}e^{-\frac{(v-\rho u)^2}{2(1-\rho^2)}}dv.$$

由于积分号下的被积函数是$N(\rho u, 1-\rho^2)$的密度函数,从而由一维密度函数的规范性易知积分为1,这样

$$\varphi_\xi(x) = \frac{1}{\sqrt{2\pi}\sigma_1}e^{-\frac{u^2}{2}} = \frac{1}{\sqrt{2\pi}\sigma_1}e^{-\frac{(x-\mu_1)^2}{2\sigma_1^2}}.$$

与一维正态分布的密度函数相比较,容易知道它是$N(\mu_1, \sigma_1^2)$的密度函数(注意:此时才证明了它是密度函数),进一步由$\int_{-\infty}^{+\infty}\varphi_\xi(x)dx=1$,可知

$$\int_{-\infty}^{+\infty}\int_{-\infty}^{+\infty}\varphi(x, y)dxdy = \int_{-\infty}^{+\infty}\left(\int_{-\infty}^{+\infty}\varphi(x, y)dy\right)dx = \int_{-\infty}^{+\infty}\varphi_\xi(x)dx = 1,$$

即对二元函数 $\varphi(x, y)$，其规范性也成立，从而由充要条件证得 $\varphi(x, y)$ 为二元密度函数.

例 3.1.7(二维均匀分布) 设 G 为平面上的一个有界区域，若 (ξ, η) 的密度函数为

$$p(x, y)=\begin{cases} c, & (x, y)\in G, \\ 0, & \text{其他}, \end{cases} \tag{3.1.5}$$

其中 c 为常数，则称 (ξ, η) 服从 G 上的均匀分布，记为 $(\xi, \eta)\sim U(G)$. 试求：(1) 常数 c；(2) 若 G 为平面上以原点为中心、以 r 为半径的圆，试求概率 $P\left(|\xi|\leqslant \frac{r}{2}\right)$.

解：(1) 由规范性有

$$1=\int_{-\infty}^{+\infty}\int_{-\infty}^{+\infty}p(x, y)\mathrm{d}x\mathrm{d}y=\iint_{(x, y)\in G}c\,\mathrm{d}x\mathrm{d}y=c\iint_{(x, y)\in G}\mathrm{d}x\mathrm{d}y,$$

若记 S_G 为平面区域 G 的面积，即

$$S_G=\iint_{(x, y)\in G}\mathrm{d}x\mathrm{d}y, \text{则 } c=\frac{1}{S_G}.$$

(2) 当 G 为圆域时，$c=\frac{1}{\pi r^2}$，故

$$\begin{aligned}
P\left(|\xi|\leqslant\frac{r}{2}\right)&=\int_{-\frac{r}{2}}^{\frac{r}{2}}\mathrm{d}x\int_{-\sqrt{r^2-x^2}}^{\sqrt{r^2-x^2}}\frac{1}{\pi r^2}\mathrm{d}y=\frac{1}{\pi r^2}\int_{-\frac{r}{2}}^{\frac{r}{2}}2\sqrt{r^2-x^2}\,\mathrm{d}x\\
&=\frac{4}{\pi r^2}\int_0^{\frac{r}{2}}\sqrt{r^2-x^2}\,\mathrm{d}x=\frac{2}{\pi r^2}\left[x\sqrt{r^2-x^2}+r^2\arcsin\frac{x}{r}\right]\Bigg|_0^{\frac{r}{2}}\\
&=\frac{2}{\pi r^2}\left[\frac{r}{2}\sqrt{r^2-\frac{r^2}{4}}+r^2\arcsin\frac{1}{2}\right]\\
&=\frac{2}{\pi r^2}\left[\frac{\sqrt{3}}{4}r^2+r^2\frac{\pi}{6}\right]=\frac{1}{\pi}\left[\frac{\sqrt{3}}{2}+\frac{1}{3}\pi\right]=0.609.
\end{aligned}$$

注：二维均匀分布所描述的随机现象具有“等概性”，这是由于它的密度为常数，所以当 (ξ, η) 落在 G 内某区域 D 时，由于高度相同，故其概率(几何中“曲顶柱体”的体积)只与 D 的面积有关，而与 D 的形状位置都无关. 这正是第 1 章中几何概型所描述的随机模型.“古典概型”、“几何概型”与“均匀分布”都具有“等概性”的特点.

3.2 边际分布、条件分布及统计独立性

随机向量的联合分布包含了有关概率分布的所有信息，自然也包含其分量的有关信息. 这一节将利用联合分布推导分量及分量间的有关性质.

3.2.1 二维随机向量的边际分布

首先讨论二维离散型随机变量 (ξ, η) 的边际分布(也称为边缘分布). 假设 (ξ, η) 的分布律为

$$P(\xi=x_i,\ \eta=y_j)=p_{ij}\quad (i,\ j=1,\ 2,\ \cdots),$$

为求边际分布，先考虑事件间关系，由于事件（ω 集合）$(\xi=x_i)=\{\omega\mid\xi(\omega)=x_i\}$ 可分解为

$$\begin{aligned}(\xi=x_i)&=(\xi=x_i)\cap\Omega=(\xi=x_i)\cap\left(\bigcup_{j=1}^{\infty}(\eta=y_j)\right)\\&=\bigcup_{j=1}^{\infty}\{(\xi=x_i)\cap(\eta=y_j)\}=\bigcup_{j=1}^{\infty}(\xi=x_i,\ \eta=y_j).\end{aligned}$$

考虑到事件列 $\{\xi=x_i,\ \eta=y_j\}\ (j=1,\ 2,\ \cdots)$ 中，诸事件互不相容，故由概率的可列可加性易得

$$\begin{aligned}P(\xi=x_i)&=P\left\{\bigcup_{j=1}^{\infty}(\xi=x_i,\ \eta=y_j)\right\}\\&=\sum_{j=1}^{\infty}P(\xi=x_i,\ \eta=y_j)\\&=\sum_{j=1}^{\infty}p_{ij}.\end{aligned}\tag{3.2.1}$$

将 $\sum_{j=1}^{\infty}p_{ij}$ 记为 $p_{i\cdot}$，其中 $i=1,\ 2,\ \cdots$ 这样就构成了有关 ξ 的一个概率分布，类似地

$$P(\eta=y_j)=\sum_{i=1}^{\infty}p_{ij}\overset{\Delta}{=}p_{\cdot j}(j=1,\ 2,\ \cdots),\tag{3.2.2}$$

也构成了关于 η 的一个分布，常称它们为 p_{ij} 的边际分布律. 至于“边际”名称的采用可以通过下面的例子得到解释.

例 3.2.1 对于例 3.1.4，试在“放回”、“不放回”两种不同取球方式下，分别求二维随机向量$(\xi_1,\ \xi_2)$的边际分布.

解： 由于在“不放回”取球方式下，$(\xi_1,\ \xi_2)$的联合分布律已经知道，

ξ_1 \ ξ_2	0	1
0	0.3	0.3
1	0.3	0.1

ξ_1 \ ξ_2	0	1	
0	0.3	0.3	0.6
1	0.3	0.1	0.4
	0.6	0.4	

故

$$P(\xi_1=0)=P(\xi_1=0,\ \xi_2=0)+P(\xi_1=0,\ \xi_2=1)=0.3+0.3=0.6;$$
$$P(\xi_1=1)=P(\xi_1=1,\ \xi_2=0)+P(\xi_1=1,\ \xi_2=1)=0.3+0.1=0.4.$$

把计算结果放在上面联合分布表的最右边一列. 类似地，也可用加法（如表中箭头所示）计算出 $P(\xi_2=0)=0.6$，$P(\xi_2=1)=0.4$，并把它们放在表的最下边一行. 由于它们位于二维联

合分布表"边缘"的位置，故常称随机向量分量的分布为边际分布.

对于放回取球方式，同样由例 3.1.4 可知它们的联合分布为

ξ_1 \ ξ_2	0	1
0	0.36	0.24
1	0.24	0.16

ξ_1 \ ξ_2	0	1	
0	0.36	0.24	0.6
1	0.24	0.16	0.4
	0.6	0.4	1

通过逐行求和，可得 ξ_1 分布；通过逐列求和，可得 ξ_2 分布；而右下角的数字 1，可用来验证二维及两个一维分布的规范性.

注：本例的边际分布在两种不同取球方式下相同，但它们的联合分布却不同，这说明边际分布不能"全面"反映联合分布的内含信息，实际上两个随机变量间的相互关系是不能用边际分布来描述的.

一般地，若(ξ, η)的联合分布函数为 $F(x, y)$，则其边际分布函数为

$$\begin{cases} F_\xi(x) = P(\xi \leqslant x) = P((\xi \leqslant x) \cap \Omega) = P(\xi \leqslant x, \eta < +\infty) = F(x, +\infty), \\ F_\eta(y) = P(\eta \leqslant y) = P(\Omega \cap (\eta \leqslant y)) = P(\xi < +\infty, \eta \leqslant y) = F(+\infty, y). \end{cases} \tag{3.2.3}$$

把它们与第 3.1.1 小节中二维分布函数性质 3.1.1(3)联系起来，可归纳为图 3.2.1.

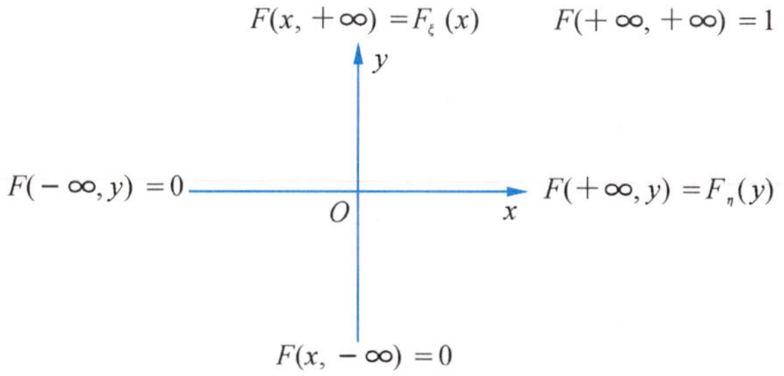

图 3.2.1　二维分布函数的各种极限

进一步，若(ξ, η)是连续型随机向量，其联合密度为 $p_{\xi\eta}(x, y)$，则其边际分布(密度)可由积分计算

$$p_\xi(x) = \int_{-\infty}^{+\infty} p_{\xi\eta}(x, y)\mathrm{d}y, \ p_\eta(y) = \int_{-\infty}^{+\infty} p_{\xi\eta}(x, y)\mathrm{d}x. \tag{3.2.4}$$

其证明不难由边际分布函数公式(3.2.3)得到. 例如：由于

$$\int_{-\infty}^{x} p_\xi(u)\mathrm{d}u = F_\xi(x) = F(x, +\infty) = \int_{-\infty}^{x}\int_{-\infty}^{+\infty} p_{\xi\eta}(u, v)\mathrm{d}v\mathrm{d}u,$$

注意到上式对任意 $x \in \mathbf{R}$ 都成立，从而可认为积分号下的函数相等，于是式(3.2.4)成立.

例 3.2.2(二元正态边际分布的正态性)　求二元正态分布 $N(\mu_1, \mu_2, \sigma_1^2, \sigma_2^2, \rho)$的边

际分布密度函数.

解: 由例 3.1.6 及其证明过程不难发现

$$p_\xi(x)=\int_{-\infty}^{+\infty}p_{\xi\eta}(x, y)\mathrm{d}y=\frac{1}{\sqrt{2\pi}\sigma_1}\mathrm{e}^{-\frac{(x-\mu_1)^2}{2\sigma_1^2}}, x\in(-\infty, +\infty),$$

即 $\xi\sim N(\mu_1, \sigma_1^2)$，类似地 $\eta\sim N(\mu_2, \sigma_2^2)$.

例 3.2.3 求二维均匀分布 $U(G)$ 的边际分布密度，其中 G 为 xOy 平面上以原点为中心、以 r 为半径的圆域.

解: 由例 3.1.7 知，当二维随机向量 $(\xi, \eta)\sim U(G)$ 时，其密度函数中的非零常数 $c=\frac{1}{S_G}$，这样其二维密度函数为

$$p_{\xi\eta}(x, y)=\begin{cases}\frac{1}{\pi r^2}, & x^2+y^2\leqslant r^2,\\ 0, & \text{其他}.\end{cases}$$

利用边际密度公式(3.2.4)

$$p_\xi(x)=\int_{-\infty}^{+\infty}p_{\xi\eta}(x, y)\mathrm{d}y.$$

当 $|x|>r$ 时 $p_{\xi\eta}(x, y)=0$，故 $p_\xi(x)=0$，而当 $|x|\leqslant r$ 时，

$$\begin{aligned}p_\xi(x)&=\int_{-\infty}^{+\infty}p_{\xi\eta}(x, y)\mathrm{d}y\\&=\int_{-\infty}^{-\sqrt{r^2-x^2}}p_{\xi\eta}(x, y)\mathrm{d}y+\int_{-\sqrt{r^2-x^2}}^{\sqrt{r^2-x^2}}p_{\xi\eta}(x, y)\mathrm{d}y+\int_{\sqrt{r^2-x^2}}^{+\infty}p_{\xi\eta}(x, y)\mathrm{d}y\\&=0+\int_{-\sqrt{r^2-x^2}}^{\sqrt{r^2-x^2}}\frac{1}{\pi r^2}\mathrm{d}y+0=\frac{2}{\pi r^2}\sqrt{r^2-x^2}.\end{aligned}$$

类似地，得

$$p_\eta(y)=\begin{cases}\frac{2}{\pi r^2}\sqrt{r^2-y^2}, & |y|\leqslant r,\\ 0, & \text{其他}.\end{cases}$$

由此例可见，对二维均匀分布而言，其边际分布不一定服从一维均匀分布，这一点与正态分布是不同的(例 3.2.2).

3.2.2 二维随机向量的条件分布

二维分布函数 $F_{\xi\eta}(x, y)$ 实际上是两个随机事件 $(\xi\leqslant x)$，$(\eta\leqslant y)$ 的“交”的概率. 正如第 1 章所示，交事件概率的计算常常可转化为条件概率的计算，这种想法反映在随机向量的场合就形成了“条件分布”.

离散型随机向量的条件分布是随机事件条件概率的直接推广. 即，若

$P(\xi=x_i, \eta=y_j)=p_{ij} \quad (i, j=1, 2, \cdots)$，且 $P(\xi=x_i)=p_i>0$，则在事件 $(\xi=x_i)$ 发生条件下，事件 $(\eta=y_j)$ 发生的条件概率为

$$P(\eta=y_j \mid \xi=x_i)=\frac{P(\xi=x_i, \eta=y_j)}{P(\xi=x_i)}=\frac{p_{ij}}{p_{i\cdot}} \quad (j=1, 2, \cdots). \tag{3.2.5}$$

显然 $\sum\limits_{j=1}^{\infty}\frac{p_{ij}}{p_{i\cdot}}=\frac{1}{p_{i\cdot}}\sum\limits_{j=1}^{\infty}p_{ij}=\frac{1}{p_{i\cdot}}p_{i\cdot}=1$，故分布律规范性成立，从而由上式得到的为一关于 η 的概率分布律，称之为条件分布律. 它与 η 的边际分布律 $p_{\cdot j}$ 一般是不同的，条件分布律中包含了事件 $(\xi=x_i)$ 发生后的一些"后验信息"，有时它可帮助我们更深入地理解 (ξ, η) 的联合分布信息(例 3.2.6).

类似地，在事件 $(\eta=y_j)$ 发生条件下，$(\xi=x_i)$ 发生的条件分布律为

$$P(\xi=x_i \mid \eta=y_j)=\frac{p_{ij}}{p_{\cdot j}} \quad (i=1, 2, \cdots). \tag{3.2.6}$$

这里当然首先要求其分母 $p_{\cdot j}>0$.

对于其他类型的随机向量(特别是连续型时)，我们自然也希望能用类似的方法定义条件分布(例如，条件分布函数 $P(\eta\leqslant y \mid \xi=x)$). 然而当 ξ 为连续型时，由于 $P(\xi=x)=0$，这样就给我们的定义带来了"分母为 0"的困难，可是如注意到此时分子 $P\{\eta\leqslant y, \xi=x\}$ 也等于零，这就启发我们试用高等数学中的 $\frac{0}{0}$ 的极限思想来定义条件分布函数. 实际上，令

$$\begin{aligned}P\{\eta\leqslant y \mid \xi=x\}&=\lim_{\Delta x\to 0^+}P\{\eta\leqslant y \mid x-\Delta x<\xi\leqslant x\}\\&=\lim_{\Delta x\to 0^+}\frac{P\{\eta\leqslant y, x-\Delta x<\xi\leqslant x\}}{P\{x-\Delta x<\xi\leqslant x\}}=\lim_{\Delta x\to 0^+}\frac{F(x, y)-F(x-\Delta x, y)}{F_\xi(x)-F_\xi(x-\Delta x)},\end{aligned}$$

当其极限存在时，就可定义它为条件分布函数 $F_{\eta|\xi}(y|x)$.

特别当分布具密度函数时，

$$F_{\eta|\xi}(y \mid x)=\lim_{\Delta x\to 0^+}\frac{\int_{-\infty}^{y}\int_{x-\Delta x}^{x}p_{\xi\eta}(u, v)\mathrm{d}u\mathrm{d}v}{\int_{x-\Delta x}^{x}p_\xi(u)\mathrm{d}u}=\lim_{\Delta x\to 0^+}\frac{\int_{-\infty}^{y}\left\{\frac{1}{\Delta x}\int_{x-\Delta x}^{x}p_{\xi\eta}(u, v)\mathrm{d}u\right\}\mathrm{d}v}{\frac{1}{\Delta x}\int_{x-\Delta x}^{x}p_\xi(u)\mathrm{d}u}.$$

若 $p_\xi(x)$，$p_{\xi\eta}(x, y)$ 在 x 处连续，由高等数学中积分中值定律有

$$\lim_{\Delta x\to 0^+}\frac{1}{\Delta x}\int_{x-\Delta x}^{x}p_{\xi\eta}(u, v)\mathrm{d}u=p_{\xi\eta}(x, v), \quad \lim_{\Delta x\to 0^+}\frac{1}{\Delta x}\int_{x-\Delta x}^{x}p_\xi(u)\mathrm{d}u=p_\xi(x),$$

从而当 $p_\xi(x)\neq 0$ 时，

$$F_{\eta|\xi}(y \mid x)=\int_{-\infty}^{y}\frac{p_{\xi\eta}(x, v)}{p_\xi(x)}\mathrm{d}v,$$

这说明在 $\xi=x$ 条件下，η 的条件密度函数存在，若记之为 $p_{\eta|\xi}(y \mid x)$，则

$$p_{\eta|\xi}(y \mid x)=\frac{p_{\xi\eta}(x,\ y)}{p_{\xi}(x)}. \tag{3.2.7}$$

类似地，当 $p_{\eta}(y)\neq 0$ 时，在给定 $\eta=y$ 的条件下，ξ 的条件密度函数存在且为

$$p_{\xi|\eta}(x \mid y)=\frac{p_{\xi\eta}(x,\ y)}{p_{\eta}(y)}. \tag{3.2.8}$$

应该指出的是，与第 1 章中的条件概率 $P(A|B)$ 相似，在“分母” $p_{\eta}(y)=0$ 时，$p_{\xi|\eta}(x \mid y)$ 是没有意义的，对 $p_{\eta|\xi}(y \mid x)$ 也有同样的要求.

例 3.2.4(二元正态条件分布的正态性) 设 $(\xi,\ \eta)\sim N(\mu_1,\mu_2,\sigma_1^2,\sigma_2^2,\rho)$，求其条件分布密度.

解: 由条件密度公式(3.2.8)及例 3.2.2 知

$$\begin{aligned}p_{\xi|\eta}(x \mid y)&=\frac{p_{\xi\eta}(x,\ y)}{p_{\eta}(y)}\\&=\frac{1}{\sqrt{2\pi}\sigma_1\sqrt{1-\rho^2}}\cdot\\&\quad\exp\left\{-\frac{1}{2(1-\rho^2)}\left[\frac{(x-\mu_1)^2}{\sigma_1^2}-2\rho\frac{(x-\mu_1)(y-\mu_2)}{\sigma_1\sigma_2}+\frac{(y-\mu_2)^2}{\sigma_2^2}\right]+\frac{(y-\mu_2)^2}{2\sigma_2^2}\right\},\end{aligned}$$

由于指数函数内的项可以简化为

$$\begin{aligned}&-\frac{1}{2(1-\rho^2)}\left[\frac{(x-\mu_1)^2}{\sigma_1^2}-2\rho\frac{(x-\mu_1)(y-\mu_2)}{\sigma_1\sigma_2}+\rho^2\ \frac{(y-\mu_2)^2}{\sigma_2^2}\right]\\&=-\frac{1}{2(1-\rho^2)}\left[\frac{x-\mu_1}{\sigma_1}-\rho\frac{y-\mu_2}{\sigma_2}\right]^2\\&=-\frac{1}{2(1-\rho^2)\sigma_1^2}\left[x-\mu_1-\rho\frac{\sigma_1}{\sigma_2}(y-\mu_2)\right]^2\\&=-\frac{1}{2\sigma_1^2(1-\rho^2)}\left[x-\left(\mu_1+\rho\frac{\sigma_1}{\sigma_2}(y-\mu_2)\right)\right]^2.\end{aligned}$$

与一维正态分布的密度函数进行对照后发现，若引进新的参数 $\mu=\mu_1+\rho\dfrac{\sigma_1}{\sigma_2}(y-\mu_2)$，$\sigma^2=\sigma_1^2(1-\rho^2)$ 后，则条件密度函数可简化为

$$p_{\xi|\eta}(x \mid y)=\frac{1}{\sqrt{2\pi}\sigma}\exp\left\{-\frac{(x-\mu)^2}{2\sigma^2}\right\},$$

故二元正态分布 $N(\mu_1,\mu_2,\sigma_1^2,\sigma_2^2,\rho)$ 的一个条件分布为 $N\left(\mu_1+\rho\dfrac{\sigma_1}{\sigma_2}(y-\mu_2),\ \sigma_1^2(1-\rho^2)\right)$.

由对称性，另一个条件分布也为正态分布，对应的条件密度为

$$p_{\eta|\xi}(y \mid x)=\frac{1}{\sqrt{2\pi}\sigma_2\sqrt{1-\rho^2}}\cdot\exp\left\{-\frac{1}{2\sigma_2^2(1-\rho^2)}\left[y-\left(\mu_2+\rho\frac{\sigma_2}{\sigma_1}(x-\mu_1)\right)\right]^2\right\}.$$

例 3.2.5(工作效率判断) 为判断连续工作时间是否影响工作效率，对某厂 139 人进行调查，他们每天的连续工作时间可分为 6 h、8 h、10 h、12 h 等 4 种，他们的工作效率 η 可以按低、中、高分为三类，得到统计数据如下：

ξ \ η	低	中	高	总和
6	2 人	5 人	10 人	17 人
8	5 人	30 人	25 人	60 人
10	8 人	25 人	11 人	44 人
12	10 人	6 人	2 人	18 人
总和	25 人	66 人	48 人	139 人

如果以"工作效率属于中、高两类的概率大"作为评优标准，问每天连续工作几小时为最佳？

解: 在实际分析时，常分两步走，第一步可使用统计中的随机变量"独立性检验法"，先从总体上讨论 ξ 对于 η 是否有影响，在得到肯定性结论后，第二步仔细分析由于 ξ 的不同带来的具体影响. 下面只介绍第二步的分析与计算过程.

为讨论方便，我们首先以不同的数值 y_1、y_2、y_3 代表工作效率的"低、中、高"三种不同状态，这样，η 的取值范围为 y_1、y_2、y_3，然后再利用频率来近似概率，并列出 (ξ, η) 的二维联合分布表

ξ \ η	y_1	y_2	y_3	$P(\xi=x_i)$
6	0.014	0.036	0.072	0.122
8	0.036	0.216	0.180	0.432
10	0.058	0.180	0.079	0.317
12	0.072	0.043	0.014	0.129
$P(\eta=y_j)$	0.180	0.475	0.345	1

考虑到评优标准为工作效率属"中、高"两类的概率，故把"$\eta=y_2$"与"$\eta=y_3$"合并为"$\eta=y_4$"，得到新的分布表

ξ \ η	y_1	y_4	ξ 边缘分布
6	0.014	0.108	0.122
8	0.036	0.396	0.432
10	0.058	0.259	0.317
12	0.072	0.057	0.129
η 边缘分布	0.180	0.820	1

这样，就可以用离散时的条件分布公式进行计算，

$$P(\eta=y_1\mid\xi=6)=\frac{P(\xi=6,\ \eta=y_1)}{P(\xi=6)}$$
$$=\frac{0.014}{0.122}\cong 0.115.$$

类似可得其他的条件概率，如下表所示.

η	y_1	y_4
$P(\eta=y_j\mid\xi=6)$	0.115	0.885
$P(\eta=y_j\mid\xi=8)$	0.083	0.917
$P(\eta=y_j\mid\xi=10)$	0.183	0.817
$P(\eta=y_j\mid\xi=12)$	0.558	0.442

从表中显然可以看出，当 $\xi=8$ 时，条件概率 $P(\eta=y_4\mid\xi=8)$ 最大，达到 0.917. 故从管理角度看，把每天的连续工作时间定为 8 小时是合适的.

与第 1 章中的概率乘法公式相似，条件分布有时可用来求取联合分布.

例 3.2.6(离散型联合分布) 设某段时间内进入某商店的顾客数 ξ 服从泊松分布 $P(\lambda)$，而每个顾客购买某特定商品的概率为 p，设各顾客购买行为相互独立，试求在该商店购买特定商品的顾客数 η 的分布.

解：购买商品的顾客人数 η 可以为 $k=0,1,2,\cdots$ 考虑到他(他们)必须先进入商店，故可利用全概率公式计算概率

$$P(\eta=k)=\sum_{m=k}^{+\infty}P(\xi=m)P(\eta=k\mid\xi=m).$$

由于 $P(\xi=m)=\dfrac{\lambda^m}{m!}e^{-\lambda}$，同时注意到在进入店内人数 $\xi=m$ 的条件下，购买特定商品人数 η 的条件分布服从二项分布 $B(m,p)$，即

$$P(\eta=k\mid\xi=m)=\binom{m}{k}p^k(1-p)^{m-k}\quad(k=0,1,2,\cdots,m).$$

代入到上面的全概率公式，得

$$P(\eta=k)=\sum_{m=k}^{\infty}\frac{\lambda^m}{m!}e^{-\lambda}\cdot\binom{m}{k}p^k(1-p)^{m-k}$$
$$=\sum_{m=k}^{\infty}\frac{\lambda^m}{m!}e^{-\lambda}\cdot\frac{m!}{k!(m-k)!}p^k(1-p)^{m-k}$$
$$=e^{-\lambda}\cdot\frac{(\lambda p)^k}{k!}\sum_{m-k}^{\infty}\frac{[\lambda(1-p)]^{m-k}}{(m-k)!}=e^{-\lambda}\frac{(\lambda p)^k}{k!}\sum_{l=0}^{\infty}\frac{[\lambda(1-p)]^l}{l!}$$

$$= e^{-\lambda} \cdot \frac{(\lambda p)^k}{k!} e^{(1-p)\lambda} = \frac{(\lambda p)^k}{k!} e^{-\lambda p} \quad (k = 0, 1, 2, \cdots),$$

即 η 服从泊松分布 $P(\lambda p)$.

注:利用条件分布把随机变量化为确定性变量后再深入讨论,是个有用的分析方法,它常用于复合随机变量问题的计算和讨论(定理 3.5.1).

3.2.3 随机变量间的统计独立性

多维随机变量间的取值有时会相互影响(如例题 3.2.5 中的工作时间 ξ 与工作效率 η),但有时也会互不影响. 与第 1 章中随机事件相似,我们可以用独立性来描写这种特性.

定义 3.2.1 设$(\xi_1, \xi_2, \cdots, \xi_n)$为 n 维随机向量,若对任意的实数 $x_1, x_2, \cdots, x_n$ 成立乘法关系

$$P(\xi_1 \leqslant x_1, \xi_2 \leqslant x_2, \cdots, \xi_n \leqslant x_n) = P(\xi_1 \leqslant x_1)P(\xi_2 \leqslant x_2)\cdots P(\xi_n \leqslant x_n), \tag{3.2.9}$$

即

$$F_{\xi_1\cdots\xi_n}(x_1, x_2, \cdots, x_n) = F_{\xi_1}(x_1)F_{\xi_2}(x_2)\cdots F_{\xi_n}(x_n) = \prod_{i=1}^{n} F_{\xi_i}(x_i), \tag{3.2.10}$$

则称 $\xi_1, \xi_2, \cdots, \xi_n$间是相互独立的.

若把 $(\xi_i \leqslant x_i)$ 记为事件 A_i,则上述乘法关系显然与第 1 章中多个事件的相互独立性等价.

在离散场合,上面乘法关系等价于对任意一组可能取值$(x_1, x_2, \cdots, x_n)$有

$$\begin{aligned} &P(\xi_1 = x_1, \xi_2 = x_2, \cdots, \xi_n = x_n) \\ &\quad = P(\xi_1 = x_1)P(\xi_2 = x_2)\cdots P(\xi_n = x_n) = \prod_{i=1}^{n} P(\xi_i = x_i). \end{aligned} \tag{3.2.11}$$

对连续型随机向量,则对任意实数 $x_1, x_2, \cdots, x_n$ 有

$$p_{\xi_1\cdots\xi_n}(x_1, x_2, \cdots, x_n) = p_{\xi_1}(x_1)p_{\xi_2}(x_2)\cdots p_{\xi_n}(x_n) = \prod_{i=1}^{n} p_{\xi_i}(x_i). \tag{3.2.12}$$

把此判别关系应用到例 3.1.6 与例 3.2.2 后,立即知道二维正态时,ξ 与 η 独立的充分必要条件为 $\rho = 0$.

例 3.2.7 设二维随机变量(ξ, η)的联合分布律为

ξ \ η	1	2	3
1	$\frac{1}{6}$	$\frac{1}{9}$	$\frac{1}{18}$
2	$\frac{1}{3}$	α	β

问其中的 α, β 取什么值时 ξ 与 η 独立?

解: 首先由二维分布的规范性可知 $1=\frac{1}{6}+\frac{1}{9}+\frac{1}{18}+\frac{1}{3}+\alpha+\beta$, 从而 $\alpha+\beta=\frac{1}{3}$, 即 $\beta=\frac{1}{3}-\alpha$, 再求边际分布

$$P(\xi=1)=\frac{1}{6}+\frac{1}{9}+\frac{1}{18}=\frac{1}{3},\ P(\xi=2)=1-\frac{1}{3}=\frac{2}{3},$$

$$P(\eta=1)=\frac{1}{6}+\frac{1}{3}=\frac{1}{2},\ P(\eta=2)=\frac{1}{9}+\alpha,\ P(\eta=3)=\frac{7}{18}-\alpha.$$

这样,联合分布律可补充为

$\xi \backslash \eta$	1	2	3	
1	$\frac{1}{6}$	$\frac{1}{9}$	$\frac{1}{18}$	$\frac{1}{3}$
2	$\frac{1}{3}$	α	$\frac{1}{3}-\alpha$	$\frac{2}{3}$
	$\frac{1}{2}$	$\frac{1}{9}+\alpha$	$\frac{7}{18}-\alpha$	1

根据题目的独立性要求,应该成立六个乘法关系,取其中含有 α 的一个乘法关系

$$P(\xi=1,\ \eta=2)=P(\xi=1)P(\eta=2),$$

即

$$\frac{1}{9}=\frac{1}{3}\times\left(\frac{1}{9}+\alpha\right).$$

从中解出 $\alpha=\frac{2}{9}$, 代入前面的关系式,求出 $\beta=\frac{1}{3}-\alpha=\frac{1}{9}$. 容易验证此时其他乘法关系亦成立,从而 ξ, η 独立.

例 3.2.8 若 (ξ, η) 的联合密度函数(图 3.2.2)为

$$p_{\xi\eta}(x, y)=\begin{cases}8xy, & 0\leqslant x\leqslant y\leqslant 1,\\ 0, & \text{其他}.\end{cases}$$

问 ξ 与 η 是否独立?

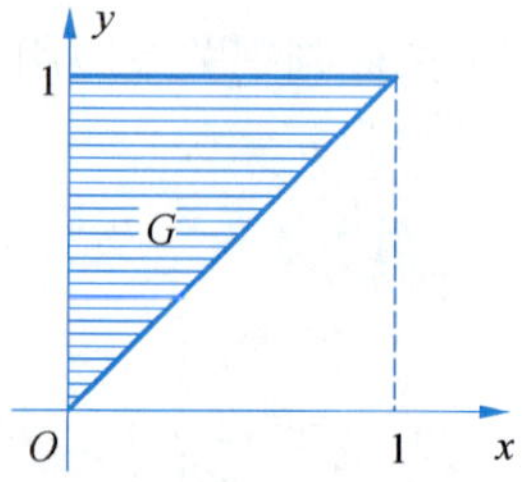

图 3.2.2 密度函数

解: 为利用独立时的乘法关系进行讨论,首先求边际分布. 从图 3.2.2 可知,当 $x<0$ 或 $x>1$ 时,

$$p_{\xi}(x)=\int_{-\infty}^{+\infty}p_{\xi\eta}(x, y)\mathrm{d}y=\int_{-\infty}^{+\infty}0\mathrm{d}y=0;$$

而当 $0\leqslant x\leqslant 1$ 时,

$$p_\xi(x)=\int_{-\infty}^{+\infty}p_{\xi\eta}(x, y)\mathrm{d}y=\int_x^1 8xy\mathrm{d}y=8x\cdot\frac{y^2}{2}\bigg|_x^1=4x(1-x^2).$$

类似地，

$$p_\eta(y)=\begin{cases}4y^3, & 0\leqslant y\leqslant 1,\\ 0, & \text{其他}.\end{cases}$$

由于 $p_{\xi\eta}(x, y)\neq p_\xi(x)p_\eta(y)$，故 ξ，η 不独立.

注：对于本例题，若注意到 $p_{\xi\eta}(x, y)$ 中不为 0 的阴影区域为三角形 $0\leqslant x\leqslant y\leqslant 1$，它不是个矩形区域，从而可推定 ξ 与 η 必定不独立. 因为，如果 $p_\xi(x)$ 与 $p_\eta(y)$ 不为 0 的区域分别为 I_x、I_y，则当独立乘法关系成立时，I_x 与 I_y 的乘积区域必定是二维的矩形区域，这与三角形区域 $0\leqslant x\leqslant y\leqslant 1$ 不相符，故 ξ，η 必不独立.

3.3 二维随机向量的数字特征

与一维随机变量相似，除了用分布描写随机向量外，还可用各种重要的数字特征进行讨论，为此，先引进随机向量函数的期望公式.

3.3.1 二维随机向量的数学期望与条件数学期望

与一维相似，为讨论二维随机变量的各种数字特征与性质，首先给出用联合分布律 $P(\xi=x_i, \eta=y_j)=p_{ij}$（或用联合密度函数 $p_{\xi\eta}(x, y)$）表示的 (ξ, η) 的函数 $\zeta=f(\xi, \eta)$ 的数学期望公式. 即若数学期望存在，则必有

$$E\zeta=\begin{cases}\displaystyle\sum_{i,j}f(x_i, y_j)P(\xi=x_i, \eta=y_j)=\sum_{i,j}f(x_i, y_j)p_{ij},\\ \displaystyle\int_{-\infty}^{+\infty}\int_{-\infty}^{+\infty}f(x, y)\cdot p_{\xi\eta}(x, y)\mathrm{d}x\mathrm{d}y.\end{cases}\tag{3.3.1}$$

利用它可直接计算分量 ξ 与 η 的期望，例如，在连续场合（离散时也相似）

$$\begin{aligned}E\xi&=\int_{-\infty}^{+\infty}\int_{-\infty}^{+\infty}xp_{\xi\eta}(x, y)\mathrm{d}x\mathrm{d}y=\int_{-\infty}^{+\infty}x\left(\int_{-\infty}^{+\infty}p_{\xi\eta}(x, y)\mathrm{d}y\right)\mathrm{d}x\\&=\int_{-\infty}^{+\infty}xp_\xi(x)\mathrm{d}x,\end{aligned}$$

$$E\eta=\int_{-\infty}^{+\infty}\int_{-\infty}^{+\infty}yp_{\xi\eta}(x, y)\mathrm{d}x\mathrm{d}y=\int_{-\infty}^{+\infty}yp_\eta(y)\mathrm{d}y.$$

它们与前面章节中导出的一维分布期望公式是一致的.

有时为方便讨论问题，还常把它们写成向量形式，即

$$E[(\xi, \eta)^T]=(E\xi, E\eta)^T.$$

这里，上标“T”表示转置，上式表明向量的期望等于期望的向量.

性质 3.3.1（线性性质） 设 (ξ, η) 为二维随机向量，a 与 b 为两个（确定性）常数，则

$$E(a\xi+b\eta)=aE\xi+bE\eta. \tag{3.3.2}$$

注:(1) 式(3.3.2)可写成向量形式,即

$$E\left[(a,\ b)\begin{pmatrix}\xi\\ \eta\end{pmatrix}\right]=E(a\xi+b\eta)=aE\xi+bE\eta=(a,\ b)\begin{pmatrix}E\xi\\ E\eta\end{pmatrix}$$
$$=(a,\ b)E\begin{pmatrix}\xi\\ \eta\end{pmatrix}.$$

(2) 上述线性性质还可推广到多维场合,即,如令

$$\boldsymbol{\eta}=C\boldsymbol{\xi},$$

其中 $\boldsymbol{\xi}=(\xi_1,\ \xi_2,\ \cdots,\ \xi_n)^T$, $C=(c_{ij})_{m\times n}$, $\boldsymbol{\eta}=(\eta_1,\ \eta_2,\ \cdots,\ \eta_m)^T$, 则

$$E\boldsymbol{\eta}=E(C\boldsymbol{\xi})=CE\boldsymbol{\xi}. \tag{3.3.3}$$

对右乘运算也有类似的结论.

性质 3.3.2 若 ξ 与 η 独立,则有期望乘法公式

$$E(\xi\eta)=E\xi\cdot E\eta. \tag{3.3.4}$$

证: 仍设$(\xi,\ \eta)$为连续型随机变量,此时 $p_{\xi\eta}(x,\ y)=p_\xi(x)p_\eta(y)$,应用式(3.3.1)有

$$E(\xi\eta)=\int_{-\infty}^{+\infty}\int_{-\infty}^{+\infty}xyp_{\xi\eta}(x,\ y)\mathrm{d}x\mathrm{d}y=\int_{-\infty}^{+\infty}\int_{-\infty}^{+\infty}xyp_\xi(x)p_\eta(y)\mathrm{d}x\mathrm{d}y$$
$$=\int_{-\infty}^{+\infty}xp_\xi(x)\mathrm{d}x\cdot\int_{-\infty}^{+\infty}yp_\eta(y)\mathrm{d}y=E\xi\times E\eta.$$

例 3.3.1 在单位长的线段上任取两个点 M 和 N,求线段 MN 长度的数学期望.

解: 设 M 和 N 的坐标分别为 ξ 和 η,则 ξ、η 都服从 $U[0,\ 1]$,又由于这两点可以任取,所以 ξ、η 相互独立,这样$(\xi,\ \eta)$的联合密度函数为

$$p_{\xi\eta}(x,\ y)=\begin{cases}1, & 0\leqslant x\leqslant 1,\ 0\leqslant y\leqslant 1,\\ 0, & \text{其他}.\end{cases}$$

利用公式(3.3.1),线段 MN 长度 $|\xi-\eta|$ 的数学期望为

$$E|\xi-\eta|=\int_0^1\int_0^1|x-y|\cdot 1\cdot\mathrm{d}x\mathrm{d}y=\int_0^1\left[\int_0^x(x-y)\mathrm{d}y\right]\mathrm{d}x+\int_0^1\left[\int_x^1(y-x)\mathrm{d}y\right]\mathrm{d}x$$
$$=2\int_0^1\left[xy-\frac{y^2}{2}\right]\Big|_0^x\mathrm{d}x=2\int_0^1\frac{x^2}{2}\mathrm{d}x=\frac{1}{3}.$$

例 3.3.2 设 ξ、η 相互独立,且都服从 $N(0,\ 1)$,求 $\zeta_1=\sqrt{\xi^2+\eta^2}$, $\zeta_2=|\xi-\eta|$ 的数学期望.

解: $(\xi,\ \eta)$的联合密度函数为

$$p_{\xi\eta}(x,\ y)=\frac{1}{2\pi}\mathrm{e}^{-\frac{x^2+y^2}{2}}\quad(-\infty<x,\ y<+\infty),$$

由公式(3.3.1),得

$$E\zeta_1 = E\sqrt{\xi^2+\eta^2} = \int_{-\infty}^{+\infty}\int_{-\infty}^{+\infty}\sqrt{x^2+y^2}\,p_{\xi\eta}(x, y)\mathrm{d}x\mathrm{d}y.$$

作极坐标变换后,得

$$\begin{aligned}E\zeta_1 &= \int_0^{2\pi}\mathrm{d}\theta\int_0^{+\infty} r^2 \cdot \frac{1}{2\pi}\mathrm{e}^{-\frac{r^2}{2}}\mathrm{d}r = -\int_0^{+\infty} r\mathrm{d}\mathrm{e}^{-\frac{r^2}{2}} \\ &= -r\mathrm{e}^{-\frac{r^2}{2}}\Big|_0^{\infty} + \int_0^{+\infty}\mathrm{e}^{-\frac{r^2}{2}}\mathrm{d}r = 0 + \sqrt{2\pi}\int_0^{+\infty}\frac{1}{\sqrt{2\pi}}\mathrm{e}^{-\frac{r^2}{2}}\mathrm{d}r.\end{aligned}$$

注意到积分号下的函数是 $N(0, 1)$的密度函数,故利用密度规范性,得

$$E\zeta_1 = \sqrt{\frac{\pi}{2}}\int_{-\infty}^{+\infty}\frac{1}{\sqrt{2\pi}}\mathrm{e}^{-\frac{r^2}{2}}\mathrm{d}r = \sqrt{\frac{\pi}{2}}.$$

对于 ζ_2 可类似,得

$$E\zeta_2 = E\,|\,\xi-\eta\,| = \int_{-\infty}^{+\infty}\int_{-\infty}^{+\infty}|\,x-y\,|\,p_{\xi\eta}(x, y)\mathrm{d}x\mathrm{d}y,$$

利用对称性

$$\begin{aligned}E\zeta_2 &= 2\int_{-\infty}^{+\infty}\left[\int_{-\infty}^{x}(x-y)\frac{1}{2\pi}\mathrm{e}^{-\frac{x^2+y^2}{2}}\mathrm{d}y\right]\mathrm{d}x \\ &= \frac{1}{\pi}\int_{-\infty}^{+\infty}\mathrm{e}^{-\frac{x^2}{2}}\left[\int_{-\infty}^{x}(x-y)\mathrm{e}^{-\frac{y^2}{2}}\mathrm{d}y\right]\mathrm{d}x \\ &= \frac{1}{\pi}\int_{-\infty}^{+\infty}x\mathrm{e}^{-\frac{x^2}{2}}\left[\int_{-\infty}^{x}\mathrm{e}^{-\frac{y^2}{2}}\mathrm{d}y\right]\mathrm{d}x - \frac{1}{\pi}\int_{-\infty}^{+\infty}\mathrm{e}^{-\frac{x^2}{2}}\left[\int_{-\infty}^{x}y\mathrm{e}^{-\frac{y^2}{2}}\mathrm{d}y\right]\mathrm{d}x.\end{aligned}$$

其中第一个积分可用分部积分计算,得

$$\begin{aligned}I_1 &= \frac{1}{\pi}\int_{-\infty}^{+\infty}x\mathrm{e}^{-\frac{x^2}{2}}\left[\int_{-\infty}^{x}\mathrm{e}^{-\frac{y^2}{2}}\mathrm{d}y\right]\mathrm{d}x = \frac{1}{\pi}\int_{-\infty}^{+\infty}\left[\int_{-\infty}^{x}\mathrm{e}^{-\frac{y^2}{2}}\mathrm{d}y\right]\mathrm{d}(-\mathrm{e}^{-\frac{x^2}{2}}) \\ &= \frac{1}{\pi}\left\{(-\mathrm{e}^{-\frac{x^2}{2}})\left[\int_{-\infty}^{x}\mathrm{e}^{-\frac{y^2}{2}}\mathrm{d}y\right]\Big|_{-\infty}^{+\infty} + \int_{-\infty}^{+\infty}\mathrm{e}^{-\frac{x^2}{2}}\cdot\mathrm{e}^{-\frac{x^2}{2}}\mathrm{d}x\right\} \\ &= \frac{1}{\pi}\left\{0 + \int_{-\infty}^{+\infty}\mathrm{e}^{-x^2}\mathrm{d}x\right\},\end{aligned}$$

利用 $N\left(0, \frac{1}{2}\right)$密度规范性,得 $I_1 = \frac{1}{\sqrt{\pi}}$.

第二个积分亦可类似地用规范性得到

$$\begin{aligned}I_2 &= -\frac{1}{\pi}\int_{-\infty}^{+\infty}\mathrm{e}^{-\frac{x^2}{2}}\left[\int_{-\infty}^{x}y\mathrm{e}^{-\frac{y^2}{2}}\mathrm{d}y\right]\mathrm{d}x = -\frac{1}{\pi}\int_{-\infty}^{+\infty}\mathrm{e}^{-\frac{x^2}{2}}\left[\int_{-\infty}^{x}\mathrm{d}(-\mathrm{e}^{-\frac{y^2}{2}})\right]\mathrm{d}x \\ &= \frac{1}{\pi}\int_{-\infty}^{+\infty}\mathrm{e}^{-\frac{x^2}{2}}\mathrm{e}^{-\frac{x^2}{2}}\mathrm{d}x = \frac{1}{\pi}\int_{-\infty}^{+\infty}\mathrm{e}^{-x^2}\mathrm{d}x = \frac{1}{\sqrt{\pi}},\end{aligned}$$

代入 $E\zeta_2 = I_1 + I_2$,得到 $E\zeta_2 = \frac{2}{\sqrt{\pi}}$.

注:若利用后面的“正态线性组合仍为正态分布”性质后,可以方便地进行 $E\zeta_2$ 的计算.

例 3.3.3 一辆民航大巴载有 20 位旅客自机场开出,旅途有 10 个车站可以下车,如果到车站时没有旅客下车,大巴就不停车,设各位旅客下车是独立的,且在每站下车都是等可能的,求大巴停车次数 ξ 的期望.

解:设

$$\xi_i=\begin{cases}1, & \text{第 } i \text{ 站有旅客下车},\\ 0, & \text{第 } i \text{ 站没有旅客下车},\end{cases}$$

则 $P(\xi_i=0)=P\{20$ 位旅客在第 i 站都不下车$\}$,由于每一位旅客在第 i 站下车概率为$\frac{1}{10}$,故不下车概率为 $1-\frac{1}{10}=\frac{9}{10}$,这样由独立性,得

$$P(\xi_i=0)=\left(\frac{9}{10}\right)^{20},\ P(\xi_i=1)=1-\left(\frac{9}{10}\right)^{20}.$$

于是

$$E\xi_i=0\times P(\xi_i=0)+1\times P(\xi_i=1)=1-\left(\frac{9}{10}\right)^{20}.$$

大巴停车次数 $\xi=\xi_1+\cdots+\xi_{10}$,故 $E\xi=E\xi_1+\cdots+E\xi_{10}=10\left[1-\left(\frac{9}{20}\right)^{20}\right]$.

下面引进条件数学期望的概念,为此先回顾第 1.3.1 节中随机事件条件概率$P(A|B)$的概念及性质.当时为方便讨论,可把 $P(A\mid B)$ 看成是一种新的概率(测度),即可以令 $P(A\mid B)=P_{新}(A)$.与之相似,容易验证第 3.2.2 节中二维随机向量的条件分布也符合有关分布(例如分布律、分布密度)的充要条件,故也可看成是一种新的分布.这样条件分布具有很多与一般分布类似的性质.特别地,我们可以利用它来构成“条件数学期望”.条件数学期望概念不仅在实际应用中,同时在深入讨论近代概率论的各种概念时也是非常重要的.

定义 3.3.1 以条件分布构成的数学期望(若存在)称为条件期望,此时有

$$E(\eta\mid\xi=x)=\begin{cases}\sum\limits_j y_jP(\eta=y_j\mid\xi=x),\ (\xi,\ \eta)\ \text{离散型},\\ \int_{-\infty}^{+\infty} yp_{\eta|\xi}(y\mid x)\mathrm{d}y,\ (\xi,\ \eta)\ \text{连续型},\end{cases}\tag{3.3.5}$$

$$E(\xi\mid\eta=y)=\begin{cases}\sum\limits_i x_iP(\xi=x_i\mid\eta=y),\ (\xi,\ \eta)\ \text{离散型},\\ \int_{-\infty}^{+\infty} xp_{\xi|\eta}(x\mid y)\mathrm{d}x,\ (\xi,\ \eta)\ \text{连续型}.\end{cases}\tag{3.3.6}$$

例 3.3.4 求二元正态 $N(\mu_1,\ \mu_2,\ \sigma_1^2,\ \sigma_2^2,\ \rho)$的条件期望.

解:由例 3.2.4 知条件密度函数为

$$p_{\eta|\xi}(y \mid x)=\frac{1}{\sqrt{2\pi}\sigma_2\sqrt{1-\rho^2}}\cdot\exp\left\{-\frac{1}{2\sigma_2^2(1-\rho^2)}\left[y-\left(\mu_2+\rho\frac{\sigma_2}{\sigma_1}(x-\mu_1)\right)\right]^2\right\}.$$

注意到它实际上是 $N\left(\mu_2+\rho\frac{\sigma_2}{\sigma_1}(x-\mu_1),\ \sigma_2^2(1-\rho^2)\right)$ 的密度函数,故条件期望可以立即由括号内的第一个参数给出,即

$$E(\eta \mid \xi=x)=\mu_2+\rho\frac{\sigma_2}{\sigma_1}(x-\mu_1)=\rho\frac{\sigma_2}{\sigma_1}x+\left(\mu_2-\rho\frac{\sigma_2}{\sigma_1}\mu_1\right),$$

它是 x 的函数. 类似地

$$E(\xi \mid \eta=y)=\mu_1+\rho\frac{\sigma_1}{\sigma_2}(y-\mu_2)=\rho\frac{\sigma_1}{\sigma_2}y+\left(\mu_1-\rho\frac{\sigma_1}{\sigma_2}\mu_2\right).$$

这个结果有时可用于刑事侦察. 例如,某地区人的身高 ξ 与足长 η 服从二维正态分布,经样本估算得 $E(\xi \mid \eta=y)=6.876y+13.752$,这样,当案犯足印长为 23.3 cm 时,估计其身高约为 174 cm.

应该指出的是,条件期望 $E(\xi \mid \eta=y)$ 一般为 y 的函数,为强调与 y 的依赖关系,有时记 $g(y)=E(\xi \mid \eta=y)$. 进一步注意到 η 是随机变量,它取不同 y 的原因在于对应的样本 ω 不同,故条件期望也可视为随机变量,它实际上是 η 的函数,这样就可把 $g(y)=E(\xi \mid \eta=y)$ 理解为随机变量 $g(\eta)=E(\xi \mid \eta)$ 的某个 ω 对应的观察值(参见定理 3.5.1).

3.3.2 二维随机向量的方差

与式(3.3.2)的向量形式相似,二维随机向量的方差常用矩阵形式表示.

定义 3.3.2 设随机向量$(\xi,\ \eta)$的期望存在,则当由它们构成的矩阵

$$\begin{pmatrix}\xi-E\xi\\ \eta-E\eta\end{pmatrix}(\xi-E\xi\quad \eta-E\eta)=\begin{pmatrix}(\xi-E\xi)^2 & (\xi-E\xi)(\eta-E\eta)\\ (\eta-E\eta)(\xi-E\xi) & (\eta-E\eta)^2\end{pmatrix}$$

中各个分量的期望也都存在时,称

$$E\left\{\begin{pmatrix}\xi-E\xi\\ \eta-E\eta\end{pmatrix}(\xi-E\xi,\ \eta-E\eta)\right\}=\begin{pmatrix}E(\xi-E\xi)^2 & E(\xi-E\xi)(\eta-E\eta)\\ E(\eta-E\eta)(\xi-E\xi) & E(\eta-E\eta)^2\end{pmatrix} \tag{3.3.7}$$

为$(\xi,\ \eta)$的协方差矩阵,其中的 $E(\xi-E\xi)^2=D\xi$, $E(\eta-E\eta)^2=D\eta$ 分别为边际分布 ξ、η 的方差,而 $E(\xi-E\xi)(\eta-E\eta)$ 称为$(\xi,\ \eta)$的协方差(Covariance),记为 $\mathrm{cov}(\xi,\ \eta)$.

在进行协方差的计算时,我们常可应用以下性质:

性质 3.3.3(展开公式)

$$\mathrm{cov}(\xi,\ \eta)=E\xi\eta-(E\xi)\cdot(E\eta). \tag{3.3.8}$$

证: 由协方差定义及期望线性性质,

$$\begin{aligned}\operatorname{cov}(\xi, \eta) &= E(\xi - E\xi)(\eta - E\eta) = E[\xi\eta - \eta E\xi - \xi E\eta + (E\xi)(E\eta)] \\ &= E\xi\eta - E(\eta E\xi) - E(\xi E\eta) + E[(E\xi)(E\eta)],\end{aligned}$$

注意到 $E\xi$、$E\eta$ 为常数，故

$$\begin{aligned}\operatorname{cov}(\xi, \eta) &= E\xi\eta - (E\xi)(E\eta) - (E\eta)(E\xi) + (E\xi)(E\eta) \\ &= E\xi\eta - (E\xi)(E\eta).\end{aligned}$$

性质 3.3.4(可交换性)

$$\operatorname{cov}(\xi, \eta) = \operatorname{cov}(\eta, \xi). \tag{3.3.9}$$

其证明可从协方差定义式中的 $(\xi - E\xi)(\eta - E\eta)$ 的可交换性立即看出.

性质 3.3.5(线性性质) 设 a、b 为两个参数，ξ、η、ζ 为随机变量，则

$$\operatorname{cov}(a\xi + b\eta, \zeta) = a\operatorname{cov}(\xi, \zeta) + b\operatorname{cov}(\eta, \zeta). \tag{3.3.10}$$

证: 从展开性质 3.3.3 及期望线性性质，有

$$\begin{aligned}\operatorname{cov}(a\xi + b\eta, \zeta) &= E[(a\xi + b\eta)\zeta] - E(a\xi + b\eta)\cdot E\zeta \\ &= E(a\xi\zeta + b\eta\zeta) - (Ea\xi + Eb\eta)E\zeta \\ &= aE\xi\zeta + bE\eta\zeta - aE\xi E\zeta - bE\eta E\zeta \\ &= a[E\xi\zeta - E\xi E\zeta] + b[E\eta\zeta - E\eta E\zeta],\end{aligned}$$

再代入 $\operatorname{cov}(\xi, \zeta)$、$\operatorname{cov}(\eta, \zeta)$ 的表达式后，得

$$\operatorname{cov}(a\xi + b\eta, \zeta) = a\operatorname{cov}(\xi, \zeta) + b\operatorname{cov}(\eta, \zeta).$$

例 3.3.5 设 (ξ, η) 的分布律为

ξ \ η	-1	0	1
0	0.07	0.18	0.15
1	0.08	0.32	0.20

试求 $\operatorname{cov}(\xi, \eta)$ 与 $\operatorname{cov}(\xi^2, \eta^2)$.

解: 先求边际分布，并用下表给出

ξ \ η	-1	0	1	
0	0.07	0.18	0.15	0.40
1	0.08	0.32	0.20	0.60
	0.15	0.50	0.35	1

从而

$$E\xi = 0 \times 0.40 + 1 \times 0.60 = 0.60,$$

$$E\eta = -1 \times 0.15 + 0 \times 0.50 + 1 \times 0.35 = 1 \times (0.35 - 0.15) = 0.20.$$

再由联合分布律，得

$$E\xi\eta = 1\times(-1)\times 0.08 + 1\times 1\times 0.20 = 0.20 - 0.08 = 0.12.$$

从而由协方差展开式(3.3.8)，得

$$\begin{aligned}\operatorname{cov}(\xi, \eta) &= E\xi\eta - (E\xi)\cdot(E\eta) = 0.12 - 0.20\times 0.60 \\ &= 0.12 - 0.12 = 0.\end{aligned}$$

对于(ξ^2, η^2)可类似地得到

ξ^2 \ η^2	0	1	
0	0.18	0.22	0.40
1	0.32	0.28	0.60
	0.50	0.50	1

故

$$\begin{aligned}\operatorname{cov}(\xi^2, \eta^2) &= E\xi^2\eta^2 - E\xi^2 E\eta^2 = 1\times 0.28 - (1\times 0.60)\times(1\times 0.50) \\ &= 0.28 - 0.30 = -0.02.\end{aligned}$$

例 3.3.6 设(ξ, η)的密度函数为

$$p_{\xi\eta}(x, y) = \begin{cases} 6xy^2, & 0<x<1, 0<y<1, \\ 0, & 其他. \end{cases}$$

求(ξ, η)的协方差矩阵.

解：先求(ξ, η)的边际分布

$$\begin{aligned}p_\xi(x) &= \int_{-\infty}^{+\infty} p_{\xi\eta}(x, y)\,\mathrm{d}y = \begin{cases} \int_0^1 6xy^2\,\mathrm{d}y, & 0<x<1 \\ 0, & 其他 \end{cases} \\ &= \begin{cases} 2x, & 0<x<1, \\ 0, & 其他. \end{cases}\end{aligned}$$

类似地，

$$p_\eta(y) = \begin{cases} \int_0^1 6xy^2\,\mathrm{d}x, & 0<y<1 \\ 0, & 其他 \end{cases} = \begin{cases} 3y^2, & 0<y<1, \\ 0, & 其他. \end{cases}$$

由此可得

$$E\xi = \int_0^1 xp_\xi(x)\,\mathrm{d}x = \int_0^1 2x^2\,\mathrm{d}x = \frac{2}{3},$$

$$E\eta = \int_0^1 yp_\eta(y)\,\mathrm{d}y = \int_0^1 3y^3\,\mathrm{d}x = \frac{3}{4}.$$

为求 $D\xi$、$D\eta$,先求 $E\xi^2$、$E\eta^2$,

$$E\xi^2=\int_0^1 x^2\cdot 2x\mathrm{d}x=\frac{1}{2},$$
$$E\eta^2=\int_0^1 y^2\cdot 3y^2\mathrm{d}x=\frac{3}{5}.$$

故

$$D\xi=E\xi^2-(E\xi)^2=\frac{1}{2}-\left(\frac{2}{3}\right)^2=\frac{1}{2}-\frac{4}{9}=\frac{1}{18},$$
$$D\eta=E\eta^2-(E\eta)^2=\frac{3}{5}-\left(\frac{3}{4}\right)^2=\frac{3}{5}-\frac{9}{16}=\frac{3}{80}.$$

另外,为求 $\operatorname{cov}(\xi,\eta)$还需计算 $E\xi\eta$,

$$\begin{aligned}E\xi\eta&=\int_{-\infty}^{+\infty}\int_{-\infty}^{+\infty}xyp_{\xi\eta}(x,y)\mathrm{d}x\mathrm{d}y=\int_0^1\int_0^1 xy\cdot 6xy^2\mathrm{d}x\mathrm{d}y\\&=\int_0^1 2x^2\mathrm{d}x\cdot\int_0^1 3y^3\mathrm{d}y=\frac{2}{3}\times\frac{3}{4}.\end{aligned}$$

从而由展开式(3.3.8),有

$$\operatorname{cov}(\xi,\eta)=E\xi\eta-(E\xi)\cdot(E\eta)=\frac{2}{3}\times\frac{3}{4}-\frac{2}{3}\times\frac{3}{4}=0.$$

这样(ξ,η)的协方差矩阵为

$$\begin{pmatrix}\frac{1}{18} & 0\\ 0 & \frac{3}{80}\end{pmatrix}.$$

注意到上例中 $\operatorname{cov}(\xi,\eta)=0$,分析其原因为 $p_{\xi\eta}(x,y)=p_\xi(x)p_\eta(y)$,即$(\xi,\eta)$的边际分布独立.实际上再联系到性质 3.3.2 中的式(3.3.4)立即知道.

性质 3.3.6 若 ξ, η 独立,且它们的协方差存在,则协方差必为 0.

例 3.3.7 若 ξ 为随机变量,且期望存在,令 c 为常数,则 $\operatorname{cov}(\xi,c)=0$.

解:实际上由于 $E(\xi c)=cE(\xi)$,故 $\operatorname{cov}(\xi,c)=E(\xi c)-E\xi\cdot Ec=cE\xi-cE\xi=0$.

注:进一步我们还可证明常数 c 与任何随机变量都独立.实际上由于(ξ,c)的联合分布函数

$$\begin{aligned}F_{\xi c}(x,y)&=\begin{cases}P\{(\xi\leqslant x)\cap\varnothing\}, & y<c\\ P\{(\xi\leqslant x)\cap\Omega\}, & y\geqslant c\end{cases}=\begin{cases}P(\varnothing), & y<c\\ P(\xi\leqslant x), & y\geqslant c\end{cases}\\&=\begin{cases}0, & y<c,\\ F_\xi(x), & y\geqslant c.\end{cases}\end{aligned}$$

另外,注意到

$$F_c(y) = \begin{cases} 0, & y < c, \\ 1, & y \geqslant c. \end{cases}$$

这说明乘法关系 $F_{\xi c}(x, y) = F_\xi(x)F_c(y)$ 成立，于是 ξ 与 c 相互独立.

利用协方差，我们可以计算随机变量“和”的方差.

性质 3.3.7 设 ξ 与 η 的方差存在，则

$$D(\xi \pm \eta) = D\xi + D\eta \pm 2\mathrm{cov}(\xi, \eta). \tag{3.3.11}$$

证：首先，由不等式 $|(\xi - E\xi)(\eta - E\eta)| \leqslant \frac{1}{2}\{[(\xi - E\xi)^2 + (\eta - E\eta)^2]\}$ 立即可知协方差存在，从而

$$\begin{aligned} D(\xi \pm \eta) &= E[(\xi \pm \eta) - E(\xi \pm \eta)]^2 = E[(\xi - E\xi) \pm (\eta - E\eta)]^2 \\ &= E(\xi - E\xi)^2 + E(\eta - E\eta)^2 \pm 2E(\xi - E\xi)(\eta - E\eta), \end{aligned}$$

故

$$D(\xi \pm \eta) = D\xi + D\eta \pm 2\mathrm{cov}(\xi, \eta).$$

性质 3.3.8 若 $\xi_1, \xi_2, \cdots, \xi_n$ 相互独立，方差存在，则

$$D(\xi_1 + \cdots + \xi_n) = D\xi_1 + \cdots + D\xi_n.$$

证：对于两个随机变量，利用性质 3.3.6 与性质 3.3.7 立即知道和式关系成立，对于一般情况，可用数学归纳法加以证明. 事实上不妨设 $\xi_1 + \cdots + \xi_{n-1} = \eta$，由已知相互独立性条件可知 η 与 ξ_n 也独立，故利用 $n = 2$ 时的结论，得 $D(\eta + \xi_n) = D\eta + D\xi_n$，再由归纳法假设 $D\eta = D(\xi_1 + \cdots + \xi_{n-1}) = D\xi_1 + \cdots + D\xi_{n-1}$，从而

$$D(\eta + \xi_n) = D(\xi_1 + \cdots + \xi_{n-1} + \xi_n) = D\xi_1 + \cdots + D\xi_{n-1} + D\xi_n,$$

这样，由数学归纳法可证方差的和式关系对任何有限 n 都成立.

例 3.3.8 设 $\xi \sim P(3)$，$\eta \sim p_\eta(x) = \frac{1}{3\sqrt{2\pi}}\exp\left\{-\frac{x^2 - 4x + 4}{18}\right\}$，且两者相互独立，令 $\zeta = 6 + 3\xi - 4\eta$，试求 $D\zeta$.

解：首先，注意到 $\xi \sim P(3)$，故 $D\xi = 3$. 而 η 的密度函数 $p_\eta(x)$ 中包含 e^{-x^2} 类型的函数，估计有可能是正态分布，为此配方 exp 内的函数表达式

$$-\frac{x^2 - 4x + 4}{18} = -\frac{(x-2)^2}{18}.$$

故

$$p_\eta(x) = \frac{1}{3\sqrt{2\pi}}\exp\left\{-\frac{(x-2)^2}{18}\right\}.$$

它是 $N(2, 9)$ 的密度，从而 $D\eta = 9$.

再由例 3.3.6 可知，常数 6 与随机变量 $(3\xi - 4\eta)$ 独立，从而

$$\begin{aligned} D\zeta &= D(6+3\xi-4\eta) = D6 + D(3\xi-4\eta) \\ &= 0 + D(3\xi-4\eta) \\ &= D(3\xi)+D(4\eta) = 9D\xi+16D\eta, \end{aligned}$$

代入 $D\xi$、$D\eta$ 值后，得

$$D\zeta = 9\times3+16\times9 = 9\times19 = 171.$$

3.3.3 矩与相关系数

描述随机变量分布的数字特征，除了上面已经提到的期望、方差与协方差外，还有“矩”与“相关系数”，利用矩可以讨论第 2.1.4 小节中曾提到过的“峰值”与“偏斜度”，利用相关系数可以描述两个随机变量间的线性相关程度.

定义 3.3.3 设 k 为正整数、ξ 为随机变量，如果下面的数学期望存在，则称

$$\mu_k = E(\xi^k) \tag{3.3.12}$$

为 ξ 的 k 阶原点矩；

$$\nu_k = E(\xi-E\xi)^k \tag{3.3.13}$$

为 ξ 的 k 阶中心矩.

显然，一阶原点矩就是数学期望，二阶中心矩就是方差.

例 3.3.9 试求正态分布 $N(\mu,\sigma^2)$的各阶中心矩与原点矩.

解: 设 k 为正整数，$\xi\sim N(\mu,\sigma^2)$，则 k 阶中心矩为

$$\nu_k = E(\xi-E\xi)^k = E(\xi-\mu)^k = \frac{1}{\sqrt{2\pi}\sigma}\int_{-\infty}^{+\infty}(x-\mu)^k e^{-\frac{(x-\mu)^2}{2\sigma^2}}dx,$$

引进标准化变换 $\frac{x-\mu}{\sigma}=y$，则

$$\nu_k = \frac{1}{\sqrt{2\pi}}\int_{-\infty}^{+\infty}\sigma^k y^k e^{-\frac{y^2}{2}}dy = \begin{cases} 0, & k\text{ 为奇数}, \\ \dfrac{2}{\sqrt{2\pi}}\displaystyle\int_0^{+\infty}\sigma^k y^k e^{-\frac{y^2}{2}}dy, & k\text{ 为偶数}. \end{cases}$$

注意到被积函数具有幂函数与指数函数的乘积形式后，联想例 2.3.5 中提到的 χ^2 分布，故在 k 为偶数时，令 $y^2=s$，于是

$$\nu_k = \frac{\sigma^k}{\sqrt{2\pi}}\int_0^{+\infty}s^{\frac{k}{2}}e^{-\frac{s}{2}}s^{-\frac{1}{2}}ds = \frac{\sigma^k}{\sqrt{2\pi}}\int_0^{+\infty}s^{\frac{k+1}{2}-1}e^{-\frac{s}{2}}ds.$$

利用 $\chi^2(k+1)$ 的密度规范性，得

$$\nu_k = \frac{2^{\frac{k+1}{2}}\Gamma\left(\frac{k+1}{2}\right)}{\sqrt{2\pi}}\sigma^k = \frac{2^{\frac{k}{2}}\Gamma\left(\frac{k+1}{2}\right)}{\sqrt{\pi}}\sigma^k.$$

注意到，

$$\Gamma\left(\frac{k+1}{2}\right)=\left(\frac{k-1}{2}\right)\Gamma\left(\frac{k-1}{2}\right)=\left(\frac{k-1}{2}\right)\left(\frac{k-3}{2}\right)\Gamma\left(\frac{k-3}{2}\right)$$
$$=\left(\frac{k-1}{2}\right)\left(\frac{k-3}{2}\right)\cdots\left(\frac{1}{2}\right)\Gamma\left(\frac{1}{2}\right).$$

故

$$\nu_k=\frac{(k-1)!!}{\sqrt{\pi}}\sqrt{\pi}\sigma^k=(k-1)!!\sigma^k.$$

综上所述，

$$\nu_k=\begin{cases}0, & k\text{ 为奇数},\\(k-1)!!\sigma^k, & k\text{ 为偶数}.\end{cases}$$

对于原点矩，自然也可模仿上面方法进行积分，但若注意到 $k=1$ 时，$\mu_1=E\xi=\mu$；当 $k>1$ 时，

$$\mu_k=E\xi^k=E((\xi-E\xi)+E\xi)^k=\sum_{i=0}^{k}\binom{k}{i}E(\xi-E\xi)^i\cdot(E\xi)^{k-i}$$
$$=\sum_{i=0}^{k}\binom{k}{i}v_i\mu^{k-i}.$$

于是，各阶原点矩可以通过 v_i 的和式逐步进行计算，这样就避免了直接积分带来的繁琐计算.

定义 3.3.4 若随机变量 ξ，η 的方差存在，则 $\dfrac{\operatorname{cov}(\xi,\eta)}{\sqrt{D\xi}\sqrt{D\eta}}$ 称为 ξ 与 η 的相关系数，记为 $\rho_{\xi\eta}$（或 ρ），即

$$\rho_{\xi\eta}=\frac{\operatorname{cov}(\xi,\eta)}{\sqrt{D\xi}\ \sqrt{D\eta}}.$$

相关系数可以描述 ξ、η 间的线性相关程度，即我们可有如下重要的性质：

性质 3.3.9 ξ 与 η 的相关系数绝对值不超过 1，即 $|\rho_{\xi\eta}|\leqslant 1$.

证：令 $\xi^*=\dfrac{\xi-E\xi}{\sqrt{D\xi}}$，$\eta^*=\dfrac{\eta-E\eta}{\sqrt{D\eta}}$，即 ξ^*、η^* 分别为 ξ、η 的标准化随机变量，利用 $\xi^*\pm\eta^*$ 的方差展开式(3.3.11)，有

$$D(\xi^*\pm\eta^*)=D\xi^*+D\eta^*\pm 2\operatorname{cov}(\xi^*,\eta^*),$$

由于 $D\xi^*=1$，$D\eta^*=1$，$\operatorname{cov}(\xi^*,\eta^*)=\operatorname{cov}\left(\dfrac{\xi-E\xi}{\sqrt{D\xi}},\dfrac{\eta-E\eta}{\sqrt{D\eta}}\right)$

$$= \frac{1}{\sqrt{D\xi}\ \sqrt{D\eta}}\{\text{cov}(\xi, \eta) - \text{cov}(E\xi, \eta) - \text{cov}(\xi, E\eta) + \text{cov}(E\xi, E\eta)\},$$

利用例 3.3.7 有 $\text{cov}(E\xi, \eta) = \text{cov}(\xi, E\eta) = \text{cov}(E\xi, E\eta) = 0$, 从而

$$\text{cov}(\xi^*, \eta^*) = \frac{\text{cov}(\xi, \eta)}{\sqrt{D\xi}\ \sqrt{D\eta}} = \rho_{\xi\eta},$$

把它代入到 $D(\xi^* \pm \eta^*)$ 展开式,同时注意到随机变量方差必定非负,故

$$1 + 1 \pm 2\rho_{\xi\eta} \geqslant 0,$$

约去因子后,就有 $|\rho_{\xi\eta}| \leqslant 1$.

性质 3.3.10 $\rho_{\xi\eta} = \pm 1$ 的充要条件为:ξ 与 η 间"几乎处处"有线性关系,即存在常数 $a(\neq 0)$ 与 b,使 $P\{\eta = a\xi + b\} = 1$,且当 $a > 0$ 时 $\rho_{\xi\eta} = +1$;当 $a < 0$ 时 $\rho_{\xi\eta} = -1$.

注:关系式 $P\{\eta = a\xi + b\} = 1$,说明除了一个概率为零的集合外,η 等于 $a\xi + b$.

证:首先证明充分性. 设存在常数 a, b,使 $P\{\eta = a\xi + b\} = 1$,则由于"零概集" $\{\eta \neq a\xi + b\}$ 不影响期望计算,故

$$E\eta = E(a\xi + b) = aE\xi + b, \quad D\eta = D(a\xi + b) = a^2 D\xi.$$

另外,注意到

$$\begin{aligned}\text{cov}(\xi, \eta) &= E(\xi - E\xi)(\eta - E\eta) = E(\xi - E\xi)(a\xi + b - aE\xi - b) \\ &= E(\xi - E\xi)(a\xi - aE\xi) = aE(\xi - E\xi)^2 = aD\xi,\end{aligned}$$

从而

$$\rho_{\xi\eta} = \frac{\text{cov}(\xi, \eta)}{\sqrt{D\xi}\ \sqrt{D\eta}} = \frac{aD\xi}{\sqrt{D\xi}\ \sqrt{a^2 D\xi}} = \frac{a}{|a|}.$$

这样,当 $a > 0$ 时,$\rho_{\xi\eta} = 1$;当 $a < 0$ 时,$\rho_{\xi\eta} = -1$.

再证明必要性. 设 $\rho_{\xi\eta} = \pm 1$,令 $\zeta = \xi^* \mp \eta^*$,由于

$$D\zeta = D(\xi^* \mp \eta^*) = D\xi^* + D\eta^* \mp 2\text{cov}(\xi^*, \eta^*) = 1 + 1 \mp 2\rho_{\xi\eta} = 2(1 \mp \rho_{\xi\eta}),$$

故当 $\rho_{\xi\eta} = \pm 1$ 时 $D\zeta = 0$. 这样,由例 2.4.5 知 $P(\zeta = E\zeta) = 1$,即

$$P(\xi^* \mp \eta^* = 0) = P\left(\frac{\xi - E\xi}{\sqrt{D\xi}} = \pm \frac{\eta - E\eta}{\sqrt{D\eta}}\right) = 1.$$

归并系数,同时令 $a = \pm \dfrac{\sqrt{D\eta}}{\sqrt{D\xi}}$, $b = E\eta \mp \dfrac{\sqrt{D\eta}}{\sqrt{D\xi}} E\xi$ 后,得

$$P(\eta = a\xi + b) = 1.$$

与相关系数有关的一个重要概念为"不相关",即:

定义 3.3.5 若随机变量 ξ 与 η 的相关系数 $\rho_{\xi\eta} = 0$,则 ξ、η 称为不相关.

关于不相关性显然成立下面的定理：

定理 3.3.1 对ξ与η的不相关性，以下的四个等价关系成立：

(1) ξ、η不相关；

(2) $\mathrm{cov}(\xi, \eta)=0$；

(3) $E\xi\eta=E\xi\cdot E\eta$；

(4) $D(\xi\pm\eta)=D\xi+D\eta$.

其证明不难用性质 3.3.3 及性质 3.3.7 得到，进一步利用性质 3.3.6，我们可以有以下定理：

定理 3.3.2 若ξ、η独立，方差存在，则ξ、η必定不相关.

这说明独立比不相关要求更高，即独立必定不相关，但不相关未必独立.

例 3.3.10 设$(\xi, \eta)\sim U(G)$，G为xOy平面上的单位圆域$\{(x, y)\mid x^2+y^2\leqslant 1\}$，试讨论$\xi$与$\eta$间的“不相关性”及“独立性”.

解: 由于(ξ, η)的密度函数为

$$p_{\xi\eta}(x, y)=\begin{cases}\dfrac{1}{\pi}, & x^2+y^2\leqslant 1,\\ 0, & \text{其他},\end{cases}$$

其中使$p_{\xi\eta}\neq 0$的(x, y)区域(常称为支集)为圆域，故ξ与η必不独立(其理由在例 3.2.8 中已经说明过).

下面计算$\mathrm{cov}(\xi, \eta)$，为此先计算$E\xi$与$E\eta$，

$$E\xi=\int_{-\infty}^{+\infty}\int_{-\infty}^{+\infty}xp_{\xi\eta}(x, y)\mathrm{d}x\mathrm{d}y=\int_{-1}^{+1}x\mathrm{d}x\int_{-\sqrt{1-x^2}}^{\sqrt{1-x^2}}\frac{1}{\pi}\mathrm{d}y=\int_{-1}^{+1}\frac{2x\sqrt{1-x^2}}{\pi}\mathrm{d}x=0,$$

由对称性易知$E\eta=0$. 这样，

$$\begin{aligned}\mathrm{cov}(\xi, \eta)&=E\xi\eta-E\xi\cdot E\eta=E\xi\eta=\int_{-\infty}^{+\infty}\int_{-\infty}^{+\infty}xyp_{\xi\eta}(x, y)\mathrm{d}x\mathrm{d}y\\&=\int_{-1}^{1}x\mathrm{d}x\int_{-\sqrt{1-x^2}}^{\sqrt{1-x^2}}\frac{y}{\pi}\mathrm{d}y=0.\end{aligned}$$

由此可见ξ、η不相关.

相关系数描述了随机变量间的线性相关程度，它在统计的“回归分析”部分有重要的应用. 应该指出的是，相关系数只能描述变量间的线性关系，但不一定能描述其他的函数关系.

例 3.3.11 设ξ的分布律为$\begin{pmatrix}-1, & 0, & 1\\ \dfrac{1}{3} & \dfrac{1}{3} & \dfrac{1}{3}\end{pmatrix}$，$\eta=\xi^2$，试求$\rho_{\xi\eta}$，并问$\xi$，$\eta$独立否?

解: 利用例 3.4.1 所示方法，不难列出(ξ, η)二维分布律，如

$\xi \backslash \eta$	0	1	$\sum$
-1	0	$\frac{1}{3}$	$\frac{1}{3}$
0	$\frac{1}{3}$	0	$\frac{1}{3}$
1	0	$\frac{1}{3}$	$\frac{1}{3}$
$\sum$	$\frac{1}{3}$	$\frac{2}{3}$	1

由于 $E\xi=-1\times\frac{1}{3}+0\times\frac{1}{3}+1\times\frac{1}{3}=0$，$E\eta=0\times\frac{1}{3}+1\times\frac{2}{3}=\frac{2}{3}$，

$$E\xi\eta=-1\times1\times\frac{1}{3}+1\times1\times\frac{1}{3}=0.$$

故

$$\operatorname{cov}(\xi,\ \eta)=E\xi\eta-(E\xi)(E\eta)=0-0\times\frac{2}{3}=0.$$

这说明 ξ、η 不相关，$\rho_{\xi\eta}=0$，然而，由于

$$P(\xi=1,\ \eta=1)=\frac{1}{3},\quad P(\xi=1)P(\eta=1)=\frac{1}{3}\times\frac{2}{3}=\frac{2}{9},$$

故 ξ、η 不独立(实际上 ξ、η 间存在函数关系 $\eta=\xi^2$，故它们必定是不独立的).

对某些特殊类型的随机变量，不相关性与独立性是等价的.

例 3.3.12 试计算 $N(\mu_1,\ \mu_2,\ \sigma_1^2,\ \sigma_2^2,\ \rho)$的边际分布间的相关系数.

解: 设$(\xi,\ \eta)\sim N(\mu_1,\ \mu_2,\ \sigma_1^2,\ \sigma_2^2,\ \rho)$，则由例 3.1.6 的二元正态密度表达式及例 3.2.2 的边际分布，有

$$\begin{aligned}\operatorname{cov}(\xi,\ \eta)&=E(\xi-E\xi)(\eta-E\eta)=\int_{-\infty}^{+\infty}\int_{-\infty}^{+\infty}(x-\mu_1)(y-\mu_2)\varphi(x,\ y)\mathrm{d}x\mathrm{d}y\\&=\frac{1}{2\pi\sigma_1\sigma_2\sqrt{1-\rho^2}}\cdot\end{aligned}$$

$$\int_{-\infty}^{+\infty}\int_{-\infty}^{+\infty}(x-\mu_1)(y-\mu_2)\exp\left\{-\frac{1}{2(1-\rho^2)}\left[\frac{x-\mu_1}{\sigma_1}-\rho\frac{y-\mu_2}{\sigma_2}\right]^2-\frac{(y-\mu_2)^2}{2\sigma_2^2}\right\}\mathrm{d}x\mathrm{d}y,$$

令 $u=\frac{1}{\sqrt{1-\rho^2}}\left[\frac{x-\mu_1}{\sigma_1}-\rho\frac{y-\mu_2}{\sigma_2}\right]$，$v=\frac{y-\mu_2}{\sigma_2}$，则

$$\mathrm{d}x\mathrm{d}y=\left|\frac{\partial(x,\ y)}{\partial(u,\ v)}\right|\mathrm{d}u\mathrm{d}v=\sqrt{1-\rho^2}\sigma_1\sigma_2\mathrm{d}u\mathrm{d}v,$$

从而

$$\operatorname{cov}(\xi,\ \eta)=\frac{1}{2\pi}\int_{-\infty}^{+\infty}\int_{-\infty}^{+\infty}(\sqrt{1-\rho^2}\,u+\rho v)\sigma_1\sigma_2 v\mathrm{e}^{-\frac{u^2}{2}-\frac{v^2}{2}}\mathrm{d}u\mathrm{d}v$$

$$=\frac{\sigma_1\sigma_2\sqrt{1-\rho^2}}{2\pi}\int_{-\infty}^{+\infty}\int_{-\infty}^{+\infty}uv\mathrm{e}^{-\frac{u^2}{2}}\mathrm{e}^{-\frac{v^2}{2}}\mathrm{d}u\mathrm{d}v+\frac{\rho\sigma_1\sigma_2}{2\pi}\int_{-\infty}^{+\infty}\int_{-\infty}^{+\infty}v^2\mathrm{e}^{-\frac{u^2}{2}}\mathrm{e}^{-\frac{v^2}{2}}\mathrm{d}u\mathrm{d}v.$$

利用 $N(0,\ 1)$的期望

$$\int_{-\infty}^{+\infty}x\cdot\frac{1}{\sqrt{2\pi}}\mathrm{e}^{-\frac{x^2}{2}}\mathrm{d}x=0,$$

$$E\xi^2=\int_{-\infty}^{+\infty}x^2\cdot\frac{1}{\sqrt{2\pi}}\mathrm{e}^{-\frac{x^2}{2}}\mathrm{d}x=D\xi+(E\xi)^2=1+0=1,\text{可知}$$

$$\operatorname{cov}(\xi,\ \eta)=0+\rho\sigma_1\sigma_2\int_{-\infty}^{+\infty}\frac{1}{\sqrt{2\pi}}\mathrm{e}^{-\frac{u^2}{2}}\mathrm{d}u\int_{-\infty}^{+\infty}v^2\cdot\frac{1}{\sqrt{2\pi}}\mathrm{e}^{-\frac{v^2}{2}}dv$$

$$=\rho\sigma_1\sigma_2\times 1\times 1=\rho\sigma_1\sigma_2,$$

从而

$$\rho_{\xi\eta}=\frac{\operatorname{cov}(\xi,\ \eta)}{\sqrt{D\xi}\ \sqrt{D\eta}}=\frac{\rho\sigma_1\sigma_2}{\sigma_1\sigma_2}=\rho.$$

这说明,二维正态分布 $N(\mu_1,\ \mu_2,\ \sigma_1^2,\ \sigma_2^2,\ \rho)$中的最后一个参数恰是 ξ 与 η 的相关系数.

当 $\rho=0$ 时,二维密度 $\varphi(x,\ y)$可分解为 $p_\xi(x)p_\eta(y)$,故 ξ、η 独立. 反之若 ξ、η 独立,从密度乘法关系式亦可推出 $\rho=0$,这说明二维正态的独立性与不相关性等价.

另外,注意到二维正态分布的协方差阵 3.3.7 可以写成

$$\begin{pmatrix}E(\xi-E\xi)^2 & E(\xi-E\xi)(\eta-E\eta)\\ E(\eta-E\eta)(\xi-E\xi) & E(\eta-E\eta)\end{pmatrix}=\begin{pmatrix}\sigma_1^2 & \operatorname{cov}(\xi,\ \eta)\\ \operatorname{cov}(\eta,\ \xi) & \sigma_2^2\end{pmatrix}$$

$$=\begin{pmatrix}\sigma_1^2 & \rho\sigma_1\sigma_2\\ \rho\sigma_1\sigma_2 & \sigma_2^2\end{pmatrix}\xlongequal{\Delta}\boldsymbol{B}.$$

它包含了二维正态分布 $N(\mu_1,\ \mu_2,\ \sigma_1^2,\ \sigma_2^2,\ \rho)$的后面 3 个参数的信息,故若再引进期望向量,

$$\begin{pmatrix}\mu_1\\ \mu_2\end{pmatrix}=\begin{pmatrix}E\xi\\ E\eta\end{pmatrix}\xlongequal{\Delta}\boldsymbol{a},$$

则常可把二维正态分布简写为 $N(\boldsymbol{a},\ \boldsymbol{B})$. 这种矩阵向量表达式可推广到高维,由于表示形式简洁,故在 n 维场合,常用此法表示联合正态分布.

3.4 随机变量(向量)函数的概率分布

由已知随机变量可以构造新的随机变量,由于随机变量涉及“取值”与“概率”两个特性,故构造新随机变量也可通过多个途径实现. 例如,已知$(\xi,\ \eta)$的分布函数,求其和 $\xi+\eta=\zeta_1$

的分布，这是一种途径；另外，如已知 ξ、η 的分布函数分别是 $F_\xi(x)$ 与 $F_\eta(x)$，欲求新分布函数 $\frac{1}{2}F_\xi(x)+\frac{1}{2}F_\eta(x)$ 对应的随机变量 ζ_2 的特性，这是另一种途径. 下面我们主要介绍第一种.

3.4.1 随机变量函数的分布

设 ξ 为分布已知的随机变量，$y=f(x)$ 为一定义在实数轴 $\mathbf{R}$ 上的确定性函数，那么，在 f 满足一定条件时(这里不仔细讨论)，$\eta=f(\xi)$ 也是随机变量. 现设法求 η 的分布. 寻求 η 的分布有一定的技巧性，但其最基本的方法是设法把未知的 η 的概率化为已知的 ξ 的概率.

例 3.4.1(离散列表归纳法)

设 ξ 的分布律为

ξ	-2	-1	0	1	2
P	0.1	0.2	0.4	0.2	0.1

求 $\eta=2\xi+1$，$\zeta=\xi^2$ 的分布.

解： 我们把计算过程分成两步.

(1) 列表过程. 把原表扩大 2 行使之包括 η 与 ζ.

ξ	-2	-1	0	1	2
P	0.1	0.2	0.4	0.2	0.1
η	-3	-1	1	3	5
ζ	4	1	0	1	4

(2) 归纳过程. 把 η、ζ 相同取值下的概率归纳起来，分别得到它们的分布律如下.

η	-3	-1	1	3	5
P	0.1	0.2	0.4	0.2	0.1

ζ	0	1	4
P	0.4	0.4	0.2

例 3.4.2(由 F 求 p 方法) 设圆面积 $\xi\sim U(a,b)$，$0<a<b$，试求其对应的圆半径 $\eta=\sqrt{\frac{\xi}{\pi}}$ 的分布.

解： 先考虑 η 分布函数表达式 $F_\eta(y)=P(\eta\leqslant y)=P\left(\sqrt{\frac{\xi}{\pi}}\leqslant y\right)$. 当 $y<0$ 时，

$F_\eta(y)=P(\varnothing)=0$，故下面只需讨论 $y\geqslant 0$ 的分布，此时，把 η 关系化为 ξ 关系，即

$$F_\eta(y)=P(\eta\leqslant y)=P\left(\sqrt{\frac{\xi}{\pi}}\leqslant y\right)=P(\xi\leqslant \pi y^2).$$

注意到 ξ 服从均匀分布，其密度函数为

$$p_\xi(x)=\begin{cases}\dfrac{1}{b-a}, & x\in(a,\ b),\\ 0, & \text{其他}.\end{cases}$$

故

$$F_\eta(y)=\int_{-\infty}^{\pi y^2}p_\xi(x)\mathrm{d}x=\begin{cases}0, & \pi y^2\leqslant a\\ \displaystyle\int_{-\infty}^{a}p_\xi(x)\mathrm{d}x+\int_a^{\pi y^2}p_\xi(x)\mathrm{d}x, & a<\pi y^2\leqslant b\\ 1, & \pi y^2>b\end{cases}$$

$$=\begin{cases}0, & y\leqslant\sqrt{\dfrac{a}{\pi}},\\ \displaystyle\int_a^{\pi y^2}\frac{1}{b-a}\mathrm{d}x, & \sqrt{\dfrac{a}{\pi}}<y\leqslant\sqrt{\dfrac{b}{\pi}},\\ 1, & \sqrt{\dfrac{b}{\pi}}<y.\end{cases}$$

关于 y 求导后，可以得到 η 的密度函数

$$p_\eta(y)=\begin{cases}\dfrac{2\pi y}{b-a}, & \sqrt{\dfrac{a}{\pi}}<y\leqslant\sqrt{\dfrac{b}{\pi}},\\ 0, & \text{其他}.\end{cases}$$

我们把上述先求分布函数 F 再求密度函数 p 的方法，简称为"由 F 求 p"方法.

例 3.4.3 设 $\xi\sim N(0,\ 1)$，求 $\eta=\xi^2$ 的分布.

解： 利用"由 F 求 p"方法，先考虑 η 的分布函数 $F_\eta(y)=P(\eta\leqslant y)=p(\xi^2\leqslant y)$.

当 $y\leqslant 0$ 时，$F_\eta(y)=P(\varnothing)=0$；

当 $y>0$ 时，

$$F_\eta(y)=P(-\sqrt{y}\leqslant\xi\leqslant\sqrt{y})=\int_{-\sqrt{y}}^{\sqrt{y}}p_\xi(x)\mathrm{d}x=\frac{1}{\sqrt{2\pi}}\int_{-\sqrt{y}}^{\sqrt{y}}\mathrm{e}^{-\frac{x^2}{2}}\mathrm{d}x$$
$$=\frac{2}{\sqrt{2\pi}}\int_0^{\sqrt{y}}\mathrm{e}^{-\frac{x^2}{2}}\mathrm{d}x.$$

关于 y 求导，得到 η 的密度函数

$$p_\eta(y)=F'(y)=\begin{cases}0, & y\leqslant 0\\ \dfrac{2}{\sqrt{2\pi}}\mathrm{e}^{-\frac{y}{2}}\dfrac{1}{2\sqrt{y}}, & y>0\end{cases}=\begin{cases}0, & y\leqslant 0,\\ \dfrac{1}{\sqrt{2\pi}}y^{-\frac{1}{2}}\mathrm{e}^{-\frac{y}{2}}, & y>0.\end{cases}$$

常称 η 服从自由度为 1 的 χ^2 分布，记为 $\eta \sim \chi^2(1)$（见后面统计中三大分布）.

在上述方法中常涉及求导运算，有时 $F(x)$ 在某些点不可导，这时可采取“开区间求导，端点任意指定”的方法求密度函数. 正像高等数学中“被积函数个别值的改变不影响定积分”一样，密度函数个别值的改变也不会影响概率.

定理 3.4.1（单调函数的密度公式） 设 ξ 为连续型随机变量，其密度为

$$\bar{p}_\xi(x) = \begin{cases} p_\xi(x), & x \in (a, b), \\ 0, & \text{其他}, \end{cases}$$

其中 a、b 可分别等于 $-\infty$、$+\infty$. 又设 $y = f(x)$ 是一个在区间 (a, b) 上严格单调的可微函数，当 $x \in (a, b)$ 时，$y \in (\alpha, \beta)$. 从 $y = f(x)$ 中解出 $x = f^{-1}(y)$，此时 ξ 的函数 $\eta = f(\xi)$ 的密度函数

$$p_\eta(y) = \begin{cases} p_\xi(x)\Big|_{x=f^{-1}(y)} \cdot \left|\dfrac{\mathrm{d}}{\mathrm{d}y}f^{-1}(y)\right|, & y \in (\alpha, \beta), \\ 0, & \text{其他}. \end{cases} \tag{3.4.1}$$

证：不妨设 $y=f(x)$ 为严格增函数，此时 $\alpha = f(a)$，$\beta = f(b)$. 由于 η 的分布函数

$$F_\eta(y) = P(\eta \leqslant y) = P(f(\xi) \leqslant y),$$

当 $y \leqslant \alpha$ 时，$F_\eta(y) = P(\varnothing) = 0$；

当 $y > \beta$ 时，$F_\eta(y) = P(\Omega) = 1$；

而当 $\alpha < y \leqslant \beta$ 时，

$$F_\eta(y) = P(f(\xi) \leqslant y) = P(\xi \leqslant f^{-1}(y)) = F_\xi(x)\Big|_{x=f^{-1}(y)}.$$

求导，得密度函数

当 $y < \alpha$ 或 $y > \beta$ 时，$p_\eta(y) = \dfrac{\mathrm{d}}{\mathrm{d}y}F_\eta(y) = 0$；

当 $\alpha < y < \beta$ 时，$p_\eta(y) = \dfrac{\mathrm{d}}{\mathrm{d}y}F_\eta(y) = p_\xi(x)\Big|_{x=f^{-1}(y)} \cdot \dfrac{\mathrm{d}}{\mathrm{d}y}f^{-1}(y)$；

而当 $y = \alpha$ 或 $y = \beta$ 时，我们可以指定密度函数的值使之与式(3.4.1)吻合，从而定理得证. 当 $y = f(x)$ 为严格减函数时，类似可证(留给读者作为练习).

例 3.4.4（对数正态分布） 设 $\xi \sim N(\mu, \sigma^2)$，试证 $\eta = \mathrm{e}^\xi$ 的密度函数为

$$p_\eta(y) = \begin{cases} \dfrac{1}{\sqrt{2\pi}\, y\sigma}\exp\left\{-\dfrac{(\ln y - \mu)^2}{2\sigma^2}\right\}, & y > 0, \\ 0, & y \leqslant 0. \end{cases} \tag{3.4.2}$$

证：由于 $y = f(x) = \mathrm{e}^x$ 为单调递增函数，其反函数 $x = f^{-1}(y) = \ln y$，故应用式(3.4.1)后

当 $y \leqslant 0$ 时，$p_\eta(y) = 0$；

当 $y>0$ 时，得

$$p_\eta(y)=p_\xi(x)\Big|_{x=f^{-1}(y)}\frac{\mathrm{d}}{\mathrm{d}y}f^{-1}(y)=\frac{1}{\sqrt{2\pi}\sigma}\mathrm{e}^{-\frac{(x-\mu)^2}{2\sigma^2}}\Big|_{x=\ln y}\cdot\frac{\mathrm{d}}{\mathrm{d}y}\ln y$$

$$=\frac{1}{\sqrt{2\pi}\sigma y}\exp\left\{-\frac{(\ln y-\mu)^2}{2\sigma^2}\right\}.$$

这个分布被称为对数正态分布，记为 $\eta\sim LN(\mu,\ \sigma^2)$. 其期望计算在例 2.5.13 中已经给出，实际应用中有不少随机变量服从对数正态分布，例如，绝缘材料的寿命、设备故障的维修时间等.

例 3.4.5(正态线性组合的正态性) 设 $\xi\sim N(\mu,\ \sigma^2)$，则当 $a\neq 0$ 时，$\eta=a\xi+b\sim N(a\mu+b,\ a^2\sigma^2)$.

证： 当 $a>0$ 时，$y=ax+b$ 为严格增函数，其反函数为 $x=\dfrac{y-b}{a}$，故由式(3.4.1)有

$$p_\eta(y)=p_\xi(x)\Big|_{x=\frac{y-b}{a}}\frac{\mathrm{d}}{\mathrm{d}y}\left(\frac{y-b}{a}\right)=\frac{1}{\sqrt{2\pi}\sigma}\cdot\frac{1}{a}\cdot\exp\left\{-\frac{1}{2\sigma^2}\left(\frac{y-b}{a}-\mu\right)^2\right\}$$

$$=\frac{1}{\sqrt{2\pi}a\sigma}\exp\left\{-\frac{(y-a\mu-b)^2}{2a^2\sigma^2}\right\}.$$

当 $a<0$ 时，$y=ax+b$ 为严格减函数，其反函数为 $x=\dfrac{y-b}{a}$，此时

$$p_\eta(y)=p_\xi(x)\Big|_{x=\frac{y-b}{a}}\left|\frac{\mathrm{d}}{\mathrm{d}y}\left(\frac{y-b}{a}\right)\right|=\frac{1}{\sqrt{2\pi}\sigma}\cdot\left(-\frac{1}{a}\right)\cdot\exp\left\{-\frac{1}{2\sigma^2}\left(\frac{y-b}{a}-\mu\right)^2\right\}$$

$$=\frac{1}{\sqrt{2\pi}(-a)\sigma}\exp\left\{-\frac{(y-a\mu-b)^2}{2a^2\sigma^2}\right\},$$

从而，只要 $a\neq 0$，都有 $\eta\sim N(a\mu+b,\ a^2\sigma^2)$.

注：这个结论可以推广到多维场合，即“多维正态的线性组合也是正态”.

例 3.4.6(泊松过程的停时) 某设备在任何长为 t 的时间$[0,\ t]$内发生故障的次数 N_t 服从参数为 λt 的泊松分布，试求相继两次故障之间的时间间隔 T 所服从的分布.

解： 由于 $N_t\sim P(\lambda t)$，故对给定的时间 t 以及任意非负整数 $k=0,\ 1,\ 2,\ \cdots$，有分布律

$$P\{N_t=k\}=\frac{(\lambda t)^k}{k!}\mathrm{e}^{-\lambda t}.$$

考虑到相继两次故障之间的间隔 T 与 N_t 有关，故在求 T 分布时设法把它转化为 N_t 的有关分布. 实际上，若注意到 T 是非负随机变量，当 $t<0$ 时 $F_T(t)=P(T\leqslant t)=P(\varnothing)=0$；而当 $t\geqslant 0$ 时，事件 $\{T>t\}$ 发生则说明此设备在$[0,\ t]$内没有发生故障，即集合 $\{T>t\}\subset\{N_t=0\}$，反之也成立，从而两个事件相等. 这样有

$$F_T(t)=P\{T\leqslant t\}=1-P\{T>t\}=1-P\{N_t=0\}=1-\mathrm{e}^{-\lambda t}.$$

这说明 T 服从参数为 λ 的指数分布，即 $T\sim E(\lambda)$.

注：故障次数是随机的，它又与时间 t 有关，常称这一类随机对象为随机过程. 另外，又称 T 为停时，意思是故障次数停留在某一非负整数 k 的时间. 停时(Stopping Time)在现代概率论中是一个很重要的概念，它是一种具有特殊性质(可测性)的随机变量.

3.4.2 随机向量函数的分布

随机向量的函数可以有多种形式，其中比较简单的有和函数、商函数、极值函数等.

定理 3.4.2(卷积公式) 设 (ξ, η) 为二维连续型随机变量，其密度函数为 $p_{\xi\eta}(x, y)$，则其和 $\zeta=\xi+\eta$ 的密度函数为

$$p_\zeta(z)=\int_{-\infty}^{+\infty}p_{\xi\eta}(x, y)\Big|_{y=z-x}\mathrm{d}x. \tag{3.4.3}$$

当 ξ、η 相互独立时，有卷积公式

$$p_\zeta(z)=\int_{-\infty}^{+\infty}p_\xi(x)p_\eta(y)\Big|_{y=z-x}\mathrm{d}x. \tag{3.4.4}$$

其中 p_ξ、p_η 为边际分布.

证： $\zeta=\xi+\eta$ 的分布函数为

$$\begin{aligned}F_\zeta(z)&=P(\zeta\leqslant z)=P(\xi+\eta\leqslant z)\\&=\iint\limits_{x+y\leqslant z}p_{\xi\eta}(x, y)\mathrm{d}x\mathrm{d}y\\&=\int_{-\infty}^{+\infty}\mathrm{d}x\int_{-\infty}^{z-x}p_{\xi\eta}(x, y)\mathrm{d}y.\end{aligned}$$

求导，得密度函数

$$p_\zeta(z)=\frac{\mathrm{d}}{\mathrm{d}z}F_\zeta(z)=\frac{\mathrm{d}}{\mathrm{d}z}\left(\int_{-\infty}^{+\infty}\mathrm{d}x\int_{-\infty}^{z-x}p_{\xi\eta}(x, y)\mathrm{d}y\right)=\int_{-\infty}^{+\infty}p_{\xi\eta}(x, z-x)\mathrm{d}x.$$

这就是式(3.4.3). 当 ξ、η 独立时，$p_{\xi\eta}(x, y)=p_\xi(x)p_\eta(y)$，此时式(3.4.3)就变成了卷积公式(3.4.4).

例 3.4.7(多维正态线性组合的正态性) 设 (ξ, η) 服从 $N(\mu_1, \mu_2, \sigma_1^2, \sigma_2^2, \rho)$，试证明 $\zeta=\xi+\eta$ 也服从正态分布.

证： 由例 3.1.6 知 (ξ, η) 的联合密度为

$$p_{\xi\eta}(x, y)=\frac{1}{2\pi\sigma_1\sigma_2\sqrt{1-\rho^2}}\exp\left\{-\frac{1}{2(1-\rho^2)}\left[\frac{(x-\mu_1)^2}{\sigma_1^2}-2\rho\frac{(x-\mu_1)(y-\mu_2)}{\sigma_1\sigma_2}+\frac{(y-\mu_2)^2}{\sigma_2^2}\right]\right\}.$$

令 $\dfrac{x-\mu_1}{\sigma_1}=s$，则 $x=\sigma_1 s+\mu_1$，从而

$$p_{\xi\eta}(x, y)=\frac{1}{2\pi\sigma_1\sigma_2\sqrt{1-\rho^2}}\exp\left\{-\frac{1}{2(1-\rho^2)}\left[s^2-2\rho s\frac{(y-\mu_2)}{\sigma_2}+\frac{(y-\mu_2)^2}{\sigma_2^2}\right]\right\},$$

代入式(3.4.3),得

$$p_\zeta(z)=\int_{-\infty}^{+\infty}\frac{1}{2\pi\sigma_1\sigma_2\sqrt{1-\rho^2}}\cdot$$

$$\exp\left\{-\frac{1}{2(1-\rho^2)}\left[s^2-2\rho s\frac{(z-\sigma_1 s-\mu_1-\mu_2)}{\sigma_2}+\frac{(z-\sigma_1 s-\mu_1-\mu_2)^2}{\sigma_2^2}\right]\right\}\sigma_1\mathrm{d}s,$$

令 $\mu_1+\mu_2=\mu$, 则

$$p_\zeta(z)=\int_{-\infty}^{+\infty}\frac{1}{2\pi\sigma_2\sqrt{1-\rho^2}}\exp\left\{-\frac{1}{2(1-\rho^2)}\left[s^2-\frac{2\rho s}{\sigma_2}(z-\mu-\sigma_1 s)+\frac{(z-\mu-\sigma_1 s)^2}{\sigma_2^2}\right]\right\}\mathrm{d}s. \tag{3.4.5}$$

注意到 exp 函数中

$$\begin{aligned}&s^2-\frac{2\rho s}{\sigma_2}(z-\mu-\sigma_1 s)+\frac{(z-\mu-\sigma_1 s)^2}{\sigma_2^2}\\&=s^2\left(1+\frac{2\rho\sigma_1}{\sigma_2}+\frac{\sigma_1^2}{\sigma_2^2}\right)-\frac{2(z-\mu)s}{\sigma_2^2}(\rho\sigma_2+\sigma_1)+\frac{(z-\mu)^2}{\sigma_2^2},\end{aligned}$$

令 $\sigma^2=\sigma_1^2+2\rho\sigma_1\sigma_2+\sigma_2^2$, 则上式为

$$\begin{aligned}&s^2\frac{\sigma^2}{\sigma_2^2}-2s(z-\mu)\frac{\rho\sigma_2+\sigma_1}{\sigma_2^2}+\frac{(z-\mu)^2}{\sigma_2^2}\\&=\frac{\sigma^2}{\sigma_2^2}\left\{s^2-2s(z-\mu)\frac{\rho\sigma_2+\sigma_1}{\sigma^2}+\frac{(z-\mu)^2}{\sigma^2}\right\},\end{aligned}$$

配方,得

$$\begin{aligned}&\frac{\sigma^2}{\sigma_2^2}\left\{s^2-2s(z-\mu)\frac{\rho\sigma_2+\sigma_1}{\sigma^2}+\left(\frac{(z-\mu)(\rho\sigma_2+\sigma_1)}{\sigma^2}\right)^2+\frac{(z-\mu)^2}{\sigma^4}[\sigma_2^2(1-\rho^2)]\right\}\\&=\frac{\sigma^2}{\sigma_2^2}\left[s-\frac{(z-\mu)(\rho\sigma_2+\sigma_1)}{\sigma^2}\right]^2+(1-\rho^2)\frac{(z-\mu)^2}{\sigma^2},\end{aligned}$$

代入式(3.4.5),得

$$\begin{aligned}p_\zeta(z)&=\int_{-\infty}^{+\infty}\frac{1}{2\pi\sigma_2\sqrt{1-\rho^2}}\exp\left\{-\frac{1}{2(1-\rho^2)}\cdot\frac{\sigma^2}{\sigma_2^2}\cdot\left[s-\frac{(z-\mu)(\rho\sigma_2+\sigma_1)}{\sigma^2}\right]^2\right\}\cdot\\&\quad\exp\left\{-\frac{(z-\mu)^2}{2\sigma^2}\right\}\mathrm{d}s\\&=\frac{1}{\sqrt{2\pi}\sigma}\exp\left\{-\frac{(z-\mu)^2}{2\sigma^2}\right\}\cdot\int_{-\infty}^{+\infty}\frac{\sigma}{\sqrt{2\pi}\sigma_2\sqrt{1-\rho^2}}\cdot\\&\quad\exp\left\{-\frac{\sigma^2}{2(1-\rho^2)\sigma_2^2}\left[s-\frac{(z-\mu)(\rho\sigma_2+\sigma_1)}{\sigma^2}\right]^2\right\}\mathrm{d}s.\end{aligned}$$

利用正态分布密度函数规范性,可知上式中积分为 1,从而

$$p_\zeta(z)=\frac{1}{\sqrt{2\pi}\sigma}\exp\left\{-\frac{(z-\mu)^2}{2\sigma^2}\right\},$$

即 $\zeta\sim N(\mu,\sigma^2)$，其中 $\mu=\mu_1+\mu_2$，$\sigma^2=\sigma_1^2+\sigma_2^2+2\rho\sigma_1\sigma_2$.

注：(1) 这里要求(ξ,η)为二维正态分布. 如果仅仅知道 ξ,η 分别服从一维正态分布，则其线性和 $\zeta=\xi+\eta$ 不一定服从正态分布.

(2) 本结论可进一步推广，即若(ξ,η)服从二维正态分布，则其线性组合 $\zeta=a\xi+b\eta$ 也必服从正态分布，而该分布的两个参数可以用前面的函数期望公式加以求取.

(3) 以上结论还可推广到 n 维联合正态分布.

对离散分布也可有类似的卷积公式.

例 3.4.8(泊松分布可加性) 设 $\xi\sim P(\lambda_1)$，$\eta\sim P(\lambda_2)$，且相互独立，试证：$\zeta=\xi+\eta\sim P(\lambda_1+\lambda_2)$.

证：由于 ξ 与 η 的取值范围为 0，1，2，3，…，故 ζ 的取值范围也为非负整数全体. 考虑到事件 $(\zeta=k)=(\xi+\eta=k)=\bigcup\limits_{i=0}^{k}(\xi=i,\eta=k-i)$，由于集合运算符号$\cup$下的各个被加事件互不相容，故利用概率的可列可加性，对任意的非负整数 k，有

$$P(\zeta=k)=P\left(\bigcup_{i=0}^{k}(\xi=i,\eta=k-i)\right)=\sum_{i=0}^{k}P(\xi=i,\eta=k-i).$$

再利用 ξ 与 η 的独立性，并代入泊松分布的概率表达式后有

$$\begin{aligned}P(\zeta=k)&=\sum_{i=0}^{k}P(\xi=i)P(\eta=k-i)=\sum_{i=0}^{k}\left(\frac{\lambda_1^i}{i!}e^{-\lambda_1}\right)\left(\frac{\lambda_2^{k-i}}{(k-i)!}e^{-\lambda_2}\right)\qquad(3.4.6)\\&=e^{-(\lambda_1+\lambda_2)}\sum_{i=0}^{k}\frac{\lambda_1^i\lambda_2^{k-i}}{i!(k-i)!}=\frac{e^{-(\lambda_1+\lambda_2)}}{k!}\sum_{i=0}^{k}\frac{k!}{i!(k-i)!}\lambda_1^i\lambda_2^{k-i}\\&=\frac{1}{k!}e^{-(\lambda_1+\lambda_2)}\sum_{i=0}^{k}\binom{k}{i}\lambda_1^i\lambda_2^{k-i}.\end{aligned}$$

应用二项展开公式 $(\lambda_1+\lambda_2)^k=\sum\limits_{i=0}^{k}\binom{k}{i}\lambda_1^i\lambda_2^{k-i}$后，可知

$$P(\zeta=k)=\frac{(\lambda_1+\lambda_2)^k}{k!}e^{-(\lambda_1+\lambda_2)}.$$

这说明 $\zeta\sim P(\lambda_1+\lambda_2)$.

比较式(3.4.6)与式(3.4.4)，可以看出，实际上式(3.4.6)是离散型场合下的卷积公式.

我们常把泊松分布的这种性质称为可加性. 可加性对于很多分布都成立，例如，正态分布、二项分布以及 χ^2 分布等. 利用可加性可以简化"和函数"分布的讨论，因为若知道 $\xi+\eta$ 服从泊松分布，则对应的参数 λ 可以通过数字特征性质直接求出，即

$$\lambda=E\zeta=E(\xi+\eta)=E\xi+E\eta=\lambda_1+\lambda_2,$$

计算时利用这种方法显然比用离散卷积公式要简单得多.

例 3.4.9(n 维正态线性组合的期望与协方差)

设 $\boldsymbol{\xi}=(\xi_1, \xi_2, \cdots, \xi_n)^T$ 服从 n 维联合正态分布 $N(\boldsymbol{a}, B)$,其中 $\boldsymbol{a}=E\boldsymbol{\xi}=(E\xi_1, E\xi_2, \cdots, E\xi_n)^T$, $B=E[(\boldsymbol{\xi}-E\boldsymbol{\xi})(\boldsymbol{\xi}-E\boldsymbol{\xi})^T]$ 分别为 $\boldsymbol{\xi}$ 的期望向量与协方差矩阵(定义 3.3.2),又设 $\boldsymbol{\eta}=C\boldsymbol{\xi}$,其中 $C=(c_{ij})_{m\times n}$, $\boldsymbol{\eta}=(\eta_1, \eta_2, \cdots, \eta_m)^T$,试证 $\boldsymbol{\eta}$ 服从 m 维联合正态 $N(C\boldsymbol{a}, CBC^T)$.

证: 由例 3.4.7 注(3)知道,$\boldsymbol{\eta}$ 服从联合正态分布,故只需考察 $\boldsymbol{\eta}$ 的期望与方差.由期望的线性性质[式(3.3.3)],可知 $\boldsymbol{\eta}$ 的期望向量为

$$E\boldsymbol{\eta}=E(C\boldsymbol{\xi})=CE\boldsymbol{\xi}=C\boldsymbol{a},$$

而 $\boldsymbol{\eta}$ 的协方差阵为

$$E[(\boldsymbol{\eta}-E\boldsymbol{\eta})(\boldsymbol{\eta}-E\boldsymbol{\eta})^T]=E[(C\boldsymbol{\xi}-C\boldsymbol{a})(C\boldsymbol{\xi}-C\boldsymbol{a})^T]=E[C(\boldsymbol{\xi}-\boldsymbol{a})(\boldsymbol{\xi}-\boldsymbol{a})^TC^T].$$

同样利用期望的线性性质,可得

$$E[(\boldsymbol{\eta}-E\boldsymbol{\eta})(\boldsymbol{\eta}-E\boldsymbol{\eta})^T]=CE[(\boldsymbol{\xi}-\boldsymbol{a})(\boldsymbol{\xi}-\boldsymbol{a})^T]C^T.$$

注意到 $E[(\boldsymbol{\xi}-\boldsymbol{a})(\boldsymbol{\xi}-\boldsymbol{a})^T]$ 为 $\boldsymbol{\xi}$ 的协方差阵 B,故 $\boldsymbol{\eta}$ 的协方差阵为

$$E[(\boldsymbol{\eta}-E\boldsymbol{\eta})(\boldsymbol{\eta}-E\boldsymbol{\eta})^T]=CBC^T,$$

从而 $\boldsymbol{\eta}$ 服从期望为 $C\boldsymbol{a}$、协方差阵为 CBC^T 的正态分布,即

$$N(C\boldsymbol{a}, CBC^T).$$

注:当 $\boldsymbol{\xi}$ 中的分量 $\xi_1, \xi_2, \cdots, \xi_n$ 为独立同分布,且 $\xi_i \sim N(\mu, \sigma^2)$ 时, $E\boldsymbol{\xi}=(\mu, \cdots, \mu)^T=\boldsymbol{a}$, $B=\begin{pmatrix}\sigma^2 & & 0\\ & \ddots & \\ 0 & & \sigma^2\end{pmatrix}=\sigma^2 I$, I 为 $n\times n$ 单位阵,故 $\boldsymbol{\eta}$ 的期望为 $C\boldsymbol{a}=\mu\left(\sum_j c_{1j}, \sum_j c_{2j}, \cdots, \sum_j c_{mj}\right)^T$,而协方差阵为

$$CBC^T=C\sigma^2 IC^T=\sigma^2 CC^T.$$

例 3.4.10(分段密度的卷积计算)

设 ξ 与 η 独立,都服从 $(-1, 1)$ 上的均匀分布,试求 $\zeta=\xi+\eta$ 的分布.

解: 先求出 (ξ, η) 密度函数中,非零部分对应的 (x, y) 平面图形 D(图 3.4.1),再考虑卷积公式

$$p_\zeta(z)=\int_{-\infty}^{+\infty}p_\xi(x)p_\eta(z-x)\mathrm{d}x.$$

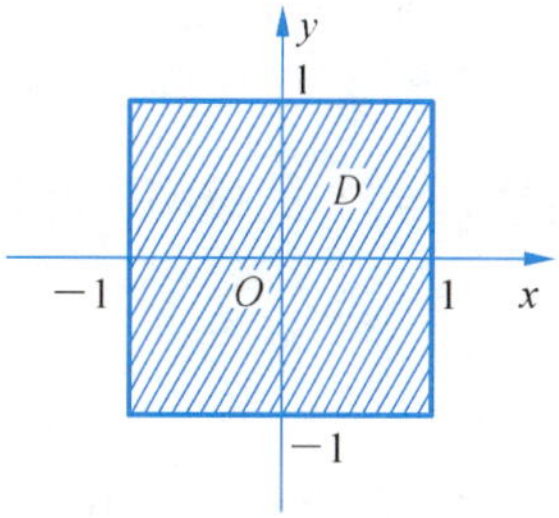

图 3.4.1 区域 D

注意到卷积公式中存在关系式 $y=z-x$(它实际上是函数关系 $\eta=\zeta-\xi$ 的反映),所以在积分时,我们可以把它理解为是沿着直线(即 $y=z-x$)的积分.由于对于不同的 z 值,直线 $y=z-x$ 与 (x, y) 平面上的矩形区域 D 有时会相交,有时会不相交,故要先对 z 的范围进行分类后再积分(图 3.4.2).

当 $z<-2$ 或 $z\geqslant 2$ 时,由于积分路径 $y=z-x$ 与平面区域 D 不相交,所以沿着直线(即

$y=z-x$）进行积分时被积分函数恒为零，从而有

$$p_\zeta(z)=0.$$

当 $-2\leqslant z<0$ 时，积分路径 $y=z-x$ 可以分为三段. 由于被积函数仅在 l_1 到 l_2 间不为 0，而 l_1 的坐标为 $(-1,\ z+1)$，l_2 的坐标为 $(z+1,\ -1)$，取其 x 坐标，并把它们分别填入积分的下限与上限后，得

$$p_\zeta(z)=\int_{-1}^{z+1}\frac{1}{4}\mathrm{d}x=\frac{1}{4}x\Big|_{-1}^{z+1}=\frac{1}{4}(z+1+1)=\frac{z+2}{4}.$$

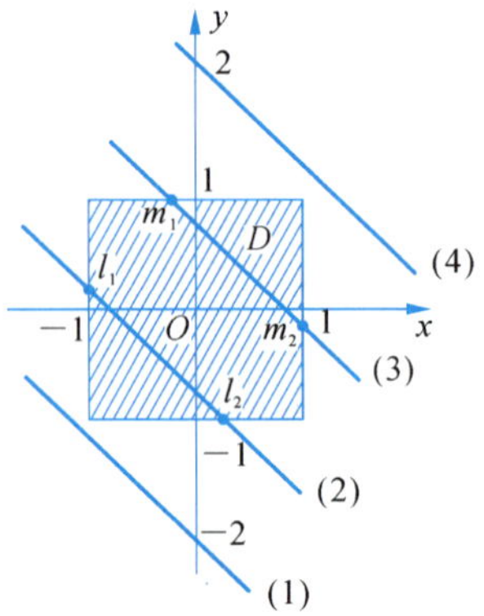

图 3.4.2 积分路径

当 $0\leqslant z<2$ 时，积分路径 $y=z-x$ 也可分为三段，其中介于 m_1 至 m_2 间的才需积分. 由于 m_1 坐标为 $(z-1,\ 1)$，m_2 坐标为 $(1,\ z-1)$，分别取其 x 坐标再积分后，得

$$\begin{aligned}p_\zeta(z)&=0+\int_{z-1}^{1}\frac{1}{4}\mathrm{d}x+0=\frac{1}{4}x\Big|_{z-1}^{1}\\&=\frac{1}{4}(1-z+1)=\frac{2-z}{4}.\end{aligned}$$

最后得到密度函数的图像如图 3.4.3 所示.

$$p_\zeta(z)=\begin{cases}\dfrac{2-|z|}{4}, & |z|\leqslant 2,\\ 0, & \text{其他}.\end{cases}$$

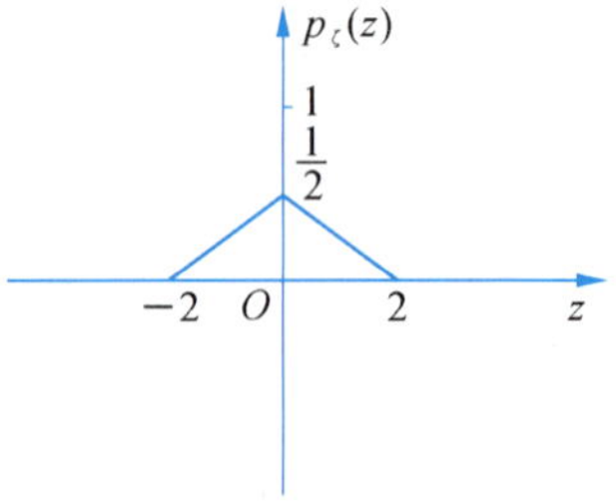

图 3.4.3 密度函数

注：独立随机变量 ξ，η 的线性组合 $\zeta=a\xi+b\eta$ 也可用与式(3.4.4)相似的公式进行计算(参阅参考文献[18]).

为统计中的需要，下面我们引进商分布定理.

定理 3.4.3(商分布定理) 设 $(\xi,\ \eta)$ 为连续型二维随机变量，其密度为 $p_{\xi\eta}(x,\ y)$，则商函数 $\zeta=\dfrac{\xi}{\eta}$ 的概率密度为

$$p_\zeta(z)=\int_{-\infty}^{+\infty}p_{\xi\eta}(x,\ y)\Big|_{x=yz}\cdot|y|\,\mathrm{d}y. \tag{3.4.7}$$

特别当 ξ，η 独立时，有

$$p_\zeta(z)=\int_{-\infty}^{+\infty}p_\xi(x)\Big|_{x=yz}\cdot p_\eta(y)\cdot|y|\,\mathrm{d}y. \tag{3.4.8}$$

其中的 $p_\xi(x)$、$p_\eta(y)$ 分别为 ξ 与 η 的密度函数.

证： 仍用 F 求 p 方法，先考虑 ζ 的分布函数

$$F_\zeta(z)=P\{\zeta\leqslant z\}=P\left\{\frac{\xi}{\eta}\leqslant z\right\}$$
$$=\iint\limits_{\frac{x}{y}\leqslant z} p_{\xi\eta}(x,\ y)\mathrm{d}x\mathrm{d}y=\iint\limits_D p_{\xi\eta}(x,\ y)\mathrm{d}x\mathrm{d}y,$$

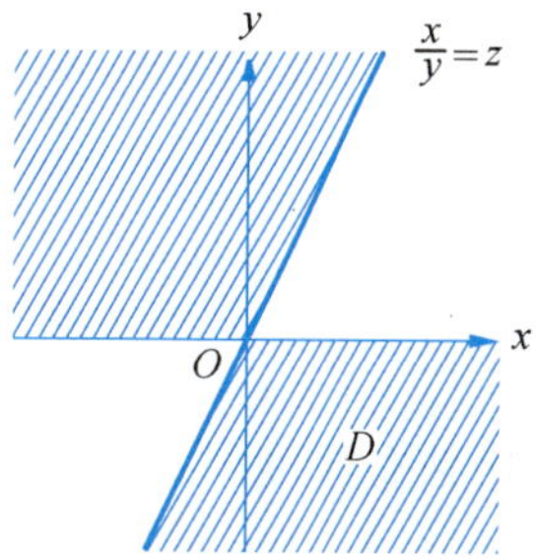

图 3.4.4　积分区域 D

其中积分区域 D 如图 3.4.4 所示. 化为二次积分

$$F_\zeta(z)=\int_{-\infty}^{0}\mathrm{d}y\int_{yz}^{+\infty}p_{\xi\eta}(x,\ y)\mathrm{d}x+\int_{0}^{+\infty}\mathrm{d}y\int_{-\infty}^{yz}p_{\xi\eta}(x,\ y)\mathrm{d}x,$$

对 z 求导,可得密度函数

$$p_\zeta(z)=-\int_{-\infty}^{0}y\cdot p_{\xi\eta}(yz,\ y)\mathrm{d}y+\int_{0}^{+\infty}y\cdot p_{\xi\eta}(yz,\ y)\mathrm{d}y$$
$$=\int_{-\infty}^{+\infty}|\,y\,|\,p_{\xi\eta}(yz,\ y)\mathrm{d}y.$$

这就是公式(3.4.7),当 ξ, η 独立时公式(3.4.8)容易导出.

例 3.4.11　设 ξ 与 η 独立,都服从指数分布 $E(\lambda)$,试求 $\zeta=\dfrac{\xi}{\eta}$ 的分布.

解: 由于

$$p_\xi(x)=\begin{cases}\lambda\mathrm{e}^{-\lambda x}, & x>0,\\ 0, & x\leqslant 0,\end{cases}\quad p_\eta(y)=\begin{cases}\lambda\mathrm{e}^{-\lambda y}, & y>0,\\ 0, & y\leqslant 0.\end{cases}$$

利用公式(3.4.7),得

$$p_\zeta(z)=\int_{-\infty}^{+\infty}|\,y\,|\cdot p_\xi(yz)p_\eta(y)\mathrm{d}y=\int_{0}^{+\infty}y\cdot p_\xi(yz)\lambda\,\mathrm{e}^{-\lambda y}\mathrm{d}y.$$

当 $z\leqslant 0$ 时,由于积分号下的函数 $p_\xi(yz)=0$, 故 $p_\zeta(z)=0$.
当 $z>0$ 时

$$p_\zeta(z)=\int_{0}^{+\infty}y\lambda^2\mathrm{e}^{-\lambda yz}\mathrm{e}^{-\lambda y}\mathrm{d}y=\int_{0}^{+\infty}y\cdot\lambda^2\mathrm{e}^{-\lambda(z+1)y}\mathrm{d}y=\frac{1}{(z+1)^2}.$$

归并后,得

$$p_\zeta(z)=\begin{cases}\dfrac{1}{(z+1)^2}, & z>0,\\ 0, & z\leqslant 0.\end{cases}$$

极值分布是统计中常利用到的一种分布,所谓极值,往往指的是 max 与 min,对此有以下定理.

定理 3.4.4(极值分布定理)　设 ξ_1, ξ_2, …, ξ_n 是相互独立的 n 个随机变量,对应的分布函数分别为 $F_i(x)$,记 $\eta=\max(\xi_1,\ \xi_2,\ \cdots,\ \xi_n)$, $\zeta=\min(\xi_1,\ \xi_2,\ \cdots,\ \xi_n)$, 则

$$F_\eta(x)=F_1(x)F_2(x)\cdots F_n(x)=\prod_{i=1}^{n}F_i(x),\tag{3.4.9}$$

$$F_\zeta(x) = 1-[1-F_1(x)][1-F_2(x)]\cdots[1-F_n(x)] = 1-\prod_{i=1}^{n}[1-F_i(x)]. \tag{3.4.10}$$

证: 由于事件 $\{\max(\xi_1, \xi_2, \cdots, \xi_n) \leqslant x\}$ 等价于 $\{\xi_1 \leqslant x, \xi_2 \leqslant x, \cdots, \xi_n \leqslant x\}$，故

$$F_\eta(x) = P(\eta \leqslant x) = P(\xi_1 \leqslant x, \xi_2 \leqslant x, \cdots, \xi_n \leqslant x),$$

利用独立性，得

$$F_\eta(x) = P(\xi_1 \leqslant x) \cdot P(\xi_2 \leqslant x)\cdots P(\xi_n \leqslant x) = F_1(x)\, F_2(x) \cdots F_n(x).$$

而事件 $\{\min(\xi_1, \xi_2, \cdots, \xi_n) \leqslant x\}$ 的逆事件 $\{\min(\xi_1, \xi_2, \cdots, \xi_n) > x\}$ 等价于 $\{\xi_1 > x, \xi_2 > x, \cdots, \xi_n > x\}$，故

$$\begin{aligned} F_\zeta(x) &= P(\zeta \leqslant x) = 1-P(\zeta > x) = 1-P(\min(\xi_1, \xi_2, \cdots, \xi_n) > x) \\ &= 1-P(\xi_1 > x, \xi_2 > x, \cdots, \xi_n > x), \end{aligned}$$

利用独立性，得

$$\begin{aligned} F_\zeta(x) &= 1-P(\xi_1 > x)P(\xi_2 > x)\cdots P(\xi_n > x) \\ &= 1-[1-P(\xi_1 \leqslant x)][1-P(\xi_2 \leqslant x)]\cdots[1-P(\xi_n \leqslant x)] \\ &= 1-[1-F_1(x)][1-F_2(x)]\cdots[1-F_n(x)], \end{aligned}$$

从而定理成立.

特别地，当 $\xi_1, \xi_2, \cdots, \xi_n$ 为独立同分布时，设 ξ_i 的分布函数为 $F(x)$，密度函数为 $p(x)$，则

$$F_\eta(x) = [F(x)]^n, \quad F_\zeta(x) = 1-[1-F(x)]^n, \tag{3.4.11}$$

$$p_\eta(x) = n[F(x)]^{n-1}p(x), \quad p_\zeta(x) = n[1-F(x)]^{n-1}p(x). \tag{3.4.12}$$

例 3.4.12 电子设备由 6 个相互独立的元件 L_{ij} $(i=1, 2;\ j=1, 2, 3)$ 组成，各元件使用寿命 ξ_{ij} 服从相同的指数分布 $E(\lambda)$，当设备按下图连接时，求其寿命 ζ 的分布.

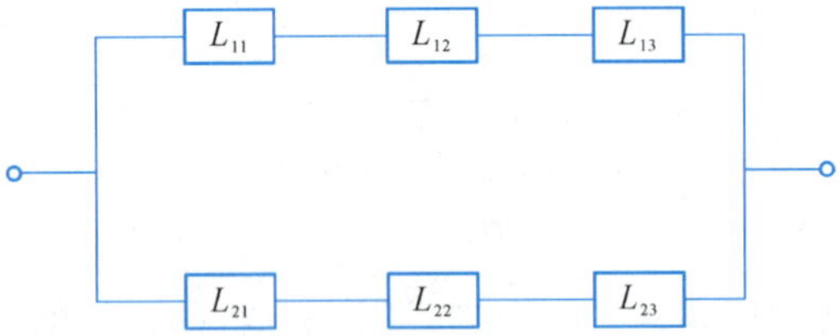

解: 由于 $\xi_{ij} \sim E(\lambda)$，其分布函数为

$$F(x) = \begin{cases} 1-e^{-\lambda x}, & x > 0, \\ 0, & x \leqslant 0. \end{cases}$$

令 η_i 为串联组的使用寿命，则 $\eta_i = \min(\xi_{i1}, \xi_{i2}, \xi_{i3})$，从而由式(3.4.11)知

$$F_{\eta_i}(x)=1-[1-F(x)]^3=\begin{cases}1-e^{-3\lambda x}, & x>0,\\ 0, & x\leqslant 0.\end{cases}\quad(i=1,\ 2)$$

再注意到 $\zeta=\max(\eta_1,\ \eta_2)$，故

$$F_\zeta(x)=F_{\eta_1}(x)F_{\eta_2}(x)=\begin{cases}(1-e^{-3\lambda x})^2, & x>0,\\ 0, & x\leqslant 0.\end{cases}$$

注：有关串并联回路的可靠性问题，我们曾在例 1.3.7 中碰到过，那里的新系统 S_1 与 S_2 中就存在 max 与 min 的计算问题.

3.5 应用案例及分析

例 3.5.1(重期望公式与平均利润) 设电力公司每月可以供应某工厂的电力 ξ(单位：10^4 kW) 服从 (10, 30)上的均匀分布，而该工厂每月实际需要的电力 η(单位：10^4 kW)服从(10, 20)上的均匀分布，ξ 与 η 相互独立，如果工厂能从电力公司得到足够的电力，则每10^4 kW 电可以创造 30 万元利润，若工厂从电力公司得不到足够的电力，则不足部分由工厂通过其他途径解决，由其他途径得到的电力每 10^4 kW 电只有 10 万元利润，试求该工厂每个月的平均利润.

解：设工厂每月利润为 ζ(万元)，则

$$\zeta=f(\xi,\ \eta)=\begin{cases}30\eta, & 当\ \eta\leqslant\xi,\\ 30\xi+10(\eta-\xi), & 当\ \eta>\xi.\end{cases}$$

现设法求 $E\zeta$. 若把本例与第 2 章的案例(市场货源组织)相比较，发现这里的利润是二维随机变量$(\xi,\ \eta)$的函数.

解法一：利用 3.3.1 小节中的随机变量函数期望公式有

$$E\zeta=Ef(\xi,\ \eta)=\int_{-\infty}^{+\infty}\int_{-\infty}^{+\infty}f(x,\ y)p_{\xi\eta}(x,\ y)\mathrm{d}x\mathrm{d}y$$
$$=\iint_{D_1}30y\cdot\frac{1}{200}\mathrm{d}x\mathrm{d}y+\iint_{D_2}(20x+10y)\cdot\frac{1}{200}\mathrm{d}x\mathrm{d}y,$$

其中$\frac{1}{200}$是二维均匀分布密度函数 $p_{\xi\eta}(x,\ y)$在区域 D_1，D_2 上的常数值(图 3.5.1). 化为二次积分，得

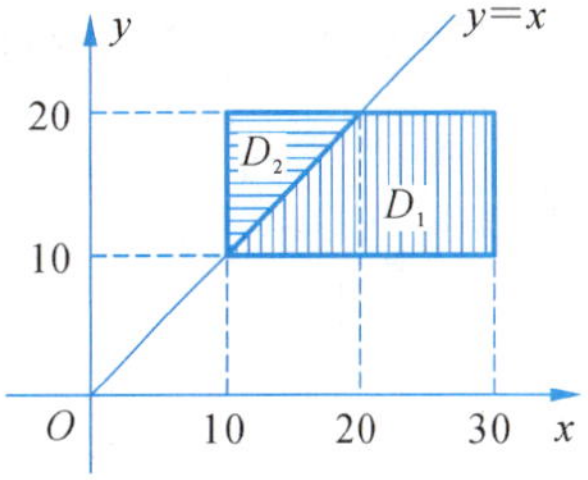

图 3.5.1 积分区域

$$E\zeta=\frac{3}{20}\int_{10}^{20}y\mathrm{d}y\int_y^{30}\mathrm{d}x+\frac{1}{10}\int_{10}^{20}x\mathrm{d}x\int_x^{20}\mathrm{d}y+\frac{1}{20}\int_{10}^{20}y\mathrm{d}y\int_{10}^{y}\mathrm{d}x$$
$$=\frac{3}{20}\int_{10}^{20}y(30-y)\mathrm{d}y+\frac{1}{10}\int_{10}^{20}x(20-x)\mathrm{d}x$$
$$+\frac{1}{20}\int_{10}^{20}y(y-10)\mathrm{d}y$$

$$= \frac{3}{20}\int_{10}^{20}(30y - y^2)\mathrm{d}y + \frac{1}{10}\int_{10}^{20}(20x - x^2)\mathrm{d}x + \frac{1}{20}\int_{10}^{20}(y^2 - 10y)\mathrm{d}y$$

$$= \left(3y^2 - \frac{1}{15}y^3\right)\Big|_{10}^{20} = 433.33(\text{万元}).$$

注：有时我们可以先把 ξ 取为某个确定的 x 值，利用条件期望方法求取，为此先导出有名的“重期望公式”.

定理 3.5.1 设 (ξ, η) 为二维随机变量，且 $E\xi$ 存在，则

$$E\xi = E(E(\xi \mid \eta)). \tag{3.5.1}$$

其中 $E(\xi|\eta)$ 为第 3.3.1 节中定义的条件期望.

证：这里仅对连续型场合进行证明. 设 (ξ, η) 联合密度为 $p_{\xi\eta}(x, y)$，则

$$p_{\xi\eta}(x, y) = p_{\xi|\eta}(x \mid y) \cdot p_\eta(y),$$

记 $g(y) = E(\xi \mid \eta = y) = \int_{-\infty}^{+\infty} x \cdot p_{\xi|\eta}(x \mid y)\mathrm{d}x$，则

$$g(\eta) = E(\xi \mid \eta).$$

从而

$$\begin{aligned} E\xi &= \int_{-\infty}^{+\infty}\int_{-\infty}^{+\infty} x \cdot p_{\xi\eta}(x, y)\mathrm{d}x\mathrm{d}y = \int_{-\infty}^{+\infty}\int_{-\infty}^{+\infty} x \cdot p_{\xi|\eta}(x \mid y)p_\eta(y)\mathrm{d}x\mathrm{d}y \\ &= \int_{-\infty}^{+\infty}\left[\int_{-\infty}^{+\infty} x \cdot p_{\xi|\eta}(x \mid y)\mathrm{d}x\right]p_\eta(y)\mathrm{d}y = \int_{-\infty}^{+\infty} E(\xi \mid \eta = y)p_\eta(y)\mathrm{d}y \\ &= \int_{-\infty}^{+\infty} g(y)p_\eta(y)\mathrm{d}y = E(g(\eta)) = E(E(\xi \mid \eta)). \end{aligned}$$

这就是重期望公式(3.5.1).

例 3.5.1 的解法二：利用重期望公式重新计算本例. 为此先把 ξ 取定为 x，且考虑此条件下的 ζ 的数学期望，即 $E(\zeta \mid \xi = x)$. 更仔细地，

当 $10 \leqslant x < 20$ 时，

$$E(\zeta \mid \xi = x) = \int_{10}^{x} 30y \cdot p_{\eta|\xi}(y \mid x)\mathrm{d}y + \int_{x}^{20}(10y + 20x) \cdot p_{\eta|\xi}(y \mid x)\mathrm{d}y,$$

注意到 ξ 与 η 的独立性，故 $p_{\eta|\xi}(y \mid x) = p_\eta(y)$，从而

$$\begin{aligned} E(\zeta \mid \xi = x) &= \int_{10}^{x} 30y \cdot p_\eta(y)\mathrm{d}y + \int_{x}^{20}(10y + 20x) \cdot p_\eta(y)\mathrm{d}y \\ &= \int_{10}^{x} 30y \cdot \frac{1}{10}\mathrm{d}y + \int_{x}^{20}(10y + 20x) \cdot \frac{1}{10}\mathrm{d}y \\ &= 50 + 40x - x^2; \end{aligned}$$

当 $20 \leqslant x \leqslant 30$ 时，类似地，有

$$E(\zeta \mid \xi = x) = \int_{10}^{20} 30y \cdot p_\eta(y)\mathrm{d}y = \int_{10}^{20} 30y \cdot \frac{1}{10}\mathrm{d}y = 450.$$

与定理 3.5.1 的证明类似，我们可以引进 $E(\zeta \mid \xi) = g(\xi)$ 然后用 ξ 的分布对条件期望 $E(\zeta \mid \xi)$ 再作一次平均，这样

$$
\begin{aligned}
E\zeta = E(E(\zeta \mid \xi)) &= \int_{10}^{20} E(\zeta \mid \xi = x) p_{\xi}(x) \mathrm{d}x + \int_{20}^{30} E(\zeta \mid \xi = x) p_{\xi}(x) \mathrm{d}x \\
&= \frac{1}{20}\int_{10}^{20}(50 + 40x - x^2)\mathrm{d}x + \frac{1}{20}\int_{20}^{30} 450\mathrm{d}x = 433.33(\text{万元}).
\end{aligned}
$$

例 3.5.2(效用函数与证券组合投资策略) 设有一大笔资金，总量为 1，今将其中的 x 投资于甲证券，其余的 $1-x \stackrel{\Delta}{=} y$ 投资于乙证券，于是 $(x,\ y)$ 构成了一种组合投资. 又设证券（甲，乙）的收益率构成随机向量 $(\xi,\ \eta)$，它服从正态分布 $N(\mu_1,\ \mu_2,\ \sigma_1^2,\ \sigma_2^2,\ \rho)$. 试求最佳投资策略.

解法一：直接解法. 记 $\zeta = x\xi + y\eta$ 为组合投资的总收益，则 $\zeta \sim N(\mu,\ \sigma^2)$，其中，

$$
\mu = E\zeta = xE\xi + yE\eta = x\mu_1 + y\mu_2 = x(\mu_1 - \mu_2) + \mu_2,
$$

$$
\begin{aligned}
\sigma^2 = D\zeta &= x^2 D\xi + y^2 D\eta + 2xy\,\mathrm{cov}(\xi,\ \eta) \\
&= x^2\sigma_1^2 + y^2\sigma_2^2 + 2xy\rho\sigma_1\sigma_2 \\
&= x^2\sigma_1^2 + (1-x)^2\sigma_2^2 + 2x(1-x)\rho\sigma_1\sigma_2.
\end{aligned}
$$

若我们希望平均收益最大，则由 μ 表达式可知，只需根据 μ_1 与 μ_2 的大小，把全部资金投入一种股票即可，这种策略没有考虑风险 $D\zeta$ 的影响，对于不怕风险的长期投资者较为适合.

若我们希望减少风险，此时的投资策略可以通过极小化 $D\zeta$ 来求得. 实际上，由于

$\dfrac{\mathrm{d}}{\mathrm{d}x}(D\zeta) = 2x\sigma_1^2 - 2(1-x)\sigma_2^2 + 2(1-2x)\rho\sigma_1\sigma_2$，其根

$$
x_1^* = \frac{\sigma_2^2 - \rho\sigma_1\sigma_2}{\sigma_1^2 + \sigma_2^2 - 2\rho\sigma_1\sigma_2}.
$$

又由于对应于不同证券的 $(\xi,\ \eta)$ 的相关系数 ρ 一般不等于 1，故 $D\zeta$ 的关于 x 的二阶导数项总大于 0，从而 x_1^* 是风险 $D\zeta$ 的极小值点. 进一步，若不过多强调 x_1^* 的取值范围，则所求出的 x_1^* 与 $(1-x_1^*)$ 就构成了风险最小的组合投资策略，然而，由于现在没有顾及总收益的期望，故也不被广大投资者认同.

以马库威茨为首的学者综合考虑了 $E\zeta$ 与 $D\zeta$ 的作用，提出了利用计算机及“二次规划”方法，求解在一定收益要求下使风险达最小的约束优化问题，给出了多数投资者认同的投资策略. 由于在证券组合理论方面的杰出贡献，在 1990 年马库威茨获得了诺贝尔经济学奖.

解法二：间接解法. 这种投资策略仍以期望优化为目标，但综合考虑了投资者对风险的容忍度，即所谓的“效用函数”法，常用的货币效用函数为如下的指数型函数，

$$
U(M) = 1 - \mathrm{e}^{-\frac{M}{R}}. \tag{3.5.2}
$$

其中的 M 为实际货币（或投资资金），而 $U = U(M)$ 为利用期望优化进行投资决策时的货币 M 的折合值，参数 R 反映了投资者的风险容忍度，其数值有时可通过回答下面问题来近似确定.

问题 A：进行五五开的投资，以 0.5 的机会获回报 R(元)，以 0.5 的机会损失$\frac{R}{2}$(元).

问题 B：不进行投资，此时没有回报，也没有损失.

显然对问题 A 中的投资回报是一个服从均值为$\frac{R}{4}$、均方差$\frac{3}{4}R$ 的两点分布. 不愿意冒风险的人较多注意到了问题 A 中的损失$\frac{R}{2}$，故希望 R 小些；而愿意冒风险的人，较多注意到了问题 A 中的回报 R，故希望 R 大些. 对于具体的投资者，其对应的 R 值，可以通过调整问题 A、B 中的 R 值，使得两种策略没什么差异，此时的所谓"无差异值"R，就是此投资者的效用函数中的参数.

效用函数一旦确定，则投资者对风险的态度可以定量地给出，从而可利用 $\max EU(\zeta)$的方法来找出最佳投资策略 x_2^*. 为方便计算，我们把问题化为等价的 $\min E\mathrm{e}^{-\frac{\zeta}{R}}$，为此利用随机变量数学期望公式，注意到

$$E\mathrm{e}^{-\frac{\zeta}{R}}=\int_{-\infty}^{+\infty}\mathrm{e}^{-\frac{z}{R}}p_\zeta(z)\mathrm{d}z=\int_{-\infty}^{+\infty}\mathrm{e}^{-\frac{z}{R}}\cdot\frac{1}{\sqrt{2\pi}\sigma}\mathrm{e}^{-\frac{(z-\mu)^2}{2\sigma^2}}\mathrm{d}z,$$

作标准化变换 $\frac{z-\mu}{\sigma}=t$，则

$$\begin{aligned}E\mathrm{e}^{-\frac{\zeta}{R}}&=\int_{-\infty}^{+\infty}\mathrm{e}^{-\frac{1}{R}(\mu+\sigma t)}\frac{1}{\sqrt{2\pi}}\mathrm{e}^{-\frac{t^2}{2}}\mathrm{d}t=\mathrm{e}^{-\frac{\mu}{R}}\int_{-\infty}^{+\infty}\frac{1}{\sqrt{2\pi}}\mathrm{e}^{-\frac{1}{2}\left(t^2+\frac{2\sigma}{R}t\right)}\mathrm{d}t\\&=\mathrm{e}^{-\frac{\mu}{R}+\frac{\sigma^2}{2R^2}}\int_{-\infty}^{+\infty}\frac{1}{\sqrt{2\pi}}\mathrm{e}^{-\frac{1}{2}\left(t+\frac{\sigma}{R}\right)^2}\mathrm{d}t=\mathrm{e}^{-\frac{\mu}{R}+\frac{\sigma^2}{2R^2}},\end{aligned}$$

从而 $\min E\mathrm{e}^{-\frac{\zeta}{R}}=\min\mathrm{e}^{-\frac{\mu}{R}+\frac{\sigma^2}{2R^2}}=\exp\left\{\min\left(-\frac{\mu}{R}+\frac{\sigma^2}{2R^2}\right)\right\}$，

代入 μ 与 σ^2 的表达式，利用求导等于 0 的方法，不难求出此时的

$$x_2^*=\frac{R(\mu_1-\mu_2)+\sigma_2^2-\rho\sigma_1\sigma_2}{\sigma_1^2+\sigma_2^2-2\rho\sigma_1\sigma_2}.$$

当然，为方便计算，此时的 x_2^* 也没有设置范围的限制. 若规定 $x_2^*\in[0,1]$，则在优化时要另添约束条件. 另外，当 R 接近于 0 时，x_2^* 与 x_1^* 吻合，这也符合本例前面所提的无风险或最小风险的要求.

例 3.5.3("决策树"与石油投资公司的"贝叶斯决策"分析) 某投资公司获得一块土地，据地质学家初步分析，该块土地有石油的概率为$\frac{1}{4}$，干涸没有石油的概率为$\frac{3}{4}$. 公司若直接把土地卖掉，可收益 90(单位：千美元)，如钻探则需再投资钻探费 100(千美元)，而若钻探结果发现石油则可获回报 800(千美元)，但若钻探结果为干涸则回报为 0，试问公司应如何投资？

解法一：直接决策. 先把已有信息表示在所谓的决策树上(图 3.5.2). 图中方块表示决策节点，圆圈表示机会节点，若存在随机事件，则对应的发生概率用括号中的数字表示，而收益用不加括号的数字表示.

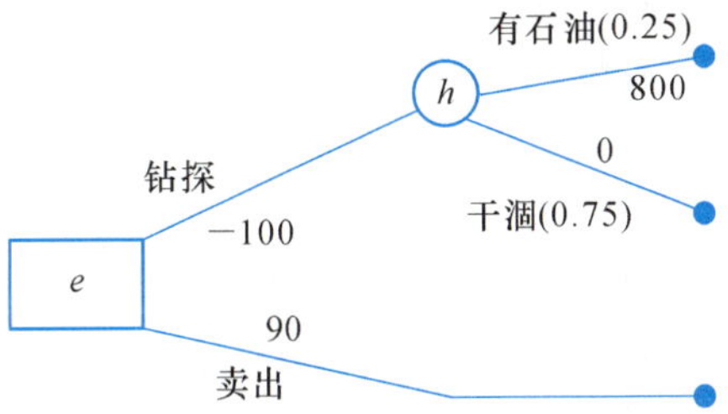

图 3.5.2

显然如采用钻探策略且钻出石油,则总收益为 $800-100=700$,而发现土地干涸时总收益为 $0-100=-100$,添上概率因素后,在 h 节点的期望总收益为

$$700\times 0.25-100\times 0.75=100,$$

把这些数字标在上面的图中,决策树如图 3.5.3 所示.

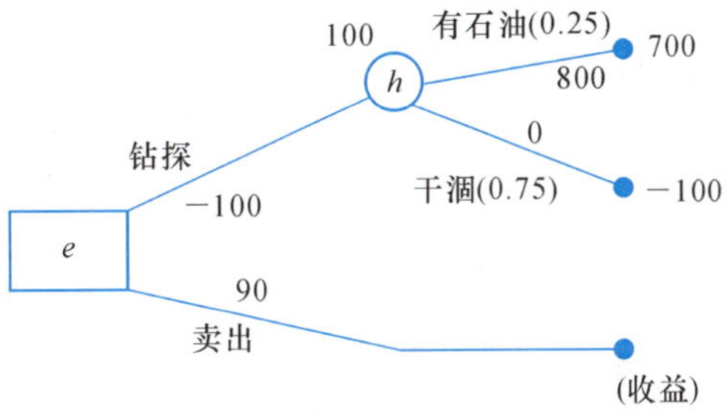

图 3.5.3

为进行决策,我们比较节点 e 的分支收益,注意到节点 h 收益为 100 大于卖出收益 90,所以我们放弃卖出策略,采用钻探策略,此时节点 e 的期望收益等于节点 h 的期望收益,仍为 100,把它们都标在决策树上,最后如图 3.5.4 所示.

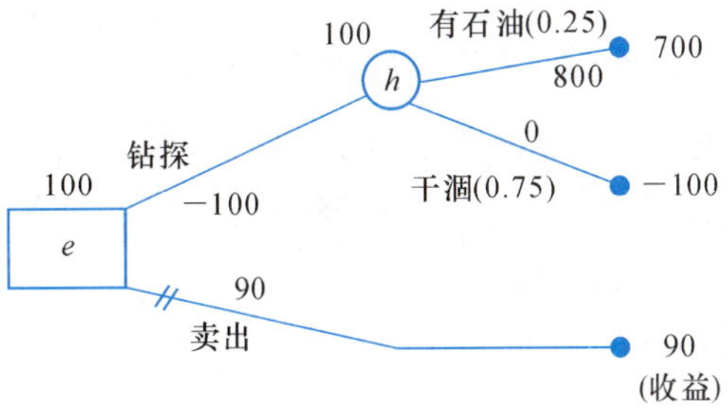

图 3.5.4

上面的过程称为贝叶斯(Bayes)决策过程. 在此过程中使用了期望收益最大的原则,这种方法着眼于相同状况发生多次,故能使公司在长期运营中获得最多的收益,然而如注意到节

点 h 期望收益为 100 与卖出收益 90 比较接近，而且地质学家的先验估计对决策的影响也可能很大(例如，当有石油的概率从 0.25 变到 0.35 时，节点 h 收益变为 180；反之，当有石油的概率从 0.25 变到 0.15 时，节点 h 收益变为 20)，所以上述决策风险很大，需要作进一步的改进.

解法二：后验决策. 为减少投资风险，公司还有一个选择，即在决策前先进行地震勘探，进行地质勘探花费 30(千美元)，同时，土地的不同自然状态下的勘探结果的条件概率也可预先知道，即

$$P(\text{结果好} \mid \text{有石油}) = 0.6,\ P(\text{结果不好} \mid \text{有石油}) = 0.4,$$
$$P(\text{结果好} \mid \text{干涸}) = 0.2,\ P(\text{结果不好} \mid \text{干涸}) = 0.8.$$

下面我们把可能采取的各种策略以及已知信息结果标在下面的决策树上(图 3.5.5).

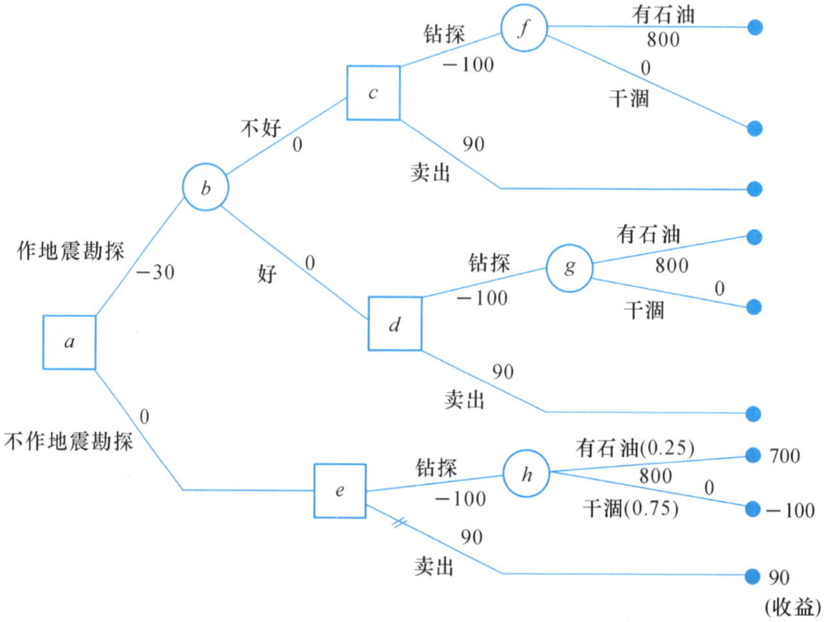

图 3.5.5

由图 3.5.5 可知，为了利用贝叶斯原理进行决策，我们还需找到机会节点后面的各种概率值. 例如，节点 b 后面的 P(地震勘探结果不好)，以及节点 f、g 后面的各种概率值，其中 P(地震勘探结果不好)可用全概率公式进行计算，即

$$P(\text{结果不好}) = P(\text{结果不好} \cap \text{有石油}) + P(\text{结果不好} \cap \text{干涸}),$$

代入先验概率 $P(\text{有石油}) = 0.25$，$P(\text{干涸}) = 0.75$，以及已知的条件概率值后有

$$\begin{aligned} P(\text{结果不好}) &= P(\text{有石油})P(\text{结果不好} \mid \text{有石油}) + P(\text{干涸})P(\text{结果不好} \mid \text{干涸}) \\ &= 0.25 \times 0.4 + 0.75 \times 0.8 = 0.7, \end{aligned}$$

同样

$$P(\text{结果好})=1-P(\text{结果不好})$$
$$=1-0.7=0.3.$$

注意到机会节点 f 后面的有石油的概率实际上是后验概率，即

$$P(\text{有石油}|\text{勘探结果不好})=\frac{P(\text{有石油}\cap\text{结果不好})}{P(\text{结果不好})}$$
$$=\frac{0.25\times0.4}{0.7}=\frac{1}{7}=0.143,$$

相应地 f 后面另一个概率为 $P(\text{干涸} \mid \text{勘探结果不好})=1-\frac{1}{7}=\frac{6}{7}=0.857.$

类似有节点 g 后面的后验概率

$$P(\text{有石油}|\text{勘探结果好})=\frac{P(\text{有石油}\cap\text{结果好})}{P(\text{结果好})}$$
$$=\frac{0.25\times0.6}{0.3}=0.5,$$
$$P(\text{干涸}|\text{勘探结果好})=1-P(\text{有石油}|\text{勘探结果好})$$
$$=1-0.5=0.5.$$

把这些概率值分布填入机会节点 b、f、g 后面的分支上，同时仿图 3.5.3 标出收益列的余下 6 个收益值后，可得以下的决策树(图 3.5.6).

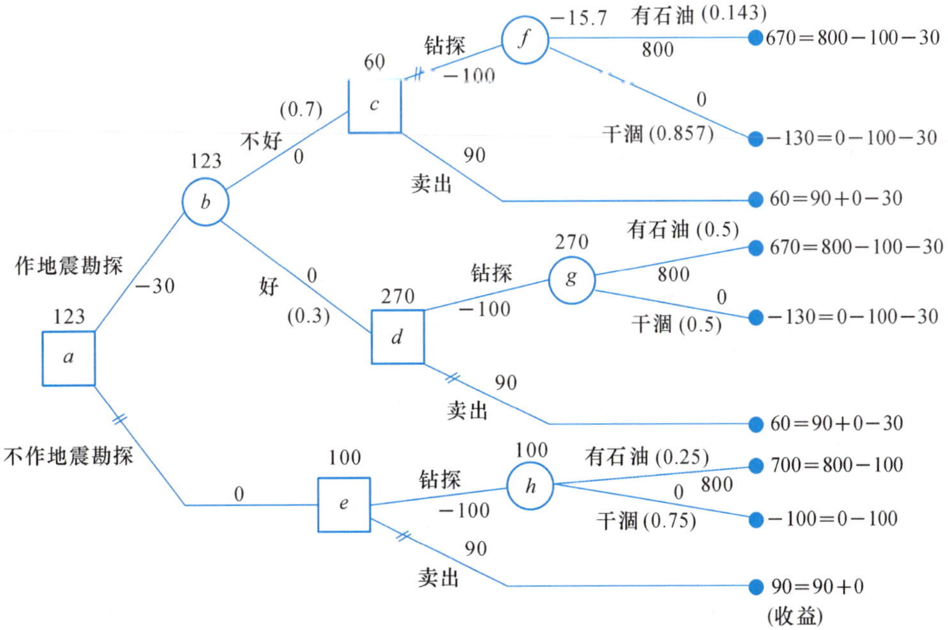

图 3.5.6

其中从右往左机会节点 f 上的数可以仿节点 h 用期望给出，即

$$670 \times 0.143 - 130 \times 0.857 = -15.7.$$

节点 g 上的期望收益为

$$670 \times 0.5 - 130 \times 0.5 = 270.$$

接着仿照决策节点 e 的决策方法，比较分支的期望结果，取其中较大者，并把对应值标在决策节点上方. 从而，对于节点 c，由于 $-15.7 < 60$，故取 60，把它所对应的收益 60 标在节点 c 上方，同时划去不采用的分支（钻探分支）. 对于节点 d 亦可类似操作. 另外，由于机会节点 b 处的期望收益为

$$60 \times 0.7 + 270 \times 0.3 = 123.$$

它比节点 e 的期望收益 100 大，故我们决定舍弃 e，采用 b 分支，从而节点 a 的期望收益为 123.

这样经过对最右列到最左列的各种期望值的计算，比较后就可得到最佳投资策略：进行地震勘探，若结果不好则卖出土地，若结果好则进行钻探，期望总收益（包括地震勘探与钻探费用）是 123（即 123 000 美元）.

注：本案例的决策思想是用后验概率减少风险的期望优化过程，由于期望是反映多次重复状况下的平均值，故有利于长期发展的决策，对于短期运作的投资者则可采用本书前面案例中的"效用函数"进行优化决策.

本章小结

本章把讨论随机对象的个数从单个推广到多个，同时为便于研究变量之间的关系，往往把它们组成一个向量整体进行考察.

二维随机向量常用处理方法
- 类型区分（离散型、连续型、其他型）
- 整体特性描述
  - 概率特性的描述（二元分布函数、密度函数、分布律）
  - 数字特性的描述（数学期望向量、协方差矩阵）
- 关系特性描述
  - 概率特性描述（边际分布、条件分布）
  - 数字特性描述（条件期望、协方差、相关系数）
  - 统计特性描述（统计独立、线性相关、不相关）
- 常用分布模型
  - 连续（多维均匀、正态分布）
  - 离散（多维超几何分布）
  - 独立随机变量的联合分布
  - 构成新的分布（对数正态分布；χ^2、t、F 三大统计分布*）
- 分布判别与应用（采样、分析、推断）

随机变量函数的讨论是本章的另一个重要内容. 在讨论时要注意三点：

1. 函数分布来源于“联合分布”，单单知道“边际分布”往往推不出“函数分布”.
2. 函数分布的计算比较复杂，有时可以根据下面几个途径来进行分析：
   a. 性质(正态、二项、泊松分布的可加性)；
   b. 公式(卷积、单调公式)；
   c. 方法(列表归纳、由 P 求 F 方法)；
   d. 定理(极值、商定理).
3. 函数的数字特征常常可以应用期望、方差等性质直接计算.

思考题

1. 为何第 1 章中的“放回”试验往往是独立的？
2. 如何判别随机变量之间的独立性？变量的独立性会给哪些问题的讨论带来方便？是否有判断不独立性的简单方法？
3. “独立”与“不相关”有什么差别？是否存在某些分布，在这些分布下两者分别是等价的？
4. “相关系数”有什么具体含义？它与协方差有什么关系？
5. 对于单调函数密度公式(定理 3.4.1)，能否用高数中“积分变量代换”重新进行解释？
6. 分段密度函数的“卷积公式”在使用时，如何确定自变量的分段点以及积分的上下限？
7. 分布的“可加性”是什么含义？在书末附录 1 的常用分布表中能否有所体现？
8. 条件期望的含义是什么？二维密度是分段函数时，条件密度的变量范围选取要注意什么？条件概率在案例 3.5.3 中起了什么作用？对于短期运作，如果想进一步减少风险，你又有什么建议？

习题三

基本练习题

3-1 设 $F(x, y)$为二维随机向量(ξ, η)的分布函数，且 $F(2, 4)=\frac{7}{8}$, $F(2, 1)=\frac{4}{8}$, $F(0, 4)=\frac{3}{8}$ 和 $F(0, 1)=\frac{2}{8}$，求 $P(0<\xi\leqslant 2, 1<\eta\leqslant 4)$.

3-2 设二维随机向量(ξ, η)仅取$(1, 1)$, $(1.2, 1)$, $(1.4, 1.5)$, $(1, 1.3)$, $(0.9, 1.2)$五个点，且取它们的概率相同，求(ξ, η)的联合分布律.

3-3 接连不断地掷一颗骰子，直到出现小于 5 的点数为止，以 ξ 表示最后一次掷出的点数，以 η 表示掷的次数，试求(ξ, η)的联合分布律.

3-4 某盒中有形状相同的 a 个白球，b 个黑球，每次从中任取一球，共取两次，设 ξ 及 η 分别表示第一次及第二次取出的黑球数. 在下列情况下，分别求二维随机变量(ξ, η)的联合分布及边际分布.
(1) 每次取出的球仍放回去(放回抽样)；(2) 每次取出的球不放回去(不放回抽样).

3-5 设二维随机变量(ξ, η)的联合概率密度为

$$p(x, y)=\begin{cases}4xy, & 0\leqslant x\leqslant 1, 0\leqslant y\leqslant 1,\\ 0, & \text{其他}.\end{cases}$$

求 $P\left(0<\xi\leqslant\frac{1}{2}, \frac{1}{4}<\eta\leqslant 1\right)$，$P(\xi=\eta)$，$P(\xi<\eta)$，$P(\xi\leqslant\eta)$ 和二维随机变量(ξ, η) 的联合分布函数.

3-6 设随机变量(ξ, η)的概率密度为

$$p(x, y)=\begin{cases}A\sin(x+y), & \text{当 } 0<x<\frac{\pi}{2}, 0<y<\frac{\pi}{2}, \\ 0, & \text{其他.}\end{cases}$$

求(1) 系数 A;(2) 边际概率密度.

3-7 设二维随机变量(ξ, η)的联合概率密度为

$$p(x, y)=\begin{cases}c(R-\sqrt{x^2+y^2}), & x^2+y^2<R^2, \\ 0, & x^2+y^2\geqslant R^2.\end{cases}$$

求(1) 系数 c 的值;(2) (ξ, η)落在 $x^2+y^2\leqslant r^2(r<R)$ 内的概率.(提示:采用极坐标讨论)

3-8 设二维随机变量(ξ, η)的概率分布律为

$$P(\xi=i, \eta=j)=\frac{1}{16}, i, j=1, 2, 3, 4.$$

验证:随机变量 ξ 与 η 相互独立.

3-9 设二维随机变量(ξ, η)在矩形域 $a\leqslant x\leqslant b, c\leqslant y\leqslant d$ 上服从均匀分布,求(ξ, η) 的联合概率密度及边际概率密度,随机变量 ξ 与 η 是否独立?

3-10 设二维随机变量(ξ, η)的联合概率密度为

$$p(x, y)=\begin{cases}4x(1-y), & 0\leqslant x\leqslant 1, 0\leqslant y\leqslant 1, \\ 0, & \text{其他.}\end{cases}$$

证明:随机变量 ξ 与 η 相互独立,求 $P\left(0<\xi<\frac{1}{3}, 0<\eta<\frac{1}{3}\right)$.

3-11 已知 $\xi\sim B(1, 0.6)$,在 $\xi=0$ 及 $\xi=1$ 条件下关于 η 的条件分布分别如表所示.

η	1	2	3
$P_{\eta\mid\xi}(y_i\mid 0)$	$\frac{1}{4}$	$\frac{1}{2}$	$\frac{1}{4}$

η	1	2	3
$P_{\eta\mid\xi}(y_i\mid 1)$	$\frac{1}{2}$	$\frac{1}{6}$	$\frac{1}{3}$

求二维随机变量(ξ, η)的联合分布以及在 $\eta\neq 1$ 时关于 ξ 的条件分布.

3-12 以 ξ 记某医院一天出生的婴儿的个数,η 记其中男婴的个数,设 ξ 和 η 的联合分布律为

$$P(\xi=n, \eta=m)=\frac{e^{-14}(7.14)^m(6.86)^{n-m}}{m!(n-m)!}$$
$$m=0, 1, 2, \cdots; n=0, 1, 2, \cdots$$

(1) 求边际分布律;(2) 求条件分布律;(3) 特别地,写出当 $\xi=20$ 时,η 的条件分布律.

3-13 设二维随机变量(ξ, η)的联合概率密度为

$$p(x, y)=\begin{cases}e^{-y}, & 0<x<y, \\ 0, & \text{其他.}\end{cases}$$

求条件密度函数 $p_{\xi\mid\eta}(x\mid y)$及 $p_{\eta\mid\xi}(y\mid x)$.

3-14 设二维随机变量(ξ, η)的联合概率密度为

$$p(x, y)=\begin{cases}\frac{21}{4}x^2y, & x^2\leqslant y\leqslant 1,\\ 0, & 其他.\end{cases}$$

求条件概率$P(\eta\geqslant 0.75 \mid \xi=0.5)$.

3-15 设二维随机变量(ξ, η)的联合概率密度为

$$p(x, y)=\begin{cases}x\mathrm{e}^{-x(y+1)}, & x>0,\ y>0,\\ 0, & 其他.\end{cases}$$

求已知$\eta=y$的条件下,ξ的条件概率密度及已知$\xi=x$条件下η的条件概率密度,并问ξ与η是否独立?

3-16 设随机变量(ξ, η)的联合概率分布为

ξ \ η	0	1	2
0	0.1	0	0.2
1	0	0.1	0.2
2	0.2	0	0.2

求$E\xi$, $E\eta$, $\mathrm{cov}(\xi, \eta)$.

3-17 设随机变量(ξ, η)的联合概率分布为

ξ \ η	0	1
0	0.1	0.15
1	0.25	0.2
2	0.15	0.15

求$E\xi$, $E\eta$, $E\left(\sin\frac{\pi}{2}(\xi+\eta)\right)$, $E(\max(\xi, \eta))$, $D(\max(\xi, \eta))$值.

3-18 设(ξ, η)的联合概率密度为

$$p(x, y)=\begin{cases}4xy\mathrm{e}^{-(x^2+y^2)}, & x>0,\ y>0\\ 0, & 其他.\end{cases}$$

求$\zeta=\sqrt{\xi^2+\eta^2}$的数学期望.(提示:采用极坐标讨论)

3-19 已知随机变量ξ, η相互独立,且$D\eta=2$, $D(3\eta-\xi)=25$,求$D\xi$.

3-20 (1) 对于题3-11,求$E(\xi \mid \eta=1)$;

(2) 对于题3-13,当$y>0$时,求$E(\xi \mid \eta=y)$.

3-21 已知$D\xi=4$, $D\eta=9$,(1) 当$D(\xi-\eta)=12$时,求$\rho_{\xi\eta}$值;(2) 当$\rho_{\xi\eta}=0.4$时,求$D(\xi+\eta)$值.

3-22 设$\xi\sim N(\mu, \sigma^2)$, $\eta\sim N(\mu, \sigma^2)$,且设$\xi$, η相互独立,试求$\zeta_1=\alpha\xi+\beta\eta$和$\zeta_2=\alpha\xi-\beta\eta$的相关系数$(\alpha^2+\beta^2\neq 0)$.

3-23 已知随机变量 $\xi \sim Ge\left(\frac{1}{2}\right)$，求 $\eta=\xi^3$ 的概率分布律.

3-24 已知随机变量 ξ 的密度函数为 $p(x)=\begin{cases}\frac{x^2}{9}, & 0<x<3,\\ 0, & \text{其他},\end{cases}$ 求 $\eta=\xi^3$ 的概率密度函数.

3-25 已知随机变量 ξ, η 的概率分布

ξ	-1	0	1
$P(\xi=x_i)$	$\frac{1}{4}$	$\frac{1}{2}$	$\frac{1}{4}$

η	0	1
$P(\eta=y_i)$	$\frac{1}{2}$	$\frac{1}{2}$

而且 $P(\xi\eta=0)=1$.

(1) 求 ξ、η 的联合概率分布；(2) ξ、η 是否独立？(3) 求 $\xi=\max(\xi, \eta)$ 的概率分布.

3-26 设随机变量 ξ, η 相互独立，其密度分别为

$$p_\xi(x)=\begin{cases}1, & 0\leqslant x\leqslant 1,\\ 0, & \text{其他},\end{cases}\qquad p_\eta(y)=\begin{cases}e^{-y}, & y>0,\\ 0, & y\leqslant 0.\end{cases}$$

求 $\xi+\eta$ 的概率密度.

3-27 设 ξ, η 独立同分布，且都服从标准正态分布 $N(0, 1)$，试求 $\zeta=\xi/\eta$ 的概率密度.

3-28 设系统 L 由两个相互独立的子系统 L_1，L_2 联接而成，联接的方式分别为(1)串联(2)并联如图所示，已知 L_1，L_2 的寿命分别为 ξ 和 η，概率密度分别为

$$p_\xi(x)=\begin{cases}\alpha e^{-\alpha x}, & x>0,\\ 0, & x\geqslant 0,\end{cases}\qquad p_\eta(y)=\begin{cases}\beta e^{-\beta y}, & y>0,\\ 0, & y\leqslant 0.\end{cases}$$

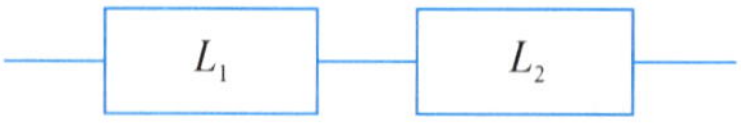

(1)

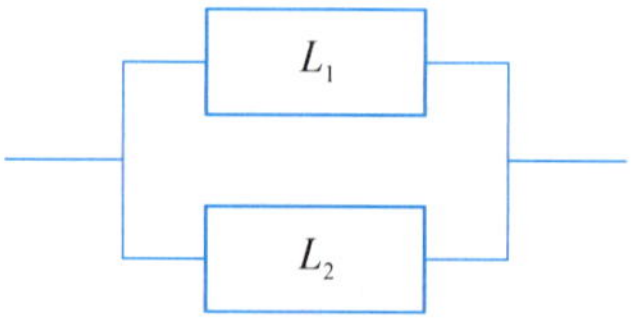

(2)

其中 $\alpha>0$，$\beta>0$ 且 $\alpha\neq\beta$，试分别就这两种联接方式写出系统 L 的寿命 ζ 的概率密度.

强化练习题

3-29 把三只球随机地放入三个盒子中，每只球放入各个盒子的可能性是相同的，设 ξ, η 分别表示放入第一个、第二个盒子中的球的个数. 求二维随机变量(ξ, η)的联合分布及边际分布.

3-30 盒子里装有 3 只黑球、2 只红球、2 只白球，在其中任取 4 只球，以 ξ 表示取到黑球的只数，以 η 表示取到红球的只数，求 ξ 和 η 的联合分布律.

3-31 设二维随机变量(ξ, η)的联合概率密度为

$$p(x, y)=\begin{cases}Ax, & 0<x<1,\ 0<y<x,\\ 0, & \text{其他}.\end{cases}$$

求：(1) 系数 A；(2) $P\left(\xi>\frac{3}{4}\right)$；(3) $P\left(\eta<\frac{1}{2}\right)$；(4) $P\left(\xi<\frac{1}{4}, \eta<\frac{1}{2}\right)$；(5) $P(\xi=\eta)$.

3-32 设二维随机变量(ξ, η)的联合密度为

$$p(x, y)=\begin{cases}\dfrac{6}{7}\left(x^2+\dfrac{xy}{2}\right), & 0<x<1,\ 0<y<2,\\ 0, & \text{其他}.\end{cases}$$

(1) 计算ξ的分布函数;(2) 求$P(\xi>\eta)$;(3) $P\left(\eta>\dfrac{1}{2} \mid \xi<\dfrac{1}{2}\right)$.

3-33 设随机变量(ξ, η)的联合密度函数为

$$p(x, y)=\begin{cases}1, & |x|<y,\ 0<y<1,\\ 0, & \text{其他}.\end{cases}$$

(1) 求边际密度函数$p_\xi(x)$和$p_\eta(y)$;(2) 问ξ与η是否独立?

3-34 设随机变量ξ和η的联合分布律

$\xi \backslash \eta$	0	1	2
0	$\frac{1}{6}$	$\frac{2}{9}$	$\frac{1}{36}$
1	$\frac{1}{3}$	$\frac{1}{6}$	0
2	$\frac{1}{12}$	0	0

(1) 求边际分布律;(2) 在$\xi=1$的条件下,η的条件分布律;(3) 在$\eta=0$的条件下,ξ的条件分布律;(4) 问ξ和η是否相互独立?

3-35 设随机变量η的概率密度为

$$p_\eta(y)=\begin{cases}c_1 y^4, & 0<y<1,\\ 0, & \text{其他}.\end{cases}$$

在给定$\eta=y$条件下,随机变量ξ的条件密度为

$$p_{\xi|\eta}(x \mid y)=\begin{cases}\dfrac{c_2 x^2}{y^3}, & 0<x<y<1,\\ 0, & \text{其他}.\end{cases}$$

(1) 求常数c_1和c_2;(2) 求二维随机变量(ξ, η)的联合概率密度;

(3) 求概率$P(\xi>0.5)$;(4) 求条件概率$P\left(\dfrac{1}{2}<\xi<\dfrac{1}{4} \mid \eta=\dfrac{5}{8}\right)$.

3-36 设二维随机变量(ξ, η)的联合概率密度为

$$p(x, y)=\frac{A}{(x^2+y^2+1)^2}\ (A\text{是常数}).$$

试求出A的数值,并问$D\xi$与$D\eta$是否存在?

3-37 随机变量(ξ, η)服从以点$(0, 1)$, $(1, 0)$, $(1, 1)$为顶点的三角形区域上的均匀分布,试求$E(\xi+\eta)$和$D(\xi+\eta)$.

3-38 N个人同乘一辆长途汽车,沿途有n个车站,每到一个车站时,如果没有人下车,则不停车. 设每个

人在任一站下车是等可能的，求停车次数的数学期望.

3-39 设 ξ 与 η 相互独立，分别服从参数为 λ_1 和 λ_2 的泊松分布，试求 $E(\xi \mid \xi+\eta=n)$.

3-40 设二维连续随机变量 (ξ, η) 的联合概率密度为

$$p(x, y)=\begin{cases}24(1-x)y, & 0<y<x<1,\\ 0, & \text{其他}.\end{cases}$$

试求在 $0<y<1$ 时，$E(\xi \mid \eta=y)$.

3-41 设随机变量 ξ 与 η 独立同分布，都服从参数为 λ 的指数分布，令

$$\zeta=\begin{cases}2\xi+1, & \xi \geqslant \eta,\\ 6\eta, & \xi<\eta.\end{cases}$$

求 $E\zeta$.

3-42 设 ξ 服从于参数为 λ 的泊松分布，求随机变量 ξ 的三阶、四阶中心矩.

3-43 设 $\xi \sim N(0, 1)$，而 $\eta=\xi^n$（n 是正整数），求相关系数 $\rho_{\xi\eta}$.

3-44 设二维随机变量 (ξ, η) 的联合概率密度为

$$p(x, y)=\begin{cases}3x, & 0<y<x<1,\\ 0, & \text{其他}.\end{cases}$$

求 ξ 与 η 的相关系数.

3-45 设二维随机变量 (ξ, η) 的联合概率分布为

ξ \ η	0	1	2	3
1	0	$\frac{3}{8}$	$\frac{3}{8}$	0
3	$\frac{1}{8}$	0	0	$\frac{1}{8}$

(1) 求 $\rho_{\xi\eta}$；(2) 问 ξ 与 η 独立否？

3-46 已知离散型随机变量 ξ 的概率分布为

ξ	-2	-1	0	1	3
$P(\xi=x_i)$	$3a$	$\frac{1}{6}$	$3a$	a	$\frac{11}{30}$

(1) 求 a；(2) 求 $\eta=\xi^2$ 的概率分布.

3-47 （韦布尔(Weber)分布）设随机变量 ξ 服从指数分布 $E\left(\frac{1}{\alpha}\right)$，求随机变量函数 $\eta=\xi^{\frac{1}{\beta}}$ 的概率密度，其中 $\alpha>0$，$\beta>0$ 都是常数.

3-48 已知 ξ 的概率密度为

$$p(x)=\begin{cases}\dfrac{2x}{\pi^2}, & 0<x<\pi,\\ 0, & \text{其他}.\end{cases}$$

求 $\eta=\sin \xi$ 的概率密度 $p_\eta(y)$.

3-49 $\xi \sim N(0, 1)$，求：(1) $\eta = 2\xi^2 + 1$ 的概率密度；(2) $\eta = |\xi|$ 的概率密度.

3-50 设 ξ 与 η 为独立同分布的离散型随机变量，其分布律为

$$P(\xi = n) = P(\eta = n) = \frac{1}{2^n},\ n = 1, 2, \cdots$$

求 $\xi + \eta$ 的分布律.

3-51 随机变量 $\xi_1, \xi_2, \xi_3, \xi_4$ 相互独立且同分布，$P(\xi_i = 0) = 0.6$，$P(\xi_i = 1) = 0.4$，$i = 1, 2, 3, 4$. 求行列式 $\xi = \begin{vmatrix} \xi_1 & \xi_2 \\ \xi_3 & \xi_1 \end{vmatrix}$ 的概率分布律.

3-52 设随机变量 ξ 与 η 相互独立，且 $\xi \sim U[0, 1]$，η 在区间 $[0, 2]$ 内服从辛普生分布

$$p_\eta(y) = \begin{cases} y, & 0 \leqslant y \leqslant 1, \\ 2 - y, & 1 < y \leqslant 2, \\ 0, & \text{其他}. \end{cases}$$

求随机变量 $\zeta = \xi + \eta$ 的概率密度.

3-53 对某种电子装置的输出测量了5次得到结果为：$\xi_1, \xi_2, \xi_3, \xi_4, \xi_5$，设它们是相互独立的随机变量且都服从参数 $\sigma = 2$ 的瑞利分布，其概率密度为

$$p_{\xi_i}(x) = \begin{cases} \dfrac{x}{4} e^{-\frac{x^2}{8}}, & x > 0, \\ 0, & \text{其他}. \end{cases}$$

求 $\zeta = \max(\xi_1, \xi_2, \xi_3, \xi_4, \xi_5)$ 的分布函数.

自测题

选择题

3-54 设随机变量 ξ, η 相互独立，$\xi \sim N(0, 1)$，$\eta \sim N(1, 1)$，则________. ( )

(A) $P(\xi + \eta \leqslant 0) = 1/2$　　(B) $P(\xi + \eta \leqslant 1) = 1/2$

(C) $P(\xi - \eta \leqslant 0) = 1/2$　　(D) $P(\xi - \eta \leqslant 1) = 1/2$

3-55 某零件的重量 ξ 服从 $N(400, 400)$，40个零件的平均重量记为 η，则 ( )

(A) $E\eta = 400$，$D\eta = 100$　　(B) $E\eta = 400$，$D\eta = 10$

(C) $E\eta = 40$，$D\eta = 400$　　(D) $E\eta = 400$，$D\eta = 400$

3-56 二维随机变量 (ξ, η) 的概率密度函数为 $f(x, y) = \begin{cases} 15x^2 y, & 0 \leqslant x \leqslant y \leqslant 1, \\ 0, & \text{其他}, \end{cases}$ 则 ξ, η 的关系为 ( )

(A) ξ, η 独立　　(B) ξ, η 不独立

(C) 在 $0 \leqslant x \leqslant y \leqslant 1$ 上独立　　(D) 无法判定

3-57 设随机变量 ξ 和 η 不相关，则下列结论成立. ( )

(A) ξ 与 η 独立　　(B) $D\xi\eta = D\xi \cdot D\eta$

(C) $D(\xi - \eta) = D\xi - D\eta$　　(D) $E\xi\eta = E\xi \cdot E\eta$

3-58 将一枚硬币重复掷 n 次，设 ξ, η 分别是在这 n 次中出现正面向上和反面向上的次数，则 ξ 与 η 的相

关系数等于 ( )

(A) -1 (B) 0 (C) 1/2 (D) 1

填空题

3-59 随机变量 ξ, η 相互独立且服从同一分布，$P(\xi=k)=P(\eta=k)=\frac{k+1}{3}$, $k=0, 1$,则 $P(\xi=\eta)=$ ________.

3-60 连续型随机变量 ξ 的密度函数为 $p(x)=\begin{cases}2x, & x\in[0, 1],\\ 0, & \text{其他},\end{cases}$ 则 $E(\xi^3+2)=$ ________.

3-61 设随机变量 ξ 的概率密度为 $p_\xi(x)=\begin{cases}\frac{3}{2}x^2, & -1<x<1,\\ 0, & \text{其他},\end{cases}$ 则 $\eta=\xi^2$ 的概率密度 $p_\eta(y)=$ ________.

3-62 若 ξ_1, ξ_2 独立同分布于 $N(0, 1)$, $\eta=3\xi_1+4\xi_2+5$,则 η 的密度函数为________.

3-63 若随机变量 $\xi\sim E(8)$, $\eta\sim U[0, 6]$,且 ξ, η 相互独立,令 $\zeta=\max(\xi, \eta)$,则 ζ 的分布函数 $F_\zeta(z)=$ ________.

计算题

3-64 设(ξ, η)的联合分布律为

ξ \ η	0	1	2
0	a	b	$\frac{1}{9}$
1	$\frac{2}{9}$	c	0
2	$\frac{1}{9}$	0	0

其中 a, b, c 为常数,已知 $E\xi=E\eta=\frac{2}{3}$. 求:

(1) 求常数 a, b, c;(2) 求 ξ 和 η 的边际分布律,并判断 ξ 与 η 是否独立(需说明理由);

(3) 求 $\zeta=\max(\xi, \eta)$ 的分布律和分布函数 $F_\zeta(z)$; (4) 求 $\mathrm{cov}(\xi, \eta)$.

3-65 设两维随机变量(ξ, η)在 $D=\{(x, y)\mid |x|+|y|\leqslant 1\}$ 上服从均匀分布.

(1) 求(ξ, η)的联合概率密度函数;(2) 求 ξ 与 η 的边际概率密度函数;

(3) 问 ξ 与 η 是否相关? 是否相互独立? (4) 若 $\zeta=\xi+\eta$, 求 ζ 的概率密度函数 $p_\zeta(z)$.

3-66 二维随机变量(ξ, η)的联合概率密度为 $\varphi(x, y)=\begin{cases}Axy, & 0<x<1, 0<y<1,\\ 0, & \text{其他}.\end{cases}$

求:(1) 系数 A;(2) ξ, η 的数学期望 $E\xi$ 和 $E\eta$,方差 $D\xi$ 和 $D\eta$;(3) ξ, η 的协方差 $\mathrm{cov}(\xi, \eta)$和相关系数 $\rho_{\xi\eta}$.

3-67 设某种商品一周的需求量是一个随机变量,其概率密度为

$$p(x)=\begin{cases}x\mathrm{e}^{-x}, & x>0,\\ 0, & x\leqslant 0.\end{cases}$$

设各周的需求量是相互独立,求两周需求总量的概率密度、数学期望和方差.

4 随机变量序列的极限分布

与高等数学相似，极限概念的引进会给分析带来本质的变化. 本章就随机变量序列 $\xi_1(\omega), \xi_2(\omega), \cdots, \xi_n(\omega), \cdots$的极限问题进行讨论. 然而与高等数学中数列极限不同，由于每个随机变量 $\xi_n(\omega)$都具有“取值”与“概率”两方面的特性，所以在定义或讨论它们的极限时必须充分注意到这些特点. 随机变量序列极限的引进，不仅可以给概率的统计定义比较圆满的解释，也可从理论上说明客观世界正态分布大量存在的原因，在此基础上我们还可引进“随机积分”、“随机微分”等，使对随机现象进行更深入的分析成为可能.

4.1 泊松定理与中心极限定理

由于随机变量的分布兼顾了“取值”与“概率”两方面的特性，所以利用随机变量序列的分布(分布律或分布函数)对极限进行讨论是比较自然的想法.

4.1.1 二项分布律的泊松定理

定理 4.1.1 设 ξ_n 服从二项分布 $B(n, p_n)$，ξ 服从泊松分布 $P(\lambda)$. 若当 $n \to +\infty$ 时，$np_n \to \lambda$，则

$$\lim_{n\to\infty}\binom{n}{k}p_n^k(1-p_n)^{n-k}=\frac{\lambda^k}{k!}e^{-\lambda}, \tag{4.1.1}$$

即 $\lim\limits_{n\to\infty}P(\xi_n=k)=P(\xi=k)$，此时常称 ξ_n 在分布意义下收敛于 ξ，记为 $\xi_n \xrightarrow{L.} \xi(n\to\infty)$.

证：对固定的 $k(k=0, 1, 2, \cdots, n)$，记 $np_n=\lambda_n$，则

$$\begin{aligned}\binom{n}{k}p_n^k(1-p_n)^{n-k}&=\frac{n!}{k!(n-k)!}\left(\frac{\lambda_n}{n}\right)^k\left(1-\frac{\lambda_n}{n}\right)^{n-k}\\&=\frac{n(n-1)\cdots(n-k+1)}{k!}\left(\frac{\lambda_n}{n}\right)^k\left(1-\frac{\lambda_n}{n}\right)^{n-k}\\&=\frac{\lambda_n^k}{k!}\frac{n(n-1)\cdots(n-k+1)}{n^k}\left(1-\frac{\lambda_n}{n}\right)^{n-k}\\&=\frac{\lambda_n^k}{k!}\left(1-\frac{1}{n}\right)\left(1-\frac{2}{n}\right)\cdots\left(1-\frac{k-1}{n}\right)\left(1-\frac{\lambda_n}{n}\right)^{n-k},\end{aligned}$$

注意到当 $n\to\infty$ 时，k 是固定的，$\lambda_n\to\lambda$，故

$$\left(1-\frac{\lambda_n}{n}\right)^{n-k}\to e^{-\lambda},\ \left(1-\frac{1}{n}\right)\left(1-\frac{2}{n}\right)\cdots\left(1-\frac{k-1}{n}\right)\to 1,$$

从而

$$\lim_{n\to\infty}\binom{n}{k}p_n^k(1-p_n)^{n-k}=\frac{\lambda^k}{k!}e^{-\lambda}.$$

对任意非负整数 k 都成立，这就证明了定理 4.1.1.

本定理有时可作为近似公式使用，利用 Excel 中的统计函数 BINOMDIST 与 POISSON 可以方便地进行具体的比较与验证，从表 4.1.1 中可以看出，它们在 n 较大、p_n 较小、$np_n=\lambda_n$ 适中时还是很接近的.

表 4.1.1 二项分布与泊松近似的比较表

k	二项分布 按 $C_n^k p^k(1-p)^{n-k}$ 计算				泊松近似 按 $\frac{(np)^k}{k!}e^{-np}$ 计算
	$n=10$ $p=0.1$	$n=20$ $p=0.05$	$n=40$ $p=0.025$	$n=100$ $p=0.01$	$\lambda=np=1$
0	0.349	0.358	0.363	0.366	0.368
1	0.385	0.377	0.372	0.370	0.368
2	0.194	0.189	0.186	0.185	0.184
3	0.057	0.060	0.060	0.061	0.061
4	0.011	0.013	0.014	0.015	0.015
>4	0.004	0.003	0.005	0.003	0.004

4.1.2 独立随机变量序列累加和的中心极限定理

本节将给出一些“随机变量前 n 项和以正态分布为极限”的定理，常称这一类定理为中心极限定理.

定理 4.1.2 （林德贝格-勒维）中心极限定理： 设 $\{\xi_n\}$ 是独立同分布的随机变量序列，$E\xi_i=\mu,\ D\xi_i=\sigma^2>0(i=1,2,\cdots)$，则对 $\{\xi_n\}$ 的前 n 项和 $\sum_{i=1}^{n}\xi_i$ 的标准化 $\frac{\sum_{i=1}^{n}\xi_i-\mu}{\sqrt{n}\sigma}$ 以及任意实数 x 有

$$\lim_{n\to\infty}P\left\{\frac{\sum_{i=1}^{n}\xi_i-n\mu}{\sqrt{n}\sigma}\leqslant x\right\}=\frac{1}{\sqrt{2\pi}}\int_{-\infty}^{x}e^{-\frac{t^2}{2}}dt. \tag{4.1.2}$$

注意到式(4.1.2)右边为标准正态分布 $N(0, 1)$的分布函数，左边为 $\dfrac{\sum_{i=1}^{n}\xi_i - n\mu}{\sqrt{n}\sigma}$ 的分布函数，故与定理 4.1.1 相似，称随机变量序列 $\dfrac{\sum_{i=1}^{n}\xi_i - n\mu}{\sqrt{n}\sigma}$ 在分布意义下收敛于标准正态分布 $N(0, 1)$.

这个定理说明，当 n 充分大时，随机变量 $\dfrac{\sum_{i=1}^{n}\xi_i - n\mu}{\sqrt{n}\sigma}$ 近似服从 $N(0, 1)$，进一步利用正态分布的线性组合仍是正态分布的性质，可知当 n 充分大时，近似有

$$\sum_{i=1}^{n}\xi_i \sim N(n\mu,\ n\sigma^2). \tag{4.1.3}$$

该式的合理性可由下例得到验证.

例 4.1.1 设$\{\xi_n\}$为独立同分布的随机变量序列，都服从$(0, 1)$上的均匀分布，记 $\eta_n = \sum_{i=1}^{n}\xi_i \quad (n = 1, 2, 3, 4)$，试写出 η_n 的密度函数 $p_n(x)$.

解: 由于 $\eta_1 = \xi_1 \sim U(0, 1)$，故密度函数为

$$p_1(x) = \begin{cases} 1, & 0 < x < 1, \\ 0, & 其他. \end{cases}$$

对于 $\eta_2 = \xi_1 + \xi_2$，可用卷积公式

$$p_2(x) = \int_{-\infty}^{+\infty} p_{\xi_1}(t)p_{\xi_2}(x-t)\mathrm{d}t = \begin{cases} \int_0^x 1\mathrm{d}t, & 0 < x < 1, \\ \int_{x-1}^{1} 1\mathrm{d}t, & 1 \leqslant x < 2, \\ 0, & 其他. \end{cases}$$

$$= \begin{cases} x, & 0 < x < 1, \\ 2-x, & 1 \leqslant x < 2, \\ 0, & 其他. \end{cases}$$

对于 η_3 与 η_4 可类似得到

$$p_3(x) = \begin{cases} \dfrac{x^2}{2}, & 0 < x < 1, \\ \dfrac{1}{2}(-2x^2 + 6x - 3), & 1 \leqslant x < 2, \\ \dfrac{1}{2}(3 - x^2), & 2 \leqslant x < 3, \\ 0, & 其他, \end{cases}$$

$$p_4(x)=\begin{cases}\dfrac{x^3}{6}, & 0<x<1,\\ \dfrac{x^3-4(x-1)^3}{6}, & 1\leqslant x<2,\\ \dfrac{(4-x)^3-4(3-x)^3}{6}, & 2\leqslant x<3,\\ \dfrac{(4-x)^3}{6}, & 3\leqslant x<4,\\ 0, & 其他.\end{cases}$$

从图 4.1.1 中可以看出随着 n 增加，$p_n(x)$的图像越来越光滑，并接近正态密度曲线，同时密度的对称轴为 $n\mu=n\times\frac{1}{2}=\frac{n}{2}$.

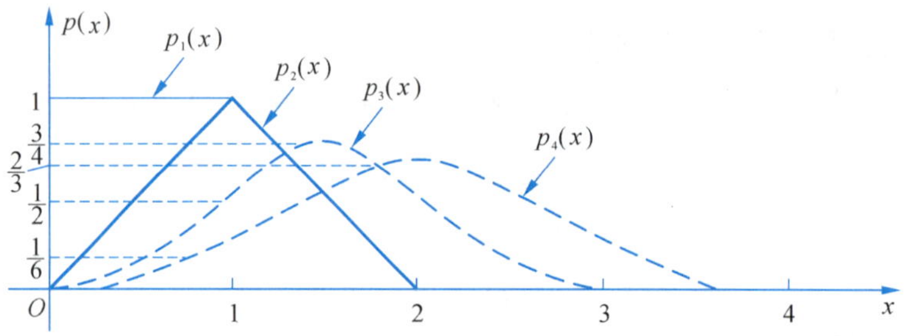

图 4.1.1　均匀分布卷积图

例 4.1.2　设生产线上每件产品的组装时间服从指数分布，统计资料又表明，各件产品组装时间相互独立，其平均组装时间为 10 min. 试求：(1) 组装 100 件成品需要 15 h 至 20 h 的概率；(2) 以不低于 95%的概率，求在 16 h 内最多可组装多少件成品？

解： 设 ξ_i 为第 i 件成品的组装时间(min)，则 $\xi_i\sim E(\lambda)$，其中 $\frac{1}{\lambda}=E\xi_i=10$，另外注意到指数分布的方差为$\frac{1}{\lambda^2}$，故 $D\xi_i=100$，利用定理 4.1.2，得

(1) $P\left\{15\times 60\leqslant\sum_{i=1}^{100}\xi_i\leqslant 20\times 60\right\}$

$$=P\left\{\frac{900-100\times 10}{\sqrt{100\times 100}}\leqslant\frac{\sum_{i=1}^{100}\xi_i-100\times 10}{\sqrt{100\times 100}}\leqslant\frac{1\,200-100\times 10}{\sqrt{100\times 100}}\right\}$$

$$=\Phi(2)-\Phi(-1)=\Phi(2)-[1-\Phi(1)]=0.977\,2-[1-0.841\,3]$$

$$=0.818\,5.$$

(2) 设在 16 h 内组装 n 件成立，则由题意，得

$$P\left\{\sum_{i=1}^{n}\xi_i \leqslant 16\times 60\right\} \geqslant 0.95.$$

标准化后，得

$$P\left\{\frac{\sum_{i=1}^{n}\xi_i - 10n}{10\sqrt{n}} \leqslant \frac{960-10n}{10\sqrt{n}}\right\} \geqslant 0.95.$$

利用中心极限定理近似，得

$$\Phi\left(\frac{960-10n}{10\sqrt{n}}\right) \geqslant 0.95.$$

查表，得

$$\frac{960-10n}{10\sqrt{n}} \geqslant 1.645.$$

解不等式得到 n 最多为 81.18 件，故可以认为 16 h 内以不低于 95% 的概率保证最多可组装 81 件产品.

为方便计，常称定理 4.1.2 为独立同分布中心极限定理，相应地，下面的定理可称为二项分布的中心极限定理.

定理 4.1.3(棣莫弗-拉普拉斯中心极限定理) 在 n 重伯努利试验中，事件 A 在每次试验中出现的概率为 $p(0<p<1)$，记 μ_n 为 n 次试验中事件 A 出现的次数，则 $\mu_n \sim B(n, p)$，而且对任意实数 x，有

$$\lim_{n\to\infty} P\left\{\frac{\mu_n - np}{\sqrt{npq}} \leqslant x\right\} = \frac{1}{\sqrt{2\pi}}\int_{-\infty}^{x} \mathrm{e}^{-\frac{t^2}{2}}\mathrm{d}t. \tag{4.1.4}$$

这个定理说明当 n 充分大时，$\frac{\mu_n - np}{\sqrt{npq}}$ 近似服从 $N(0, 1)$，或者说近似有

$$\mu_n \sim N(np, npq). \tag{4.1.5}$$

本定理有时用作近似计算，在计算时考虑到 μ_n 是离散分布，而正态分布是连续分布，故常作修正以提高近似精度. 即，当 n 充分大，k 是非负整数时，可有修正公式

$$P\{\mu_n \leqslant k\} \approx \Phi\left(\frac{k+0.5-np}{\sqrt{npq}}\right), \tag{4.1.6}$$

$$P\{\mu_n < k\} \approx \Phi\left(\frac{k-0.5-np}{\sqrt{npq}}\right). \tag{4.1.7}$$

这是因为前者包含 k，后者不包含 k. 当 $k_1<k_2$ 均为非负整数时，利用它们可进一步有

$$\begin{aligned} P\{k_1 \leqslant \mu_n \leqslant k_2\} &\approx P\{k_1 - 0.5 \leqslant \mu_n \leqslant k_2 + 0.5\} \\ &\approx \Phi\left(\frac{k_2+0.5-np}{\sqrt{npq}}\right) - \Phi\left(\frac{k_1-0.5-np}{\sqrt{npq}}\right). \end{aligned} \tag{4.1.8}$$

例 4.1.3 分别用式(4.1.4)与式(4.1.8)近似计算例 2.5.3.

解:记 μ_n 为实际开工车床数,则 $\mu_n \sim B(200,\ 0.6)$,今欲求 b(kW),使

$$P\{0 \leqslant \mu_n \leqslant b\} \geqslant 0.999.$$

若用式(4.1.4)近似计算,则

$$P\{0 \leqslant \mu_n \leqslant b\} \approx \Phi\left(\frac{b-120}{\sqrt{48}}\right) - \Phi\left(\frac{0-120}{\sqrt{48}}\right) \approx \Phi\left(\frac{b-120}{\sqrt{48}}\right).$$

这样由 $\Phi\left(\frac{b-120}{\sqrt{48}}\right) \geqslant 0.999$,解出 $b \geqslant 120 + 3.0902 \times \sqrt{48} \approx 141.4095$,即至少供电 142 kW.

若用式(4.1.8)近似计算,则

$$P\{0 \leqslant \mu_n \leqslant b\} \approx \Phi\left(\frac{b+0.5-120}{\sqrt{48}}\right) - \Phi\left(\frac{0-0.5-120}{\sqrt{48}}\right) \approx \Phi\left(\frac{b+0.5-120}{\sqrt{48}}\right).$$

再由 $\Phi\left(\frac{b+0.5-120}{\sqrt{48}}\right) \geqslant 0.999$,解出 $b \geqslant 140.9095 \approx 141$ kW. 与前面统计函数计算结果(例 2.5.3)相比,后者更精确.

例 4.1.4 某药厂生产某种药品,声称对某疾病的治愈率为 80%,现为了检验说法的正确性,任意抽取 100 个此种疾病的患者进行临床试验,如果有多于 75 人治愈,则此药通过检验. 试在以下两种情况下,分别计算此药通过检验的可能性.

(1) 此药实际治愈率为 80%;(2) 此药实际治愈率为 70%.

解:设 μ_n 为 100 名临床试验患者中治愈的人数,$n = 100$.

(1) 由于 $p = 80\%$,故 $\mu_n \sim B(100,\ 0.8)$,这样,注意到 75 为正整数后通过检验的可能性可用修正公式(4.1.6)计算,即

$$\begin{aligned} P(\mu_n > 75) &= 1 - P\{\mu_n \leqslant 75\} \approx 1 - \Phi\left(\frac{75+0.5-np}{\sqrt{npq}}\right) \\ &= 1 - \Phi(-1.125) = \Phi(1.125) = 0.8697. \end{aligned}$$

(2) 此时 $p = 70\%$,故 $\mu_n \sim B(100,\ 0.7)$,从而

$$\begin{aligned} P(\mu_n > 75) &= 1 - P\{\mu_n \leqslant 75\} \approx 1 - \Phi\left(\frac{75+0.5-70}{\sqrt{npq}}\right) \\ &= 1 - \Phi(1.2) = 1 - 0.8849 = 0.1151. \end{aligned}$$

从而第一种情况通过检验的可能性较大,而第二种情况通过的可能性很小.

例 4.1.5 设 ξ 服从泊松分布 $P(20)$,试用中心极限定理近似计算概率 $P\{16 < \xi \leqslant 21\}$.

解:由例 3.4.8 知 ξ 可分解为 $\sum_{i=1}^{20} \xi_i$,且其中 ξ_i 相互独立,服从相同分布 $P(1)$,于是利用

定理 4.1.2，同时注意到 $E\xi_i = D\xi_i = 1$ 后，有 $\eta = \dfrac{\xi - 20 \times 1}{\sqrt{20 \times 1}} = \dfrac{\xi - 20}{\sqrt{20}}$，近似服从 $N(0, 1)$，或 ξ 近似服从 $N(20, 20)$. 这样与二项分布近似计算式(4.1.6)、式(4.1.7)、式(4.1.8)相似，可用修正公式

$$
\begin{aligned}
P(16 < \xi \leqslant 21) &= P(\xi \leqslant 21) - P(\xi \leqslant 16) \\
&= \Phi\left(\frac{21.5 - 20}{\sqrt{20}}\right) - \Phi\left(\frac{16.5 - 20}{\sqrt{20}}\right) \\
&\approx \Phi(0.335) - \Phi(-0.783) = 0.4142.
\end{aligned}
$$

(如使用精确的泊松公式，则结果为 $P(16 < \xi \leqslant 21) = 0.4226$)(图 4.1.2).

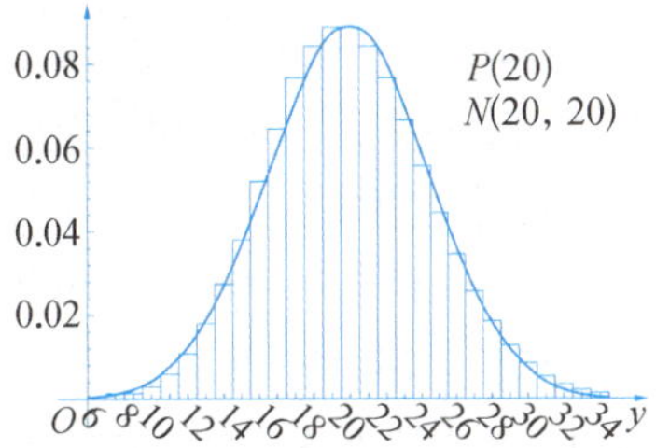

图 4.1.2　$P(16<\xi\leqslant 21)$ 分布示意图

更仔细一些的中心极限定理可以证明，当随机变量序列 $\{\xi_n\}$ 中各项在概率意义下都比较小(即不存在起突出作用的项)时，其累加和的极限服从正态分布. 这实际上给了我们一个简单的判据，用以解释或判别客观世界存在的众多正态分布. 详细理由可参阅参考文献[1]、[4].

4.2 概率收敛与大数定律

本节将证明频率的极限是概率，同时给“统计”中的参数估计“矩”方法以理论上的支持. 为此先讨论一种比 4.1 节复杂一些的随机变量序列收敛的新定义，再证明与之有关的大数定律.

4.2.1 概率收敛

在讨论频率 $\dfrac{\mu_n}{n}$ 的极限是否为概率 p 时，常会以重复抛硬币来模拟. 例如，有的统计学家做过类似的实验(参阅表 1.2.1)，发现当 n 很大时，$\dfrac{\mu_n}{n}$ 确实会靠近概率 p. 用 Excel 进行随机数模拟也可说明这一点，但作为严格的理论证明，就要仔细分析各种情况. 例如，在抛硬币时是否总会出现正面，这时 $\mu_n = n$，频率 $\dfrac{\mu_n}{n} = \dfrac{n}{n} = 1$，就不会趋向概率 $p\left(\text{均匀硬币 } p = \dfrac{1}{2}\right)$. 尽管这种极端情况在模拟时通常不会出现，但它还是可能存在的. 面对这种情况，是否就怀疑频率 $\dfrac{\mu_n}{n}$ 的极限是概率 p 呢？数学家在讨论时充分注意到了这一情况，同时更注意到了极端情况发生的“机会”很小这一特点，引进了概率收敛这一极限概念. 这是一种与我们曾在高等数学中学习过的极限不同的概念，在定义时要兼顾随机变量的“取值”与“概率”两个特性，又要强调例外情况为小概率这一事实.

定义 4.2.1(概率收敛) 设$\{\xi_n\}$为一随机变量序列，ξ为一随机变量，若对任意的$\varepsilon>0$，有

$$\lim_{n\to\infty} P\{|\xi_n-\xi|<\varepsilon\}=1, \tag{4.2.1}$$

则称$\{\xi_n\}$按概率收敛于ξ，记作$\xi_n \xrightarrow{P} \xi$.

式(4.2.1)等价于

$$\lim_{n\to\infty} P\{|\xi_n-\xi|\geqslant\varepsilon\}=0. \tag{4.2.2}$$

此式说明当n充分大时，ξ_n与ξ之差的绝对值大于ε的概率很小，由于ε是任意的，这就保证了在大概率意义下ξ_n充分接近ξ，或收敛于ξ.

"概率收敛"是一种与"分布收敛"不同的收敛概念，常用于讨论"大数定律"，其中最直接的就是讨论频率与概率关系的伯努利大数定律.

定理 4.2.1(伯努利大数定律) 设μ_n为n重伯努利试验中事件A发生的次数，p为每次试验中A发生的概率，则对任意$\varepsilon>0$，有

$$\lim_{n\to\infty} P\left\{\left|\frac{\mu_n}{n}-p\right|<\varepsilon\right\}=1,$$

即$\dfrac{\mu_n}{n} \xrightarrow{P} p$.

证: 由于μ_n服从二项分布$B(n, p)$，故其期望$E\mu_n=np$，方差$D\mu_n=npq \quad (q=1-p)$，利用切比雪夫不等式(性质 2.4.5)，可得，对任意$\varepsilon>0$，有

$$P\left\{\left|\left(\frac{\mu_n}{n}\right)-E\left(\frac{\mu_n}{n}\right)\right|\geqslant\varepsilon\right\}\leqslant\frac{D\left(\frac{\mu_n}{n}\right)}{\varepsilon^2}.$$

注意到$E\dfrac{\mu_n}{n}=\dfrac{1}{n}E\mu_n=\dfrac{np}{n}=p$，$D\left(\dfrac{\mu_n}{n}\right)=\dfrac{1}{n^2}D\mu_n=\dfrac{npq}{n^2}=\dfrac{pq}{n}$.

代入上式后，得

$$P\left\{\left|\frac{\mu_n}{n}-p\right|\geqslant\varepsilon\right\}\leqslant\frac{pq}{n\varepsilon^2}.$$

由于$pq\leqslant\dfrac{1}{4}$(其理由不难用高等数学证明)，从而

$$P\left\{\left|\frac{\mu_n}{n}-p\right|\geqslant\varepsilon\right\}\leqslant\frac{1}{4n\varepsilon^2}.$$

令$n\to\infty$，注意到概率非负性及极限的两边夹定理后，有

$$\lim_{n\to\infty} P\left\{\left|\frac{\mu_n}{n}-p\right|\geqslant\varepsilon\right\}=0.$$

这说明 $\frac{\mu_n}{n} \xrightarrow{P} p$，从而证明了伯努利大数定律.

本定律的重要意义在于说明频率的极限是概率，这样就给“概率论”建立了一个坚实的理论基础. 在近似计算时它不及定理 4.1.3 的中心极限定理，因为大数定律仅指出极限，而二项分布的中心极限定理不仅指出了极限，而且指出了极限附近(即 n 充分大，而不是 $+\infty$ 时)的情况. 实际上利用定理 4.1.3 我们可得：当 n 充分大时

$$P\left\{\left|\frac{\mu_n}{n}-p\right| \leqslant \varepsilon\right\}=P\left\{\left|\frac{\mu_n-np}{\sqrt{npq}}\right| \leqslant \varepsilon\sqrt{\frac{n}{pq}}\right\}$$

$$\approx \frac{1}{\sqrt{2\pi}}\int_{-\varepsilon\sqrt{\frac{n}{pq}}}^{\varepsilon\sqrt{\frac{n}{pq}}} \mathrm{e}^{-\frac{x^2}{2}}\,\mathrm{d}x=2\Phi\left(\varepsilon\sqrt{\frac{n}{pq}}\right)-1 \xlongequal{\Delta} \beta. \tag{4.2.3}$$

这个公式给出了频率替代概率时的误差近似估计式，即四个参数(n, p, ε, β)间的等式关系. 这样，当知道了其中 3 个参数后就可利用等式求出余下的另一个参数值.

例 4.2.1 某民意调查公司受委托调查电视节目收视率 p，调查公司将所有调查对象中收看此节目的频率 $\frac{\mu_n}{n}$ 作为 p 的估计值，现在要以 90% 把握保证“估计值与收视率 p 之间的差异不大于 5%”，问至少要调查多少对象?

解：这是个知道 ε, β 欲求 n 的问题，其中少掉的参数 p 可以用 $pq \leqslant 0.25$ 的办法予以处理. 设被调查对象数为 n，则式(4.2.3)为

$$P\left\{\left|\frac{\mu_n}{n}-p\right| \leqslant \varepsilon\right\} \approx 2\Phi\left(\varepsilon\sqrt{\frac{n}{pq}}\right)-1=\beta.$$

其中 $\varepsilon=0.05$, $\beta \geqslant 0.90$. 查正态分布表，由 $\Phi(x)$ 的单调性以及 $\Phi(1.645)=\frac{1+0.90}{2}=0.95$，得

$$0.05\sqrt{\frac{n}{pq}} \geqslant 1.645.$$

从中解出 $n \geqslant pq\left(\frac{1.645}{0.05}\right)^2=1\,082.41pq$.

在未知 p 值情况下，利用 $pq \leqslant 0.25$，可知只要 $n \geqslant 0.25 \times 1\,082.41=270.6$ 即可. 这说明调查 271 个对象就能达到要求.

注：在这一类问题中，由于 μ_n 落入的区间端点往往不是整数，故不需要使用修正公式(4.1.8).

例 4.2.2 已知某厂生产一大批产品，合格率为 $\frac{1}{6}$，从中任选 6 000 个，试问：

(1) 在这 6 000 个产品中“合格品的比例与 $\frac{1}{6}$ 之差不超过 1%”的概率为多少?

(2) 误差限 ε 应定为多少时，才能保证“频率与概率之差不大于 ε”的概率为 0.99? 此时

合格品数落在什么范围?

解:(1) 这是个已知 n, p, ε 求 β 的问题,由于 $n=6\,000$, $p=\dfrac{1}{6}$, $\varepsilon=0.01$,代入式(4.2.3),得

$$P\left\{\left|\frac{\mu_n}{n}-p\right|\leqslant\varepsilon\right\}\approx 2\Phi\left(\varepsilon\sqrt{\frac{n}{pq}}\right)-1=2\Phi\left(0.01\times\sqrt{\frac{6\,000}{\frac{1}{6}\times\frac{5}{6}}}\right)-1$$

$$=2\Phi(2.078\,5)-1=2\times 0.981\,2-1=0.962\,4.$$

(2) 这是个已知 n, p, β 求 ε 的问题,从式(4.2.3)知

$$2\Phi\left(\varepsilon\sqrt{\frac{n}{pq}}\right)-1=\beta=0.99,$$

故 $\Phi\left(\varepsilon\sqrt{\dfrac{n}{pq}}\right)=0.995$,查正态分布表得 $\varepsilon\sqrt{\dfrac{n}{pq}}=2.575\,8$,

从而

$$\varepsilon=2.575\,8\times\sqrt{\frac{\frac{1}{6}\times\frac{5}{6}}{6\,000}}=0.012\,4.$$

这时式(4.2.3)为

$$P\left\{\left|\frac{\mu_n}{6\,000}-\frac{1}{6}\right|\leqslant 0.012\,4\right\}=0.99.$$

展开绝对值不等式,得

$$925.6\leqslant\mu_n\leqslant 1\,074.4.$$

即合格品数落在 925 与 1 075 之间.

4.2.2 随机变量序列算术平均的大数定律

与中心极限定理相比较,本节中的大数定律涉及的收敛方式是概率收敛(P 收敛),而不是分布收敛(L 收敛),同时涉及的对象主要是前 n 项的算术平均 $\left(\dfrac{\sum\limits_{i=1}^{n}\xi_i}{n}\right)$,而不是前 n 项的和 $\left(\sum\limits_{i=1}^{n}\xi_i\right)$. 4.2.1 节提到的伯努利定律也是一种大数定律,这是由于频数 μ_n 可以看作是 n 个独立的服从 0 - 1 分布的 ξ_i 之和. 与伯努利定律相似,一般的大数定律常考虑 $\dfrac{\sum\limits_{i=1}^{n}\xi_i}{n}$ 与其期望之差的极限,同时为方便计算,把对应的期望改为 a_n,这样就有了一般大数定律的形式.

定义 4.2.2 设$\{\xi_n\}$为一随机变量序列，令 $\eta_n = \frac{\sum_{i=1}^{n}\xi_i}{n}$，如果存在常数序列$\{a_n\}$，使得对任意 $\varepsilon > 0$，且总有

$$\lim_{n\to\infty} P\{|\eta_n - a_n| < \varepsilon\} = 1,$$

则称$\{\xi_n\}$服从大数定律.

此定义说明 $\eta_n - a_n \xrightarrow{P} 0$ 等价于$\{\xi_n\}$服从大数定律.

定理 4.2.2(切比雪夫大数定律) 设$\{\xi_n\}$为一列两两不相关的随机变量序列，方差存在且有共同的上界，即 $D\xi_n \leqslant c\ (n = 1, 2, \cdots)$，则$\{\xi_n\}$服从大数定律，其中 $a_n = \frac{1}{n}\sum_{i=1}^{n} E\xi_i$.

证：由于$\{\xi_n\}$两两不相关，故

$$D\eta_n = D\left(\frac{\sum_{i=1}^{n}\xi_i}{n}\right) = \frac{1}{n^2}\sum_{i=1}^{n} D\xi_i .$$

其中 $\eta_n = \frac{1}{n}\sum_{i=1}^{n}\xi_i$. 利用方差有界性假设，可知 $D\eta_n \leqslant \frac{1}{n^2}\sum_{i=1}^{n} c = \frac{c}{n}$，从而由切比雪夫不等式有

$$P\{|\eta_n - E\eta_n| \geqslant \varepsilon\} \leqslant \frac{D\eta_n}{\varepsilon^2} \leqslant \frac{c}{n\varepsilon^2}.$$

令 $n \to \infty$，注意到概率的非负性，则有

$$\lim_{n\to\infty} P\{|\eta_n - a_n| \geqslant \varepsilon\} = \lim_{n\to\infty} P\{|\eta_n - E\eta_n| \geqslant \varepsilon\} = 0.$$

这说明随机变量序列$\{\xi_n\}$满足定义 4.2.2 的要求，从而大数定律成立.

当上述定理中的“两两不相关性”不成立时，可以改用其他的充分条件. 如“马尔可夫条件”就被用来讨论下面的大数定律.

定理 4.2.3(马尔可夫大数定律) 设$\{\xi_n\}$为一列随机变量序列，其方差存在且满足马尔可夫条件

$$\frac{1}{n^2} D\left(\sum_{i=1}^{n}\xi_i\right) \to 0 \quad (n \to \infty), \tag{4.2.4}$$

则$\{\xi_n\}$服从大数定律，其中 $a_n = \frac{\sum_{i=1}^{n} E\xi_i}{n}$.

利用切比雪夫不等式，仿照定理 4.2.2 容易得出其证明.

定理 4.2.4(辛钦大数定律) 设$\{\xi_n\}$为一独立同分布的随机变量序列，其数学期望存在，则$\{\xi_n\}$服从 $a_n = E\xi_n = \mu$ (常数)的大数定律.

其证明要用到"特征函数"工具,有兴趣的读者可参阅参考文献[1].

例 4.2.3(矩法原则) 设 k 为某正整数,ξ 为随机变量,其 k 阶原点矩(定义 3.3.2) $\mu_k = E\xi^k$ 存在,$\{\xi_n\}$为与 ξ 具有相同分布的独立同分布随机变量序列. 令 $\eta_n = \frac{1}{n}\sum_{i=1}^{n}(\xi_i^k)$,试证:$\eta_n \xrightarrow{P} \mu_k (n\to\infty)$.

证: 由于$\{\xi_n\}$为独立同分布,故$\{\xi_n^k\}$亦为独立同分布律,对此序列注意到 $E\xi_n^k = E\xi^k = \mu_k =$ 常数,引用辛钦大数定律,知道对任意 $\varepsilon > 0$ 有

$$P\{|\eta_n - \mu_k| \geqslant \varepsilon\} = P\left\{\left|\frac{1}{n}\sum_{i=1}^{n}\xi_i^k - \mu_k\right| \geqslant \varepsilon\right\} \to 0 \quad (n\to\infty).$$

从而 $\eta_n \xrightarrow{P} \mu_k$.

注:在统计中常把 ξ 称为总体,把 $\xi_1, \xi_2, \xi_3, \cdots, \xi_n$ 称为样本,当 n 固定时,把 $\frac{\sum_{i=1}^{n}\xi_i}{n}$ 称为样本均值,记作 $\bar{\xi}$,把 $\frac{\sum_{i=1}^{n}\xi_i^k}{n}$ 称为样本的 k 阶(原点)矩,记作 $\overline{\xi^k}$. 本例说明当 n 很大时,样本(k 阶)矩会趋近于总体(k 阶)矩,这称为"矩法原则",可用于统计中的参数点估计.

例 4.2.4 设$\{\xi_n\}$为一"两两独立"的随机变量序列,其概率分布为

ξ_n	$-\sqrt{\ln n}$	$\sqrt{\ln n}$
P	$\frac{1}{2}$	$\frac{1}{2}$

试判别$\{\xi_n\}$是否服从大数定律.

解: 先计算 ξ_n 的一阶、二阶矩. 由于

$$E\xi_n = \frac{1}{2}\times(-\sqrt{\ln n}) + \frac{1}{2}\times(\sqrt{\ln n}) = 0,$$

$$D\xi_n = E\xi_n^2 = \frac{1}{2}\times(\ln n) + \frac{1}{2}\times(\ln n) = \ln n,$$

当 $n\to\infty$ 时,$D\xi_n\to\infty$,故不能应用切比雪夫大数定律,但若代入马尔可夫定律中的判别条件,注意到利用独立性

$$\frac{1}{n^2}D\left(\sum_{i=1}^{n}\xi_i\right) = \frac{1}{n^2}\sum_{i=1}^{n}D\xi_i = \frac{1}{n^2}\sum_{i=1}^{n}\ln i \leqslant \frac{1}{n^2}\sum_{i=1}^{n}\ln n = \frac{\ln n}{n},$$

由 $\lim\limits_{n\to\infty}\frac{\ln n}{n} = 0$,推出马尔可夫条件[式(4.2.4)]成立,从而$\{\xi_n\}$服从大数定律.

例 4.2.5(泊松大数定律) 设有一独立试验序列,事件 A 在第 k 次试验中发生的概率

为 p_k，记 μ_n 为前 n 次试验中事件 A 发生的次数，试证：对任意 $\varepsilon>0$，有

$$\lim_{n\to\infty}P\left\{\left|\frac{\mu_n}{n}-\frac{p_1+p_2+\cdots+p_n}{n}\right|<\varepsilon\right\}=1.$$

证：首先指出，当 p_k 等于常数 p 时，它就是定理 4.2.1(伯努利大数定律)，这就启发我们对 μ_n 进行和式分解，即令 $\mu_n=\xi_1+\xi_2+\cdots+\xi_n$，其中，$\xi_k$ 定义为 0-1 分布

$$\xi_k=\begin{cases}1, & \text{在第 } k \text{ 次试验中事件 } A \text{ 发生},\\ 0, & \text{在第 } k \text{ 次试验中事件 } A \text{ 不发生}.\end{cases}$$

显然 ξ_k 间相互独立，但不是同分布，其期望 $E\xi_k=p_k$、方差 $D\xi_k=p_k(1-p_k)$ 都与 k 有关. 然而，如注意到 $D\xi_k=p_k(1-p_k)\leqslant\frac{1}{4}$，则可利用切比雪夫大数定律(定理 4.2.2)，得

$$\lim_{n\to\infty}P\left\{\left|\frac{1}{n}\sum_{i=1}^{n}\xi_i-\frac{1}{n}\sum_{i=1}^{n}E\xi_i\right|<\varepsilon\right\}=1.$$

从而对任意 $\varepsilon>0$，总有

$$\lim_{n\to\infty}P\left\{\left|\frac{\mu_n}{n}-\frac{p_1+p_2+\cdots+p_n}{n}\right|<\varepsilon\right\}=1.$$

故泊松大数定律成立.

本章小结

本章把随机变量的个数从多个进一步推广到无限个，同时为简便起见，把讨论重点限于随机变量序列的极限. 应该指出与高数中的序列极限不同，这里随机序列的收敛性都涉及“取值”和“概率”两方面特性.

随机变量序列极限
- 极限定义(分布收敛、概率收敛)
- 极限定理
  - 中心极限定理(独立同分布、二项分布中心极限定理)
  - 大数定理(切比雪夫、马尔可夫、辛钦、泊松大数定理)
- 定理应用
  - 近似计算[式(4.1.3)、式(4.1.5)、式(4.2.3)]
  - 实际应用例子(例 4.1.4、例 4.2.1)
- 定理理论意义[概率为频率极限、正态广泛存在、矩法原则(例 4.2.3)]

思考题

1. “分布收敛”与“概率收敛”的定义中如何体现“取值”和“概率”两方面特性？
2. 在讨论随机变量序列 $\{\xi_n\}$ 的极限定理时，本章讨论的是否是 $\lim_{n\to\infty}\xi_n=?$ 如果不是，那讨论的是谁的极限？
3. 为何说在近似计算时，定理 4.2.1 不及定理 4.1.3？
4. 在例 4.2.1 中如果调查对象数目偏少，可能会产生什么不良后果？

5. 为何说正态分布广泛存在？通过本章的学习，你对正态分布的判别又有什么新的体会？
6. 通过本章学习，重新讨论第 1 章思考题 9：概率是否就是频率？说一个事件发生的概率是 1/3，是否意味着进行三次试验其中有一次成功？如果不是，那又应该如何解释？
7. 分别比较式(4.1.3)与式(4.1.5)两边分布的数字特征，你可得到什么结论？另外比较式(4.1.1)两边的数字特征你会发现什么？进一步如果比较书末附表 1 中 t-分布与 $N(0, 1)$分布的数字特征你又可能会联想到什么？(可参考书中 5.3 节的内容)

习题四

基本练习题

4-1 假设左撇子占总人数的 1%，试用 Excel 中的 BINOMDIST 函数计算 200 人中至少有 4 人为左撇子的概率，并与相应的 Poisson 近似值相比较.

4-2 把一颗骰子连续掷 12 000 次，求出现“幺点”的次数在 1 900 与 2 150 之间的概率的近似值.

4-3 求一个数 k，使得扔 1 000 次硬币出现“正面”的次数在 440 与 k 之间的概率约为 0.5.

4-4 为了求出女性居民在居民中所占的比例数 p，进行抽样调查，问样本要取多大方能使抽样误差小于 0.005 的概率大于等于 0.99?

4-5 一个硬币扔了 10 000 次，出现 5 400 次“正面”，我们是否能够断言这个硬币不均匀呢？

4-6 设$\{\xi_n\}$为独立随机变量序列，且 $P(\xi_1 = 0) = 1$，

$$P(\xi_n = \pm\sqrt{n}) = \frac{1}{n}, \quad P(\xi_n = 0) = 1 - \frac{2}{n}, \ n = 2, 3, \cdots$$

证明：$\{\xi_n\}$服从大数定律.

4-7 设$\{\xi_n\}$为独立随机变量序列，且 $P(\xi_n = \pm 2^{-n}) = \frac{1}{2}$，$n=1, 2, 3, \cdots$，证明：$\{\xi_n\}$服从大数定律.

强化练习题

4-8 电话总机为 300 个电话用户服务，在一小时内每一电话用户使用电话的概率等于 0.01，求在一小时内有 4 个用户使用电话的概率(先用二项分布计算，再用泊松分布近似计算，并求相对误差).

4-9 一批产品的不合格率为 0.02，现从中任取 40 只进行检查，若发现两只或两只以上不合格品就拒收这批产品，分别用以下方法计算拒收的概率：(1) 用二项分别作精确计算；(2) 用泊松分布作近似计算.

4-10 计算机进行加法计算时，把每个加数取为最接近于它的整数来计算. 设所有的取整误差是相互独立的随机变量，并且都在区间$[-0.5, 0.5]$上服从均匀分布，求 300 个数相加时误差总和的绝对值小于 10 的概率.

4-11 某医院一个月接收破伤风的患者的人数是一个随机变量，它服从参数为 $\lambda = 5$ 的泊松分布，每月接收破伤风患者的人数相互独立，求一年中前 9 个月内接收的患者：(1) 40 人到 50 人之间；(2) 多于 30 人的概率.

4-12 随机地选取两组学生，每组 80 人，分别在两个实验室里测量某种化合物的 pH 值，各人测量的结果是随机变量，它们相互独立，服从同一分布，数学期望为 5，方差为 0.3，以$\overline{X}$，$\overline{Y}$分别表示第一组和第二组所得结果的算术平均. 求：(1) $P(4.9<\overline{X}<5.1)$；(2) $P(-0.1<\overline{X}-\overline{Y}<0.1)$.

4-13 有一批建筑房屋用的木柱，其中 80%的长度不小于 3 m，现从这批木柱中随机地取出 100 根，问其中至少有 30 根短于 3 m 的概率是多少？

4-14 设从发芽率为 0.95 的一批种子里随机取 400 粒，试求其不发芽的种子不多于 25 粒的概率.

4-15 某工厂有 200 台同类型的机器，每台机器工作时需要的电力率为 Q(kW)，由于工艺等原因，每台机器的实际工作时间只占全部工作的 75%，各台机器是否工作是相互独立的，求：

(1) 任一时刻有 144 至 160 台机器正在工作的概率；

(2) 需要供应多少电功率可以保证所有机器正常工作的概率不小于 0.99？

4-16 某种福利彩票的奖金额 ξ 由摇奖决定，其分布律为

ξ(万元)	5	10	20	30	40	50	100
P	0.2	0.2	0.2	0.1	0.1	0.1	0.1

若一年中要开出 300 个奖，问需要多少奖金总额，才有 95%的把握能够发放奖金？

4-17 工厂每月生产 10 000 台液晶投影机，它的液晶片车间生产液晶片合格率为 80%，为了以 99.7%的可能性保证出厂的液晶投影机都能装上合格的液晶片，试问该液晶片车间每月至少应该生产多少片液晶片？

4-18 设$\{\xi_n\}$为一个随机变量序列，其中 ξ_n 仅与 ξ_{n+1} 和 ξ_{n-1} 相关，而与其他的 ξ_j $(j\neq n-1,\ n+1)$ 相互独立，而且 $D\xi_n$ 有界，证明：$\{\xi_n\}$服从大数定律.

4-19 设$\{\xi_n\}$为独立同分布的随机变量序列，其共同分布为

$$P\left(\xi_n=\frac{2^k}{k^2}\right)=\frac{1}{2^k},\ k=1,\ 2,\ \cdots$$

试问$\{\xi_n\}$是否服从大数定律？

4-20 随机变量序列$\{\xi_k\}$各以$\frac{1}{2}$的概率取值 k^s 和 $-k^s$，当 s 为何值时，大数定理可应用于独立随机变量序列 ξ_1，…，ξ_n，…的算术平均值？

自测题

4-21 设有 1 万人参加某保险公司的人寿险，每人付 60 元保险费，在一年内一个人死亡的概率为 0.009，死亡时其家属可向保险公司领得 6 000 元，试用中心极限定理计算保险公司不亏本的概率为多少？

4-22 一复杂系统，由多个相互独立作用的部件组成，在运行期间，每个部件损坏的概率都是 0.2，为了使整个系统可靠地工作，必须至少有 76%的部件起作用. 为了使整个系统的可靠性达到 0.99，整个系统至少需要由多少个部件组成？（要求用中心极限定理计算）

4-23 设$\{\xi_n\}$为独立随机变量序列，且 $P(\xi_n=\pm 2^n)=\frac{1}{2^{2n+1}}$，$P(\xi_n=0)=1-\frac{1}{2^{2n}}$，$n=1,\ 2,\ \cdots$证明$\{\xi_n\}$服从大数定律.

4-24 设$\{\xi_n\}$为独立的随机变量序列，其中 ξ_n 服从参数为$\sqrt{n}$的泊松分布，试问$\{\xi_n\}$是否服从大数定律？

5 数理统计中的统计量及其分布

在前四章中，我们讨论了概率论的基本概念和随机处理的基本方法，从中我们已经看到随机变量及其概率分布可以全面地描述随机现象的统计规律性. 在概率论的许多问题中，概率分布通常被假定已知，而一切推理均基于这个已知的分布. 然而在实际问题中，情况往往并非总是如此. 一个随机现象所服从的分布是什么概型，可能完全不知道，或者即便由于现象的某些事实而知道其概型，但其分布函数中也可能包含一些未知的参数. 例如，某型号手机的寿命服从什么分布是不知道的；某种材料的失效时间服从的分布也是不知道的. 又如，根据前面的知识，单位时间内到达某地铁车站候车的乘客数可以用一个泊松分布 $P(\lambda)$ 描述，但分布中的参数 λ 却是不知道的. 那么，怎样才能知道一个随机现象的分布或其参数呢？这些问题都属于数理统计研究的范畴.

数理统计与概率论一样，其研究对象也是随机现象，其处理思想也涉及概率控制随机的过程，但研究的角度和方法不同. 与物理化学中通过实验找出规律相似，数理统计通过对随机现象的观察或实验来获取数据，通过对数据的挖掘和分析，寻找隐藏在数据中的随机现象的统计规律性. 有时统计数据会比较多，这时，方法的正确选择和计算机软件的应用会给我们带来很大的方便.

数理统计是一门应用性很强的学科. 在实际问题中，运用数理统计知识能有效地帮助我们分析和论证. 华东理工大学学生在 2005 年国际数学模型竞赛中，应用统计知识讨论了石油危机问题，并获得了国际特等奖[19].

在国外，"数理统计学"主要指统计方法的数学基础理论部分，而在我国，"数理统计"含义比较广泛，不仅涉及基础理论，还涉及具体的方法和应用. 另外，由于对象不同，在我国还有"商务统计"等其他统计的分支，涉及的内容各有偏重.

数理统计中使用的"统计推断"是与我们在数学中使用的"逻辑推断"不相同的一种新的思维方式，其中蕴涵了"概率控制随机"的随机处理思想. 希望读者通过后面部分的学习，逐步理解与掌握这种新的推理思维方式.

5.1 随机样本和经验分布函数

5.1.1 总体与随机样本

例如,为研究某厂家生产的某批显示器的平均寿命,最准确的方法是将该批显示器全部进行寿命测试.由于显示器的寿命测试具有破坏性,一旦测试,该产品就失去了其使用价值.一个可行的方法是所谓的抽样调查方法,即从该批产品中抽取一部分进行寿命测试,并且根据这部分产品的寿命数据对整批产品的平均寿命进行推断.

又如,为了解我们国家的综合国力,最准确的方法就是进行普查.然而,由于我国有十几亿人口,进行一次普查要花费很长的时间,普查数据的分析一般还要花费半年左右时间,这样得到的分析结果明显滞后,不能及时反映国力.所以我们国家采取每年进行一次抽样调查,而每十年才进行一次普查的方法.

在数理统计学中,我们把研究对象的全体称为总体或母体(Population),而把构成总体的每个成员称为个体(Individual).例如,上面提到的某厂家生产的整批显示器就构成了一个总体,而其中每个显示器就是一个个体.又如,上面提到的我国的全体人口即为一个总体,而其中每个个人即为一个个体.不难看出,对多数实际问题,总体中的个体是一些实在的人或物.再如,我们要研究某大学在校大学生的月支出,则该大学的全体在校学生就构成了问题的总体,而每一个学生即是一个个体.事实上,每个学生有许多特征,如性别、年龄、身高、体重、家庭收入、个人月支出,等等.在该问题中,我们关心的只是该校学生的月支出,对其他的特征不予考虑,因此,每个学生(个体)所具有的数量指标值——月支出就是个体,而将所有学生的月支出看成总体.这样一来,若抛开实际背景,总体就是一堆数,这堆数中有大有小,有的出现的机会大,有的出现的机会小,因此用一个概率分布去描述和刻画总体是合适的,在这个意义下,总体就是一个分布,而其数量指标就是服从这个分布的随机变量.所以今后常把总体记为 ξ, η, …

有了总体和个体的概念,我们将从总体中抽取的那一部分个体称为样本(Sample).例如,上述问题中抽取的一部分显示器就构成了一个样本.假如我们从整批显示器中抽取了100 台进行寿命测试,则称从总体中抽取了一个容量为 100 的样本,即为$(X_1, X_2, \cdots, X_{100})$,100 称为样本容量(Sample Size).需要指出的是,样本具有所谓的二重性:一方面,由于样本是从总体中随机抽取的,抽取前无法预知它们的数值,因此沿用 1.1.1 小节中引进 ω 简化讨论的思想,把样本看成是随机变量,用大写字母$(X_1, X_2, \cdots, X_n)$表示;另一方面,样本在抽取后,一经观测其数值就确定了,因此样本又是一组数值,用小写字母$(x_1, x_2, \cdots, x_n)$表示,称为样本观测值.请读者注意两者的区别与联系.

例 5.1.1 为考察某地正常成年女子的血清总蛋白含量,现抽查了该地 108 名正常成年女子的血清总蛋白(g/L),含量如表 5.1.1 所示.

表 5.1.1 某地 108 名正常成年女子的血清总蛋白(g/L)含量

67.3	75.4	73.1	70.9	75.1	72.6	78.2	68.8	73.8	71.5	66.5	75.1
70.7	68.9	73.3	72.3	76.5	74.3	75.9	75.4	67.2	71.8	76.2	70.6
70.7	75.6	73.3	72.4	76.6	67.3	80.8	74.3	73.9	71.6	79.9	69.3
80.3	75.7	73.5	81.2	74.4	72.5	77.1	67.3	74.1	68.0	76.4	70.4
71.0	75.8	73.6	78.1	68.7	72.6	77.6	72.2	74.2	72.1	76.3	69.7
71.1	75.7	73.5	72.7	78.3	72.5	77.2	68.2	74.2	72.3	76.5	70.5
71.2	83.7	73.7	75.8	74.7	72.6	69.5	66.0	76.1	77.7	80.5	83.1
64.1	75.1	76.3	77.8	65.2	75.0	72.7	78.8	71.1	71.8	72.9	76.1
71.2	75.2	72.9	79.5	73.9	75.2	73.1	79.5	81.8	74.5	81.6	74.5

这是一个容量为 108 的样本的一组观测值，对应的总体为该地正常成年女子的血清总蛋白含量.

从总体中抽取样本可以有不同的抽法，为了能由样本对总体作出较可靠的推断，就希望样本能很好地代表总体. 一个理想的抽样方法希望样本满足如下两个要求：

(1) 代表性　即要求总体中每一个个体都有同等机会被选入样本，这就意味着样本的每个分量 X_i 与总体同分布.

(2) 独立性　即要求样本中每个分量的取值不影响其他分量的取值，这就意味着 $X_1, X_2, \cdots, X_n$ 相互独立.

为方便起见，将满足上述两个要求的样本称为简单随机样本(Simple Random Sample)，也简称样本. 除非特别指明，本书中的样本皆为简单随机样本. 于是样本$(X_1, X_2, \cdots, X_n)$可以看成是相互独立的具有同一分布的随机变量，其共同分布即为总体分布.

简单随机样本是本书数理统计部分讨论的基础，读者对它要引起充分的重视. 样本 $X_1, X_2, \cdots, X_n$ 相互独立的性质可以保证我们方便地使用乘积公式表示其联合分布；而同分布的性质可以帮助我们充分挖掘母体的各种性质与特征. 在这里我们对"同分布"的说法再一次地进行强调，与高等数学中函数相等概念不同，数理统计中分布相同的随机变量不必相等(例 2.2.1). 这是因为分布仅涉及随机变量的统计特性，而没有涉及其他的(例如样本)特性. "独立同分布"有时简写为 $i.i.d.$ (Independent Identically Distributed).

设总体 ξ 具有分布函数 $F(x)$，$(X_1, X_2, \cdots, X_n)$为取自该总体的容量为 n 的样本，则样本的联合分布函数为

$$F(x_1, x_2, \cdots, x_n) = \prod_{i=1}^{n} F(x_i).$$

有了总体、样本的概念，对于数理统计我们就可以给出一个简洁的定义. 简单地说，数理统计就是研究如何从总体中抽取样本，进而利用所获得的样本信息对于总体进行推断的过程，即统计推断.

5.1.2　经验分布函数

设$(X_1, X_2, \cdots, X_n)$为取自分布函数为$F(x)$的总体的样本，$(x_1, x_2, \cdots, x_n)$为相应的一组观测值. 现将$(x_1, x_2, \cdots, x_n)$从小到大排序，记为$x_{(1)}, x_{(2)}, \cdots, x_{(n)}$，则有$x_{(1)} \leqslant x_{(2)} \leqslant \cdots \leqslant x_{(n)}$. 定义函数

$$F_n(x) \triangleq \begin{cases} 0, & \text{当 } x < x_{(1)}, \\ \vdots & \vdots \\ \dfrac{k}{n}, & \text{当 } x_{(k)} \leqslant x < x_{(k+1)}, \\ \vdots & \vdots \\ 1, & \text{当 } x \geqslant x_{(n)}. \end{cases}$$

容易看出，$F_n(x)$是非降右连续函数，且满足

$$F_n(-\infty) = 0,\ F_n(\infty) = 1.$$

由此可见，$F_n(x)$是一个分布函数，称为经验分布函数(Empirical Distribution Function). 事实上，若引入符号

$$I_{(-\infty, x]}(x_i) = \begin{cases} 1, & \text{若 } x_i \leqslant x, \\ 0, & \text{若 } x_i > x, \end{cases}$$

则经验分布函数$F_n(x)$可表示为

$$F_n(x) = \frac{1}{n}\sum_{i=1}^{\infty} I_{(-\infty, x]}(x_i).$$

例 5.1.2　为调查纯的蜂蜡中是否添加了人工合成的蜡，White Riethof 和 Kushnir (1960)研究了蜂蜡的物理化学性质，如熔点等. 由于取自不同蜂箱的纯蜂蜡，其熔点以及其他物理化学性质不尽相同，故作者采集了 59 个不同蜂箱的纯蜂蜡，考察了它们各自的熔点，即得到了一个容量为 59 的样本，其观测值如表 5.1.2 所示.

表 5.1.2　不同蜂箱的纯蜂蜡的熔点(℃)

63.78	63.45	63.58	63.08	63.40	64.42	63.27	63.10
63.34	63.50	63.83	63.63	63.27	63.30	63.83	63.50
63.36	63.86	63.34	63.92	63.88	63.36	63.36	63.51
63.51	63.84	64.27	63.50	63.56	63.39	63.78	63.92
63.92	63.56	63.43	64.21	64.24	64.12	63.92	63.53
63.50	63.30	63.86	63.93	63.43	64.40	63.61	63.03
63.68	63.13	63.41	63.60	63.13	63.69	63.05	62.85
63.31	63.66	63.60					

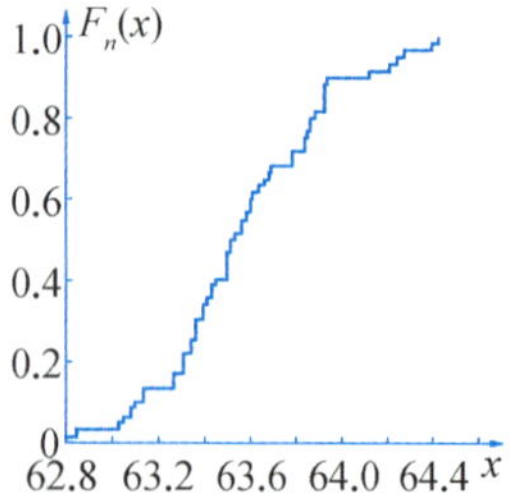

图 5.1.1　纯蜂蜡熔点分布图

对于上述样本观测值,可算得纯蜂蜡熔点的经验分布函数,其图像如图 5.1.1 所示.

与普通随机变量的分布函数不同,对每一固定的 x,经验分布函数 $F_n(x)$是样本中事件“$x_i \leqslant x$”发生的频率. 以频率代替概率,是经验分布函数与普通分布函数的主要不同点. 当 n 固定时,$F_n(x)$是样本的函数,由于样本是随机变量,所以它也是随机变量. 根据定理 4.2.1(伯努利大数定律),当 $n \to \infty$ 时,频率的极限是概率,这就意味着 $F_n(x)$依概率收敛于$F(x)$. 事实上,更深刻的结果也是存在的,这就是“格里汶科定理”.

定理 5.1.1(格里汶科定理)　设$(X_1, X_2, \cdots, X_n)$是取自分布函数为 $F(x)$的总体的样本,$F_n(x)$是其经验分布函数. 当 $n \to \infty$时,有

$$P\left\{\sup_{-\infty<x<\infty} |F_n(x)-F(x)| \to 0\right\}=1.$$

证:略.

定理 5.1.1 表明,当 n 充分大时,经验分布函数是总体分布函数 $F(x)$的一个良好的近似,这也为用样本推断总体提供了一个理论依据.

经验分布函数与 2.1.1 节中提到的抽样数据的“累计频率”相比较,有很多相似之处,然而两者的主要差别在于前者注入了随机因素. 这就为我们设法用概率控制随机现象提供了必要的基础.

5.2 统　计　量

5.2.1 统计量的定义

前面已经讲过,所谓统计推断就是用样本的信息推断总体的信息. 由于样本包含了很多信息,而在推断过程中,可能只采用其中的一部分,这就意味着需要对样本所提供的信息进行必要的提炼,从而就产生了下面统计量的概念.

定义 5.2.1　设$(X_1, X_2, \cdots, X_n)$为总体的样本,若 T 满足以下两条要求:

(1) T 为样本的函数,即 $T=T(X_1, X_2, \cdots, X_n)$;

(2) T 的表达式中不含有任何未知参数.

则称 T 为统计量(Statistic).

例如,设总体 $\xi \sim N(\mu, \sigma^2)$,$\mu$ 已知,σ 未知,$(X_1, X_2, \cdots, X_n)$为 ξ 的一个样本,则 $\frac{1}{n}\sum_{i=1}^{n} X_i$, $\frac{1}{n}\sum_{i=1}^{n}(X_i-\bar{X})^2$, $\sum_{i=1}^{n}(X_i-\mu)^2$ 均为统计量,而 $\sum_{i=1}^{n}\left(\frac{X_i-\mu}{\sigma}\right)^2$ 就不是统计量,因为其中含有未知参数 σ.

对于统计量的定义,作以下三点注释:

(1) 要求 T 为样本的函数,即意味着要对样本提供的信息进行提炼. 例如,为了解一张桌子的长度,进行了三次测量,三次测量值分别记为 x_1, x_2, x_3,若采用三次测量值的平均值 $\overline{x}=\frac{1}{3}(x_1+x_2+x_3)$ 估计桌子的长度,则我们关心的只是三次测量值的平均值,而对于三次测量值的顺序关系就没有考虑.

(2) 要求 T 中不包含任何未知参数是为了推断的可行性. 试想,若推断桌子的长度为 $\overline{x}+a$,其中 a 未知,那么我们自然要问,桌子的长度到底是多少呢? 实际由于未知参数的存在,此时我们对于桌子的长度仍旧不能确定.

(3) "统计量"与后面区间估计(6.3 节)中的"枢轴量"不同. 后者具有未知参数,而正是由于存在这个未知参数,才使我们有可能形成区间估计的一些重要方法.

从上述定义不难发现,统计量也是随机变量. 习惯上,把统计量的分布称为抽样分布. 接下来,我们介绍一些常用的统计量.

5.2.2 常用的统计量

在第 2 章中,我们通过抽样数据的"描述统计"引进了随机变量的概率、期望、方差等重要概念,这些概念在数理统计中也得到了充分的应用. 然而,为更深入地进行讨论,我们需要同时注意抽样数据的概率分布特征,为此假定 $(X_1, X_2, \cdots, X_n)$ 为取自总体 ξ 的一个样本,同时定义如下的各种常用统计量.

(1) 样本均值(Sample Mean)

$$\overline{X}\triangleq\frac{1}{n}\sum_{i=1}^{n}X_i.$$

(2) 样本方差(Sample Variance)

$$S_{n-1}^2\triangleq\frac{1}{n-1}\sum_{i=1}^{n}(X_i-\overline{X})^2$$

(有的书上使用下标不同的定义: $S_n^2\triangleq\frac{1}{n}\sum_{i=1}^{n}(X_i-\overline{X})^2=\frac{1}{n}\sum_{i=1}^{n}X_i^2-(\overline{X})^2=\overline{X^2}-(\overline{X})^2$).

(3) 样本标准差(Sample Standard Deviation)

$$\sigma_{n-1}\triangleq S_{n-1}\triangleq\sqrt{S_{n-1}^2}=\sqrt{\frac{1}{n-1}\sum_{i=1}^{n}(X_i-\overline{X})^2}$$

(有的书上用 $S_n=\sigma_n=\sqrt{S_n^2}$).

(4) k 阶样本原点矩(k-th Sample Moment)

$$\overline{X^k}\triangleq\frac{1}{n}\sum_{i=1}^{n}X_i^k.$$

(5) 次序统计量(Order Statistic)

将样本的各个分量 $X_1, X_2, \cdots, X_n$ 按从小到大的次序重新排列，得到 $X_{(1)} < X_{(2)} < \cdots < X_{(n)}$，常称 $X_{(i)}$ 为样本的第 i 个"次序统计量". 特别地，$X_{(1)} = \min\limits_{1\leqslant i\leqslant n} X_i$ 称为最小次序统计量，$X_{(n)} = \max\limits_{1\leqslant i\leqslant n} X_i$ 称为最大次序统计量.

(6) 样本中位数(Sample Median)

$$Me \xlongequal{\Delta} \begin{cases} X_{(\frac{n+1}{2})}, & n \text{ 为奇数}, \\ \dfrac{1}{2}\left[X_{(\frac{n}{2})} + X_{(\frac{n}{2}+1)}\right], & n \text{ 为偶数}. \end{cases}$$

样本中位数在一定程度上也可以描述样本取值的水平. 通常，用样本均值概括数据比较直观，但也有其不足之处. 例如，我们有 5 个数 3, 5, 9, 10, 18，其均值为 $\frac{1}{5}(3+5+9+10+18) = 9$. 如果我们不小心将 18 错输入为 188(例如在计算器上输入时将 8 按了两次)，则均值即变为 $\frac{1}{5}(3+5+9+10+188) = 43$. 这说明均值受极端数值(Outlier)的影响较大，而中位数受极端值的影响较小，如本例中，中位数没有改变仍旧为 9. 我们将中位数的这种抗干扰性称为"稳健性"(Robustness).

(7) 极差(Range)

$$R \xlongequal{\Delta} X_{(n)} - X_{(1)} = \max_{1\leqslant i\leqslant n} X_i - \min_{1\leqslant i\leqslant n} X_i.$$

极差在一定程度上也可以反映样本的各个分量之间取值的离散程度. "极差"R、"样本均值"$\overline{X}$ 以及"样本标准差"S_{n-1} 在质量管理的统计过程控制(Statistical Process Control)中有着非常重要的应用(如常用的 $\overline{X}$-S 控制图以及 $\overline{X}$-R 控制图). 有兴趣的读者可查阅相关资料.

与第 2 章中描述统计的各种定义相比较，可以看出数理统计则强调了"随机性". 例如，对应于(随机的)样本均值 $\overline{X}(\omega) \xlongequal{\Delta} \frac{1}{n}\sum\limits_{i=1}^{n} X_i(\omega)$，第 2 章中所给出的 $\overline{x} = \frac{1}{n}\sum\limits_{i=1}^{n} x_i$ 可以认为是样本观测值的平均. 正是由于这里引进了体现随机性的样本变量 ω，故我们可以从概率特性上对它们进行分析，并为进一步控制观测值的随机性而做好理论上的准备，这说明从"描述统计"到"数理统计"有一个质的飞跃，前者注重数值，后者则强调概率分布.

例 5.2.1 为了考察核潜艇某元件的可靠性，需要把元件中的灌封树脂经过浓度为 40.5%的盐雾进行了 72 h 试验后的拉伸性能进行测试. 现抽取了一个容量为 5 的样本进行试验，测得其相应的拉伸强度(MPa)分别为 44.29, 44.95, 44.19, 44.78, 45.80，试计算该样本的均值 $\overline{x}$、样本方差 S_{n-1}^2、样本中位数 Me 以及极差 R.

解： 由于这里仅涉及样本观测值，故可利用 Excel 的"描述统计"工具方便地计算所需的结果(参阅 2.1.4 节). 然而由于样本容量较小，所以也可直接用计算器手工计算. 首先，容易

求得

$$\overline{x}=44.802,\ S_{n-1}^2\approx 0.4138.$$

为求样本中位数，先将样本观测值按从小到大排序，得

$$44.19,\ 44.29,\ 44.78,\ 44.95,\ 45.80.$$

由此可看出 $Me=44.78$，$R=X_{(n)}-X_{(1)}=45.80-44.19=1.61$.

事实上，除了上述几个统计量外，样本分位数、样本的峰度、偏度、变异系数等统计量在统计推断中也很有用处，有兴趣的读者可自行查阅有关资料. 另外，当 x 给定时，前面提到的经验分布函数 $F_n(x)$ 也可视为统计量，它在统计推断中具有非常重要的地位.

简单地说，统计量在统计推断中起到了从样本到总体的桥梁作用. 因此，样本、总体、统计量的关系可以简单地用图 5.2.1 描述.

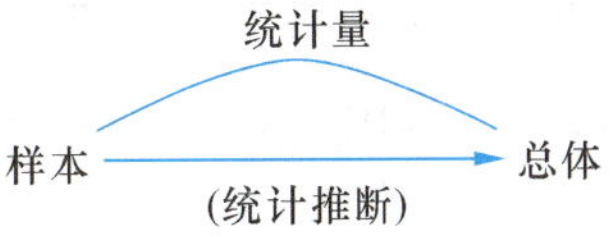

图 5.2.1

5.3 三大抽样分布

为用统计量进行统计推断，必须要掌握统计量的分布. 数理统计中常用的分布除了前面已出现的“正态分布”之外，还涉及其他分布，其中最著名的就是“χ^2 分布”、“t 分布”与“F 分布”，它们被称为数理统计中的“三大抽样分布”. 以下我们一一予以介绍，请读者注意其“构造性”定义.

1. χ^2 分布

定义 5.3.1 设 $X_1, X_2, \cdots, X_n$ 独立同分布于标准正态分布 $N(0, 1)$，令 $\chi^2 \triangleq X_1^2+X_2^2+\cdots+X_n^2$，则称 χ^2 服从“自由度”为 n 的 χ^2 分布（读作卡方分布），记为 $\chi^2\sim\chi^2(n)$.

注：(1) 定义中的独立性不能遗漏.

(2) 由定义易知，若 $X\sim N(0, 1)$，则 $X^2\sim\chi^2(1)$.

(3) 自由度 n 的大小，反映了构成 χ^2 分布的独立标准正态变量的个数. 同时，从图 5.3.1 可以看到，当 n 增加时，分布分散，不确定性增加，所以从这个角度讲，n 的大小又具有某种信息量的含义.

(4) 从量纲(单位)角度讲，X_1^2 具有 X_1 的“平方”量纲，故把 $X_1^2+X_2^2+\cdots+X_n^2$ 记为 χ^2，以强调其“平方”的重要特征.

$\chi^2(n)$ 分布的概率密度函数为

$$p(x)=\begin{cases}\dfrac{1}{2^{\frac{n}{2}}\Gamma\left(\dfrac{n}{2}\right)}x^{\frac{n}{2}-1}\mathrm{e}^{-\frac{x}{2}}, & x>0,\\[2ex] 0, & x\leqslant 0.\end{cases}$$

其密度函数如图 5.3.1 所示.

$\chi^2(n)$ 分布具有如下几个性质：

(1) 若 $X\sim\chi^2(n)$，利用密度函数规范性不难发现(例 2.3.5) $EX=n$，类似地，可证明 $DX=2n$；

(2) 若 $n=2$，则 $\chi^2(2)$分布与指数分布 $E\left(\frac{1}{2}\right)$相同；

(3) $\chi^2(n)$分布具有可加性(再生性)，即若 $X\sim\chi^2(m)$，$Y\sim\chi^2(n)$，且 X 与 Y 独立，则 $X+Y\sim\chi^2(m+n)$.

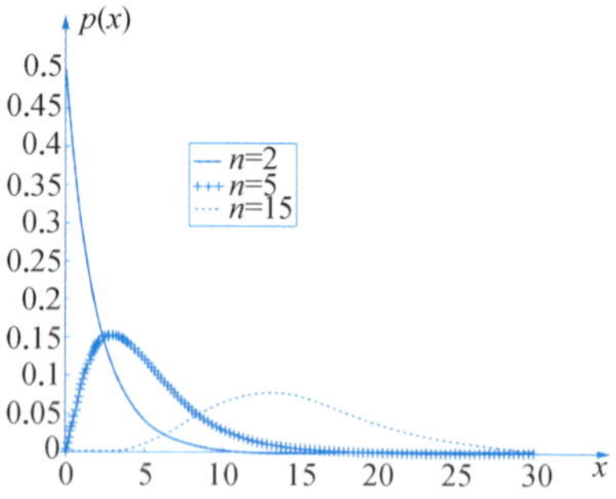

图 5.3.1 χ^2分布的密度函数

证：尽管连续型随机变量独立和的密度函数可以由前面提到过的卷积公式计算，但是用构造性定义证明更加方便. 事实上，由 $X\sim\chi^2(m)$，根据 χ^2 分布的构造性定义，易知 X 可写为

$$X=\sum_{i=1}^{m}X_i^2,\text{ 其中 }X_i\overset{i.i.d}{\sim}N(0,1)\ (i=1,2,\cdots,m).$$

同理，$Y=\sum\limits_{j=1}^{n}Y_j^2$，其中 $Y_j\overset{i.i.d}{\sim}N(0,1)\ (j=1,2,\cdots,n)$.

又由于 X 与 Y 独立，所以我们可以认为 $X_1,X_2,\cdots,X_m,Y_1,Y_2,\cdots,Y_n\overset{i.i.d}{\sim}N(0,1)$，再根据 χ^2 分布的构造性定义知，

$$\sum_{i=1}^{m}X_i^2+\sum_{j=1}^{n}Y_j^2\sim\chi^2(m+n),\text{ 即 }X+Y\sim\chi^2(m+n).$$

2. t 分布

定义 5.3.2 设随机变量 X 与 Y 相互独立，且 $X\sim N(0,1)$，$Y\sim\chi^2(n)$，则称 $T\triangleq\dfrac{X}{\sqrt{\dfrac{Y}{n}}}$ 服从"自由度"为 n 的 t 分布，记为 $T\sim t(n)$.

自由度为 n 的 t 分布的概率密度函数为

$$p(x)=\frac{\Gamma\left(\frac{n+1}{2}\right)}{\sqrt{n\pi}\,\Gamma\left(\frac{n}{2}\right)}\left(1+\frac{x^2}{n}\right)^{-\frac{n+1}{2}},\quad x\in(-\infty,+\infty).$$

其密度函数图像如图 5.3.2 所示.

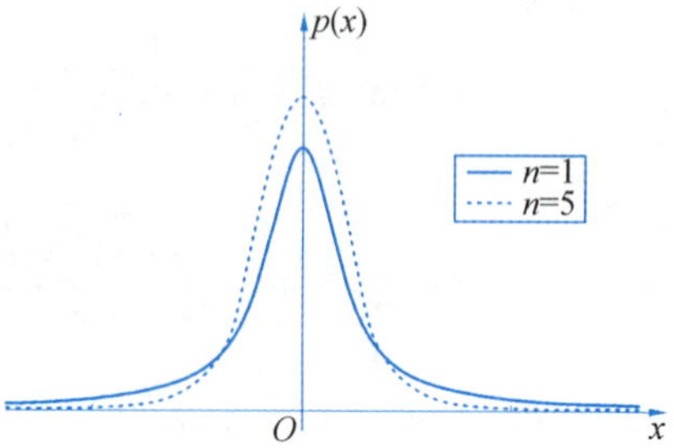

图 5.3.2 t 分布的密度函数

t 分布具有如下几个性质：

(1) 密度函数 $\varphi(x)$关于纵轴 $x=0$ 对称.

(2) $n>1$ 时，t 分布的数学期望存在，且为 0；$n>2$ 时，t 分布的方差存在，且为 $\dfrac{n}{(n-2)}$.

(3) 与 χ^2 分布类似，自由度 n 的大小也具有某种

信息量的含义.

(4) 从量纲角度看,t 分布结构性定义分母中的$\frac{Y}{n}$,相当于$(X_1^2, X_2^2, \cdots, X_n^2)$的算术平均. 故若 t 分布中的分子 X 与分母中蕴含的 $X_1, X_2, \cdots, X_n$ 都是来自同一总体的样本,那么$\sqrt{\frac{Y}{n}}$就具有与 X 匹配的相同的量纲,从而其商是无量纲的.

(5) 若注意到 t 分布结构性定义中的分母,含有服从 $\chi^2(n)$分布的随机变量 Y,由于 $EY=n$, $DY=2n$, 故 $E\left(\frac{Y}{n}\right)=1$, $D\left(\frac{Y}{n}\right)=\frac{1}{n^2}DY=\frac{2n}{n^2}=\frac{2}{n}$. 当 $n\to\infty$ 时, $E\left(\frac{Y}{n}\right)\to 1$, $D\left(\frac{Y}{n}\right)\to 0$. 而由例 2.4.5 知,方差为 0 的随机变量必是单点分布,从而可以猜想当 $n\to\infty$ 时,t 分布的极限分布主要由分子确定. 实际上,可以严格证明在"分布收敛"意义下,$t(n)$分布的极限为 $N(0, 1)$,t 分布"临界值表"(附表 6)也充分说明了这一结论.

t 分布常用于样本容量较小时的统计推断,它的发现归功于英国统计学家哥塞特(Gosset). 哥塞特年轻时曾在牛津大学学习,1899 年他在一家酿酒厂担任化学技师,从事试验和数据分析工作. 由于哥塞特接触的样本量都较小(只有 4, 5 个),通过大量实验数据的积累,哥塞特发现 $T=\frac{(\overline{X}-\mu)\sqrt{n}}{S_{n-1}}$ 的分布与传统认为的 $N(0, 1)$分布有一些差异,特别是尾部概率相差较大. 为了能较为直观地说明这一差别,表 5.3.1 给出了 $N(0, 1)$、$t(10)$和 $t(4)$分布的一些尾部概率的比较. 其中 t 分布的概率可以通过 Excel 统计函数 TDIST 获得.

表 5.3.1 $N(0, 1)$、$t(10)$和 $t(4)$的尾部概率 $P(|X|\geqslant a)$

a 的取值	$a=1$	$a=2$	$a=3$
$X\sim N(0, 1)$	0.317 4	0.045 6	0.002 7
$X\sim t(10)$	0.340 9	0.073 4	0.013 3
$X\sim t(4)$	0.373 9	0.116 1	0.039 9

由此,哥塞特猜想应该有另一个分布族存在,通过深入研究,终于在 1908 年以"Student"的笔名发表了此项研究成果. 后人为纪念哥塞特,有时也把 t 分布称为 Student 分布(即"学生分布"). t 分布的发现打破了正态分布一统天下的局面,开创了小样本统计推断的新纪元. 这个成功的例子告诉我们,在观察问题时必须小心谨慎,不能轻易放过一些"细微"差异.

在统计中我们常会碰到重要的"分位数"概念,它与 2.1 节中的 4 分位数 Q_1 相似,当随机变量 $T\sim t(n)$时,称满足关系式

$$P(T\leqslant t_{1-\alpha}(n))=1-\alpha$$

的 $t_{1-\alpha}(n)$ 为自由度为 n 的 t 分布的" $1-\alpha$ 临界值"(Critical Value),或" $1-\alpha$ 分位数". 通常可以通过查表找出临界值 $t_{1-\alpha}(n)$. 例如,当 $n=5$、$\alpha=0.05$ 时,查 t 分布表可得 $t_{1-0.05}(5)=$

2.015(图 5.3.3).

注:(1) 由于 t 分布的密度函数关于 $x=0$ 对称,故其临界值之间有

$$t_\alpha(n)=-t_{1-\alpha}(n).$$

例如,$t_{0.05}(5)=-t_{1-0.05}(5)=-2.015$.

(2) 统计中的分位数定义有多种,如“上分位数”、“下分位数”和“双侧分位数”等. 这里若注意到 $0.95=1-\alpha$ 为随机变量 $T\sim t(n)$ 落在临界值 $t_{1-\alpha}(n)$“左边”的概率,故对应的是“下分位数”.

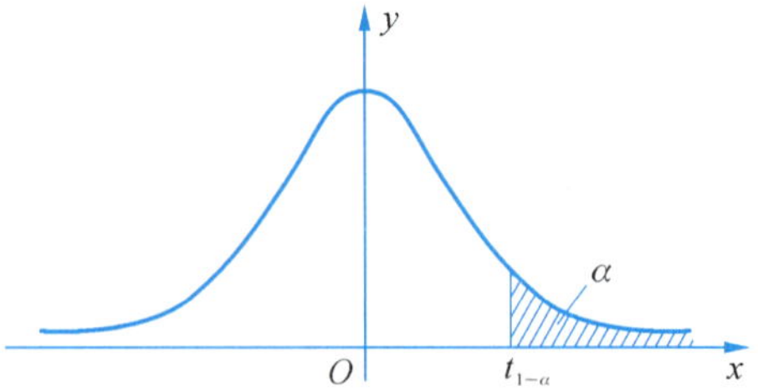

图 5.3.3 t 分布的 $1-\alpha$ 临界值或分位数

(3) 临界值的求取可以通过查表,也可以引用 Excel 中的统计函数,例如,对应于 t 分布的 TINV 函数、对应于 χ^2 分布的 CHINV 函数,但引用时必须注意是什么分位数. 事实上,TINV 是双侧分位数,CHINV 是上分位数. 例如,CHINV(0.05, 10) = 18.307 03,与附表 7 比较,它等于 $\chi^2_{0.95}(10)$;TINV(0.05, 10) = 2.228 1,与附表 8 比较,它等于 $t_{0.975}(10)$.

3. F 分布

定义 5.3.3 设 $X\sim\chi^2(m)$, $Y\sim\chi^2(n)$,且 X 与 Y 相互独立,令 $F\overset{\Delta}{=}\dfrac{X/m}{Y/n}$,则称随机变量 F 服从“自由度”为 m 与 n 的 F 分布,记为 $F\sim F(m,n)$,其中 m 为第一自由度,n 为第二自由度.

与 t 分布相似,F 分布的构造性定义也具有量纲匹配性,F 分布的密度函数为

$$\varphi(x)=\begin{cases}\dfrac{\Gamma\left(\dfrac{m+n}{2}\right)}{\Gamma\left(\dfrac{m}{2}\right)\Gamma\left(\dfrac{n}{2}\right)}m^{\frac{m}{2}}n^{\frac{n}{2}}\dfrac{x^{\frac{m}{2}-1}}{(mx+n)^{\frac{m+n}{2}}}, & x>0\text{ 时},\\ 0, & x\leqslant 0\text{ 时}.\end{cases}$$

函数图像如图 5.3.4 所示.

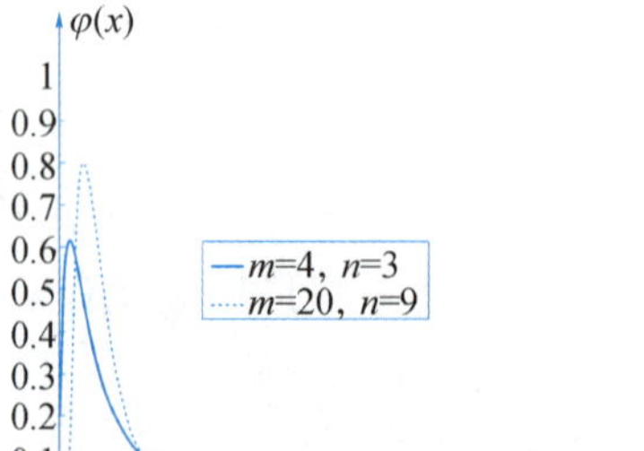

图 5.3.4 F 分布的密度函数

从上述图像不难看出,F 分布也是一个只取非负值的偏态分布. 与 t 分布相似,若随机变量 $F\sim F(m,n)$,对给定的 $\alpha(0<\alpha<1)$,称满足 $P(F\leqslant F_{1-\alpha}(m,n))=1-\alpha$ 的 $F_{1-\alpha}(m,n)$ 是自由度为 m 与 n 的 F 分布的 $1-\alpha$ 分位数,实际上它是“下分位数”.

根据 F 分布的构造性定义不难看出,若 $F\sim F(m,n)$,则有 $\dfrac{1}{F}\sim F(n,m)$. 故对给定的 $\alpha\ (0<\alpha<1)$,有 $\alpha=P\left(\dfrac{1}{F}<F_\alpha(n,m)\right)=P\left(F>\dfrac{1}{F_\alpha(n,m)}\right)$,即 $P\left(F\leqslant\dfrac{1}{F_\alpha(n,m)}\right)=1-\alpha$,这说明 $F_{1-\alpha}(m,n)=\dfrac{1}{F_\alpha(n,m)}$. 从而我们得出 F 分布的一个性质

$$F_\alpha(n, m) = \frac{1}{F_{1-\alpha}(m, n)}. \tag{5.3.1}$$

利用上述性质，对于较小的 α，欲求得临界值 $F_\alpha(m, n)$，有时可以先从附表中查得临界值 $F_{1-\alpha}(n, m)$，进而代入式(5.3.1)得出临界值 $F_\alpha(m, n)$.

F 分布的分位数也可通过 Excel 中的统计函数进行计算，但那里给出的是上分位数，读者引用时要学会转换. 例如，FINV(0.05，6，3) = 8.940 6，对照附表 8 可知，8.940 6 = $F_{0.95}(6, 3)$，其中的下标 0.95 = 1 − 0.05.

5.4 正态总体下常用统计量的一些重要结论

正态分布在数理统计中使用得非常普遍. 这里我们给出在正态总体场合下，有关统计量分布的一些重要结论，这些结论构成了经典数理统计的基础.

定理 5.4.1 设 $(X_1, X_2, \cdots, X_n)$ 是取自正态总体 $N(\mu, \sigma^2)$ 的样本，其样本均值和样本方差分别为 $\overline{X} = \frac{1}{n}\sum_{i=1}^{n} X_i$ 和 $S_{n-1}^2 = \frac{1}{n-1}\sum_{i=1}^{n}(X_i - \overline{X})^2$，则有如下结论：

(1) $\overline{X}$ 与 S_{n-1}^2 相互独立；

(2) $\overline{X} \sim N\left(\mu, \frac{\sigma^2}{n}\right)$；

(3) $\frac{(n-1)S_{n-1}^2}{\sigma^2} \sim \chi^2(n-1)$.

证：记 $X = (X_1, X_2, \cdots, X_n)^T$，则由样本的独立同分布性，可以有期望 $\boldsymbol{a} = (\mu, \cdots, \mu)^T$，协方差阵 $B = \sigma^2 I$，其中的 I 为 $n \times n$ 单位矩阵. 为方便叙述在证明过程中如何把 $\overline{X}$ 与 S_{n-1}^2 分开，我们构造下面新的 $n \times 1$ 维随机向量 $Y = CX$（它是正态向量 $X = (X_1, X_2, \cdots, X_n)^T$ 的线性组合)，其中 C 为如下的正交矩阵：

$$C = \begin{pmatrix} \frac{1}{\sqrt{n}} & \frac{1}{\sqrt{n}} & \frac{1}{\sqrt{n}} & \cdots & \frac{1}{\sqrt{n}} & \frac{1}{\sqrt{n}} \\ \frac{1}{\sqrt{2 \cdot 1}} & \frac{-1}{\sqrt{2 \cdot 1}} & 0 & \cdots & 0 & 0 \\ \frac{1}{\sqrt{3 \cdot 2}} & \frac{1}{\sqrt{3 \cdot 2}} & \frac{-2}{\sqrt{3 \cdot 2}} & \cdots & 0 & 0 \\ \vdots & \vdots & \vdots & \ddots & \vdots & \vdots \\ \frac{1}{\sqrt{n(n-1)}} & \frac{1}{\sqrt{n(n-1)}} & \frac{1}{\sqrt{n(n-1)}} & \cdots & \frac{1}{\sqrt{n(n-1)}} & \frac{-(n-1)}{\sqrt{n(n-1)}} \end{pmatrix}$$

由例 3.4.9(多维正态分布的性质)易知，Y 仍服从 n 维正态分布. 再注意到 C 是一个特殊的正交矩阵，它除了第一行外，每一行元素之和都等于零，故容易算出其均值和协方差阵

$$E(Y) = C \cdot \boldsymbol{a} = (\sqrt{n}\mu,\ 0,\ \cdots,\ 0)^T,$$
$$D(Y) = CBC^T = C \cdot \sigma^2 I \cdot C^T = \sigma^2 CC^T = \sigma^2 I.$$

这样,由协方差阵的含义,立即可知 $Y = (Y_1,\ Y_2,\ \cdots,\ Y_n)^T$ 的各个分量相互独立,且都服从方差为 σ^2 正态分布,但它们的均值并不完全相同. 例如,Y_1 的均值为$\sqrt{n}\mu$,而$(Y_2,\ \cdots,\ Y_n)$的均值皆为 0. 注意到 $Y_1 = \frac{1}{\sqrt{n}}\sum_{i=1}^{n} X_i$,因此 $\overline{X} = \frac{1}{\sqrt{n}} Y_1$,从而 $\overline{X}$ 服从正态分布,并且有

$$E\overline{X} = \frac{1}{\sqrt{n}}EY_1 = \frac{1}{\sqrt{n}}\sqrt{n}\mu = \mu,\ D\overline{X} = \frac{1}{n}DY_1 = \frac{\sigma^2}{n}.$$

由此证明了结论(2).

又由于 C 是正交阵,$C^TC = I$,故 $\sum_{i=1}^{n} Y_i^2 = Y^TY = X^TC^TCX = X^TIX = X^TX = \sum_{i=1}^{n} X_i^2$,因而

$$\begin{aligned}(n-1)S_{n-1}^2 &= \sum_{i=1}^{n}(X_i - \overline{X})^2 = \sum_{i=1}^{n}(X_i^2 + (\overline{X})^2 - 2X_i\overline{X}) \\ &= \sum_{i=1}^{n} X_i^2 + n(\overline{X})^2 - 2\overline{X}\sum_{i=1}^{n} X_i = \sum_{i=1}^{n} X_i^2 + n(\overline{X})^2 - 2n(\overline{X})^2 \\ &= \sum_{i=1}^{n} X_i^2 - n(\overline{X})^2 = \sum_{i=1}^{n} Y_i^2 - Y_1^2 = \sum_{i=2}^{n} Y_i^2.\end{aligned} \tag{5.4.1}$$

从式(5.4.1)可以看出,$(n-1)S_{n-1}^2$ 只依赖于 $Y_2,\ \cdots,\ Y_n$,而不包含 Y_1,同时,由前面的分析已经知道 $Y_1,\ Y_2,\ \cdots,\ Y_n$ 间相互独立,因而 S_{n-1}^2 与 Y_1 相互独立,也与 $\overline{X}$ 相互独立,从而结论(1)成立.

再根据前面的分析,$Y_2,\ \cdots,\ Y_n$ 独立同分布于 $N(0,\ \sigma^2)$,于是根据 χ^2 分布的构造性定义,

$$\frac{(n-1)S_{n-1}^2}{\sigma^2} = \sum_{i=2}^{n}\left(\frac{Y_i}{\sigma}\right)^2 \sim \chi^2(n-1). \tag{5.4.2}$$

至此定理证明完成.

作为定理 5.4.1 的一个直接应用,我们可以得出下面一个非常重要的结论:

推论 5.4.1 在定理 5.4.1 的记号下,有

$$\frac{\overline{X} - \mu}{S_{n-1}}\sqrt{n} \sim t(n-1). \tag{5.4.3}$$

证:由定理 5.4.1 知道

$$\frac{\overline{X} - \mu}{\frac{\sigma}{\sqrt{n}}} \sim N(0,\ 1), \tag{5.4.4}$$

$\frac{(n-1)S_{n-1}^2}{\sigma^2} \sim \chi^2(n-1)$，且 $\overline{X}$ 与 S_{n-1}^2 独立，这样根据 t 分布的构造性定义，立即有

$$\frac{\dfrac{\overline{X}-\mu}{\sigma/\sqrt{n}}}{\sqrt{\dfrac{(n-1)S_{n-1}^2/\sigma^2}{(n-1)}}} \sim t(n-1). \tag{5.4.5}$$

将式(5.4.5)的左端化简，即可得到式(5.4.3).

定理 5.4.2 设$(X_1, X_2, \cdots, X_m)$是来自正态总体$N(\mu_1, \sigma_1^2)$的样本，$(Y_1, Y_2, \cdots, Y_n)$是来自正态总体 $N(\mu_2, \sigma_2^2)$的样本，其中 $\sigma_1^2=\sigma_2^2$，且两样本相互独立，$\overline{X}$、$\overline{Y}$分别表示其样本均值，S_x^2、S_y^2分别表示其样本方差，则

$$\frac{(\overline{X}-\overline{Y})-(\mu_1-\mu_2)}{S_w\sqrt{\dfrac{1}{m}+\dfrac{1}{n}}} \sim t(m+n-2). \tag{5.4.6}$$

其中 $S_w=\sqrt{\dfrac{(m-1)S_x^2+(n-1)S_y^2}{m+n-2}}$，即 S_w^2 可视为样本方差 S_X^2 与 S_Y^2 的加权平均值.

证：设 $\sigma_1^2=\sigma_2^2=\sigma^2$，由式(5.4.4)易知

$$\overline{X} \sim N\left(\mu_1, \frac{\sigma^2}{m}\right), \overline{Y} \sim N\left(\mu_2, \frac{\sigma^2}{n}\right),$$

由于 $\overline{X}$、$\overline{Y}$ 相互独立，故

$$\overline{X}-\overline{Y} \sim N\left(\mu_1-\mu_2, \left(\frac{1}{m}+\frac{1}{n}\right)\sigma^2\right),$$

从而

$$\frac{(\overline{X}-\overline{Y})-(\mu_1-\mu_2)}{\sigma\sqrt{\dfrac{1}{m}+\dfrac{1}{n}}} \sim N(0, 1). \tag{5.4.7}$$

再根据定理 5.4.1，可知

$$\frac{(m-1)S_x^2}{\sigma^2} \sim \chi^2(m-1), \frac{(n-1)S_y^2}{\sigma^2} \sim \chi^2(n-1),$$

且两者相互独立，利用χ^2分布的可加性，有

$$\frac{(m-1)S_x^2+(n-1)S_y^2}{\sigma^2}=\frac{(m+n-2)S_w^2}{\sigma^2} \sim \chi^2(m+n-2). \tag{5.4.8}$$

进一步注意到 $\overline{X}-\overline{Y}$ 与 S_w^2 相互独立，故可利用式(5.4.7)与式(5.4.8)构造 t 分布，这样

就可证得式(5.4.6).

定理 5.4.3 设$(X_1, X_2, \cdots, X_m)$为来自正态总体$N(\mu_1, \sigma_1^2)$的样本,$(Y_1, Y_2, \cdots, Y_n)$是来自正态总体$N(\mu_2, \sigma_2^2)$的样本,且两个样本相互独立. S_x^2、S_y^2分别表示两个样本的样本方差,则有

$$\frac{S_x^2/\sigma_1^2}{S_y^2/\sigma_2^2} \sim F(m-1, n-1). \tag{5.4.9}$$

特别地,若$\sigma_1^2 = \sigma_2^2$,则$\dfrac{S_x^2}{S_y^2} \sim F(m-1, n-1)$.

证:由两个样本独立可知S_x^2、S_y^2相互独立,且由于

$$\frac{(m-1)S_x^2}{\sigma_1^2} \sim \chi^2(m-1), \quad \frac{(n-1)S_y^2}{\sigma_2^2} \sim \chi^2(n-1),$$

所以,根据F分布的构造性定义,可知

$$\frac{\dfrac{(m-1)S_x^2}{\sigma_1^2} \cdot \dfrac{1}{m-1}}{\dfrac{(n-1)S_y^2}{\sigma_2^2} \cdot \dfrac{1}{n-1}} = \frac{S_x^2/\sigma_1^2}{S_y^2/\sigma_2^2} \sim F(m-1, n-1).$$

特别地,若$\sigma_1^2 = \sigma_2^2$,则$\dfrac{S_x^2}{S_y^2} \sim F(m-1, n-1)$. 于是定理得证.

本章小结

本章讲述数理统计中的一些基本概念和重要结论. 主要介绍了总体、样本、经验分布函数、统计量等重要概念,并引入了统计中几个常用的抽样分布:χ^2分布,t分布以及F分布. 样本是统计推断的物质基础,经验分布函数是频率统计推断的理论基石,统计量则是统计推断的桥梁. 对于抽样分布,重点是掌握它们的构造性定义,以及在正态总体下的应用.

统计量及其分布:
- 重要概念(总体、样本、经验分布函数、统计量)
- 三大抽样分布(χ^2分布、t分布、F分布)
- 重要结论(定理 5.4.1~定理 5.4.3)

思考题

1. 总体分布函数与经验分布函数之间有何联系?
2. 样本中位数与样本均值各有什么优缺点?
3. 极差与标准差都可以反映数据的发散程度,二者的优缺点是什么?
4. t分布与正态分布有何区别与联系?
5. 设总体$X \sim N(\mu, \sigma^2)$,$(X_1, X_2, \cdots, X_n)$为取自总体X的一个样本,为什么

$$\sum_{i=1}^{n}\left(\frac{X_i-\mu}{\sigma}\right)^2 \sim \chi^2(n)，而\sum_{i=1}^{n}\left(\frac{X_i-\overline{X}}{\sigma}\right)^2 \sim \chi^2(n-1)？$$

6. 设 $X\sim\chi^2(m)$，$Y\sim\chi^2(n)$，则 $X+Y\sim\chi^2(m+n)$一定成立吗？
7. “$1-\alpha$ 临界值”的意义是什么？

习题五

基本练习题

5-1　某地电视台想了解电视栏目(如:每日九点到九点半的体育节目)在该地区的收视率情况，于是委托一家市场咨询公司进行一次电话访查.

(1) 该项研究的总体是什么？

(2) 该项研究的样本是什么？

5-2　设某厂大量生产某种产品，其不合格率 p 未知，每 m 件产品包装一盒，为了检查产品的质量，任意抽取 n 盒，查其中的不合格品数，试说明什么是总体，什么是样本，并指出样本的分布.

5-3　设从总体 ξ 中取得一个容量为 5 的样本，样本观测值为

$$-2.8,\ -1,\ 1.5,\ 2.1,\ 3.4$$

试求此样本的经验分布函数 $F_5(x)$，并作出其图形.

5-4　设 $X_1, X_2, \cdots, X_n$ 是来自(0-1)分布($P\{\xi=0\}=1-p$，　$P\{\xi=1\}=p$)的简单随机样本，p 为未知参数，求：(1) 样本$(X_1, X_2, \cdots, X_n)$的概率分布；(2) $E\overline{X}$，$D\overline{X}$.

5-5　设有一组样本观测值

$$86,\ 53,\ 42,\ 16,\ 35,\ 74,\ 62,\ 96$$

求样本均值$\overline{X}$，样本方差 S_{n-1}^2，样本标准差 S_{n-1}，样本的二阶原点矩.

5-6　设总体 $\xi\sim N(\mu, \sigma^2)$，其中 μ 已知，σ^2 未知，(X_1, X_2, X_3)是总体 ξ 的样本.

(1) 写出样本的联合概率密度；

(2) 指出 $X_1+X_2+X_3$，$X_1-\mu$，$\max(X_1, X_2, X_3)$，$\sum_{i=1}^{3}\frac{X_i}{\sigma}$，$\frac{X_3-X_1}{2}$ 中，哪些是统计量？哪些不是统计量？

5-7　设$(X_1, X_2, \cdots, X_n)$，$(Y_1, Y_2, \cdots, Y_n)$是两个样本，它们之间有下列关系：

$$Y_i=\frac{X_i-a}{b}(i=1, 2, \cdots, n),$$

其中 a，$b\neq0$ 是常数，求：

(1) 它们的样本均值$\overline{X}=\frac{1}{n}\sum_{i=1}^{n}X_i$ 与$\overline{Y}=\frac{1}{n}\sum_{i=1}^{n}Y_i$ 之间的关系；

(2) 它们的样本方差 $S_x^2=\frac{1}{n-1}\sum_{i=1}^{n}(X_i-\overline{X})^2$ 与 $S_y^2=\frac{1}{n-1}\sum_{i=1}^{n}(Y_i-\overline{Y})^2$ 之间的关系.

5-8　从同一总体中抽取两个容量分别为 n、m 的样本，样本均值分别为$\overline{x_1}$、$\overline{x_2}$，样本方差分别为 S_1^2、S_2^2，将两组样本合并，其均值、方差分别为 $\overline{x}$，S^2，证明：

(1) $\overline{x}=\dfrac{n\overline{x_1}+m\overline{x_2}}{n+m}$；(2) $S^2=\dfrac{(n-1)S_1^2+(m-1)S_2^2}{n+m-1}+\dfrac{nm(\overline{x_1}-\overline{x_2})^2}{(n+m)(n+m+1)}$.

5-9 判断下列命题是否正确？如不正确，试指出错误并改正之.

(1) 设 $\xi\sim N(0,1)$，$\eta\sim\chi^2(10)$，则$\dfrac{\xi}{\sqrt{\eta/10}}\sim t(10)$；

(2) 设 $X_1, X_2, \cdots, X_{10}$是来自正态总体 $N(\mu,\sigma^2)$的样本，则 $\dfrac{10(\overline{X}-\mu)^2}{\sigma^2}\sim\chi^2(1)$.

5-10 设 $\xi_i\sim\chi^2(k_i)$，$i=1, 2, 3$，且相互独立，问 $\xi_1+\xi_2$，$\dfrac{\xi_3/k_3}{(\xi_1+\xi_2)/(k_1+k_2)}$分别服从什么分布？

5-11 设总体 $\xi\sim N(0,125)$，抽取 5 个样本，样本均值记为$\overline{X}$，求常数 c，使得 $P(\overline{X}<c)=0.90$.

5-12 设总体 $\xi\sim N(\mu,10^2)$，问抽取的样本容量 n 多大时，才能使概率 $P(\mu-5<\overline{X}<\mu+5)=0.954$？

5-13 设在总体 $N(\mu,\sigma^2)$中抽得一容量为 16 的样本，这里 μ，σ^2 均未知，(1) 求 $P(S^2/\sigma^2\leqslant 2.041)$，其中 S^2 为样本方差；(2) 证明：$D(S^2)=\dfrac{2\sigma^4}{15}$.

5-14 设总体 $\xi\sim N(50,6^2)$，总体 $\eta\sim N(46,4^2)$，从总体 ξ 中抽取容量为 10 的样本，从总体 η 中抽取容量为 8 的样本，求下列概率：

(1) $P(0<\overline{X}-\overline{Y}<8)$；(2) $P\left(\dfrac{S_x^2}{S_y^2}<8.28\right)$.

其中$\overline{X}$，$\overline{Y}$分别为ξ，η的样本均值，S_x^2，S_y^2 分别为ξ，η的样本方差.

5-15 设 $X_1, \cdots, X_5$ 是来自 $N(0,1)$的样本，试求常数 C，使统计量$\dfrac{C(X_1+X_2)}{\sqrt{X_3^2+X_4^2+X_5^2}}$服从 t 分布.

强化练习题

5-16 设在总体 $N(\mu,\sigma^2)$中抽得一容量为 n 的样本，这里 μ，σ^2 均未知，S^2 为样本方差，求 S^2 的数学期望和方差.

5-17 证明：若 $\xi\sim t(n)$，则 $\xi^2\sim F(1,n)$.

5-18 设随机变量 $\xi\sim F(n,n)$，证明：$P(\xi>1)=0.5$.

5-19 设总体 $\xi\sim N(40,5^2)$，

(1) 抽取容量为 36 的样本，求样本均值$\overline{X}$在 38 于 43 之间的概率；

(2) 抽取容量为 64 的样本，求$|\overline{X}-40|<1$ 的概率；

(3) 抽取样本容量 n 多大时，才能使概率 $P(|\overline{X}-40|<1)$达到 0.95.

5-20 设 $X_1, \cdots, X_n$ 是来自 $N(\mu,\sigma^2)$的样本，试确定最小的常数 c，使得对任意的 $\mu\geqslant 0$，有 $P(|\overline{X}|<c)\leqslant a$，其中$\overline{X}$为样本均值.

5-21 设总体 $\xi\sim N(0,4^2)$，总体 $\eta\sim N(1,3^2)$，从总体 ξ，η 中分别都抽取容量为 25 的样本，求概率$P(\overline{X}>\overline{Y})$，其中$\overline{X}$，$\overline{Y}$分别为 ξ，η 的样本均值.

5-22 设 X_1, X_2 是来自 $N(0,\sigma^2)$的样本，试求 $\eta=\left(\dfrac{X_1+X_2}{X_1-X_2}\right)^2$ 的分布.

5-23 设 $X_1, \cdots, X_n, X_{n+1}$ 是来自 $N(0, \sigma^2)$ 的样本，$\overline{X_n} = \dfrac{1}{n}\sum_{i=1}^{n} X_i$，$S_n^2 = \dfrac{1}{n-1}\sum_{i=1}^{n}(X_i - \overline{X}_n)^2$，试求常数 C 使得 $t_C = C\dfrac{X_{n+1} - \overline{X_n}}{S_n}$ 服从 t 分布，并指出分布的自由度.

自测题

选择题

5-24 设随机变量 $X \sim N(0, 1)$，$Y \sim N(0, 2)$，并且相互独立，则 （　　）

(A) $\dfrac{1}{3}X^2 + \dfrac{2}{3}Y^2$ 服从 χ^2 分布　　(B) $\dfrac{1}{2}X^2 + \dfrac{1}{2}Y^2$ 服从 χ^2 分布

(C) $\dfrac{1}{3}(X+Y)^2$ 服从 χ^2 分布　　(D) $\dfrac{1}{2}(X+Y)^2$ 服从 χ^2 分布

5-25 设 $X_1, X_2, \cdots, X_n$ 相互独立，且都服从 $N(1, 2^2)$，则下列结论中正确的是 （　　）

(A) $\dfrac{\overline{X}-1}{2/\sqrt{n}} \sim t(n)$　　(B) $\dfrac{1}{4}\sum_{i=1}^{n}(X_i - 1)^2 \sim F(n, 1)$

(C) $\dfrac{\overline{X}-1}{\sqrt{2}/\sqrt{n}} \sim N(0, 1)$　　(D) $\dfrac{1}{4}\sum_{i=1}^{n}(X_i - 1)^2 \sim \chi^2(n)$

5-26 设 $X_1, X_2, \cdots, X_k$ 都服从 $N(0, 4)$，$Y_1, Y_2, \cdots, Y_l$ 都服从 $N(0, 9)$，且 $X_1, X_2, \cdots, X_k, Y_1, Y_2, \cdots, Y_l$ 相互独立，要使统计量 $\dfrac{1}{a}\sum_{i=1}^{k} X_i^2$ 和 $\dfrac{1}{b}\sum_{i=1}^{l} Y_i^2$ 服从相同的 χ^2 分布，a, b, k, l 应满足条件 （　　）

(A) $a=2, b=3, k=l$　　(B) $a=2, b=3, 9k=4l$

(C) $a=4, b=9, k=l$　　(D) $a=4, b=9, 9k=4l$

填空题

5-27 设 X_1, X_2, X_3, X_4 相互独立，且都服从 $N(0, 9)$，则 $\xi = \dfrac{X_1\sqrt{3}}{\sqrt{X_2^2 + X_3^2 + X_4^2}}$ 服从________分布.

5-28 设 $X_1, X_2, \cdots, X_n$ 相互独立，且都服从 $N(\mu, \sigma^2)$，当 μ 已知时，$\sum_{i=1}^{n}\left(\dfrac{X_i - \mu}{\sigma}\right)^2$ 服从____________分布.

6 参数估计

在第 5 章中，我们已经指出数理统计的基本问题是如何根据样本所提供的信息，对于总体的分布以及分布的某些数字特征进行统计推断. 其中有一类是对分布类型已知的总体中包含的一些未知参数进行估计. 例如，某交换装置的电话呼叫数，常具有“平稳性”、“独立增量性”与“普通性”(参阅参考文献[2])，这时利用微分方程可以证明它必定服从泊松分布. 又如，由经验已知，在单位时间内到达超市购物的顾客人数常服从泊松分布 $P(\lambda)$，这些分布中的参数 λ 有时未知，这时我们自然希望对于未知参数 λ 进行估计，只要估计出了 λ，也就容易从分布推断出其他重要信息. 这类问题常称为参数估计(Parameter Estimation)问题. 具体讲：

为强调 θ 为未知参数，常设总体 $\xi \sim F(x;\ \theta)$，其中分布函数类型 F 已知，而未知参数所有可能取值组成参数空间，常用 Θ 表示. 参数估计问题就是，根据样本对上述未知参数 θ 在 Θ 范围内设法进行估计.

参数估计的形式有“点估计”与“区间估计”两种. 所谓点估计(Point Estimation)，就是选择一个统计量 $\hat{\theta} = \hat{\theta}(X_1,\ X_2,\ \cdots,\ X_n)$ 作为未知参数 θ 的估计值；所谓区间估计(Interval Estimation)，就是寻找两个统计量 $\hat{\theta}_L = \hat{\theta}_L(X_1,\ X_2,\ \cdots,\ X_n)$，$\hat{\theta}_U = \hat{\theta}_U(X_1,\ X_2,\ \cdots,\ X_n)$，使得所构成的区间 $[\hat{\theta}_L,\ \hat{\theta}_U]$ 能以一定概率覆盖未知参数 θ. 由于样本 $X_1,\ X_2,\ \cdots,\ X_n$ 的随机性，所以点估计 $\hat{\theta}$ 与区间估计 $[\hat{\theta}_L,\ \hat{\theta}_U]$ 都是随机的. 很明显用随机的统计量来估计确定的 θ 值会有很大的不确定性，正如前面概率论中所提到的不加控制的随机变量是没有多大应用价值的，所以运用随机处理基本思想，研究如何用概率控制“点估计”或“区间估计”与 θ 的拟合程度，也构成了参数估计的重要内容.

6.1 点估计的几种方法

前面我们已经给出了点估计的定义，但是对于如何构造估计量并没有明确的规定，只要它满足一定的合理性即可. 因此，对于同一参数 θ，人们可以运用多种方法构造出各种估计. 本节中介绍的是两种最为常用的点估计方法：“矩法估计(Estimation Method of Moments)”和“极大似然估计(Maximum Likelihood Estimation)”.

6.1.1 矩法估计

前面概率论中的辛钦大数定律告诉我们，样本均值$\overline{X}$以概率收敛于总体均值$E\xi$. 更一般地，样本的k阶矩$\overline{X^k}$也以概率收敛于总体的k阶矩$E\xi^k$. 这就意味着，当样本容量充分大时，利用样本的k阶矩$\overline{X^k}$可以很好地估计总体的k阶矩$E\xi^k$(例 4. 2. 3). 根据这种想法，1900 年美国统计学家 K. Pearson 提出了一个所谓的“替换原则”，即利用样本的经验分布和样本矩，分别替换总体的分布和总体矩. 后人称此方法为“矩法”，相应的原则为“矩法原则”. 在利用“矩法”估计时常用原点距，但有时也用中心矩.

设总体ξ具有已知类型的分布函数$F(x;\theta_1, \theta_2, \cdots, \theta_k)$，其中$(\theta_1, \theta_2, \cdots, \theta_k)\in\Theta$是未知参数或参数向量. $(X_1, X_2, \cdots, X_n)$为取自总体ξ的一个样本. 假定总体的k阶原点矩$\mu_k=E\xi^k$存在，显然μ_j(只要$j<k$)也都存在，并且它们都是$\theta_1, \theta_2, \cdots, \theta_k$的函数. 这时利用“矩法原则”可知，样本的$j$阶原点矩$\overline{X^j}$等于总体的$j$阶原点矩$E\xi^j$，从而可以构造以下的“矩方程组”：

$$\overline{X^j}=E\xi^j \quad (j=1, 2, \cdots, k). \tag{6.1.1}$$

注意到$E\xi^j$是未知参数$\theta_1, \theta_2, \cdots, \theta_k$的函数，故通过求解式(6. 1. 1)可以求得$\theta_1, \theta_2, \cdots, \theta_k$的一组解

$$\hat{\theta}_j=\hat{\theta}_j(X_1, X_2, \cdots, X_n) \quad (j=1, 2, \cdots, k). \tag{6.1.2}$$

这里用符号$\hat{\theta}_j$表示θ_j的估计量，由于它仅依赖于样本$(X_1, X_2, \cdots, X_n)$，且不包含未知参数，所以$\hat{\theta}_j$为一个统计量. 进一步，若希望估计$\theta_1, \theta_2, \cdots, \theta_k$的函数$\tau=h(\theta_1, \theta_2, \cdots, \theta_k)$，则可直接将上面得到的$\hat{\theta}_1, \hat{\theta}_2, \cdots, \hat{\theta}_k$代入$\tau$的函数形式中，就可得到$\tau$的矩法估计

$$\hat{\tau}=h(\hat{\theta}_1, \hat{\theta}_2, \cdots, \hat{\theta}_k). \tag{6.1.3}$$

例 6. 1. 1 总体均值$E\xi$与方差$D\xi$的矩法估计.

解: 设$(X_1, X_2, \cdots, X_n)$为总体的一个样本，根据式(6. 1. 1)构造矩方程组

$$\begin{cases}\overline{X}=E\xi,\\ \overline{X^2}=E\xi^2.\end{cases}$$

由于$D\xi=E\xi^2-(E\xi)^2$，所以$E\xi^2=D\xi+(E\xi)^2$，代入上述方程组，得

$$\begin{cases}E\xi=\overline{X},\\ D\xi+(E\xi)^2=\overline{X^2}.\end{cases}$$

解这一方程组，得$E\xi$和$D\xi$的矩法估计为

$$\hat{E}\xi = \overline{X} = \frac{1}{n}\sum_{i=1}^{n} X_i,$$

$$\hat{D}\xi = \overline{X^2} - (\overline{X})^2 = \frac{1}{n}\sum_{i=1}^{n}(X_i - \overline{X})^2 = S_n^2.$$

这表明样本均值$\overline{X}$是总体均值 $E\xi$ 的矩法估计,样本方差 S_n^2(请注意下标为 n)是总体方差 $D\xi$ 的矩法估计.

例 6.1.2 设总体 $\xi \sim P(\lambda)$,其中 $\lambda > 0$ 未知,$(X_1, X_2, \cdots, X_n)$为一个样本,求参数 λ 的矩法估计.

解: 由于总体中只包含一个未知参数,因此只需建立一个矩方程.这样由于 $E\xi = \lambda$,利用“矩法原则”得到方程 $E\xi = \lambda = \overline{X}$,从中解出 $\hat{\lambda} = \overline{X}$.

作为一个应用,我们来考察美国学者 Steel 等在 1980 年的一项研究.此项研究的目的是通过计算石棉纤维在过滤器上的数量来建立石棉浓度的测量标准.研究中,水中的石棉纤维落在过滤器上,然后取直径为 3 mm 的一片置于电子显微镜下进行观察,记录其上的纤维数量.下列为一操作员多次操作的记录值:

31	29	19	18	31	28	34	27	34	30	16	18
26	27	27	18	24	22	28	24	21	17	24	

经验表明可用泊松分布 $P(\lambda)$来描述这些数据的变化规律.因此只需要对于参数 λ 进行估计.事实上,根据例 6.1.2 的结论直接可得 λ 的点估计值 $\overline{X} \approx \frac{1}{23}(31 + 29 + \cdots + 24) = 24.9$.

例 6.1.3 设总体 $\xi \sim N(\mu, \sigma^2)$, μ, $\sigma > 0$ 是未知参数,$(X_1, X_2, \cdots, X_n)$为 ξ 的样本,求 μ, σ^2的矩法估计.

解: 注意到 $E\xi = \mu$, $D\xi = \sigma^2$,因此此题可以直接套用例 6.1.1 的结论,得 μ、σ^2 的矩法估计分别为

$$\begin{cases} \hat{\mu} = \overline{X}, \\ \hat{\sigma}^2 = \overline{X^2} - (\overline{X})^2 = S_n^2. \end{cases} \tag{6.1.4}$$

为了阐述上述估计的使用,我们考察下面的一个问题.

对某种型号的 20 辆汽车,记录其每 5 L 汽油的行驶里程(km),观测数据如下:

30.8	28.6	29.3	28.9	31.1	29.7	30.9	29.0	28.9	29.7
29.4	28.2	30.5	29.5	29.0	31.0	30.1	30.8	30.6	27.9

这是一个容量为 20 的样本的观测值,对应总体是该型号汽车每 5 L 汽油的行驶里程.利用“正态概率纸”(图 6.1.1),我们可以初步确定其分布为正态分布 $N(\mu, \sigma^2)$(在第 7 章中我们将更仔细地介绍分布检验方法).

为对 μ, σ^2 进行估计,将上述数据代入式(6.1.4),利用计算器或 Excel 中的“描述统计”

工具,可得出

$$\hat{\mu} = \bar{x} = 29.695,$$

$$\hat{\sigma}^2 = S_n^2 = \frac{20-1}{20} S_{n-1}^2 = \frac{19}{20} \times 0.966\,816 = 0.918\,47.$$

从以上两个例题可以看出,矩法估计非常直观,易于理解,其实质就是利用样本的原点矩替换(或估计)总体的原点矩.然而在这个替换过程中,原则上对于选用的矩的阶数没有限制,随着选用矩的阶数不同,得出的矩法估计也会不同.例如,在例 6.1.2 中,对于参数 λ,若采用一阶原点矩替换(即用 $\overline{X}$ 估计 $E\xi$),则可得到 $\hat{\lambda} = \overline{X}$. 但是读者可以自行推证,若采用二阶原点矩替换(即用 $\overline{X^2}$ 估计 $E\xi^2$),则 $\hat{\lambda}$ 不再是 $\overline{X}$. 因此,我们参照高等数学中"函数拟合"时常由低阶导数开始做起的思想,在估计时提出一个所谓的**"最低阶矩原则"**,即若能采用低阶矩,就尽量不用高阶矩.例如,总体 ξ 中只包含一个参数,且总体的一阶原点矩存在,则只需利用一阶样本原点矩 $\overline{X}$ 替换一阶总体原点矩 $E\xi$;若总体中包含两个参数 θ_1、θ_2,只需选用一阶矩和二阶矩,依此类推.

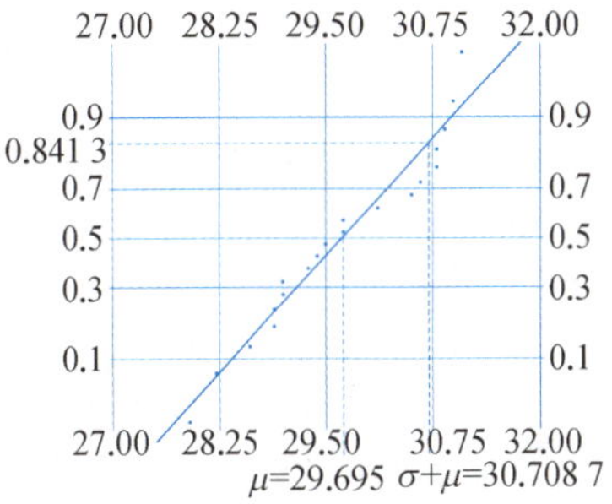

图 6.1.1 正态概率纸测试

注:"矩"与"导数"有联系的思想可以追溯到"概率论"里的"特征函数",有兴趣的读者可以参阅参考文献[1]、[4].

在大多数场合下,矩法估计是可行的,用矩法估计求得的参数估计量也较合理.然而在某些场合下,矩法估计求得的估计量可能会得出不合理的结果.下面给出几个例子.

例 6.1.4 设总体 $\xi \sim U[0, \theta]$,其概率密度函数为

$$p(x) = \begin{cases} \dfrac{1}{\theta}, & 0 \leqslant x \leqslant \theta, \\ 0, & \text{其他}. \end{cases}$$

其中 $\theta > 0$ 是未知参数,设 $(X_1, X_2, \cdots, X_n)$ 为取自总体的样本,求 θ 的矩法估计.

解:总体的一阶原点矩 $E\xi = \int_{-\infty}^{+\infty} x p(x) \mathrm{d}x = \int_0^{\theta} x \cdot \frac{1}{\theta} \mathrm{d}x = \frac{\theta}{2}$. 应用矩法原则,令 $E\xi = \overline{X}$,即 $\frac{\theta}{2} = \overline{X}$,可解得 $\hat{\theta} = 2\overline{X}$.

若抽取了一个容量为 3 的样本,其观测值为 $(x_1, x_2, x_3) = (1, 2, 9)$,代入到 $\hat{\theta} = 2\overline{X}$ 后可得 $\hat{\theta} = 8$,即总体 $\xi \sim U[0, 8]$. 这样它的样本 X_i 都应在区间 $[0, 8]$ 中均匀取值,它们取值的上界不应超过 8. 但注意到样本观测值中的 9 已落在 $[0, 8]$ 外面,这显然是不合理的.

例 6.1.5 一类电子产品的寿命 ξ 可以用两参数指数分布 $E(\mu, \lambda)$ 描述,其概率密度函数为

$$p(x)=\begin{cases}\lambda e^{-\lambda(x-\mu)}, & x\geqslant\mu,\\ 0, & x<\mu.\end{cases} \tag{6.1.5}$$

$\lambda>0$，$\mu>0$ 为未知参数. 求参数 λ，μ 的矩法估计.

解：设$(X_1, X_2, \cdots, X_n)$为取自总体的样本. 由于总体中包含了两个未知参数，因此考虑总体的一阶、二阶原点矩

$$E\xi=\int_{-\infty}^{+\infty}xp(x)\mathrm{d}x=\int_{\mu}^{+\infty}x\lambda e^{-\lambda(x-\mu)}\mathrm{d}x=\mu+\frac{1}{\lambda},$$

$$E\xi^2=\int_{-\infty}^{+\infty}x^2p(x)\mathrm{d}x=\int_{\mu}^{+\infty}x^2\lambda e^{-\lambda(x-\mu)}\mathrm{d}x=\left(\mu+\frac{1}{\lambda}\right)^2+\frac{1}{\lambda^2}.$$

于是，可构造矩方程组

$$\begin{cases}E\xi=\mu+\dfrac{1}{\lambda}=\overline{X},\\ E\xi^2=\left(\mu+\dfrac{1}{\lambda}\right)^2+\dfrac{1}{\lambda^2}=\overline{X^2}.\end{cases}$$

解上述方程组，可得参数 μ、λ 的矩法估计

$$\begin{cases}\hat{\lambda}=\dfrac{1}{\sqrt{\overline{X^2}-(\overline{X})^2}}=\dfrac{1}{S_n},\\ \hat{\mu}=\overline{X}-\dfrac{1}{\hat{\lambda}}=\overline{X}-S_n.\end{cases} \tag{6.1.6}$$

例如对此问题抽取了容量为 4 的样本进行了一次观测，得其观测值为(1, 4, 5, 6)，则可得 $\overline{x}=4$，$S_n\approx1.87$，代入上述估计式，可得

$$\hat{\lambda}\approx0.535, \hat{\mu}\approx4-1.87=2.13.$$

显然，此时有 $x_1=1<\hat{\mu}=2.13$，这与总体中要求 $x\geqslant\hat{\mu}$ 相矛盾.

仔细观察例 6.1.4 和例 6.1.5，不难发现它们有一个共同特点，就是未知参数出现在总体所有可能取值的边界上，即未知参数界定了总体取值的范围. 像这一类问题我们称之为门槛参数问题. 相应地，例题 6.1.4 中的参数 θ 和例题 6.1.5 中的参数 μ 均称为门槛参数(Threshold Parameter). 对于这类问题，一般来说，用矩法估计求出的参数估计量有时不太合理. 下面我们会看到，用极大似然估计来解决此类问题往往非常有效.

6.1.2 极大似然估计

极大似然估计是点估计的另一种常用方法. 它最早是由高斯(C. F. Gauss)所提出的. 后来英国著名统计学家费歇(R. A. Fisher)在 1912 年重新提出了这种想法，并且证明了这种方法的一些性质，使得极大似然估计得到了广泛的应用. 极大似然估计这一名称也是由费歇给出的. 在比较了各种估计方法后，现在大多统计学家认为极大似然估计法相对而言更为优

良，但在个别情况下，也会给出不理想的结果.

极大似然估计的理论基础是所谓的“极大似然原理”，其直观的想法是：一个随机试验如果有若干个可能的结果 $A, B, C, \cdots$，而在一次试验中，结果 A 出现了，则一般认为试验的机理最有利于结果 A 出现，即使得 A 出现的可能性最大.

作为一种统计推断原理，极大似然估计中使用的“极大似然原理”与常规的“逻辑推理”不同，且使用该法所得到结果在一次随机模拟中与真值往往也不吻合（实际上当母体是连续型随机变量时，所导出的估计量往往也是连续型的，而连续型的估计量等于一个确定性的待估参数的概率等于 0）. 但这并不能掩盖其价值，理由是：(1) 该方法简单易行；(2) 在第 6.2 节中涉及的无偏的假设下，它总在其真值附近摆动；(3) 它往往构成区间估计的中心；(4) 在分布的假设检验中也常要先使用该方法.

为了叙述上述“极大似然原理”的直观想法，我们先看两个例子.

例 6.1.6 现有甲、乙两个外形完全相同的箱子，分别装有 100 个同种产品. 甲箱中有 90 个正品和 10 个次品，而乙箱中有 10 个正品和 90 个次品. 今随机地抽取一箱，并从中随机抽取一个产品，结果取得次品，问这个次品是从哪个箱子中取出的?

解: 容易看出，不管从哪一个箱子中抽取产品都有可能获得次品，然而抽取到次品的概率却不相同. 如果我们取出的是甲箱，则取得次品的概率只有 0.1；而若取出的是乙箱，则取得次品的概率却为 0.9. 现在在一次试验中，既然取得次品这一结果已经发生，一个自然的想法就是取出的那个箱子(试验机理)应有利于取得次品这一事件的发生. 因此，我们推断这个次品取自乙箱. 这个推断符合人们的经验，虽然对这一次来说有可能判断错误，但大多数情况下是正确的、可行的，这也正体现出了统计的思想.

例 6.1.7 有一批产品，为考察其不合格率 p，从中有放回地抽取了 10 个进行观测. 为了方便起见，引进随机变量 X 来表示产品是否合格. 令

$$X = \begin{cases} 0, & \text{合格}, \\ 1, & \text{不合格}, \end{cases}$$

则 $X \sim B(1, p)$, $0 < p < 1$. 假设抽取的样本为 $(X_1, X_2, \cdots, X_{10})$，相应的观测值为 $(x_1, x_2, \cdots, x_{10})$，其中 $x_i = 0$ 或 1. 显然样本 $(X_1, X_2, \cdots, X_{10})$ 恰好取得观测值 $(x_1, x_2, \cdots, x_{10})$ 的概率可以利用样本的独立性加以计算，

$$P(X_1 = x_1, X_2 = x_2, \cdots, X_{10} = x_{10}) = \prod_{i=1}^{10} p^{x_i}(1-p)^{1-x_i} = p^{\sum_{i=1}^{10} x_i}(1-p)^{10-\sum_{i=1}^{10} x_i}. \tag{6.1.7}$$

今不妨假定有一组观测值 $(x_1, x_2, \cdots, x_{10}) = (1, 1, 0, 0, 0, 0, 0, 0, 0, 0)$，即观测了 10 个产品，其中前两个为不合格品，其余皆为合格品，则上述概率可写为

$$P(X_1 = 1, X_2 = 1, X_3 = 0, \cdots, X_{10} = 0) = p^2(1-p)^8. \tag{6.1.8}$$

显然上述概率是 p 的函数，其大小依赖于 p 的取值. 特别地，当 $p = 0$ 或 1 时，上述概率

为 0. 由于 p 是未知的，根据极大似然原理，我们应选择 p 使得样本 $(X_1, X_2, \cdots, X_{10})$ 恰好取得观测值 $(x_1, x_2, \cdots, x_{10})$ 的可能性最大，即使得式(6.1.8)表达的概率达到最大，而要求式(6.1.8)的最大值并非难事，只需在式(6.1.8)两端取对数，并关于 p 求导，令其为 0 即可.

通过例 6.1.7 我们可以看出极大似然原理的基本想法. 为准确地阐述如何使用极大似然原理求得参数估计，我们先给出似然函数的定义.

设总体 $\xi \sim F(x;\theta)$，$\theta \in \Theta$，其中 θ 是一个未知参数(或几个未知参数组成的向量)，Θ 是参数 θ 可能取值的参数空间. 又设 $(X_1, X_2, \cdots, X_n)$ 为取自该总体的样本，$(x_1, x_2, \cdots, x_n)$ 为相应的一组观测值.

定义 6.1.1 当 ξ 为离散型总体时，定义

$$L(\theta) = P(X_1 = x_1, X_2 = x_2, \cdots, X_n = x_n) = \prod_{i=1}^{n} P(X_i = x_i); \tag{6.1.9}$$

当 ξ 为连续型总体时(不妨假定其密度函数为 $p(x)$)，定义

$$L(\theta) = p(x_1, x_2, \cdots, x_n) = \prod_{i=1}^{n} p(x_i). \tag{6.1.10}$$

则称 $L(\theta)$ 为样本的"似然函数"(Likelihood Function).

对于似然函数的定义，我们作以下两个注解：

注：(1) 似然函数是相对于参数 θ 而言的. 似然函数 $L(\theta)$ 的形式与前面学过的联合分布律(或联合密度函数)一样，只是在这里 $(x_1, x_2, \cdots, x_n)$ 视为已知，它们不再是自变量.

(2) 似然函数在一定程度上反映了样本 $(X_1, X_2, \cdots, X_n)$ 恰好取到观测值 $(x_1, x_2, \cdots, x_n)$ 的可能性大小. 特别当总体为离散型时，$L(\theta)$ 就是样本 $(X_1, X_2, \cdots, X_n)$ 取到观测值 $(x_1, x_2, \cdots, x_n)$ 的概率.

有了上述似然函数的概念，利用极大似然原理，就可得到极大似然估计的基本方法. 即寻找统计量 $\hat{\theta}$，使其满足

$$L(\hat{\theta}) = \max_{\theta \in \Theta} L(\theta), \tag{6.1.11}$$

称满足式(6.1.11)的 $\hat{\theta}$ 为 θ 的极大似然估计，简记为 MLE(Maximum Likelihood Estimate).

考虑到 $\ln x$ 是 x 的单调增函数，满足

$$\ln L(\hat{\theta}) = \max_{\theta \in \Theta} \ln L(\theta) \tag{6.1.12}$$

的 $\hat{\theta}$ 同样也满足式(6.1.11)，所以为了方便乘积求导，我们常常利用式(6.1.12)求取 $\hat{\theta}$.

例 6.1.8 设总体 $\xi \sim P(\lambda)$，具有分布律

$$P(\xi = k) = \frac{e^{-\lambda} \cdot \lambda^k}{k!} \quad (k = 0, 1, 2, \cdots),$$

$\lambda > 0$ 为一未知参数. 求 λ 的极大似然估计.

解： 设 $(X_1, X_2, \cdots, X_n)$ 为一个样本，$(x_1, x_2, \cdots, x_n)$ 为一组观测值.

由于总体为离散型，因此似然函数

$$L(\lambda)=\prod_{i=1}^{n}P(X_i=x_i)=\prod_{i=1}^{n}\left(\frac{\mathrm{e}^{-\lambda}\cdot\lambda^{x_i}}{x_i!}\right).$$

考虑到 $L(\lambda)$关于 λ 直接求导不太容易，因此将上式两边取对数，得

$$\ln L(\lambda)=\sum_{i=1}^{n}(-\lambda+x_i\ln\lambda-\ln x_i!).$$

上式两侧关于 λ 求导，得

$$\frac{\mathrm{d}\ln L}{\mathrm{d}\lambda}=\sum_{i=1}^{n}\left(-1+\frac{x_i}{\lambda}\right)\overset{令}{=}0.$$

解上式，得

$$\hat{\lambda}=\bar{x}.$$

由于 $\left.\frac{\mathrm{d}^2\ln L}{\mathrm{d}\lambda^2}\right|_{\lambda=\bar{x}}<0$，可知 $\hat{\lambda}$ 使 L 达到最大，从而得出 λ 的极大似然估计为 $\hat{\lambda}=\overline{X}$.

不难发现，此问题中(并非所有问题)得出的极大似然估计与前面讲到的矩法估计是相同的，这也从一个侧面说明用 $\overline{X}$ 估计参数 λ 是合理的.

例 6.1.9 (Hardy-Weinberg 均衡)

假定基因出现的频率是稳定的，根据 Hardy-Weinberg 定律，基因型 AA，Aa 和 aa 在人群中的比例分别为 $(1-\theta)^2$、$2\theta(1-\theta)$ 和 θ^2. 为了考察某种基因在人群中的分布情况，1937 年从香港地区华人中抽取了 1 029 例观测，其基因型分布情况如下：

基因型	AA	Aa	aa	总数
频数	342	500	187	1 029

要估计参数 θ，有许多方法，例如，可以直接利用$\frac{187}{1\,029}$估计 θ^2，从而得出 $\hat{\theta}=0.426\,3$. 然而，不难看出这种做法忽略了其他两种基因型的信息. 下面考虑用极大似然方法求 θ 的估计值.

解: 设(x_1, x_2, x_3)分别表示三种基因型 AA，Aa，aa 在 $n=1029$ 个华人中出现的频数，显然它们满足关系：$x_1+x_2+x_3=n=1\,029$. 为求联合分布，考虑到每次抽样的结果只可能是三个状态之一，故可利用与“独立二状态”下的“二项分布”相似的思想导出的所谓“多项分布”进行计算(参阅参考文献[4]第 85 页)，于是可知似然函数为

$$L(\theta)=\frac{n!}{x_1!x_2!x_3!}[(1-\theta)^2]^{x_1}[2\theta(1-\theta)]^{x_2}(\theta^2)^{x_3}.$$

取对数后得对数似然函数

$$\ln L=\ln n!-\sum_{i=1}^{3}\ln x_i!+x_1\ln(1-\theta)^2+x_2\ln(2\theta(1-\theta))+x_3\ln\theta^2$$

$$= \ln n! - \sum_{i=1}^{3} \ln x_i! + (2x_1 + x_2)\ln(1-\theta) + (2x_3 + x_2)\ln\theta + x_2 \ln 2 .$$

上式两边关于 θ 求导数，得 $\frac{\mathrm{d}\ln L(\theta)}{\mathrm{d}\theta} = -\frac{2x_1 + x_2}{1-\theta} + \frac{2x_3 + x_2}{\theta}$. 令导数为 0，求解，可得 θ 的极大似然估计为

$$\hat{\theta} = \frac{2x_3 + x_2}{2(x_1 + x_2 + x_3)} = \frac{2x_3 + x_2}{2n}$$

$$= \frac{2 \times 187 + 500}{2 \times 1\,029} = 0.424\,7.$$

通过上述求解过程不难发现，极大似然估计综合考虑了三种基因型的分布信息，因此这种推断可能更加准确.

例 6.1.10 设 $(X_1, X_2, \cdots, X_n)$ 为取自正态总体 $N(\mu, \sigma^2)$ 的一个样本，其中 μ, σ^2 为未知参数，参数空间 $\Theta = \{-\infty < \mu < \infty, \sigma^2 > 0\}$. 试求参数 μ 与 σ^2 的极大似然估计.

解： 设 $(x_1, x_2, \cdots, x_n)$ 为样本的一组观测值，由于总体为连续型，因此似然函数为

$$L(\mu, \sigma^2) = \prod_{i=1}^{n} p(x_i) = \prod_{i=1}^{n} \left(\frac{1}{\sqrt{2\pi}\sigma} \mathrm{e}^{-\frac{(x_i-\mu)^2}{2\sigma^2}} \right).$$

其对数似然函数为

$$\ln L(\mu, \sigma^2) = \sum_{i=1}^{n} \left\{ -\frac{1}{2}\ln(2\pi) - \frac{1}{2}\ln\sigma^2 - \frac{(x_i-\mu)^2}{2\sigma^2} \right\}.$$

将上式两边分别关于 μ, σ^2 求偏导，并令其为 0，得似然方程组

$$\begin{cases} \frac{\partial \ln L(\mu, \sigma^2)}{\partial \mu} = \frac{1}{\sigma^2} \sum_{i=1}^{n} (x_i - \mu) = 0, & (6.1.13) \\ \frac{\partial \ln L(\mu, \sigma^2)}{\partial \sigma^2} = \frac{1}{2\sigma^4} \sum_{i=1}^{n} (x_i - \mu)^2 - \frac{n}{2\sigma^2} = 0. & (6.1.14) \end{cases}$$

解此方程组，由式(6.1.13)得 μ 的极大似然估计为

$$\hat{\mu} = \frac{1}{n} \sum_{i=1}^{n} x_i = \overline{x}.$$

将其代入到式(6.1.14)，可得 σ^2 的极大似然估计为

$$\hat{\sigma}^2 = \frac{1}{n} \sum_{i=1}^{n} (x_i - \overline{x})^2 = s_n^2.$$

不难看出，正态总体下参数的极大似然估计与其矩法估计得出的结果也是相同的.

通过上述几个例题，不难得出求解极大似然估计的一般步骤：

步骤 1 写出似然函数 $L(\theta)$. 若总体为离散型，似然函数 $L(\theta)$ 就是样本的联合分布律；若总体为连续型，似然函数 $L(\theta)$ 就是样本的联合密度函数；

步骤 2 将似然函数取对数，求得对数似然函数 $\ln L(\theta)$；

步骤 3 $\ln L(\theta)$关于 θ 求导（若 θ 为多个参数，则分别关于每个参数求偏导），并令其为 0，得对数似然方程组；

步骤 4 解上述似然方程组，求得 θ 的极大似然估计$\hat{\theta}$.

然而，需要指出的是，上述过程只是一般步骤，并非总是适用. 在有些场合下，用上述步骤并不能求得极大似然估计. 下面给出两个例子.

例 6.1.11 设总体 $\xi \sim U[0, \theta]$，$\theta > 0$ 为未知参数. 试求 θ 的极大似然估计.

解：设$(X_1, X_2, \cdots, X_n)$为一个样本，$(x_1, x_2, \cdots, x_n)$为一组观测值. 由于总体为连续型，当 $x_i \in [0, \theta]$ 时似然函数为

$$L(\theta) = \prod_{i=1}^{n}\left(\frac{1}{\theta}\right) = \frac{1}{\theta^n}.$$

两边取对数，得对数似然函数

$$\ln L(\theta) = -n\ln\theta.$$

上式两边关于 θ 求导，得

$$\frac{\mathrm{d}\ln L(\theta)}{\mathrm{d}\theta} = \frac{-n}{\theta} < 0\ (\theta > 0). \tag{6.1.15}$$

方程 $\frac{\mathrm{d}\ln L(\theta)}{\mathrm{d}\theta} = 0$ 无解. 至此，有些读者或许会认为极大似然估计不存在. 事实上，根据式(6.1.15)可知 $\ln L(\theta)$关于 θ 严格单调递减，似然函数的最大值应在左面的边界点上. 再注意到

$$0 \leqslant x_1 \leqslant \theta,\ 0 \leqslant x_2 \leqslant \theta,\ \cdots,\ 0 \leqslant x_n \leqslant \theta,$$

可知 $\theta \geqslant \max\limits_{1 \leqslant i \leqslant n} x_i$，即 $\max\limits_{1 \leqslant i \leqslant n} x_i$ 为θ 的左边界点. 因此，当 $\theta = \max\limits_{1 \leqslant i \leqslant n} x_i$ 时，$L(\theta)$取到最大值. 这说明 θ 的极大似然估计为

$$\hat{\theta} = \max_{1 \leqslant i \leqslant n} x_i.$$

假如样本取到一组观测值为(1, 2, 9)，则根据上述结论，可知 θ 的极大似然估计 $\hat{\theta} = 9$. 显然读者已经看出这个结论要比矩法估计 $\hat{\theta} = 2\,\overline{x} = 8$ 合理. 这也说明，对于门槛参数问题，极大似然估计往往比矩法估计更为合理.

例 6.1.12 双参数分布 $E(\mu, \lambda)$可用来描述一类电子产品的寿命. 设总体$\xi \sim E(\mu, \lambda)$，其概率分布函数为

$$p(x) = \begin{cases} \lambda \mathrm{e}^{-\lambda(x-\mu)}, & x \geqslant \mu, \\ 0, & x < \mu. \end{cases} \tag{6.1.16}$$

$\lambda > 0$, $\mu > 0$ 为未知参数，求参数 λ、μ 的极大似然估计.

解：设$(X_1, X_2, \cdots, X_n)$为取自总体的一个样本，$(x_1, x_2, \cdots, x_n)$为一组观测值. 设 $x_1, x_2, \cdots, x_n \geqslant \mu$，此时似然函数

$$L(\mu, \lambda) = \prod_{i=1}^{n} p(x_i) = \prod_{i=1}^{n} (\lambda e^{-\lambda(x_i-\mu)}).$$

两边取对数,得对数似然函数

$$\ln L(\mu, \lambda) = \sum_{i=1}^{n} [\ln\lambda - \lambda(x_i - \mu)].$$

分别关于 μ、λ 求偏导,得

$$\begin{cases} \dfrac{\partial \ln L(\mu, \lambda)}{\partial \mu} = n\lambda > 0, & (6.1.17) \\ \dfrac{\partial \ln L(\mu, \lambda)}{\partial \lambda} = \dfrac{n}{\lambda} - \sum_{i=1}^{n} x_i + n\mu \overset{令}{=} 0. & (6.1.18) \end{cases}$$

注意到 $\dfrac{\partial \ln L(\mu, \lambda)}{\partial \mu} = n\lambda > 0$,即 $\ln L(\mu, \lambda)$关于 μ 严格单调递增,所以 $\ln L(\mu, \lambda)$的最大值应在 μ 取值的右面的边界点上取到. 而由于$(x_1, x_2, \cdots, x_n)$满足

$$x_1 \geqslant \mu,\ x_2 \geqslant \mu,\ x_3 \geqslant \mu,\ \cdots,\ x_n \geqslant \mu,$$

故 $\mu \leqslant \min\limits_{1\leqslant i\leqslant n} x_i$,所以 $\min\limits_{1\leqslant i\leqslant n} x_i$ 为μ 取值的右面的边界点. 根据极大似然原理,μ 的极大似然估计为 $\hat{\mu} = \min\limits_{1\leqslant i\leqslant n} x_i$,将其代入到式(6.1.18),得

$$\hat{\lambda} = \frac{1}{\bar{x} - \hat{\mu}} = \frac{1}{\bar{x} - \min\limits_{1\leqslant i\leqslant n} x_i}.$$

仍考虑例 6.1.5 中给出的样本观测值(1, 4, 5, 6),则可得参数的极大似然估计值 $\hat{\mu} = \min\limits_{1\leqslant i\leqslant n} x_i = 1$,而 $\hat{\lambda} = \dfrac{1}{\bar{x} - \hat{\mu}} = \dfrac{1}{3}$. 显然此时满足 $x_i \geqslant \hat{\mu} = 1\ (i = 1, 2, 3, 4)$. 不难看出这里得出的估计要比矩法估计更为合理.

通过上述两个例题,我们可以看到,前面提到的求极大似然估计的一般步骤中,对于似然函数"取对数"、"求导数"等工作只是求极值的一种手段,而不是本质的. 极大似然估计的真正本质是式(6.1.11),即寻找统计量$\hat{\theta}$,使其满足

$$L(\hat{\theta}) = \max_{\theta\in\Theta} L(\theta).$$

它往往是个具有约束的优化问题. 希望读者在学习的过程中,能够理解并掌握极大似然估计的计算关键.

矩法和极大似然法是参数点估计的两种常用方法. "矩法"不必预先知道总体的分布类型,由于它的理论基础是大数定律,故一般要求样本总量比较大,且只能估计与矩有关的参数;而"极大似然法"则必须先知道总体的分布类型,它不仅可估计与矩有关的参数,而且可以估计其他复杂的参数,但有时求解似然方程较为困难,此时我们可以采用近似解法来获取估计量的近似值.

本节的最后,我们给出极大似然估计的一个简单有用的性质——"不变性". 如果$\hat{\theta}$是θ 的

极大似然估计，则对任何函数 $g(\theta)$，其极大似然估计为 $g(\hat{\theta})$. 利用不变性，可以使得求解一些(具有复杂结构的)参数的“极大似然估计”变得较为容易.

例 6.1.13 设(X_1, X_2, …, X_n)是来自正态总体 $N(\mu, \sigma^2)$的样本，求标准差 σ 以及变异系数 $\gamma \overset{\Delta}{=} \frac{\sigma}{\mu}$ 的极大似然估计.

解: 在例 6.1.10 中，已经给出了参数 μ 与 σ^2 的极大似然估计为

$$\hat{\mu} = \bar{x},\ \hat{\sigma}^2 = S_n^2 = \frac{1}{n}\sum_{i=1}^{n}(x_i - \bar{x})^2.$$

所以根据极大似然估计的不变性，标准差 σ 以及变异系数 $\gamma \overset{\Delta}{=} \frac{\sigma}{\mu}$ 的极大似然估计为

$$\hat{\sigma} = S_n = \sqrt{\frac{1}{n}\sum_{i=1}^{n}(x_i - \bar{x})^2}, \quad \hat{\gamma} = \frac{\hat{\sigma}}{\hat{\mu}} = \frac{S_n}{\bar{x}}.$$

6.2 点估计的优良性准则

在 6.1 节中，我们已经看到，参数的点估计有多种不同的求法，得到的估计量也不尽相同. 例如，在考察均匀总体 $U[0, \theta]$中的参数 θ 的估计时，用矩法求得的估计与极大似然法求得的估计相距甚远. 事实上，即使采用同一种估计方法，例如矩法估计，当所选择的矩的阶数不同时，也会得出不同的估计量. 因此，一个自然的问题就是对这些不同的估计量如何进行比较，从中选出比较“好”的来加以应用. 本节中我们给出几个点估计的优良性评价准则.

6.2.1 无偏性

点估计 $\hat{\theta}$ 是一个统计量，因此它是一个随机变量. 这就意味着对样本每观测一次，点估计值都会相应改变. 如何用一个随机变量 $\hat{\theta}$，来拟合一个确定量 θ，很自然的想法是希望期望相等(即 $E\hat{\theta} = \theta$)，方差尽可能接近(即 $D\hat{\theta} \approx D\theta = 0$). 这就产生了下面的“无偏”与“有效”的定义.

定义 6.2.1 设 $\hat{\theta}$ 为参数 θ 的一个估计量，$\theta \in \Theta$. 若对任意的 $\theta \in \Theta$，总有

$$E_\theta(\hat{\theta}) = \theta, \tag{6.2.1}$$

则称 $\hat{\theta}$ 为 θ 的无偏估计(Unbiased Estimator)，否则称为有偏估计(Biased Estimator). 其中 E_θ 指的是在求期望 E 时，规定估计量 $\hat{\theta}$ 中样本 X_1, X_2, …, X_n 所服从分布中的参数为 θ. 这在参数估计问题中尤为重要，因为在估计时，往往不知道其确切的值，而只知道 $\theta \in \Theta$. 例如，当 X_1、X_2 是取自正态分布总体 $N(\theta, 1)$的样本时，$E(X_1 + X_2)$ 就依赖于 θ；当 $\theta = 1$ 时，$E(X_1 + X_2) = 2$；当 $\theta = 2$ 时，$E(X_1 + X_2) = 4$. 为强调 E 与 θ 的依赖关系，常把它表示为 E_θ.

注：若 $\hat{\theta}$ 为 θ 的无偏估计，则可以认为用 $\hat{\theta}$ 估计 θ 时，不存在“系统偏差”. 事实上，当我们用 $\hat{\theta}$ 估计 θ 时，由于样本的随机性，$\hat{\theta}$ 与 θ 之间总是有偏差的. 偏差常由“随机偏差”与“系统偏差”组成，随机偏差的期望常常为零. 无偏性表示，若把这些偏差平均起来，则其值为 0，这就是无偏估计的含义. 若估计不具有无偏性，其平均值与参数真实值之间总会有一定的距离，这个距离就是系统偏差.

为讨论估计的无偏性，我们要用到下面的定理：

定理 6.2.1 设总体 ξ 的数学期望为 μ，方差为 σ^2，$(X_1, X_2, \cdots, X_n)$ 为取自总体的一个样本，则

(1) $E(\overline{X})=\mu$；(2) $D(\overline{X})=\dfrac{\sigma^2}{n}$；(3) $E(S_n^2)=\dfrac{n-1}{n}\sigma^2$；(4) $E(S_{n-1}^2)=\sigma^2$.

证：(1) 由于样本 $X_1, X_2, \cdots, X_n$ 与总体 ξ 分布相同，$EX_i=E\xi=\mu$. 从而

$$E(\overline{X})=E\left(\frac{1}{n}\sum_{i=1}^{n}X_i\right)=\frac{1}{n}\sum_{i=1}^{n}E(X_i)=\frac{1}{n}\sum_{i=1}^{n}\mu=\mu.$$

(2) 由于 $X_1, X_2, \cdots, X_n$ 为独立同分布，$D(X_i)=D\xi=\sigma^2$. 利用方差的运算性质有

$$D(\overline{X})=D\left(\frac{1}{n}\sum_{i=1}^{n}X_i\right)=\frac{1}{n^2}\sum_{i=1}^{n}D(X_i)=\frac{1}{n^2}\sum_{i=1}^{n}\sigma^2=\frac{1}{n}\sigma^2.$$

(3) 利用(1)、(2)，由于

$$\begin{aligned}E(S_n^2)&=E(\overline{X^2}-(\overline{X})^2)=E(\overline{X^2})-E(\overline{X})^2=\frac{1}{n}\sum_{i=1}^{n}E(X_i^2)-E(\overline{X})^2\\&=\frac{1}{n}\sum_{i=1}^{n}E(\xi^2)-E(\overline{X})^2=E\xi^2-E(\overline{X})^2.\end{aligned}$$

所以

$$\begin{aligned}E(S_n^2)&=[D\xi+(E\xi)^2]-[D(\overline{X})+(E\overline{X})^2]\\&=\sigma^2+\mu^2-\frac{\sigma^2}{n}-\mu^2=\frac{n-1}{n}\sigma^2.\end{aligned}$$

(4) 由(3)可知 $E(S_n^2)=\dfrac{n-1}{n}\sigma^2$，即 $\dfrac{n}{n-1}E(S_n^2)=\sigma^2$. 利用数学期望的线性性质，有

$$\frac{n}{n-1}E(S_n^2)=E\left(\frac{n}{n-1}S_n^2\right)=\sigma^2,$$

又由于 $nS_n^2=(n-1)S_{n-1}^2$，所以

$$E(S_{n-1}^2)=\sigma^2.$$

在定理 6.2.1 中，(1)表明样本均值 $\overline{X}$ 为总体均值 μ 的无偏估计，即用 $\overline{X}$ 估计 μ 时无“系统偏差”. (2)表明用 $\overline{X}$ 估计总体均值 μ 时，方差为总体方差的 $\dfrac{1}{n}$. 事实上当 $\sigma^2>0$ 时，若把方差理解为对偏差的一种估计，则(1)、(2)两结论可以归结为中学物理中讲到测量时提到的一

句话:“多次测量可以减小偏差,而不能完全消除误差”. 事实上,只要测量次数 n 为有限时,方差 $D(\overline{X})\ \left(=\dfrac{\sigma^2}{n}\right)$ 一般不可能真正为零. (3)、(4)表明样本方差 S_{n-1}^2 是总体方差 σ^2 的无偏估计,故在估计 σ^2 时一般都用 S_{n-1}^2,而较少用 S_n^2,特别是当样本容量不大时更是如此.

例 6.2.1 设总体 $\xi\sim N(\mu,\sigma^2)$,$(X_1, X_2, \cdots, X_n)$ 为一个样本,$n>1$. 试求 k,使得 $\hat{\sigma}^2 \triangleq k\sum\limits_{i=1}^{n-1}(X_{i+1}-X_i)^2$ 为 σ^2 的无偏估计.

解:

$$\begin{aligned}E(X_{i+1}-X_i)^2 &= D(X_{i+1}-X_i)+[E(X_{i+1}-X_i)]^2\\&= DX_i+DX_{i+1}+[E(X_{i+1}-X_i)]^2\\&=\sigma^2+\sigma^2+0^2=2\sigma^2,\end{aligned}$$

由无偏的要求,可有

$$\sigma^2=E(\hat{\sigma}^2)=k\sum_{i=1}^{n-1}E(X_{i+1}-X_i)^2=k\cdot 2(n-1)\sigma^2.$$

从而解出 $k=\dfrac{1}{2(n-1)}$.

6.2.2 有效性

“无偏性”(Unbiasedness)是对估计量的一个比较直观的要求. 参数的无偏估计可能很多,如果有多个估计都是参数 θ 的无偏估计,那么又该如何选择呢? 这就需要再找出一个评估准则. 一个直观的想法就是希望估计量离开参数真实值的“波动”越小越好. 波动的大小可以用方差来衡量,因此可以用无偏估计的方差大小作为衡量无偏估计优劣的标准. 这就是“有效性(Efficiency)”.

“无偏”与“有效”的引进与高等数学中函数逼近有很多相似之处,函数逼近时可以有一阶近似、二阶近似等,它要求两个函数曲线通过同一点并具有相等的一阶导数或二阶导数. 这个思想反映在随机变量里就相当于具有相等的一阶矩 $E\xi=E\eta$ 、相等的二阶矩 $E\xi^2=E\eta^2$(实际上,就像参数点估计时“最低阶矩原则”曾经指出的:概率论中一阶矩、二阶矩与所谓的“特征函数”的一阶导数、二阶导数有密切关系). 这就启发我们在无偏的前提下,进一步考虑二阶矩(或等价地考虑“方差”). 再注意到这里被估计的参数 θ 是确定性的,其方差为 0,而统计量是随机的,它的方差一般不可能为 0,故退而求其次,希望方差越小越好,这从另一方面说明了“有效性”的来由.

定义 6.2.2 设参数 θ 有两个无偏估计 $\hat{\theta_1}$ 和 $\hat{\theta_1}$,若对任意的 $\theta\in\Theta$,总有

$$D_\theta(\hat{\theta}_1)\leqslant D_\theta(\hat{\theta}_2),$$

则称估计 $\hat{\theta}_1$ 比 $\hat{\theta}_2$ 有效. 其中 D_θ 指求方差时,样本 $X_1, X_2, \cdots, X_n$ 所服从分布中的参数必须为 θ.

有时我们希望寻找参数 θ 的方差最小的“有效估计”. 由于涉及约束优化,求解往往比较

困难，但若对 θ 的"无偏估计"集合加上一些特殊的约束，则会比较容易实现.

定理 6.2.2 设总体 ξ 的均值为 μ，方差为 σ^2，$(X_1, X_2, \cdots, X_n)$ 为取自总体的一个样本. 令 C 为 μ 的所有"线性无偏估计"所构成的集合，即

$$C=\left\{\hat{\mu} \mid \hat{\mu}=\sum_{i=1}^{n} l_i X_i, \text{其中} \sum_{i=1}^{n} l_i=1\right\}.$$

则在该集合中当且仅当 $l_1=l_2=\cdots=l_n=\dfrac{1}{n}$ 时，$\hat{\mu}$的方差达到最小. 这就意味着 $\hat{\mu}=\overline{X}$ 是总体均值 μ 的"线性无偏估计"中最有效的估计，这样的估计常称为"最优线性无偏估计"(Best Linear Unbiased Estimate，很多文献上简写为 BLUE).

证: 首先验证 C 中的元素皆为 μ 的无偏估计. 这从

$$E(\hat{\mu})=E\left(\sum_{i=1}^{n} l_i X_i\right)=\sum_{i=1}^{n} l_i E(X_i)=\mu \sum_{i=1}^{n} l_i=\mu \times 1=\mu$$

立即可以看出.

进一步，注意到样本 $X_1, X_2, \cdots, X_n$ 相互独立，故

$$D(\hat{\mu})=D\left(\sum_{i=1}^{n} l_i X_i\right)=\sum_{i=1}^{n} l_i^2 D(X_i)=\sigma^2 \cdot \sum_{i=1}^{n} l_i^2 .$$

考虑到 $\left(\sum\limits_{i=1}^{n} l_i\right)^2=\sum\limits_{i=1}^{n} l_i^2+2 \sum\limits_{1 \leqslant j<k \leqslant n} l_j l_k \leqslant \sum\limits_{i=1}^{n} l_i^2+\sum\limits_{1 \leqslant j<k \leqslant n}(l_j^2+l_k^2)=n \sum\limits_{i=1}^{n} l_i^2$，故

$$D(\hat{\mu}) \geqslant \sigma^2 \cdot \frac{1}{n}\left(\sum_{i=1}^{n} l_i\right)^2=\sigma^2 \frac{1}{n}(1)^2=\frac{1}{n} \sigma^2.$$

注意上述不等式中等号成立，当且仅当 $l_i \equiv \dfrac{1}{n}(i=1, 2, \cdots, n)$. 从而结论成立.

定理 6.2.2 表明样本均值是总体均值的线性无偏估计中最有效的估计. 这也从另一个侧面解释了为什么我们从小就接受了平均值的处理思想.

例 6.2.2 设总体 $\xi \sim U[0, \theta]$，$\theta>0$ 为未知参数，$(X_1, X_2, \cdots, X_n)$为一个样本.

(1) 试验证 $\hat{\theta}_1=\dfrac{n+1}{n} \max\limits_{1 \leqslant i \leqslant n} X_i$ 和 $\hat{\theta}_2=2 \overline{X}$ 均为 θ 的无偏估计.

(2) 比较上述两个估计哪个更有效?

解:(1) 首先，利用极值分布定理 3.4.3 计算 $\max\limits_{1 \leqslant i \leqslant n} X_i$ 的分布. 事实上由于 X_i 的密度为

$$p_i(x)=\begin{cases}\dfrac{1}{\theta}, & x \in[0, \theta], \\ 0, & \text{其他}.\end{cases}$$

故 $\max\limits_{1 \leqslant i \leqslant n} X_i$ 的分布函数为

$$F(x)=\begin{cases}0, & x\in(-\infty, 0),\\ \left(\dfrac{x}{\theta}\right)^n, & x\in[0, \theta),\\ 1, & x\in[\theta, +\infty).\end{cases}$$

对应的密度函数为

$$p(x)=\begin{cases}n\dfrac{x^{n-1}}{\theta^n}, & x\in(0, \theta),\\ 0, & \text{其他}.\end{cases}$$

从而

$$\begin{aligned}E(\hat{\theta}_1)&=E\left(\frac{n+1}{n}\max_{1\leqslant i\leqslant n}X_i\right)=\frac{n+1}{n}E(\max_{1\leqslant i\leqslant n}X_i)\\&=\frac{n+1}{n}\int_0^\theta x\cdot n\left(\frac{x}{\theta}\right)^{n-1}\cdot\frac{1}{\theta}\mathrm{d}x=\frac{n+1}{n}\cdot\frac{n}{\theta^n}\frac{1}{n+1}x^{n+1}\Big|_0^\theta=\theta,\end{aligned}$$

$$E(\hat{\theta}_2)=E(2\overline{X})=2E\overline{X}=2E\xi=2\times\frac{\theta}{2}=\theta.$$

即$\hat{\theta}_1$与$\hat{\theta}_2$皆为θ的无偏估计.

$$\begin{aligned}(2)\ D(\hat{\theta}_1)&=E(\hat{\theta}_1)^2-[E(\hat{\theta}_1)]^2=\frac{(n+1)^2}{n^2}\int_0^\theta x^2\cdot n\left(\frac{x}{\theta}\right)^{n-1}\cdot\frac{1}{\theta}\mathrm{d}x-\theta^2\\&=\frac{(n+1)^2}{n^2}\int_0^\theta x^2\cdot n\left(\frac{x}{\theta}\right)^{n-1}\cdot\frac{1}{\theta}\mathrm{d}x-\theta^2=\frac{(n+1)^2}{n(n+2)}\theta^2-\theta^2=\frac{1}{n(n+2)}\theta^2,\end{aligned}$$

$$D(\hat{\theta}_2)=D(2\overline{X})=4D(\overline{X})=4\times\frac{1}{n}\cdot D\xi=4\times\frac{1}{n}\times\frac{\theta^2}{12}=\frac{\theta^2}{3n}.$$

容易看出，只要 $n>1$，总有 $D(\hat{\theta}_1)<D(\hat{\theta}_2)$. 所以，当 $n>1$ 时，$\hat{\theta}_1$ 比$\hat{\theta}_2$ 有效.

为了帮助读者理解有效性的概念，我们用随机模拟的方法比较上述例题中的$\hat{\theta}_1$和$\hat{\theta}_2$的有效性. 假定总体 $\xi\sim U[0, 5]$，即参数 $\theta=5$. 随机模拟步骤如下：

步骤 1 产生服从 $U[0, 5]$的容量 $n=10$ 样本观测值$(x_1, x_2, \cdots, x_{10})$；

步骤 2 分别计算估计量 $\hat{\theta}_1=\dfrac{n+1}{n}\max\limits_{1\leqslant i\leqslant n}x_i$ 和$\hat{\theta}_2=2\overline{x}$；

步骤 3 步骤 1、步骤 2 重复 1 000 次，计算 1 000 次中$\hat{\theta}_1$ 估计值的平均值为 5.006 2，$\hat{\theta}_2$ 估计值的平均值为 5.020 7，$\hat{\theta}_1$ 的方差为 0.197 3，$\hat{\theta}_2$ 的方差为 0.888 3. 从而验证了例 6.2.2 中的$\hat{\theta}_1$ 比$\hat{\theta}_2$ 有效.

以上过程都可用 Excel 中的数据处理软件(如通过"工具"、"数据分析"、"随机数发生器"、"描述统计")实现，有兴趣的读者可以自己上机计算.

6.2.3 相合性

"无偏性"和"有效性"很好地反映了我们对于参数点估计的要求. 然而在实际工作中，要找到参数的无偏估计有时比较困难，要给出有效估计当然就更难了. 因此，我们不得不退而求其次，希望给出的估计能达到一个最基本的要求，即随着样本容量的增加，估计量越来越逼近参数真实值，这就引出了“相合性(Consistency)”的概念.

定义 6.2.3 设 $\theta \in \Theta$ 为未知参数，$\hat{\theta}_n = \hat{\theta}_n(X_1, X_2, \cdots, X_n)$ 为 θ 的一个估计量，n 为样本容量，若对任意的 $\varepsilon > 0$，有

$$\lim_{n \to \infty} P\{|\hat{\theta}_n - \theta| > \varepsilon\} = 0, \tag{6.2.2}$$

则称 $\hat{\theta}_n$ 为 θ 的“相合估计”(Consistent Estimator) 或“一致估计”.

相合性是对估计的一个最基本要求，如果一个估计量，在样本量不断增大时，它都不能按照一定的精度逼近被估参数，那么这个估计量就很值得怀疑. 在实际使用时不满足相合性要求的估计一般不予考虑.

若把估计量 $\hat{\theta}_n(n = 1, 2, \cdots)$ 看作一个随机变量序列，则相合性要求 $\hat{\theta}_n$ 依概率收敛于 θ.

例 6.2.3 设总体 ξ 的均值为 μ，方差为 σ^2，$(X_1, X_2, \cdots, X_n)$ 为其样本，则由“辛钦大数定理”及“概率收敛”的性质知：(1) $\overline{X}$ 是 μ 的相合估计；(2) S_n^2，S_{n-1}^2 都是 σ^2 的相合估计.

由此可见参数的相合估计不止一个.

6.3 区间估计的“枢轴量”方法

在前面的学习中，我们已经看到，若 $\hat{\theta} = \hat{\theta}(X_1, X_2, \cdots, X_n)$ 是未知参数 θ 的一个点估计，一旦获得样本观测值 $(x_1, x_2, \cdots, x_n)$，估计值 $\hat{\theta}(x_1, x_2, \cdots, x_n)$ 就能给出一个明确的、直观的数量概念. 然而仔细想想，就会感觉到这是不够的，因为尽管有“无偏”、“有效”、“相合”等辅助工具，点估计本身并不能回答估计的精度如何. 因此我们希望对于未知参数 θ 给出一个依赖于样本的区间，使其包含或覆盖参数真实值的概率满足一定的要求，这便产生了兼顾“取值”与“概率”两方面要求的“区间估计”的概念.

定义 6.3.1 设 θ 是总体的一个参数，其参数空间为 Θ，$(X_1, X_2, \cdots, X_n)$ 为取自总体的一个样本. 若对于事先给定的 α $(0 < \alpha < 1)$，存在两个统计量 $\hat{\theta}_L = \hat{\theta}_L(X_1, X_2, \cdots, X_n)$ 和 $\hat{\theta}_U = \hat{\theta}_U(X_1, X_2, \cdots, X_n)$，满足对任意的 $\theta \in \Theta$，有概率估计式

$$P_\theta\{\hat{\theta}_L \leqslant \theta \leqslant \hat{\theta}_U\} = 1 - \alpha. \tag{6.3.1}$$

其中 P_θ 是指总体分布中参数取为 θ 时概率分布，则称随机区间 $[\hat{\theta}_L, \hat{\theta}_U]$ 为 θ 的“置信水平”为 $1 - \alpha$ 的“置信区间”(Confidence Interval)，$\hat{\theta}_L$ 和 $\hat{\theta}_U$ 分别为“置信下限”(Confidence Lower Bound)和“置信上限”(Confidence Upper Bound).

对于置信区间的定义，我们给出几个注解.

(1) 置信区间是一个随机区间，其上、下限会随样本的观测值而变化，但未知参数 θ 却是固定不变的，因此对于式(6.3.1)，我们一般说成是“区间 $[\hat{\theta}_L, \hat{\theta}_U]$ 包含 θ 的概率为 $1 - \alpha$”. 在

实际使用时，有时我们无法证明式(6.3.1)对一切 $\theta \in \Theta$ 都恰好等于 $1-\alpha$，但知道它大于等于 $1-\alpha$，此时我们仍称 $1-\alpha$ 为$[\hat{\theta}_L, \hat{\theta}_U]$的"置信水平"，但为考虑唯一性，常令满足不等式 $P_\theta\{\hat{\theta}_L \leqslant \theta \leqslant \hat{\theta}_U\} \geqslant 1-\alpha$ 的最大的 $1-\alpha$ 为置信水平.

(2) 置信水平 $1-\alpha$ 有一个频率解释，即在大量重复使用 θ 的置信区间$[\hat{\theta}_L, \hat{\theta}_U]$时，每次得到的样本观测值是不同的，从而每次得到的区间估计值也是不一样的. 对一次具体的观测值而言，$[\hat{\theta}_L, \hat{\theta}_U]$可能包含 θ，也可能不包含 θ. 平均而言，在大量的区间估计观测值中，大约有 $(1-\alpha)\times 100\%$ 的区间包含 θ(图 6.3.1).

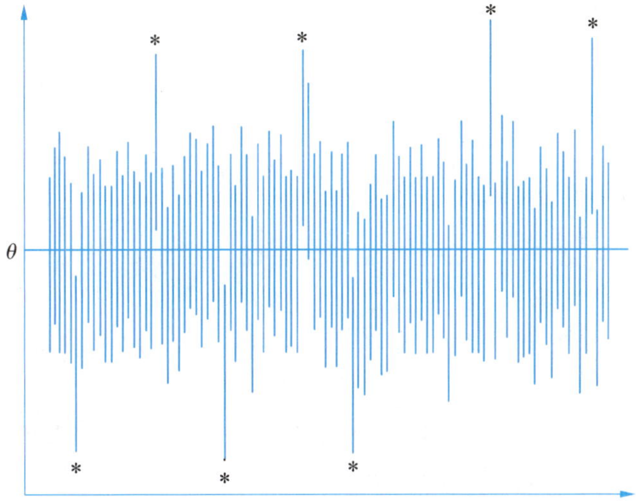

图 6.3.1 区间估计$[\hat{\theta}_L, \hat{\theta}_U]$与 θ

(3) 置信区间具有两个要素，一是信度或可靠度(Reliability)，即置信区间包含未知参数 θ 的概率 $1-\alpha$ 的大小，一般而言概率越大越好；二是精度(Precision)，即置信区间的长度，区间的长度越小，估计的精度就越高. 然而在样本容量一定的情况下，两者是相互矛盾的，即若考虑提高信度(即减小 α)则区间变宽，精度下降. 为了解决这一矛盾，著名统计学家 Neyman 建议采用这样一种方案，在使得置信水平达到一定要求的前提下，寻找精度尽可能高的区间估计. 下文中给出的各种区间估计均基于这个出发点.

6.3.1 单个正态总体参数的置信区间

正态总体 $N(\mu, \sigma^2)$是最常用的分布，本小节中我们讨论它的两个参数 μ 和 σ^2 的置信区间.

1. σ 已知时，μ 的置信区间

设总体 $\xi \sim N(\mu, \sigma^2)$，其中 $\sigma > 0$ 已知，$(X_1, X_2, \cdots, X_n)$ 是 ξ 的样本，要求 μ 的置信水平为 $1-\alpha$ 的置信区间.

因为$\xi \sim N(\mu, \sigma^2)$，根据第5.4节中的定理5.4.1有$\overline{X} \sim N\left(\mu, \dfrac{\sigma^2}{n}\right)$. 令$U = \dfrac{\overline{X}-\mu}{\sigma}\sqrt{n}$，则

$$U = \frac{\overline{X}-\mu}{\sigma}\sqrt{n} \sim N(0, 1).$$

因此，对于给定的置信水平$1-\alpha$，通过查表得到的相应的临界值$U_{1-\frac{\alpha}{2}}$（由图6.3.2可知，它正是前面提到过的“分位数”）满足

$$P\left\{\left|\frac{\overline{X}-\mu}{\sigma}\sqrt{n}\right| \leqslant U_{1-\frac{\alpha}{2}}\right\} = 1-\alpha, \qquad (6.3.2)$$

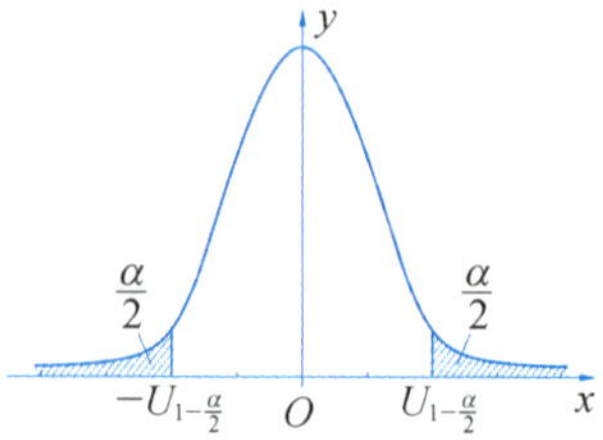

图 6.3.2　μ 的置信区间

即
$$P\left\{-U_{1-\frac{\alpha}{2}} \leqslant \frac{\overline{X}-\mu}{\sigma}\sqrt{n} \leqslant U_{1-\frac{\alpha}{2}}\right\} = 1-\alpha.$$

利用不等式恒等变形，式(6.3.2)可写为

$$P\left\{\overline{X} - U_{1-\frac{\alpha}{2}}\frac{\sigma}{\sqrt{n}} \leqslant \mu \leqslant \overline{X} + U_{1-\frac{\alpha}{2}}\frac{\sigma}{\sqrt{n}}\right\} = 1-\alpha. \qquad (6.3.3)$$

由于σ已知，式(6.3.3)中$\overline{X} - U_{1-\frac{\alpha}{2}}\dfrac{\sigma}{\sqrt{n}}$与$\overline{X} + U_{1-\frac{\alpha}{2}}\dfrac{\sigma}{\sqrt{n}}$均为统计量，且该式表明，随机区间$\left[\overline{X} - U_{1-\frac{\alpha}{2}}\dfrac{\sigma}{\sqrt{n}}, \overline{X} + U_{1-\frac{\alpha}{2}}\dfrac{\sigma}{\sqrt{n}}\right]$包含参数$\mu$的概率为$1-\alpha$. 因此，根据置信区间的定义，参数$\mu$的一个置信水平$1-\alpha$的置信区间为

$$\left[\overline{X} - U_{1-\frac{\alpha}{2}}\frac{\sigma}{\sqrt{n}}, \overline{X} + U_{1-\frac{\alpha}{2}}\frac{\sigma}{\sqrt{n}}\right]. \qquad (6.3.4)$$

其中μ的置信下限为$\hat{\mu}_L = \overline{X} - U_{1-\frac{\alpha}{2}}\dfrac{\sigma}{\sqrt{n}}$，置信上限为$\hat{\mu}_U = \overline{X} + U_{1-\frac{\alpha}{2}}\dfrac{\sigma}{\sqrt{n}}$.

在上述分析推导过程中，我们已经注意到随机变量$U = \dfrac{\overline{X}-\mu}{\sigma}\sqrt{n}$包含了未知参数$\mu$，故$U$不是统计量，但它却具有很好的统计性质，即它的分布$N(0, 1)$是已知的，并且与未知参数$\mu$无关. 像$U$这样虽然包含未知参数，但其分布却是已知（与未知参数无关）的随机变量，我们称之为“枢轴（变）量”（Pivot）. 事实上求解参数的区间估计的关键在于构造合适的枢轴量，对应的方法常称为“枢轴量方法”. 利用枢轴量来审视区间估计，可以抓住估计方法的本质，同时可以避免区间公式的死记硬背.

由式(6.3.4)知道，此时的置信区间是以$\overline{X}$为中心、以$\dfrac{\sigma}{\sqrt{n}}U_{1-\frac{\alpha}{2}}$为半径、长度为$L_\sigma = 2\dfrac{\sigma}{\sqrt{n}}U_{1-\frac{\alpha}{2}}$的区间. 然而使式(6.3.1)成立的置信区间不是唯一的，若取U^1, U^2（图6.3.3），使

得

$$P\left\{U^1 < \frac{\overline{X}-\mu}{\sigma}\sqrt{n} < U^2\right\} = 1-\alpha,$$

即
$$P\left\{\overline{X}-\frac{\sigma}{\sqrt{n}}U^2 < \mu < \overline{X}+\frac{\sigma}{\sqrt{n}}U^1\right\} = 1-\alpha.$$

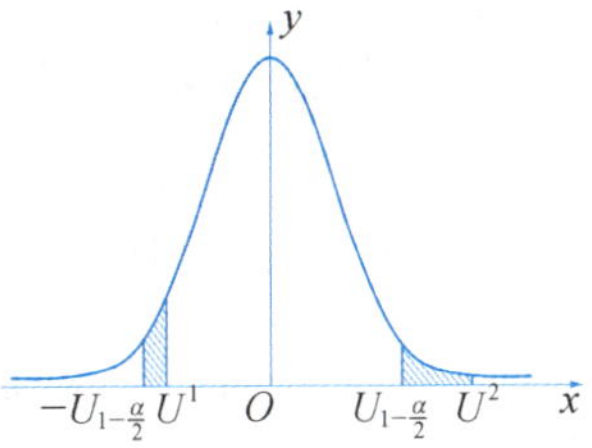

图 6.3.3

这时的新置信区间为 $\left[\overline{X}-\frac{\sigma}{\sqrt{n}}U^2,\ \overline{X}+\frac{\sigma}{\sqrt{n}}U^1\right]$,

对应的区间长度为 $L=(U^2-U^1)\frac{\sigma}{\sqrt{n}}$. 观察 $N(0,\ 1)$分布的密度函数图像,易于发现由于 $U^2-U^1 \geqslant 2U_{1-\frac{\alpha}{2}}$①,对应的置信区间的长度 $L \geqslant L_\sigma$. 因此,为提高估计精度(使置信区间长度变小),一般都沿用 Neyman 的思路,采用式(6.3.4)进行计算.

另外从式(6.3.4)对应的置信区间长度表达式 $L_\sigma = 2\frac{\sigma}{\sqrt{n}}U_{1-\frac{\alpha}{2}}$,还可发现,当 α 给定时,为提高精度(即使 L_σ 变小),可以增加样本容量 n,这同我们平时的经验是一致的.

例 6.3.1 假设某种轮胎的寿命服从正态分布 $N(\mu,\ 0.06^2)$,为估计该种轮胎的平均寿命 μ,现随机地抽取 12 只轮胎试用,测得它们的寿命(单位:万公里)如下:

4.68	4.85	4.32	4.85	4.61	5.02
4.60	4.58	4.72	4.38	4.70	5.20

试求该种轮胎的平均寿命 μ(置信水平为 95%)的置信区间.

解: 由于总体为正态分布,且方差 $\sigma^2(=0.06^2)$ 已知. 由题中样本观测值计算,得样本均值 $\bar{x}=4.709\,2$. 又由 $1-\alpha=0.95$,即 $\alpha=0.05$,查表可得 $U_{1-\frac{\alpha}{2}}=U_{0.975}=1.96$. 将上式数据代入式(6.3.4),可得 μ 的“置信下限”与“置信上限”分别为

$$\hat{\mu}_L = \overline{X}-U_{1-\frac{\alpha}{2}}\frac{\sigma}{\sqrt{n}} = 4.709\,2-1.96\times\frac{0.06}{\sqrt{12}} = 4.675\,3,$$

$$\hat{\mu}_U = \overline{X}+U_{1-\frac{\alpha}{2}}\frac{\sigma}{\sqrt{n}} = 4.709\,2+1.96\times\frac{0.06}{\sqrt{12}} = 4.743\,2.$$

即平均寿命 μ 的 95% 置信区间为 $[4.675\,3,\ 4.743\,2]$.

---

① 为用分析方法考虑在概率 $\int_{U^1}^{U^2} p(x)\mathrm{d}x = c$(非零常数)的条件下,$\min(U^2-U^1)$ 的问题,可用“Lagrange 乘数法”求解,即首先引进 $f(U^1,\ U^2)=(U^2-U^1)+\lambda\left(\int_{U^1}^{U^2}p(x)\mathrm{d}x-c\right)$,然后求解驻点方程组 $\begin{cases}-f'_{U^1}=1+\lambda p(U^1)=0,\\ f'_{U^2}=1+\lambda p(U^2)=0,\end{cases}$ 得 $p(U^1)=p(U^2)$. 再注意到密度 $p(x)$ 的对称性,故驻点 $U^1=-U^2$,再由置信水平 $1-\alpha$,可以求出 $U^2=U_{1-\frac{\alpha}{2}}$. 这说明在一般情况下 $U^2-U^1 \geqslant 2U_{1-\frac{\alpha}{2}}$.

2. σ 未知时，μ 的置信区间

问题：设总体 $\xi \sim N(\mu, \sigma^2)$，其中 $\sigma > 0$ 未知，$(X_1, X_2, \cdots, X_n)$ 是 ξ 的样本，要求 μ 的置信水平为 $1-\alpha$ 的置信区间.

由于 σ 未知，式(6.3.4)给出的置信区间的上、下限不再是统计量，因此需要构造新的枢轴量. 一个直观的想法就是将前面给出的枢轴量 $U = \dfrac{\overline{X}-\mu}{\sigma}\sqrt{n}$ 中的 σ 用 S_{n-1} 代替，由此得新的枢轴量 $T = \dfrac{\overline{X}-\mu}{S_{n-1}}\sqrt{n}$. 然而需要指出的是，根据 5.4 节中的推论 5.4.1，此时 T 服从的分布不再是 $N(0, 1)$，而是 $t(n-1)$，即 $\dfrac{\overline{X}-\mu}{S_{n-1}}\sqrt{n} \sim t(n-1)$. 注意到这一点以后，(对于给定的水平 $1-\alpha$) 我们查 t 分布表，可得临界值 $t_{1-\frac{\alpha}{2}}(n-1)$，满足

$$P\left\{\left|\frac{\overline{X}-\mu}{S_{n-1}}\sqrt{n}\right| \leqslant t_{1-\frac{\alpha}{2}}\right\} = 1-\alpha. \tag{6.3.5}$$

经过不等式变形(或"枢轴量"转轴)，该式可化为关于期望 μ 的不等式关系

$$P\left\{\overline{X} - t_{1-\frac{\alpha}{2}}(n-1)\frac{S_{n-1}}{\sqrt{n}} \leqslant \mu \leqslant \overline{X} + t_{1-\frac{\alpha}{2}}(n-1)\frac{S_{n-1}}{\sqrt{n}}\right\} = 1-\alpha.$$

因此，μ 的置信水平为 $1-\alpha$ 的置信区间为

$$\left[\overline{X} - t_{1-\frac{\alpha}{2}}(n-1)\frac{S_{n-1}}{\sqrt{n}},\ \overline{X} + t_{1-\frac{\alpha}{2}}(n-1)\frac{S_{n-1}}{\sqrt{n}}\right]. \tag{6.3.6}$$

从上面的分析过程中可以看出"枢轴量"名称的由来，实际上 $\dfrac{\overline{X}-\mu}{S_{n-1}}\sqrt{n}$ 起了一个"轴心"的作用，把介于两个界限之间的不等式轻轻一转，就成为关于未知参数 μ 的介于两个新界限之间的不等式. 所以枢轴量在本节的推导过程中起了非常关键的作用.

再仔细观察式(6.3.6)不难发现，式中没有用到总体的方差 σ^2. 细心的读者自然会提出这样一个问题，即在总体方差 σ^2 已知时，式(6.3.6)或许也可以作为参数 μ 的置信水平为 $1-\alpha$ 的置信区间. 那么为什么这时我们愿意使用的是式(6.3.4)，而不是式(6.3.6)呢？这就需要读者回顾我们曾经提到过的关于置信区间的定义中的注解(3). 由式(6.3.4)与式(6.3.6)给出的 μ 的置信区间的信度(即置信水平)虽然相同，然而它们的精度(即区间长度)不同. 事实上，若用 L_σ、L_s 分别表示由式(6.3.4)、式(6.3.6)给出的两个置信区间的长度，则利用定理 6.2.1 以及 t 分布临界值(关于自由度 n)的单调性质(读者可以从书末附表 6，或图 5.3.2 看出)，不难证明有结论 $E(L_\sigma^2) \leqslant E(L_s^2)$. 这说明当 σ^2 已知时，通常来说由式(6.3.4)给出的置信区间的精度比较高.

例 6.3.2 一些著名科学家做出重大贡献时的年龄如下表：

哥白尼	40 岁	伽利略	34 岁	牛顿	23 岁	富兰克林	40 岁
拉瓦锡	31 岁	赖尔	33 岁	达尔文	49 岁	麦克斯韦	33 岁
居里	34 岁	普朗克	43 岁	爱因斯坦	26 岁	薛定谔	39 岁

设科学家做出重大科学贡献时的年龄 $\xi \sim N(\mu, \sigma^2)$，求 μ 的置信水平为 95%的置信区间.

解：首先由 2.1.4 节中例子的 Excel 计算结果可知，样本容量 $n=12$，样本均值 $\bar{x}=35.417$，修正样本标准差 $S_{n-1}=7.2295$. 由于 $1-\alpha=0.95$，查表得 $t_{0.975}(11)=2.2010$. 注意到 σ 未知，将上述数据代入式(6.3.6)，可得 μ 的置信下限、上限分别为

$$\hat{\mu}_L=\overline{X}-t_{1-\frac{\alpha}{2}}(n-1)\frac{S_{n-1}}{\sqrt{n}}=35.417-4.593=30.824,$$

$$\hat{\mu}_U=\overline{X}+t_{1-\frac{\alpha}{2}}(n-1)\frac{S_{n-1}}{\sqrt{n}}=35.417+4.593=40.010.$$

所以 μ 的置信水平为 95%的置信区间为[30.824, 40.010]，即大约 95%的重大贡献是科学家平均年龄在 30 岁至 40 岁之间完成的.

另外，此题中的关键结果，区间半径 4.593 也可用 Excel 中的“描述统计”工具直接获得(参阅 2.1.4 节中的例子).

3. σ^2置信区间

这里虽然也可以按照 μ 是否预先知道，分两种情况来讨论 σ^2 的置信区间，但在实际应用中，σ^2未知时 μ 已知的情形是极为罕见的，所以我们只在 μ 未知的条件下讨论 σ^2 的置信区间.

设总体 $\xi \sim N(\mu, \sigma^2)$，其中 μ 未知，$(X_1, X_2, \cdots, X_n)$ 是 ξ 的样本，要求 σ^2 的置信水平为 $1-\alpha$ 的置信区间.

根据 5.4 节中定理 5.4.1，知 $\frac{(n-1)S_{n-1}^2}{\sigma^2} \sim \chi^2(n-1)$，取 $\frac{(n-1)S_{n-1}^2}{\sigma^2}$ 为枢轴量. 考虑到 χ^2 分布是“偏态分布”(不对称分布)，寻找平均长度最短的区间很难实现. 因此一般改为取“等尾置信区间”，即采用 χ^2 的两个临界值 $\chi^2_{\frac{\alpha}{2}}(n-1)$ 和 $\chi^2_{1-\frac{\alpha}{2}}(n-1)$(图 6.3.4)，使其满足

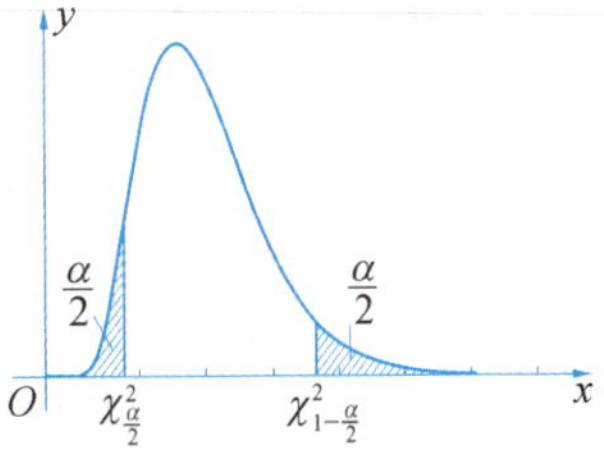

图 6.3.4

$$P\left\{\chi^2_{\frac{\alpha}{2}}(n-1)\leqslant\frac{(n-1)S_{n-1}^2}{\sigma^2}\leqslant\chi^2_{1-\frac{\alpha}{2}}(n-1)\right\}=1-\alpha.$$

经过“转轴”，有 $P\left\{\frac{(n-1)S_{n-1}^2}{\chi^2_{1-\frac{\alpha}{2}}(n-1)}\leqslant\sigma^2\leqslant\frac{(n-1)S_{n-1}^2}{\chi^2_{\frac{\alpha}{2}}(n-1)}\right\}=1-\alpha$. 由此可得出 σ^2 的置信水平为 $1-\alpha$的置信区间为

$$\left[\frac{(n-1)S_{n-1}^2}{\chi^2_{1-\frac{\alpha}{2}}(n-1)}, \frac{(n-1)S_{n-1}^2}{\chi^2_{\frac{\alpha}{2}}(n-1)}\right], \tag{6.3.7}$$

进一步可得出σ的置信水平为$1-\alpha$的置信区间为

$$\left[\sqrt{\frac{(n-1)S_{n-1}^2}{\chi^2_{1-\frac{\alpha}{2}}(n-1)}},\sqrt{\frac{(n-1)S_{n-1}^2}{\chi^2_{\frac{\alpha}{2}}(n-1)}}\right]. \tag{6.3.8}$$

例 6.3.3 从某地健康人群中随机抽取 13 人,得到其“血磷”测定值如下(单位:mg/100 ml):

1.67 1.98 1.98 2.33 2.34 2.50 3.60 3.73 4.14 4.17 4.57 4.82 5.78

假定该地健康人的“血磷”值$\xi\sim N(\mu,\sigma^2)$,试求总体方差σ^2的 95% 的置信区间.

解: 由上述样本值计算得$S_{n-1}^2=1.701\,377$, $n=13$, $\alpha=0.05$,自由度为$n-1=12$. 查表得 $\chi^2_{0.025}(12)=4.404$, $\chi^2_{0.975}(12)=23.337$. 所以

$$\frac{(n-1)S_{n-1}^2}{\chi^2_{1-\frac{\alpha}{2}}(n-1)}=\frac{12\times1.701\,377}{23.337}=0.874\,9,$$

$$\frac{(n-1)S_{n-1}^2}{\chi^2_{\frac{\alpha}{2}}(n-1)}=\frac{12\times1.701\,377}{4.404}=4.635\,9.$$

即σ^2的置信水平为$1-\alpha$的置信区间为[0.874 9, 4.635 9].

例 6.3.4 已知某种材料的抗压强度$X\sim N(\mu,\sigma^2)$,现在随机地抽取了 10 个试件进行抗压试验,测得数据如下(单位:$\mathrm{kgf/mm^2}$):

482 493 457 471 510 446 435 418 394 469

试求:(1) 平均抗压强度μ的置信水平为 95%的置信区间;

(2) 方差σ^2的置信水平为 95%的置信区间.

解: 由上述数据可得$n=10$, $\overline{x}=457.5$, $S_{n-1}=35.217\,6$.

(1) 由于总体标准差σ未知,因此使用t分布时的式(6.3.6)求均值的置信区间. 由$\alpha=0.05$,自由度为$n-1=9$,查表可知$t_{0.975}(9)=2.262\,2$,所以

$$\overline{x}-t_{1-\frac{\alpha}{2}}(n-1)\frac{S_{n-1}}{\sqrt{n}}=457.5-2.262\,2\times\frac{35.217\,6}{\sqrt{10}}=432.306\,6,$$

$$\overline{x}+t_{1-\frac{\alpha}{2}}(n-1)\frac{S_{n-1}}{\sqrt{n}}=457.5+2.262\,2\times\frac{35.217\,6}{\sqrt{10}}=482.693\,5.$$

即μ的置信水平为 95%的置信区间为[432.306 6, 482.693 5].

(2) 由$\alpha=0.05$,自由度为$n-1=9$,查表可得$\chi^2_{0.975}(9)=19.023$, $\chi^2_{0.025}(9)=2.700$,式(6.3.7)中的区间端点分别为

$$\frac{(n-1)S_{n-1}^2}{\chi^2_{1-\frac{\alpha}{2}}(n-1)}=\frac{9\times35.217\,6^2}{19.023}=586.790,$$

$$\frac{(n-1)S_{n-1}^2}{\chi^2_{\frac{\alpha}{2}}(n-1)}=\frac{9\times35.217\,6^2}{2.700}=4\,134.264\,4.$$

即方差 σ^2 的置信水平为 95%的置信区间为[586.790, 4 134.264 4].

6.3.2 两个正态分布总体时的置信区间

设总体 $\xi \sim N(\mu_1, \sigma_1^2)$,总体 $\eta \sim N(\mu_2, \sigma_2^2)$, $(X_1, X_2, \cdots, X_m)$、$(Y_1, Y_2, \cdots, Y_n)$ 分别为取自总体 ξ、η 的样本,且相互独立. 记 $\overline{X}$、$\overline{Y}$ 分别为它们的样本均值,S_x^2、S_y^2 分别为它们的样本方差(为书写方便,略去了下标 $m-1$ 和 $n-1$). 下面讨论两个均值差以及方差之比的置信区间.

1. $\mu_1-\mu_2$ 的置信区间

这是历史上非常有名的 Behrens-Fisher 问题,它是 Behrens 在 1929 年从实际应用中提出的问题. 它的几种特殊情况已获得圆满结论,但由于其一般情况至今没有很完美的结论,故许多学者仍在努力研究. 本节中只讨论此问题的一种特殊情况,即 σ_1^2、σ_2^2 均未知,但有 $\sigma_1^2=\sigma_2^2$.

假设 $\sigma_1^2=\sigma_2^2=\sigma^2$. 由定理 5.4.2 知,

$$T \triangleq \frac{(\overline{X}-\overline{Y})-(\mu_1-\mu_2)}{S_w\sqrt{\dfrac{1}{m}+\dfrac{1}{n}}} \sim t(m+n-2),$$

其中 $S_w=\sqrt{\dfrac{(m-1)S_x^2+(n-1)S_y^2}{m+n-2}}$. 此时 T 中包含未知参数 $\mu_1-\mu_2$,故它为一枢轴量. 由此对于给定的置信水平 $1-\alpha$,查表可得 $t_{1-\frac{\alpha}{2}}(m+n-2)$,使得

$$P\left\{-t_{1-\frac{\alpha}{2}}(m+n-2) \leqslant \frac{(X-\overline{Y})-(\mu_1-\mu_2)}{S_w\sqrt{\dfrac{1}{m}+\dfrac{1}{n}}} \leqslant t_{1-\frac{\alpha}{2}}(m+n-2)\right\}=1-\alpha. \tag{6.3.9}$$

将上式变形,得

$$\begin{aligned} P\Big\{(\overline{X}-\overline{Y})-t_{1-\frac{\alpha}{2}}(m+n-2)S_w\sqrt{\frac{1}{m}+\frac{1}{n}} &\leqslant \mu_1-\mu_2 \\ \leqslant (\overline{X}-\overline{Y})+t_{1-\frac{\alpha}{2}}(m+n-2)S_w\sqrt{\frac{1}{m}+\frac{1}{n}}\Big\} &= 1-\alpha. \end{aligned} \tag{6.3.10}$$

即 $\mu_1-\mu_2$ 的置信水平为 $1-\alpha$ 的置信区间为

$$\left[(\overline{X}-\overline{Y})-t_{1-\frac{\alpha}{2}}(m+n-2)S_w\sqrt{\frac{1}{m}+\frac{1}{n}},\ (\overline{X}-\overline{Y})+t_{1-\frac{\alpha}{2}}(m+n-2)S_w\sqrt{\frac{1}{m}+\frac{1}{n}}\right]. \tag{6.3.11}$$

例 6.3.5 某化工厂为提高某一生产过程的“得率”,试图采用新的催化剂. 在试验中,用原来的催化剂做了 $m=8$ 次试验,求出“得率”的平均值为 $\overline{x}=91.73$,样本方差 $S_x^2=$

3.885 7；用新的催化剂做了 $n=8$ 次试验，求出"得率"的平均值为 $y=93.75$，样本方差 $S_y^2=4.022\,9$. 假定两个总体均服从正态分布，且方差相等（可以用例 6.3.8，或下一章的假设检验法给出相等的理由），试求两总体"得率"期望值之差 $\mu_1-\mu_2$（置信水平为 95%）的置信区间.

解：由于问题中已假定两样本方差相等，即 $\sigma_1^2=\sigma_2^2$. 由样本观测值计算，得

$$m=n=8,\ \overline{x}=91.73,\ \overline{y}=93.75,\ S_x^2=3.885\,7,\ S_y^2=4.022\,9.$$

对于 $\alpha=0.05$ 查表，得

$$t_{0.975}(14)=2.144\,8.$$

计算，得

$$S_w=\sqrt{\frac{7\times 3.885\,7+7\times 4.022}{8+8-2}}=1.988\,5.$$

因此可利用式(6.3.11)计算 $\mu_1-\mu_2$ 的置信区间，得

$$\begin{aligned}&(\overline{x}-\overline{y})\pm t_{1-\frac{\alpha}{2}}(m+n-2)\cdot S_w\sqrt{\frac{1}{m}+\frac{1}{n}}\\&=(91.73-93.75)\pm 2.144\,8\times 1.988\,5\times\sqrt{\frac{1}{8}+\frac{1}{8}}\\&=-2.02\pm 2.132\,5.\end{aligned}$$

即两总体期望值之差 $\mu_1-\mu_2$ 的置信水平为 95% 的置信区间为$(-4.152\,5,\ 0.112\,5)$.

注：如果预先不知道 $\sigma_1^2=\sigma_2^2$，则可用例 6.3.8 所示方法先行判断，或者当样本容量 m、n 都充分大时，用如下正态分布近似公式直接计算 $\mu_1-\mu_2$ 的置信区间，

$$\left[\overline{X}-\overline{Y}-U_{\frac{\alpha}{2}}\sqrt{\frac{S_x^2}{m}+\frac{S_y^2}{n}},\ \overline{X}-\overline{Y}+U_{\frac{\alpha}{2}}\sqrt{\frac{S_x^2}{m}+\frac{S_y^2}{n}}\right]. \tag{6.3.12}$$

例 6.3.6 为了比较两种枪弹的枪口速度（单位：m/s），在相同条件下进行速度测定. 算得样本平均值和样本标准差如下：

枪弹甲，$m=110$，$\overline{X}=2\,805$，$S_x=120.41$；

枪弹乙，$n=100$，$\overline{Y}=2\,680$，$S_y=105.00$.

试求两种枪弹的枪口平均速度之差 $\mu_1-\mu_2$ 的置信水平为 0.95 的置信区间.

解：因 m、n 都很大，故能采用式(6.3.12)求置信区间. 当 $\alpha=0.05$ 时，查正态分布表得到 $U_{0.975}=1.96$，从而

$$\begin{aligned}&\overline{X}-\overline{Y}\pm U_{0.975}\sqrt{\frac{S_x^2}{m}+\frac{S_y^2}{n}}\\&=(2\,805-2\,680)\pm 1.96\sqrt{\frac{120.41^2}{110}+\frac{105^2}{100}}=125\pm 15.56,\end{aligned}$$

所以 $\mu_1-\mu_2$ 的置信水平为 0.95 的置信区间为[109.44, 140.56].

2. σ_1^2/σ_2^2的置信区间

由 5.4 节中的定理 5.4.3 可知，$F \triangleq \dfrac{S_x^2/\sigma_1^2}{S_y^2/\sigma_2^2} \sim F(m-1, n-1)$. 这表明 F 为一枢轴量. 因此，对于给定的置信水平 $1-\alpha$，有临界值 $F_{\frac{\alpha}{2}}(m-1, n-1)$ 和 $F_{1-\frac{\alpha}{2}}(m-1, n-1)$，使得

$$P\left\{F_{\frac{\alpha}{2}}(m-1, n-1) \leqslant \frac{S_x^2/\sigma_1^2}{S_y^2/\sigma_2^2} \leqslant F_{1-\frac{\alpha}{2}}(m-1, n-1)\right\} = 1-\alpha. \tag{6.3.13}$$

将上式变形，得

$$P\left\{\frac{S_x^2/S_y^2}{F_{1-\frac{\alpha}{2}}(m-1, n-1)} \leqslant \frac{\sigma_1^2}{\sigma_2^2} \leqslant \frac{S_x^2/S_y^2}{F_{\frac{\alpha}{2}}(m-1, n-1)}\right\} = 1-\alpha. \tag{6.3.14}$$

即 $\dfrac{\sigma_1^2}{\sigma_2^2}$ 的置信水平为 $1-\alpha$ 的置信区间为

$$\left[\frac{S_x^2/S_y^2}{F_{1-\frac{\alpha}{2}}(m-1, n-1)}, \frac{S_x^2/S_y^2}{F_{\frac{\alpha}{2}}(m-1, n-1)}\right]. \tag{6.3.15}$$

例 6.3.7 某车间现有甲乙两台自动机床加工同一种轴承，假定轴承的直径服从正态分布，现从这两台机床加工的轴承中分别抽查 5 个和 6 个轴承，得其直径数据如下(单位:cm)：

甲机床：5.00　5.08　5.03　5.06　5.07

乙机床：4.98　5.03　4.95　4.99　5.02　4.97

试求两台机床加工的轴承直径的方差之比 $\dfrac{\sigma_甲^2}{\sigma_乙^2}$(置信水平为 95%)的置信区间.

解：根据题意，得 $m=5$, $n=6$.

由样本观测值计算，得

$$S_x^2 = 0.001\,07,\ S_y^2 = 0.000\,92.$$

对于 $\alpha=0.05$ 查表，得

$$F_{0.025}(4, 5) = \frac{1}{F_{0.975}(5, 4)} = \frac{1}{9.36} = 0.106\,8,\ F_{0.975}(4, 5) = 7.39.$$

将上述数据代入式(6.3.15)得

$$\frac{S_x^2/S_y^2}{F_{0.975}(4, 5)} = \frac{0.001\,07/0.000\,92}{7.39} = 0.157\,4,$$

$$\frac{S_x^2/S_y^2}{F_{0.025}(4, 5)} = \frac{0.001\,07/0.000\,92}{0.106\,8} = 10.889\,9.$$

即甲、乙两台机床加工的轴承直径方差之比 $\dfrac{\sigma_甲^2}{\sigma_乙^2}$ 的置信水平为 95% 的置信区间为[0.157 4, 10.889 9].

例 6.3.8 试用例 6.3.5 的样本数据，计算方差之比 $\frac{\sigma_x^2}{\sigma_y^2}$（置信水平为 95%）的置信区间，并讨论是否可以认为 $\sigma_x^2=\sigma_y^2$.

解：根据题意，得 $m=8$，$n=8$.

由样本观测值计算，得

$$S_x^2=3.8857,\ S_y^2=4.0229.$$

对于 $\alpha=0.05$ 查表，得

$$F_{0.975}(7,7)=4.99,\ F_{0.025}(7,7)=\frac{1}{F_{0.975}(7,7)}.$$

将上述数据代入式(6.3.15)得

$$\frac{S_x^2/S_y^2}{F_{0.975}(7,7)}=\frac{3.8857/4.0229}{4.99}=0.1936,$$

$$\frac{S_x^2/S_y^2}{F_{0.025}(7,7)}=\frac{3.8857/4.0229}{\dfrac{1}{4.99}}=4.8199.$$

即旧、新两种催化剂"得率"的方差之比 σ_x^2/σ_y^2（置信水平为 95%）的置信区间为[0.1936, 4.8199]. 注意到 $1\in[0.1936, 4.8199]$，故在实际中可以认为 $\sigma_x^2/\sigma_y^2=1$，即 $\sigma_x^2=\sigma_y^2$.

注：此题的推理机理与后面的"假设检验法"相似，都是根据"尊重原假设"（或原判断）及"小概率反例否定"两个原则进行的，所以在推断时，必须有个先验判断，即根据以往经验 $\sigma_x^2\approx\sigma_y^2$，然后再往下进行分析.

6.3.3 非正态分布总体时的大样本置信区间

前面讨论了正态分布总体下参数的区间估计问题，本小节中我们将考虑在样本容量充分大时，如何利用渐进分布来构造近似的置信区间. 一个典型的例子是关于二项分布 $B(n, p)$ 中参数 p 的区间估计问题.

1. 二项分布 $B(n, p)$ 中参数 p 的置信区间

设随机事件 A 在每次试验中发生的概率为 p，今做 n 次独立试验，记 μ_n 为 n 次试验中 A 发生的次数，则 $\mu_n\sim B(n, p)$. 当 n 充分大时，由二项分布中心极限定理（定理 4.1.3）知 $\frac{\mu_n-np}{\sqrt{npq}}$ 近似服从 $N(0, 1)$，于是可取 $\frac{\mu_n-np}{\sqrt{npq}}$ 为枢轴量，同时对于给定的置信水平 $1-\alpha$，有近似关系式

$$P\left\{\left|\frac{\mu_n-np}{\sqrt{npq}}\right|<U_{1-\frac{\alpha}{2}}\right\}\approx 1-\alpha,$$

展开，得

$$P\{\hat{p}_L<p<\hat{p}_U\}\approx 1-\alpha,$$

其中的 $\hat{p}_L < \hat{p}_U$ 为关于 p 的一元二次方程 $(\mu_n - np)^2 = U_{1-\frac{\alpha}{2}}^2 \cdot np(1-p)$ 的两个根. 注意到 $q = 1-p$，故

$$\hat{p}_U,\ \hat{p}_L = \frac{n}{n+U_{1-\frac{\alpha}{2}}}\left\{\hat{p} + \frac{U_{1-\frac{\alpha}{2}}}{2n} \pm U_{1-\frac{\alpha}{2}}\sqrt{\frac{\hat{p}(1-\hat{p})}{n} + \frac{U_{1-\frac{\alpha}{2}}}{4n^2}}\right\},$$

其中，$\hat{p} = \frac{\mu_n}{n}$.

进一步考虑到 $U_{1-\frac{\alpha}{2}}$ 不会太大，故在 n 很大时，上式还可简化为

$$\hat{p}_U,\ \hat{p}_L = \hat{p} \pm U_{1-\frac{\alpha}{2}}\sqrt{\frac{\hat{p}(1-\hat{p})}{n}}.$$

从而 p（水平为 $1-\alpha$）的置信区间近似为

$$\left[\hat{p} - U_{1-\frac{\alpha}{2}}\sqrt{\frac{\hat{p}(1-\hat{p})}{n}},\ \hat{p} + U_{1-\frac{\alpha}{2}}\sqrt{\frac{\hat{p}(1-\hat{p})}{n}}\right]. \tag{6.3.16}$$

例 6.3.9 在电视节目的收视率调查中，调查 400 人，其中 100 人收看了该节目，试对该节目收视率 p 作置信水平为 0.95 的区间估计.

解： 由于 $n = 400$，$\mu_n = 100$，$\hat{p} = \frac{\mu_n}{n} = \frac{100}{400} = 0.25$. 当 $\alpha = 1 - 0.95 = 0.05$ 时，临界值 $U_{1-\frac{\alpha}{2}} = U_{0.975} = 1.96$，因此由式(6.3.16)，水平为 0.95 的置信区间近似为

$$\left[0.25 - 1.96 \times \sqrt{\frac{0.25(1\quad 0.25)}{400}},\quad 0.25 + 1.96 \times \sqrt{\frac{0.25(1-0.25)}{400}}\right]$$
$$= [0.25 - 0.0424,\ 0.25 + 0.0424]$$
$$= [0.2076,\ 0.2924].$$

2. 泊松分布 $P(\lambda)$ 中参数 λ 的置信区间

设总体服从泊松分布 $P(\lambda)$，$X_1, X_2, \cdots, X_n$ 为其样本. 记 $Y_n = X_1 + X_2 + \cdots + X_n$，当 n 充分大时，引用泊松分布的可加性（例 3.4.8），与独立同分布中心极限定理（定理 4.1.2），可知 $\frac{Y_n - n\lambda}{\sqrt{n\lambda}}$ 近似服从 $N(0, 1)$. 与上面二项分布相似可取 $\frac{Y_n - n\lambda}{\sqrt{n\lambda}}$ 为枢轴变量，同时找出 λ 的水平 $1-\alpha$ 下的置信区间 $[\hat{\lambda}_L, \hat{\lambda}_U]$. 其中的 $\hat{\lambda}_L < \hat{\lambda}_U$ 为关于 λ 的一元二次方程 $(Y_n - n\lambda)^2 = U_{1-\frac{\alpha}{2}}^2 \cdot n\lambda$ 的两个根，故

$$\hat{\lambda}_U,\ \hat{\lambda}_L = \hat{\lambda} + \frac{U_{1-\frac{\alpha}{2}}}{2n} \pm U_{1-\frac{\alpha}{2}}\sqrt{\frac{U_{1-\frac{\alpha}{2}}}{4n^2} + \frac{\hat{\lambda}}{n}},$$

其中的 $\hat{\lambda} = \frac{Y_n}{n}$.

类似地，若 n 很大，而 $U_{1-\frac{\alpha}{2}}$ 比较小，则上式还可简化，即

$$\hat{\lambda}_U,\ \hat{\lambda}_L = \hat{\lambda} \pm U_{1-\frac{\alpha}{2}}\sqrt{\frac{\hat{\lambda}}{n}}.$$

这时 λ 的水平为 $1-\alpha$ 的置信区间为

$$\left[\hat{\lambda} - U_{1-\frac{\alpha}{2}}\sqrt{\frac{\hat{\lambda}}{n}},\ \hat{\lambda} + U_{1-\frac{\alpha}{2}}\sqrt{\frac{\hat{\lambda}}{n}}\right]. \tag{6.3.17}$$

若把式(6.3.16)与式(6.3.17)加以比较，同时注意到“0-1分布”与“泊松分布”的期望与方差表达式后，更可体会到定理4.1.1中所讲的“二项分布”、“泊松分布”以及中心极限定理中涉及的“正态分布”间的密切关系.

3. 总体分布未知时，均值 μ 的置信区间

设 $X_1, X_2, \cdots, X_n$ 为从总体(其均值 μ，方差 σ^2，以及分布都未知)抽取的样本. 为要求 μ 的区间估计，首先利用定理4.1.2(独立同分布中心极限定理)，可知(当 n 充分大时)变量 $\frac{\overline{X}-\mu}{\sigma}\sqrt{n}$ 近似服从 $N(0, 1)$分布，但是由于此时 μ, σ 均未知，故不能把它作为枢轴变量. 然而与式(6.3.5)的推导过程相似，如我们用 S_{n-1}^2 近似 σ^2，这时变量 $\frac{\overline{X}-\mu}{\sigma}\sqrt{n}$ 变成了(仅含一个未知参数的)新变量 $\frac{\overline{X}-\mu}{S_{n-1}}\sqrt{n}$，服从的分布也相应地变为 $t(n-1)$ 分布. 注意到当 n 充分大时，$t(n-1)$ 分布又可以由 $N(0, 1)$ 分布来近似，故可把新变量作为一个枢轴变量，同时对于给定的水平 $1-\alpha$，由分位数 $U_{1-\frac{\alpha}{2}}$ 可得估计 $P\left\{\left|\frac{\overline{X}-\mu}{S_{n-1}}\sqrt{n}\right| \leqslant U_{1-\frac{\alpha}{2}}\right\} = 1-\alpha$，从中解出置信区间为

$$\left[\overline{X} - U_{1-\frac{\alpha}{2}} \cdot \frac{S_{n-1}}{\sqrt{n}},\ \overline{X} + U_{1-\frac{\alpha}{2}} \cdot \frac{S_{n-1}}{\sqrt{n}}\right]. \tag{6.3.18}$$

6.4 区间估计的 Bootstrap(自助)方法

前面已介绍了置信区间的定义以及求解的一般步骤，从中发现问题的关键在于构造恰当的枢轴量. 然而对于一般总体，要构造待估参数的枢轴量是非常困难的. 为了避免这个问题，B. Efron引进了一种高度依赖计算机的方法[14]，称为“Bootstrap 方法”或“自助法”. 随着计算机处理速度的不断提高，现在 Bootstrap 方法已被广泛应用于各种数据的处理中，发挥出了重要的作用. 本节将简单介绍 Bootstrap 方法求解参数置信区间的一般步骤.

Bootstrap 方法是“重抽样”方法的一种，它可以通过从单个样本中多次“有放回抽样”，来近似模拟得到由抽样样本构成的统计量的分布. 其操作步骤如下：

(1) 从总体中获取一个容量为 n 的“基本随机样本”；

(2) 从“基本随机样本”中，进行有放回抽样，获得一个容量为 n 的“新样本”；

(3) 利用“新样本”，来计算待估参数的估计量(统计量)；

(4) 重复(2)、(3)多次(如 B 次)，并对多次计算出的估计量进行再加工，从而得出待估参数的估计量的近似抽样分布.

其中“自助”名称的由来，是考虑到第(2)、(3)、(4)步中的“新样本”都是来源于第(1)步中获得的“基本随机样本”，不再需要总体样本之故.

在上述四个步骤中，“有放回抽样”是正确使用 Bootstrap 方法的关键. 否则，如果抽取的 n 个个体是无放回抽取得到的，则得到的新样本就是原样本，这就失去了意义. 上述几个步骤中需要大量的计算工作，若重复(2)、(3)步 1 000 次，即抽取1 000个样本，则需要计算1 000次统计量的数值. 这项工作在计算机不太发达的时代是非常困难的事情，但在计算技术高度发达的今天已经不算什么了.

对于 Bootstrap 方法，具体实施方案比较容易掌握，但是理解其工作的原理却比较困难. 粗略地讲，重抽样方法之所以奏效，是因为从一个随机样本中有放回地抽取得到的子样本仍旧是原总体的样本. 因此，每一个 Bootstrap 样本相当于从总体中抽取的一个容量为 n 的样本. 这就意味着从这些样本计算出的统计量的数值可以合理地用于近似抽取分布.

利用上述步骤可以计算参数的“Bootstrap 置信区间”. 例如，为计算总体均值 μ 的 $(1-\alpha)100\%$ 置信区间，首先要确定“Bootstrap 的抽样次数(样本个数)B”，然后对每个抽取的 Bootstrap 样本，计算样本均值$\bar{x}$. 而 μ 的 $(1-\alpha)100\%$ 置信区间，则可以通过计算这 B 个样本均值$\bar{x}$的“上$\left(\frac{\alpha}{2}\right)100\%$分位数”与“下$\left(\frac{\alpha}{2}\right)100\%$分位数”得到. 因此，在这个意义上，Bootstrap 置信区间也可称为“Bootstrap 分位数区间”.

在确定 Bootstrap 抽样次数时，若能使得 $B\cdot\left(\frac{\alpha}{2}\right)$为整数，工作就比较容易进行，因为此时的分位数可以通过查找排序后“样本均值序列”的上面和下面的第 $B\cdot\left(\frac{\alpha}{2}\right)$个位置的数值而得到. 另外，置信水平越高，要求 B 就越大. 然而实践表明，如果 B 在500～1 000 之间，就可得到比较理想的结果. 所以对于常用的置信水平(如 90%、95%或 99%)，人们常取 $B=1\,000$，此时上述要求一般都可满足. 下面我们通过例子来说明 Bootstrap 置信区间的具体计算过程和效果.

例 6.4.1 绝缘液体的交流“击穿电压”(Breakdown Voltage)可以反映其绝缘性能. 下面数据为某种绝缘液体材料的“击穿电压”的样本观测值(单位:kV)[15]:

62	50	53	57	41	53	55	61	59	64	50	53
64	62	50	68	54	55	57	50	55	50	56	55
46	55	53	54	52	47	47	55	57	48	63	57
57	55	53	59	53	52	50	55	60	50	56	58

试求该种绝缘材料的平均击穿电压 μ 的 95%置信区间.

解法一：本题中总体的分布并未告知，但考虑到样本容量 $n=48$ 较大，所以利用第 6.3 节的结果，近似考察 μ 的置信区间. 由于 $U_{1-\frac{\alpha}{2}}=U_{0.975}=1.96$，再由样本观测值算出 $\bar{x}=54.7$，$S_{n-1}=5.23$，把它们代入式(6.3.18)后，可知击穿电压 μ 的 95%近似置信区间的上、下限为

$$54.7\pm 1.96\frac{5.23}{\sqrt{48}}\approx 54.7\pm 1.5.$$

即 μ 的 95%近似置信区间为[53.2, 56.2].

解法二：对于此问题我们也可以采用 Bootstrap 方法. 取 $B=1\,000$，由于 $1-\alpha=0.95$，即 $\alpha=0.05$，所以 $B\cdot\frac{\alpha}{2}=1\,000\times\frac{0.05}{2}=25$. 这说明 μ 的 Bootstrap (95%)置信区间的上、下限分别为 1 000 个 Bootstrap 样本均值 $\bar{x}$ 中第 25 个最大值和第 975 个最大值，这只需将 1 000个 $\bar{x}$ 的数值进行排序后，即可得到. 利用 Excel 的描述统计中的离散分布"随机数发生器"和"排位与百分比排位"工具，可以模拟 Bootstrap 运行过程(图 6.4.1). 程序运行结果表明1 000个 Bootstrap 样本均值中第 25 个最大值为 56.208，而第 975 个最大值为 53.375，因此平均击穿电压 μ 的 Bootstrap(95%)置信区间为[53.375, 56.208]. 不难发现这个结果，与解法一得到的结果非常接近. 这种接近不是偶然的，事实上，在传统的求置信区间的条件满足的场合，Bootstrap 方法总能给出与传统的置信区间非常吻合的结果. 而当不能利用传统方法求解置信区间时，Bootstrap 方法却提供了一种非常实用的办法，这种方法对总体的分布以及样本的大小没有过分的要求. 所以 Bootstrap 方法自诞生之日起，就已经得到了高度重视，现已成为求解置信区间的一种重要方法.

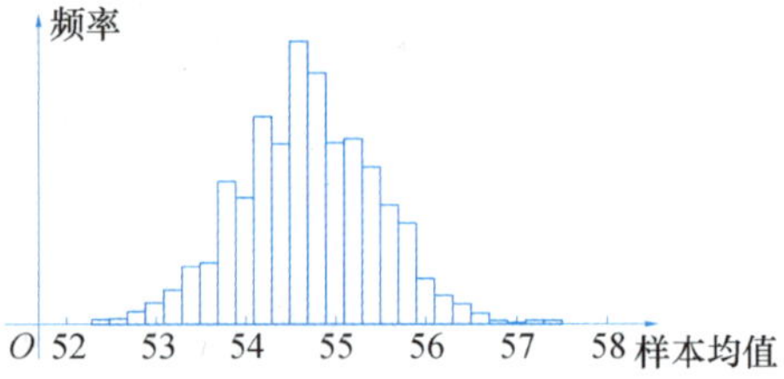

图 6.4.1 Bootstrap 方法运行 1 000 次均值的直方图

6.5 应用案例：伽马分布的应用

"伽马分布"是概率统计中非常重要的一种分布，我们在前面接触过的"指数分布"与"χ^2分布"都是伽马分布的特例. 本节中我们将介绍伽马分布的基本知识及应用.

定义 6.5.1 若随机变量 ξ 具有密度函数

$$p(x)=\begin{cases}\dfrac{\lambda^{\alpha}}{\Gamma(\alpha)}x^{\alpha-1}\mathrm{e}^{-\lambda x}, & x\geqslant 0,\\ 0, & x<0,\end{cases}\tag{6.5.1}$$

则称 ξ 服从伽马分布(Gamma Distribution)，记为 $\xi\sim Ga(\alpha,\lambda)$，其中 $\Gamma(\alpha)$ 为伽马函数，

$\alpha>0$ 为形状参数，$\lambda>0$ 为尺度参数. 特别地，当 $\alpha=1$ 时，伽马分布就是指数分布 $E(\lambda)$；当 $\alpha=\frac{n}{2}$，$\lambda=\frac{1}{2}$ 时，伽马分布就是自由度为 n 的卡方分布 $\chi^2(n)$.

伽马分布的密度函数图像如图 6.5.1 所示.

利用伽马函数的性质以及密度函数规范性，仿照例 2.3.5 不难算出伽马分布 $Ga(\alpha,\lambda)$ 的数学期望和方差分别为

$$E(X)=\frac{\alpha}{\lambda},\quad D(X)=\frac{\alpha}{\lambda^2}. \tag{6.5.2}$$

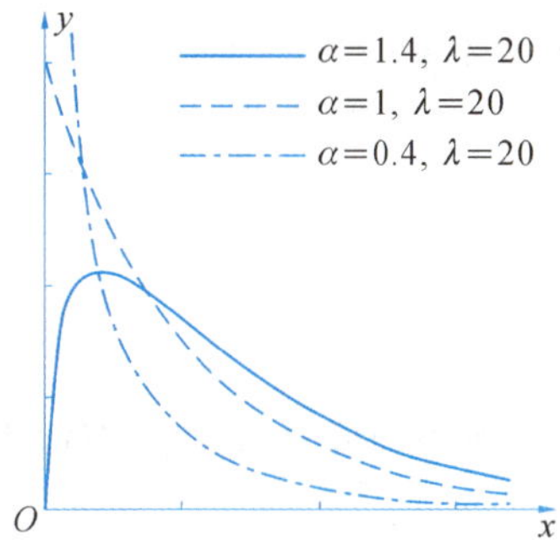

图 6.5.1　伽马分布的密度函数

伽马分布有着广泛的应用，经常被用于描述流行病（如 SARS 等）的潜伏期、暴风雨的降雨量以及洪水的水位等. 因此，在实际工作中，一项很重要的工作就是设法估计参数 α、λ. 下面我们分别讨论参数 α、λ 的“矩法估计”与“极大似然估计”.

假设 $(X_1, X_2, \cdots, X_n)$ 为取自伽马总体的样本. 注意到伽马总体的前两阶“原点矩”分别为

$$\mu_1=E(X)=\frac{\alpha}{\lambda},$$
$$\mu_2=E(X^2)=D(X)+E(X^2)=\frac{\alpha(\alpha+1)}{\lambda^2}.$$

因此，由矩法原则可构造矩方程组

$$\begin{cases}\mu_1=\dfrac{\alpha}{\lambda}=\overline{X},\\ \mu_2=\dfrac{\alpha(\alpha+1)}{\lambda^2}=\overline{X^2}.\end{cases} \tag{6.5.3}$$

解上述方程组，可得 λ，α 的矩法估计分别为

$$\hat{\lambda}=\frac{\overline{X}}{S_n^2},\ \hat{\alpha}=\frac{(\overline{X})^2}{S_n^2}. \tag{6.5.4}$$

其中，$S_n^2=\overline{X^2}-(\overline{X})^2$（参阅 5.2.2 节）.

接下来考察参数 λ、α 的极大似然估计. 为此假定 $(x_1, x_2, \cdots, x_n)$ 为样本的一组非负观测值. 构成的似然函数为

$$L(\alpha,\lambda)=\prod_{i=1}^{n}\left[\frac{\lambda^\alpha}{\Gamma(\alpha)}x_i^{\alpha-1}\mathrm{e}^{-\lambda x_i}\right]. \tag{6.5.5}$$

两边取对数，得对数似然函数

$$\begin{aligned}\ln L(\alpha,\lambda)&=\sum_{i=1}^{n}[\alpha\ln\lambda+(\alpha-1)\ln x_i-\lambda x_i-\ln\Gamma(\alpha)]\\&=n\alpha\ln\lambda+(\alpha-1)\sum_{i=1}^{n}\ln x_i-\lambda\sum_{i=1}^{n}x_i-n\ln\Gamma(\alpha).\end{aligned}$$

为求极值,对等式两边关于 α, λ 求偏导数,并令其为 0,这样可得方程组

$$\begin{cases} n\ln\lambda+\sum_{i=1}^{n}\ln x_i-n\dfrac{\Gamma'(\alpha)}{\Gamma(\alpha)}=0, \\ \dfrac{n\alpha}{\lambda}-\sum_{i=1}^{n}x_i=0. \end{cases} \tag{6.5.6}$$

由上述方程组中第二个方程,得

$$\lambda=\frac{n\alpha}{\sum_{i=1}^{n}x_i}=\frac{\alpha}{\overline{x}}, \tag{6.5.7}$$

将它代入第一个方程,得

$$n\ln\alpha-n\ln\overline{x}+\sum_{i=1}^{n}\ln x_i-n\frac{\Gamma'(\alpha)}{\Gamma(\alpha)}=0. \tag{6.5.8}$$

容易看出上式为 α 的非线性方程,其解析表达式难以求得,因此可以设法用迭代方法求数值近似解. 在迭代过程中,为减少迭代次数,可选用 α 的"矩法估计"作为迭代的初始值. 求得 α 后,代入式(6.5.7),就可求出 λ.

作为伽马分布的一个应用,针对 Channon 和 Huff 的一项研究,此项研究考查了 1960—1964 年南伊利诺伊(Southern Illinois)地区夏季风暴带来的降雨量的变化,共记录了 227 个数据,按年份列于下表(单位:in①):

1960							
0.02	0.01	0.001	0.12	0.08	0.42	1.72	0.05
0.01	0.01	0.003	0.001	0.003	0.27	0.001	0.06
0.05	2.13	0.04	1.10	0.02	0.001	0.14	0.08
0.21	0.07	0.32	0.24	0.29	0.001	0.29	1.13
0.003	0.01	0.19	0.002	0.01	0.04	0.002	0.07
0.45	0.01	0.18	0.67	0.003	0.01	0.04	0.002
1961							
0.49	0.02	0.02	0.34	0.14	0.37	0.33	0.33
0.35	0.01	0.50	0.76	1.06	0.002	0.06	0.16
0.27	0.25	0.29	0.02	0.05	0.46	0.07	0.41
0.02	0.08	0.21	0.01	0.44	0.02	0.05	0.11
1.50	0.003	0.18	0.01	0.002	0.24	0.01	0.75
0.01	0.14	0.13	0.01	0.01	0.27	0.45	1.78

① 1 in(英寸) = 0.0254 m.

(续 表)

1962							
0.25	0.24	0.004	0.21	0.17	0.83	0.15	0.03
0.03	0.50	0.04	0.09	0.04	0.06	0.06	0.112
0.003	0.003	0.40	0.02	0.51	0.003	0.02	0.02
0.02	0.01	0.001	0.14	0.001	0.10	0.01	1.09
0.01	0.002	0.001	0.84	0.03	0.35	0.07	0.001
0.002	0.002	0.20	0.06	0.14	0.01	0.02	0.02
0.002	0.001	0.55	0.13	0.19	2.10	0.09	0.35
1963							
0.79	0.32	1.35	0.17	0.02	0.002	0.01	0.25
0.23	0.17	0.01	0.02	0.001	0.01	0.02	0.11
0.21	1.26	0.01	0.73	0.10	0.09	0.007	0.36
0.77	0.21	1.27	0.07	0.08	0.16	0.26	0.01
0.23	0.08	0.02	0.01	0.29			
1964							
0.01	0.01	0.07	0.40	0.002	0.003	0.01	0.09
0.16	0.04	0.27	0.73	0.41	0.03	0.12	0.03
1.04	0.06	0.09	0.73	0.04	0.16	0.59	0.003
0.002	0.02	0.004	0.01	0.001	0.06	0.62	0.01
0.52	0.11	0.003	0.06	0.002	0.05		

根据以往的研究，暴风雨的降雨量可用伽马分布较好地描述，故采用伽马分布建模. 由上述观测数据，容易算出样本均值 $\overline{x}=0.224$，样本方差 $S_n^2=0.1338$. 将其代入式(6.5.4)可得参数 α、λ 的"矩法估计"分别为 $\hat{\alpha}_M=0.375$，$\hat{\lambda}_M=1.674$. 此时以 $\alpha=0.375$ 为初始值，利用"牛顿迭代法"求解方程(6.5.8)，可得参数 α、λ 的极大似然估计为 $\hat{\alpha}_L=0.441$，最后由式(6.5.7)计算出 $\hat{\lambda}_L=1.969$.

将参数 α、λ 的矩法估计值和极大似然估计值分别代入伽马分布的密度函数中，即可得到两种方法对应的密度函数的估计. 为了便于比较，把图 6.4.3 中密度函数图像的"横轴"取为降水量，而"纵轴"取为频数.

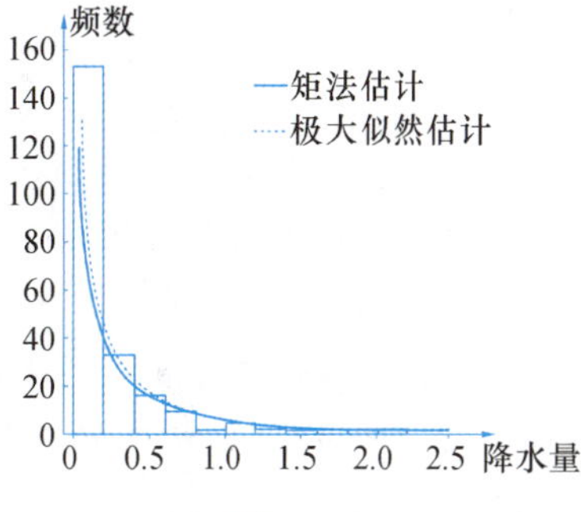

图 6.5.2

另外，还可以考察上述估计量的抽样分布，考虑到这里极大似然估计没有显式表达式，要获得其精确抽样分布比较困难，因此我们借助于上一节介绍的 Bootstrap 随机模拟的方法进行处理. 具体来说，假如知道了真实参数 α_0 和 λ_0，就可以从以 α_0 和 λ_0 为参数的伽马分布中抽取很多个(容量为 $n=227$ 的)样本,这个工作不难在计算机上实现.对于得到的样本根据例子中的估计方法可以求得参数的矩法估计以及极大似然估计,然后将所得到的参数的估计值作出直方图,就可以得到上述估计的近似抽样分布.但是事实上,我们并不知道上述参数的真实值,因此可以采取下面的方法:对于矩法估计,将其估计值 $\hat{\alpha}_M=0.375$, $\hat{\lambda}_M=1.674$ 作为真实参数,代入伽马分布密度表达式,产生 1 000 个(容量为 227 的)独立的 Bootstrap 样本,再将产生的样本分别代入式(6.5.4)计算出参数 α、λ 的矩法估计,并将所得的 1 000 个估计值做成直方图(图 6.5.3);对于极大似然估计,也可类似进行.有兴趣的同学可以自己动手模拟,并画出另一张直方图.比较这两张直方图后,不难看出本题中极大似然估计的波动性(发散性)比矩法估计的波动性要小一些.事实上,利用上述模拟过程还可以进一步计算出两种估计方法的标准误差,从而说明"极大似然估计"比"矩法估计"的精度要高一些.

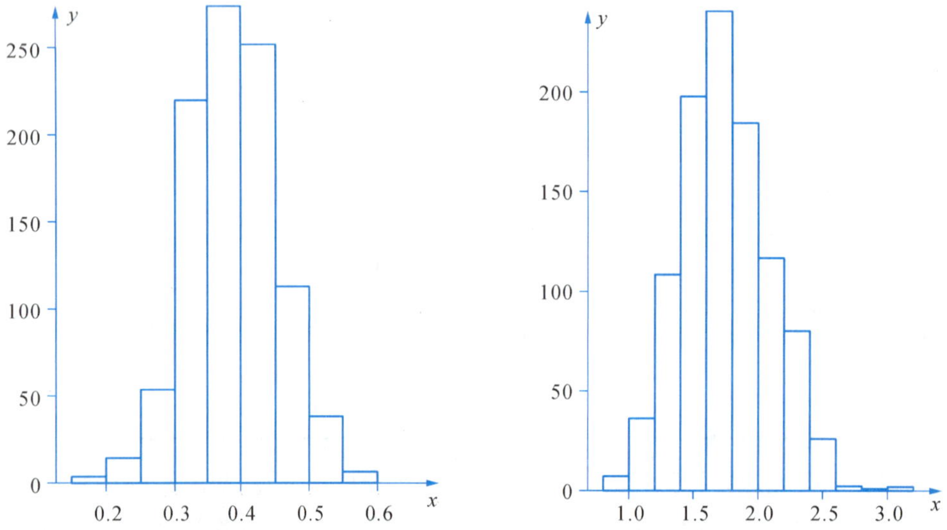

(a) 参数 α　　(b) 参数 λ

图 6.5.3　关于 α、λ 的直方图

本章小结

本章讲述总体参数的估计方法.重点介绍了"点估计"和"区间估计"的概念和估计方法.对于"点估计",介绍了两种常用的估计方法:矩法估计和极大似然估计,并讨论了点估计的优良性准则:无偏性、有效性、相合性.重点介绍"区间估计"中置信区间的两个要素:信度和精度,并介绍了区间估计的"枢轴量"构造方法."枢轴量"方法具有使用方便、计算量小的优点.然而,很多情况下,构造枢轴量是非常困难的工作,因此结合统计学的研究近况,补充介绍了构造置信区间的 Bootstrap 方法.目前,这种方法已嵌入到很多统计软件中,如 SAS、SPSS、S-PLUS、MATLAB 等,并被广泛应用到各个专业.

本章的重点是要理解矩法估计、极大似然估计的原理,领会构造区间估计的"枢轴量"方法的一般步骤.

- 参数估计
  - 估计形式：点估计、区间估计
  - 点估计
    - 常用估计方法：矩法估计、极大似然估计
    - 优良性准则：无偏性、有效性、相合性
  - 区间估计
    - 两个要素：信度(也称置信度)、精度(即区间长度)
    - 构造方法
      - “枢轴量”方法
        - 正态总体
          - 单总体
            - 均值的置信区间
            - 方差的置信区间
          - 两总体
            - 均值差的置信区间
            - 方差比的置信区间
        - 非正态总体：大样本置信区间
      - Bootstrap 方法
        - 非参数 Bootstrap 方法
        - 参数 Bootstrap 方法

思考题

1. 矩法估计的原理是什么？极大似然估计的原理是什么？
2. 怎样理解无偏性、有效性以及相合性？无偏估计一定是相合估计吗？
3. 由定理 6.2.1，我们知道 $S_{n-1}^2=\dfrac{1}{n-1}\sum\limits_{i=1}^{n}(X_i-\overline{X})^2$ 是总体方差 σ^2 的无偏估计和相合估计，请问 S_{n-1} 是 σ 的无偏估计吗？S_{n-1} 是 σ 的相合估计吗？
4. 怎样理解置信区间的置信水平？
5. 枢轴量是统计量吗？它和统计量的区别是什么？
6. 怎样理解置信区间的两个维度：精度和信度？

习题六

基本练习题

6-1 从一批电子元件中抽取 8 个进行寿命测试，得到如下数据(单位：h)：

1 050　1 100　1 130　1 040　1 250　1 300　1 200　1 080

试对这批元件的平均寿命以及寿命分布的标准差给出矩估计.

6-2 设总体 ξ 服从几何分布：$P(\xi=x)=p(1-p)^{x-1}$，$x=1, 2, \cdots$ $(X_1, X_2, \cdots, X_n)$ 是 ξ 的样本，试求：(1) 未知参数 p 的矩估计；(2) p 的极大似然估计.

6-3 设总体 $\xi\sim B(5, p)$，在总体中抽取 50 个样本，数值为 0, 1, …, 5，频数如下：

x	0	1	2	3	4	5
频数	6	10	14	13	6	1

试求 p 的极大似然估计和 $P(\xi\geqslant 3)$.

6-4 已知总体ξ服从 Maxwell 分布，概率密度为

$$p(x)=\begin{cases}\sqrt{\dfrac{2}{\pi}}\dfrac{x^2}{\sigma^3}e^{-\frac{x^2}{2\sigma^2}}, & x>0,\\ 0, & x\leqslant 0,\end{cases}$$

其中$\sigma>0$是未知参数，$(X_1, X_2, \cdots, X_n)$是ξ的样本，求σ的极大似然估计.

6-5 设总体$\xi\sim U(\theta, 2\theta)$，其中$\theta>0$是未知参数，$(X_1, X_2, \cdots, X_n)$是$\xi$的样本，证明：$\hat{\theta}=\dfrac{2}{3}\overline{X}$是参数$\theta$的无偏估计，其中$\overline{X}=\dfrac{1}{n}\sum\limits_{i=1}^{n}X_i$.

6-6 设总体$\xi\sim P(\lambda)$，概率分布为$P(\xi=k)=\dfrac{\lambda^k}{k!}e^{-\lambda}$，$k=0, 1, 2, \cdots$，其中参数$\lambda>0$，$(X_1, X_2, \cdots, X_n)$是$\xi$的样本，$\overline{X}$是样本均值，$S_{n-1}^2$是样本方差，证明：对任何常数$\alpha$，$\hat{\lambda}=\alpha\overline{X}+(1-\alpha)S_{n-1}^2$都是$\lambda$的无偏估计.

6-7 设从均值为μ、方差为$\sigma^2>0$的总体中，分别抽取容量为n_1和n_2的两独立样本，$\overline{X_1}$和$\overline{X_2}$分别是这两个样本的均值，证明：对于任意常数a, $b(a+b=1)$，$Y=a\overline{X_1}+b\overline{X_2}$都是$\mu$的无偏估计，并确定常数$a$, b，使得DY达到最小.

6-8 设总体$\xi\sim N(\mu, 1)$，(X_1, X_2, X_3)是ξ的样本，

(1) 证明：$\hat{\mu}_1=\dfrac{1}{2}X_1+\dfrac{1}{4}X_2+\dfrac{1}{4}X_3$，$\hat{\mu}_2=\dfrac{1}{3}X_1+\dfrac{1}{3}X_2+\dfrac{1}{3}X_3$，$\hat{\mu}_3=\dfrac{2}{5}X_1+\dfrac{2}{5}X_2+\dfrac{1}{5}X_3$，都是$\mu$的无偏估计.

(2) $\hat{\mu}_1$, $\hat{\mu}_2$, $\hat{\mu}_3$这三个估计中，哪一个估计最有效？

6-9 设总体$\xi\sim N(\mu, 80)$，从中抽取 20 个样本，计算得到样本均值的观察值为 81.2，求μ的置信度为 95% 的置信区间.

6-10 设总体$\xi\sim N(\mu, 9)$，$\overline{X}$是样本均值，问从总体中抽取多少个样本，使得

$$P(\overline{X}-1<\mu<\overline{X}+1)=0.90?$$

6-11 设总体$\xi\sim N(\mu, \sigma^2)$，其中σ^2未知，从中抽取 17 个样本，计算得到样本均值的观察值为 4.7 和样本方差的观察值为 6.12，求μ的置信度为 90%的置信区间.

6-12 设总体$\xi\sim N(\mu, \sigma^2)$，其中μ未知，从中抽取 15 个样本，计算得到样本方差的观察值为 7.88，求σ^2的置信度为 95%的置信区间.

6-13 设从总体$\xi\sim N(\mu_1, \sigma_1^2)$和总体$\eta\sim N(\mu_2, \sigma_2^2)$中分别抽取容量为$n_1=10$, $n_2=15$的独立样本，可计算$\overline{x}=82$, $S_x^2=56.5$, $\overline{y}=76$, $S_y^2=52.4$.

(1) 若已知$\sigma_1^2=64$, $\sigma_2^2=49$，求$\mu_1-\mu_2$的 95%的置信区间；

(2) 若μ_i, $\sigma_i^2(i=1, 2)$均未知，求方差比$\dfrac{\sigma_1^2}{\sigma_2^2}$的 95%的置信区间；

(3) 若已知$\sigma_1=\sigma_2$，求$\mu_1-\mu_2$的 95%的置信区间.

强化练习题

6-14 设总体ξ的概率分布为$P(\xi=k)=(k-1)\theta^2(1-\theta)^{k-2}$，$k=2, 3, \cdots$其中$0<\theta<1$是未知参数，

$(X_1, X_2, \cdots, X_n)$ 是 ξ 的样本,试求 θ 的矩估计.

6-15 设$(X_1, X_2, \cdots, X_n)$ 是来自正态总体 $N(\mu, 1)$的样本,求参数 μ 的极大似然估计.

6-16 设总体 ξ 的概率密度为

$$p(x)=\begin{cases}\sqrt{\theta}x^{\sqrt{\theta}-1}, & 0\leqslant x<1,\\ 0, & \text{其他},\end{cases}$$

其中 $\theta>0$ 是未知参数,$(X_1, X_2, \cdots, X_n)$ 是 ξ 的样本,

试求:(1) θ 的矩估计;(2) θ 的极大似然估计.

6-17 设总体 ξ 服从$[a, b]$上的均匀分布,概率密度为

$$p(x)=\begin{cases}\dfrac{1}{b-a}, & a\leqslant x\leqslant b,\\ 0, & \text{其他},\end{cases}$$

其中 $a<b$ 是未知参数,$(X_1, X_2, \cdots, X_n)$ 是 ξ 的样本,

试求:(1) a, b 的矩估计;(2) a, b 的极大似然估计.

6-18 设总体 ξ 的概率密度为

$$p(x)=\begin{cases}\theta(1+x)^{-\theta-1}, & x>0,\\ 0, & \text{其他}.\end{cases}$$

已知参数 θ 在 2、3、4 三个数中取值,现有来自 X 的样本值 $x_1=0.2$, $x_2=0.8$,试写出样本的似然函数,并求 θ 的极大似然估计值.

6-19 设总体 ξ 的概率密度为

$$p(x)-\begin{cases}\dfrac{2x}{\theta^2}, & 0\leqslant x<\theta,\\ 0, & \text{其他},\end{cases}$$

其中 θ 是未知参数,$(X_1, X_2, \cdots, X_n)$ 是 ξ 的样本,

求:(1) 未知参数 θ 的极大似然估计 $\hat{\theta}$;(2) 常数 c,使得 $E(c\hat{\theta})=\theta$.

6-20 设总体 ξ 服从参数为$\dfrac{1}{\theta}$的指数分布,$(X_1, X_2, \cdots, X_n)$ 是 ξ 的样本,证明:$\overline{X}$ 和 $n\min\limits_{1\leqslant i\leqslant n}\{X_i\}$都是 θ 的无偏估计.

6-21 设总体 $\xi\sim U\left(\theta-\dfrac{1}{2}, \theta+\dfrac{1}{2}\right)$,$(X_1, X_2, \cdots, X_n)$ 是 ξ 的样本,证明:样本均值 $\overline{X}$ 和样本中程 $\dfrac{1}{2}\left(\min\limits_{1\leqslant i\leqslant n}\{X_i\}+\max\limits_{1\leqslant i\leqslant n}\{X_i\}\right)$都是 θ 的无偏估计,并比较它们的有效性.

6-22 某炼铁厂炼出的铁水含碳(单位:%)服从于正态分布 $N(\mu, \sigma^2)$,根据长期积累的资料,已知其中 $\sigma=0.108$,现测量 5 炉铁水,测得含碳量为

4.28　4.40　4.42　4.35　4.37

求总体均值为 μ 的水平为 95%的置信区间.

6-23 设某地旅游者日消费额服从正态分布 $N(\mu, \sigma^2)$,且标准差 $\sigma=12$,今对该地旅游者的日平均消费额进行估计,为了能以 95%的置信水平相信这种估计误差小于 2(元),问至少需要调查多少人?

6-24 对某一距离进行 5 次独立测量,得(单位:m):

2 781　2 836　2 807　2 763　2 858

已知测量无系统误差，求该距离的置信度为 95%的置信区间(测量值可认为服从正态分布).

6-25 有一大批糖果，先从中随机地取 16 袋，称的重量(单位：g)如下：

506　508　499　503　504　510　497　512

514　505　493　496　506　502　509　496

设袋装糖果的重量近似地服从正态分布 $N(\mu, \sigma^2)$，试求：

(1) 总体均值 μ 的置信水平为 95%的置信区间；

(2) 总体标准差 σ 的置信水平为 95%的置信区间.

6-26 设用原料 A 和原料 B 生产的两种电子管的使用寿命(单位：小时)分别有 $\xi \sim N(\mu_1, \sigma_1^2)$，$\eta \sim N(\mu_2, \sigma_2^2)$，其中 σ_1，σ_2 都未知，但已知 $\sigma_1 = \sigma_2$. 现对这两种电子管的使用寿命进行测试，测得结果如下：

原料 A：1 460　1 550　1 640　1 600　1 620　1 660　1 740　1 820

原料 B：1 580　1 640　1 750　1 640　1 700

求 $\mu_1 - \mu_2$ 的水平为 95%的置信区间.

6-27 假设人体身高服从正态分布，今抽测甲、乙两地区 18 岁～25 岁女青年身高得数据如下：甲地区抽取 10 名，样本均值 1.64 m，样本标准差 0.2 m，乙地区抽取 10 名，样本均值 1.62 m，样本标准差 0.4 m，求：

(1) 两正态总体方差比的 95%的置信区间；

(2) 两正态总体均值差的 95%的置信区间.

6-28 研究机器 A 和机器 B 生产的钢管内径，随机抽取机器 A 生产的管子 18 只，测得样本方差 $S_1^2 = 0.34(\text{mm}^2)$；抽取机器 B 生产的管子 13 只，测得样本方差 $S_2^2 = 0.29(\text{mm}^2)$，设样本相互独立，且由机器 A 和机器 B 生产的管子的内径分别服从正态分布 $N(\mu_1, \sigma_1^2)$，$N(\mu_2, \sigma_2^2)$，这里 μ_i，$\sigma_i^2 (i=1, 2)$ 均未知，试求方差比 $\dfrac{\sigma_1^2}{\sigma_2^2}$ 的置信水平为 90%的置信区间.

6-29 从一批产品中抽取 120 个样品，发现其中有 9 个次品，求这批产品的次品率 p 的置信水平为 90%的置信区间.

6-30 设总体 ξ 服从泊松分布 $P(\lambda)$，抽取容量 $n=100$ 的样本，已知样本均值 $\overline{x} = 4$，求未知参数 λ 的置信水平为 98%的置信区间.

自测题

选择题

6-31 设总体 $X \sim N(\mu, \sigma^2)$，$(X_1, X_2, \cdots, X_n)$ 是 X 的样本，$\overline{X} = \dfrac{1}{n}\sum_{i=1}^{n} X_i$ 是样本均值，则总体方差 σ^2 的无偏估计为　　(　　)

(A) $\dfrac{1}{n}\sum_{i=1}^{n} X_i^2 - (\overline{X})^2$　　(B) $\dfrac{1}{n}\sum_{i=1}^{n} X_i^2 - \dfrac{n-1}{n}(\overline{X})^2$

(C) $\dfrac{1}{n-1}\sum_{i=1}^{n} X_i^2 - (\overline{X})^2$　　(D) $\dfrac{1}{n-1}\sum_{i=1}^{n} X_i^2 - \dfrac{n}{n-1}(\overline{X})^2$

6-32 设总体 $\xi \sim N(\mu, \sigma^2)$，$(X_1, X_2, \cdots X_n)$是 ξ 的简单随机样本，则为使 $\hat{\theta} = C\sum_{i=1}^{n-1}(X_{i+1} - X_i)^2$ 为 σ^2 的无偏估计，常数 C 应为 ( )

(A) $\frac{1}{n}$ (B) $\frac{1}{n-1}$ (C) $\frac{1}{2(n-1)}$ (D) $\frac{1}{n-2}$

6-33 设总体 $X \sim N(\mu, 9)$，样本均值为 $\overline{X}$，要使得总体均值 μ 的水平为 0.95 的置信区间为$[\overline{X} - 1.96, \overline{X} + 1.96]$，样本容量 n 必须等于 ( )

(A) 7 (B) 8 (C) 9 (D) 16

填空题

6-34 某车间生产的螺杆直径服从正态总体 $N(\mu, 0.3^2)$，今随机地从中抽取 5 只测得直径为(单位：mm) 22.3，21.5，20.0，21.8，21.4，则 ξ 的均值 μ 的置信度为 0.95 的置信区间为________.

6-35 设 $X \sim N(\mu, 1)$，容量 $n=16$，均值 $\overline{X} = 5.2$，则未知参数 μ 的置信度 0.95 的置信区间为________.

计算题

6-36 设总体 X 的概率分布律为

X	0	1	2	3
P	p^2	$2p(1-p)$	p^2	$1-2p$

其中 $p\left(0 < p < \frac{1}{2}\right)$ 是未知参数. 测得总体 X 的一组样本观测值：1，3，0，2，3，3，1，3，求：(1) p 的矩估计值；(2) p 的极大似然估计值.

6-37 设总体 $\xi \sim N(\mu, \sigma^2)$，其中 μ 是已知参数，$\sigma^2 > 0$ 是未知参数，$(X_1, X_2, \cdots, X_n)$是从总体中抽出的一组样本.

(1) 求 σ^2 的极大似然估计值 $\hat{\sigma}^2$；

(2) 判断 $\hat{\sigma}^2$ 是否为未知参数 σ^2 的无偏估计，说明理由.

6-38 设总体 ξ 的概率密度为 $\varphi(x) = \begin{cases} \frac{1}{\sigma}\sqrt{\frac{2}{\pi}}\, e^{-\frac{x^2}{2\sigma^2}}, & x > 0, \\ 0, & x \leqslant 0, \end{cases}$

其中 $\sigma > 0$ 是未知参数，$(X_1, X_2, \cdots, X_n)$是 ξ 的样本，求：

(1) σ 的矩法估计；(2) σ 的极大似然估计.

7 假设检验

在上一章中，我们应用"概率控制随机"的基本思想讨论了总体分布中参数的点估计与区间估计. 在实际应用中，特别是涉及管理与决策问题时常常会碰到另一类统计推断问题，这类问题需要对总体的某个说法进行判断：究竟是正确还是错误. 例如，两厂生产同一产品，其质量指标都服从正态分布，国家标准规定其均值应该等于 120 g. 先从甲厂抽出 5 件产品测得质量指标(g)分别为 119、120、119.2、119.7、119.6；再从乙厂也抽出 5 件产品，对应的数据为 110.5、106.3、122.2、113.8、117.2. 要问这两家工厂的产品是否都符合国家标准. 像这种问题可以抽象为：先提出假设(待证实的结论)"均值 $\mu=120$"，随后设法用样本数据去判断，最后做出接受或拒绝假设的结论. 由于判断所用的样本数据有随机性，故称这类问题为统计推断问题，并把它纳入到假设检验中进行讨论.

针对上面的例子，有的读者可能认为可以从甲厂产品的样本平均值为

$$\overline{X}=\frac{119+120+119.2+119.7+119.6}{5}=119.5,$$

乙厂产品的样本平均值为

$$\overline{Y}=\frac{110.5+106.3+122.2+113.8+117.2}{5}=114,$$

做出判断：甲厂产品符合国家标准，乙厂产品不符合国家标准. 然而从后面的计算过程中(例 7.2.1)可以发现上述判断是不正确的. 实际上误判的原因是由于我们没有正确地使用"概率控制随机"的基本处理思想，至于如何正确使用，这就是本章所要交待的内容.

7.1 假设检验基本概念与一般步骤

7.1.1 假设检验中的 H_0(H_1)假设与单(双)侧检验

要进行假设检验(Hypothesis Test)，首先必须建立假设(Hypothesis). 假设分原假设和备择假设两种，它们分别被记为 H_0 和 H_1，H_0 有时也称为零假设(Null Hypothesis). H_0 与 H_1 互不相容，有时互补，有时不互补，请看以下例子.

例 7.1.1 某药厂用一台包装机包装硼酸粉，标准规定每袋净质量为 0.5 kg，设每袋质

量服从正态分布，且根据以往经验知其标准差 $\sigma = 0.014\ \mathrm{kg}$. 某天开工后，为检验包装机的工作是否正常，随机抽取它所包装的硼酸粉 10 袋，称得净质量(单位：kg)分别为

0.496　0.510　0.515　0.506　0.518　0.512　0.524　0.497　0.488　0.511

问这台包装机的工作是否正常？

对于本例，可以设每袋净质量为随机变量 X，则 $X \sim N(\mu,\ 0.014^2)$. 由于 $\mu = 0.5(=\mu_0)$ 时，包装机工作正常，故现在的问题是设法判断 μ 是否等于 μ_0，或者说可以令

$$H_0: \mu = \mu_0, \quad H_1: \mu \neq \mu_0.$$

然后在 H_0 与 H_1 中间做出判断.

例 7.1.2　有一厂商声称，在他的用户中，有 75% 以上的用户对其产品质量感到满意. 为了解该厂家产品质量的实际情况，组织跟踪调查，在对 60 名用户的调查中，有 50 人对该厂产品质量表示满意，问调查数据是否充分支持该厂商的说法？

对于本例，可设用户满意率为 p，同时令 $H_0: p \leqslant 0.75$，$H_1: p > 0.75$. 请注意这里 H_0 为 $p \leqslant 0.75$，而并非是厂家声称的 $p > 0.75$，这涉及原假设设置的一个原则："H_0 中应包含等号"，其理由后面会加以说明. 还应注意的是不能轻易地从 $\frac{50}{60} = 0.83 > 0.75$ 做出判断认为厂家说法正确，实际上后面假设检验的计算将证明厂家的说法是不正确的.

例 7.1.3　在例 7.1.1 中我们预先约定 $X \sim N(\mu,\ \sigma^2)$，细心的读者自然会问："为什么可以假定 X 服从正态分布呢？"一个简单的方法是把样本观察值转化为"正态概率纸"上的点，再用目测判别它们是否在一条直线附近. 此法虽简单，但由于没有一定的概率控制，就有可能会犯像例 7.1.2 所示的似是而非的错误，故这里仍建议用假设检验法判断. 令

$$H_0: X \text{ 服从正态分布}, H_1: X \text{ 不服从正态分布}.$$

由于在检验时对样本容量有一定的要求(即 $n \geqslant 50$)，故若要对此分布进行检验还需增加样本容量(参阅 7.3.2 小节).

以上三个例子的共同特点是：把研究对象看成是一个随机变量(总体)，先对总体的分布形式，或分布中的某些参数提出假设，然后根据抽样后获得的样本信息来确定是否接受这一假设，我们把这一类问题称为统计(或统计推断)中的"假设检验"问题. 关于原假设 H_0，我们一般建议读者要遵循三个原则，即除了例 7.1.2 中提到的"等号原则"外，第二个是"尊重原假设原则". 这一原则有点类似于法院审判嫌疑人时，是先假设该人有罪，还是先假设该人无罪？对于不同的"先验假设"，做出的判决结论有时会不一样. 采用"尊重原假设"的原则，可以提高假设检验的正确率，第三个原则将在 7.1.3 小节中介绍.

假设检验法可以有不同的分类. 例如，从参数讲，可以有均值 μ 检验、方差 σ^2 检验；从使用的统计量分布讲，可以有 U 检验法、t 检验法、F 检验法等；另外，还可根据备择假设 H_1 所对应的判别区域——"拒绝域"的不同，而分成"单侧检验"与"双侧检验". 例如，例 7.1.1 中的 $H_1: \mu \neq \mu_0$，它包含了两种情况"$\mu < \mu_0$"和"$\mu > \mu_0$". 由于对应的"拒绝域"分在左右两侧，故

习惯称这种问题为双侧检验问题(Two-sided Test),对应的检验方法为双侧检验法,类似地称例 7.1.2 中的问题为单侧检验问题.

7.1.2 假设检验中的两类错误

假设检验是一种统计推断法,这种方法中会存在随机的因素.例如,例 7.1.1 中样本数据是随机的,其观测值由于随机原因可能会有所变化,而由此作出的推断结论也可能会不同,甚至犯错.作为一种方法,我们自然希望犯错概率要小,这就需要仔细地分析错误的成因,并进一步考虑如何减少犯错概率.

一般在 H_0 与 H_1 确定后,需要构造一种方法,使之能尽量利用样本及其他信息决定是否接受 H_0.一个简易直观的方法是把样本取值的范围[图 7.1.1(a)](或对应于样本随机变量的 ω 样本空间[图 7.1.1(b)])分成两部分,一部分为接受域 W_0;另一部分为拒绝域 W_1.当样本观察值落入 W_0时,接受 H_0;而当样本观察值落入 W_1时,拒绝 H_0 接受 H_1.

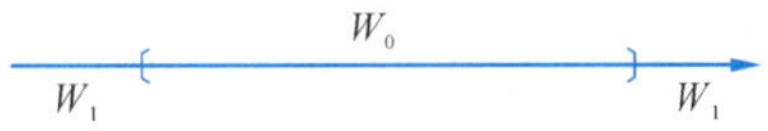

取值空间 **R** 上的接受域与拒绝域

(a)

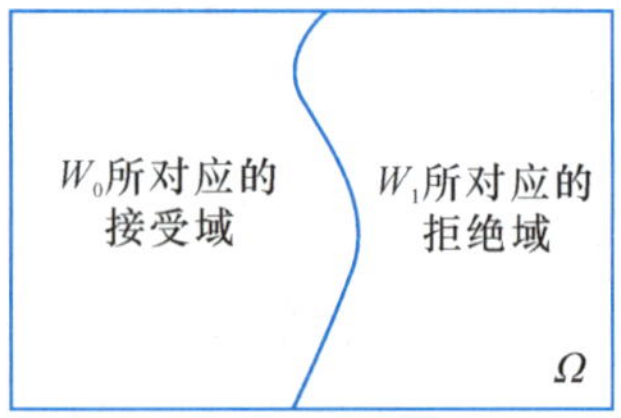

Ω 空间中的接受域与拒绝域

(b)

图 7.1.1

正如法官在审案过程中,由于取证的原因有可能将无辜者定为有罪,也可能将罪犯误判为无罪释放.上述利用 W_0(W_1)进行检验的方案,其结果也可能会犯两种错误:

(1) H_0 本身正确,但由于抽样的随机性,样本观测值落入了拒绝域 W_1,按照检验方案应拒绝 H_0,此时我们所犯的错误称为第一类错误(Type Ⅰ Error).犯第一类错误的概率,常记为 α,它又称为拒真概率,α 实际上是个条件概率,

$$\alpha = P\{拒绝\ H_0 \mid H_0\ 真\}.$$

在质量管理的抽样检验中.拒真概率也称为厂方风险,或生产方风险.即生产厂家所生产的整批产品本身是满足质量要求的,但在抽样过程时由于抽样的随机性导致整批产品被拒受的概率,它反映了厂方要承担的风险.

(2) H_0 本身错误,但由于随机性,样本观测值落入了接受域 W_0,按照检验方案应接受 H_0,此时我们犯的错误称为第二类错误(Type Ⅱ Error),对应的概率记为 β,它又称为受伪概率,β 也是个条件概率.

$$\beta = P\{接受\ H_0 \mid H_0\ 不真\}.$$

在质量管理的抽样检验中,β 又称为使用方风险.即生产厂家所提供的整批产品本身并不满足质量要求，但在检验时由于随机性使得整批产品被接受的概率，它反映了使用方要承担的风险.

理想的检验方法是希望 α 与 β 都尽可能地小，但是在样本容量 n 固定时，要使它们都很小通常是不可能的. 一般说来，取定 α 以后，可以通过增大样本容量的方法使 β 减小，但容量的增大会带来检验和试验成本的增加，有时甚至是难以承受的. 针对这种情况，著名的统计学家 J. Neyman 和 E. S. Pearson 提出了一个原则，即在样本容量 n 给定的情况下，先规定犯第一类错误的概率 α 为一个小的正数(如 $\alpha=0.05$ 或 0.01)，然后在这一条件下，再挑选合适的检验准则(即寻找 W_0 和 W_1)使犯第二类错误的概率 β 尽可能地小. 符合这一原则的检验称为最优势检验. 然而经观察这种检验并不总是存在，鉴于此，通常只限定(控制)犯第一类错误的概率 α，并以此找出 $W_0(W_1)$ 进行检验. 这种检验有时称为"显著性检验"，对应的犯第一类错误的最小上界(仍记为 α)称为"显著性水平". 有时我们不知道所给出的上界 α 是否已达最小，但统计学中有一个默契：只要有可能，尽量找最小的上界(参阅参考文献[10]第 215 页).

由于在显著性检验中只控制犯第一类错误的概率，故 H_0 与 H_1 的地位不是对等的，这说明在假设检验中不能轻易地对调 H_0 与 H_1，这与确定性数学中的"非此即彼"的思想是不同的(参阅参考文献[9]第 249 页).

7.1.3 假设检验的基本思想与一般步骤

假设检验的基本思想基于"小概率反例否定性"，此法由"小概率事件不(极少)发生"以及"反例否定"两部分构成.

首先介绍概率中常用的"小概率事件在一次试验中几乎不可能发生"的原理. 它与极大似然估计时所用的原理是相应的，这种原理并非确定性数学中常用的逻辑思维原理. 以例 7.1.1的逐步展开来说明其推断过程，例中的总体 $X\sim N(\mu,\sigma_0^2)$，$\sigma_0^2=0.014^2$，根据所得的样本，要检验：

$$H_0:\mu=\mu_0=0.5,\ H_1:\mu\neq\mu_0. \tag{7.1.1}$$

从直观上分析，若 H_0 真，即 $\mu=\mu_0$，则样本的均值应在 μ_0 的附近. 所以可适当选定一个常数 c，使得当 $|\bar{x}-\mu_0|\leqslant c$ 时原假设成立；反之当 $|\bar{x}-\mu_0|>c$ 时，备选假设成立. 为找到此常数，我们应进行更仔细的讨论. 事实上，根据定理 5.4.1，样本均值 $\overline{X}\sim N\left(\mu,\frac{\sigma_0^2}{n}\right)$，若 H_0 正确，则 $\mu=\mu_0$，把 $\overline{X}$ 标准化后，可引进统计量 $U=\dfrac{\overline{X}-\mu_0}{\sigma_0/\sqrt{n}}$，此时由于 $U\sim N(0,1)$，故其取值集中在 0 附近，相应地落在偏离 0 较远地方的概率就较小. 仿照区间估计的思想，若取显著性水平 $\alpha=0.05$，且记 $U_{1-\frac{\alpha}{2}}$ 为 $N(0,1)$ 的 $1-\frac{\alpha}{2}$ 下分位数，则有 $P\{U\leqslant U_{1-\frac{\alpha}{2}}\}=1-\frac{\alpha}{2}$，以及 $P\{|U|>U_{1-\frac{\alpha}{2}}\}=\alpha$. 注意到 α 是一个相当小的正数，故事件 $\{\omega\mid |U(\omega)|>U_{1-\frac{\alpha}{2}}\}$ 是一个小概率事件，根据"小概率事件在一次试验中几乎不可能发生"原理，事件

$\{|U|>U_{1-\frac{\alpha}{2}}\}$ 在一次试验中几乎不大可能发生. 而一旦发生了该事件,很自然会认为发生了问题. 此问题的根源主要是我们假定了原假设 H_0 为正确的,基于这种分析,我们会拒绝 H_0,即认为 H_0 是不正确的.

细观上述推断过程,不难发现有"反例否定"的成分,就像高等数学中存在定理:若 $\sum_{n=1}^{\infty} a_n$ 收敛,则 $\lim_{n\to\infty} a_n=0$,但如果存在子列 n_k 使得 $\lim_{n_k\to\infty} a_{n_k}\neq 0$,则 $\lim_{n\to\infty} a_n\neq 0$, 这样就可以断定级数 $\sum a_n$ 必不收敛. 然而与确定性数学中的反例判别法不同的是在假设检验中我们使用的是"小概率事件不(极少)发生"统计原理判别法. 用这种方法推出的"矛盾"当然与确定性数学中逻辑推理的严格矛盾是有所区别的.

如把 W_1 规定为 $(-\infty,-U_{1-\frac{\alpha}{2}})\cup(+U_{1-\frac{\alpha}{2}},+\infty)$,把 W_0 规定为 $[-U_{1-\frac{\alpha}{2}},+U_{1-\frac{\alpha}{2}}]$,则可以根据"统计量 U 的计算值(或测试值) $\hat{U}$ 落入 W_0 还是 W_1"做出判断. 对于例 7.1.1, $n=10$, $\overline{X}=0.5077$, 故

$$\hat{U}=\frac{0.5077-0.5}{0.014}\sqrt{10}=1.7393.$$

根据 $\alpha=0.05$,查表得 $U_{0.975}=1.96$,则 $W_0=[-1.96,1.96]$. 把其端点与 $\hat{U}$ 比较后,由于 $|\hat{U}|<1.96$, 即 $\hat{U}$ 值落入接受域 W_0,因此不能拒绝 H_0,即不能认为这台包装机工作不正常.

由上面推导过程可以看出测试值 $\hat{U}$ 是个非常关键的值,把它与临界值 $U_{1-\frac{\alpha}{2}}$ 相比较就可做出统计判断. 这里进行比较的是测试值与临界值. 然而在很多软件、文献或应用中还有另一种概率比较法,我们常称它为**"p 值"检验法**(Probability Value Test). 在这种方法里把 $\hat{U}$ 折合成"p 值" $\hat{p}$,把临界值折合回 α,然后进行比较. 所谓"p 值"指的是"在 H_0 成立的前提下,检验方案中涉及的统计量,达到其观察值,与沿 H_1 方向超过其观察值的总概率". 对于例 7.1.1,统计量为 $U=\frac{\overline{X}-\mu_0}{\sigma_0}\sqrt{n}$, $\hat{U}=1.7393$. H_1 为双侧方向的(图 7.1.2),故对应的 p 值为

$$\hat{p}\xlongequal{\Delta}P\{|U|\geqslant 1.73935\}=0.082.$$

容易看出,当 $\hat{p}\leqslant\alpha$ 时, 观察值落入拒绝域;当 $\hat{p}>\alpha$ 时观察值落入接受域,从而可方便地根据 $0.082>0.05=\alpha$, 做出判断接受 H_0(更确切地应该说成是"不拒绝 H_0").

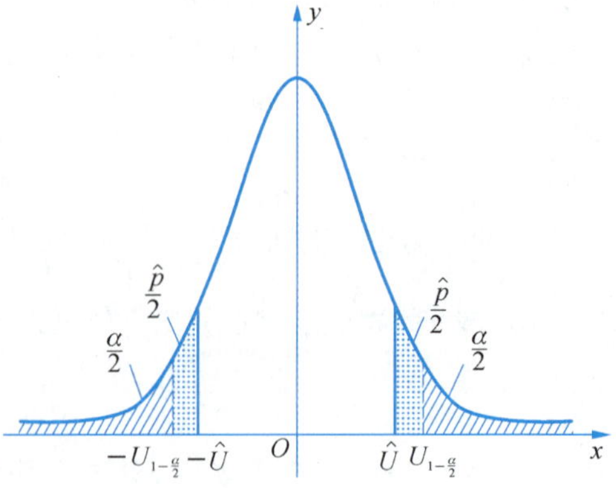

图 7.1.2 p 值检验法举例

在 Excel 中借用"数据分析"中的"Z-检验:双样本平均差检验"(图 7.1.3)可直接得到 $\hat{U}=1.739252$, $U_{1-\frac{\alpha}{2}}=1.9599628$, $\hat{p}=0.08199$ 三个数值.

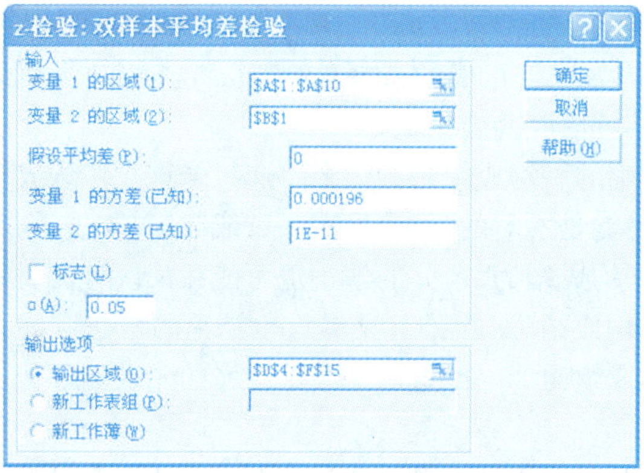

(a)

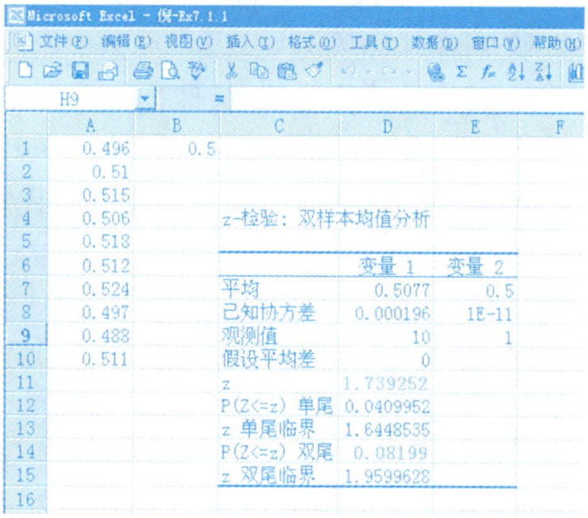

(b)

图 7.1.3 双样本平均差检验

请注意我们的第一个数据取自于软件输出表中的“Z”行，而后两个数值分别取自软件输出表中的“Z 双尾临界”行及“ $P(Z <= z)$ 双尾”行. 其中的“双尾”就是指我们的假设检验是双侧检验. 至于软件输出的单尾可用于单侧检验，软件设计时为方便，把两种情况合在了一起，在使用时只要能正确区分单(双)侧，就可灵活地应用于不同的场合.

假设检验的一般步骤是：

(1) 根据具体问题的要求，提出合适的原假设 H_0，和备择假设 H_1；

(2) 选取合适的检验统计量(例如统计量为 U)，由样本观测值计算对应的统计量测试值$\hat{U}$；

(3) 对于给定的显著性水平 α 求出临界值，用它划分 W_0 和 W_1，使得

$$P\{U \in W_1 \mid H_0 \text{ 为真}\} \leqslant \alpha; \tag{7.1.2}$$

(4) 若$\hat{U}$值落入拒绝域 W_1，则拒绝 H_0；若$\hat{U}$值落入接受域 W_0，则接受 H_0(更确切地，应说成是“不拒绝 H_0”).

结合例 7.1.1，我们再来分析$\hat{U}$值分别落入 W_1 与 W_0 的两种不同情况. 当$\hat{U}$落入 W_1 时，由显著性检验法得到统计推断的结论是 H_0 不真. 若原假设 H_0 本身不正确，则推断结果符合客观情况；若原假设本身正确，则推断结果不符合客观情况，但此时式(7.1.2)仍可保证它的概率很小，总的讲起来，$\hat{U}$落入 W_1 区域时判断结果还是比较正确的. 但是相比之下，当$\hat{U}$落入 W_0 区域时，按显著性检验法应推断 H_0 为真，若也区分两种情况，在第一种情况下，H_0 本身是正确的，此时统计推断结论与客观情况吻合；在第二种情况下，H_0 本身是不正确的，此时统计推断结论与客观情况不吻合，这种情况是我们不希望发生的，其可能性的大小可以由前面曾经提到的第二类犯错误概率 β 来衡量. 遗憾的是我们这里采用的显著性检验法不控制 β，所以有时犯错的概率会相当大，把上面两种情况综合以后统一考虑，可以认为当$\hat{U}$落入 W_0 区域时，其判断结果有时会不太准. 对此可以采取的弥补办法是：

(1) 将$\hat{U}$落入W_0区域时的推理结论由“接受H_0”改为更加灵活的“不拒绝H_0”(参阅参考文献[6]第441页);

(2) H_0的选择要慎重,即把由平时经验认为比较正确的选择作为H_0,这样在“不拒绝H_0”时,进一步推论“H_0正确”或“接受H_0”,其可信度就会比较高.

例如,由某次考试成绩来推断一个优秀学生的平均成绩是否为85分时,若这次考试成绩为不合格,则“平均成绩等于85分”的断言很可能是不对的;但若这次考试成绩为75分,则断言“平均成绩等于85分”可能有些武断,因为平均成绩为78分的学生也可能在某次考试时获得85分.如果我们把推断结果改为“不排除平均成绩为85分”,显然这个结论的可信度就大多了.故“平均成绩等于85分”与“不排除平均成绩为85分”这两个结论含义的差别可以帮助我们改变可信度.

另外从上面的分析还可以看出,由于检验时只控制α不控制β,所以原假设H_0选择时常应遵循第三个原则,即“后果严重性控制”原则.例如,考虑到“有病误判无病”的后果,比“无病误判有病”的后果严重,故在人们看病时常把原假设H_0设为“有病”,把备择假设H_1设为“无病”,这时性质严重的“有病误判无病”的可能性大小可以用第一类犯错概率表示,它的大小可由α控制,这样其保险系数就大了.

总之,在显著性检验时H_0与H_1的地位是不对等的,**H_0的选择常应遵循“包含等号”,“尊重原假设”,以及“控制严重后果”这三个原则.**

7.2 正态分布总体参数的假设检验

正态分布是最为常见的分布之一,由中心极限定理还可把正态分布作为“和分布”的近似,所以正态总体在假设检验中占有重要的位置.对于正态总体,首先碰到的问题就是关键参数μ和σ^2的检验问题.

7.2.1 正态总体均值的检验

参数的显著性检验与上一章提到的参数区间估计有许多相似之处,所使用的“统计量”与“枢轴量”形式上一致,所使用的基础定理也完全相同,所以在介绍参数假设检验时参照区间估计的分类,但这里将要讨论的单侧检验在前面的区间估计中没有过多的涉及.

1. 单个总体$N(\mu, \sigma^2)$均值μ的检验

(1) 已知方差$\sigma^2=\sigma_0^2$

这里采用与例7.1.1一样的统计量$U=\dfrac{\overline{X}-\mu_0}{\sigma_0/\sqrt{n}}$,使用的分布为标准正态分布$N(0, 1)$,其中的$\mu_0$为原假设$H_0$中出现的常数,对应的检验法常称为“$U$检验法”或“$Z$检验法”.

当$H_0:\mu=\mu_0$, $H_1:\mu\neq\mu_0$时,所涉及的检验为双侧检验,在显著性水平α给定时,其拒绝域为$|U|>U_{1-\frac{\alpha}{2}}$(图7.2.1).

下面讨论单侧检验问题,它所对应的 H_0 与 H_1 有以下四种情况:

① $H_0:\mu=\mu_0,\ H_1:\mu<\mu_0$;

② $H_0:\mu\geqslant\mu_0,\ H_1:\mu<\mu_0$;

③ $H_0:\mu=\mu_0,\ H_1:\mu>\mu_0$;

④ $H_0:\mu\leqslant\mu_0,\ H_1:\mu>\mu_0$.

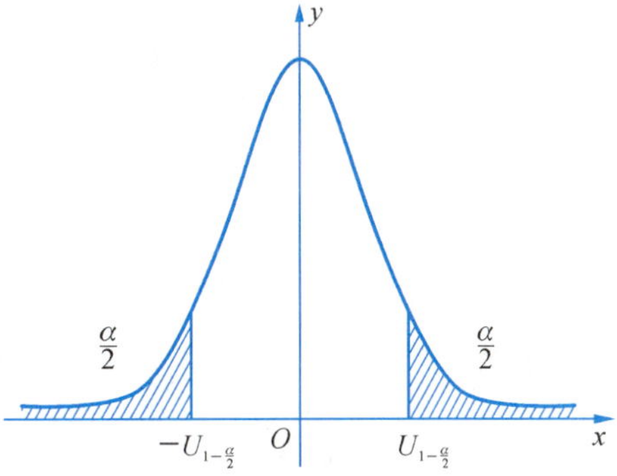

图 7.2.1

这四种情况中,原假设 H_0 都包含等号关系,故它们符合前面曾提到的有关 H_0 的三个原则中的第一个原则. 先来分析第一种情况,由于 H_0:$\mu=\mu_0$,故当 H_0 为真时,选取的统计量 $U=\dfrac{\overline{X}-\mu_0}{\sigma_0/\sqrt{n}}$(由定理 5.4.1 可知)服从 $N(0,\ 1)$分布,这时选取的拒绝域的形式与双侧检验是不同的,这是因为拒绝域 W_1 所对应的情况应该是否定 H_0(或者说接受 H_1),目前的 H_1 是 $\mu<\mu_0$,因此只有当 $\overline{X}$ 的观察值比 μ_0 小时,才有可能接受 H_1. 这说明拒绝域的形式应该是单侧而并非双侧,而且这个单侧的方向与 H_1 中不等号方向一致. 为更精确地用控制第一类犯错概率的思想进行讨论,考虑到

$$P\left\{\frac{\overline{X}-\mu_0}{\sigma_0/\sqrt{n}}<-U_{1-\alpha}\right\}=P\left\{\frac{\overline{X}-\mu}{\sigma_0/\sqrt{n}}<-U_{1-\alpha}\,\middle|\,\mu=\mu_0\right\}=\alpha. \qquad (7.2.1)$$

故在水平 α 给定时,可选择拒绝域 $W_1=(-\infty,\ -U_{1-\alpha})$,接受域 $W_0=[-U_{1-\alpha},\ +\infty)$(图 7.2.2). 再注意到 W_1 位于实数轴左边,故又常称为“左单侧检验”.

再分析第二种情况,此时 $H_0:\mu\geqslant\mu_0,\ H_1:\mu<\mu_0$. 由于备择假设与第一种情况相同,故拒绝域仍是左单侧的. 然而由于 H_0 为 $\mu\geqslant\mu_0$,讨论第一类犯错概率必须更加仔细,当 H_0 中的等式关系成立时,第一类犯错概率仍可用式 7.2.1 表示. 当 H_0 中不等号关系成立时,由于 $\mu>\mu_0$,而 μ 才是总体的真正均值,故服从 $N(0,\ 1)$ 分布应该是 $\dfrac{\overline{X}-\mu}{\sigma_0/\sqrt{n}}$ 而不是 $\dfrac{\overline{X}-\mu_0}{\sigma_0/\sqrt{n}}$. 考虑到当 $\mu>\mu_0$ 时,$\dfrac{\overline{X}-\mu}{\sigma_0/\sqrt{n}}<\dfrac{\overline{X}-\mu_0}{\sigma_0/\sqrt{n}}$,故事件 $\left\{\dfrac{\overline{X}-\mu_0}{\sigma_0/\sqrt{n}}<-U_{1-\alpha}\right\}\subset$ 事件 $\left\{\dfrac{\overline{X}-\mu}{\sigma_0/\sqrt{n}}<-U_{1-\alpha}\right\}$. 由事件包含关系进一步推出概率关系:

$$P\left\{\frac{\overline{X}-\mu_0}{\sigma_0/\sqrt{n}}<-U_{1-\alpha}\right\}\leqslant P\left\{\frac{\overline{X}-\mu}{\sigma_0/\sqrt{n}}<-U_{1-\alpha}\right\}.$$

由于 $\dfrac{\overline{X}-\mu}{\sigma_0/\sqrt{n}}\sim N(0,\ 1)$,故由下分位数定义易知,上式右端的概率值等于 α,从而有

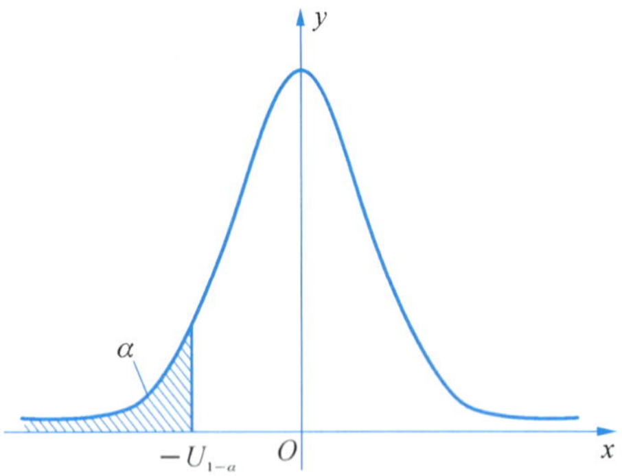

图 7.2.2

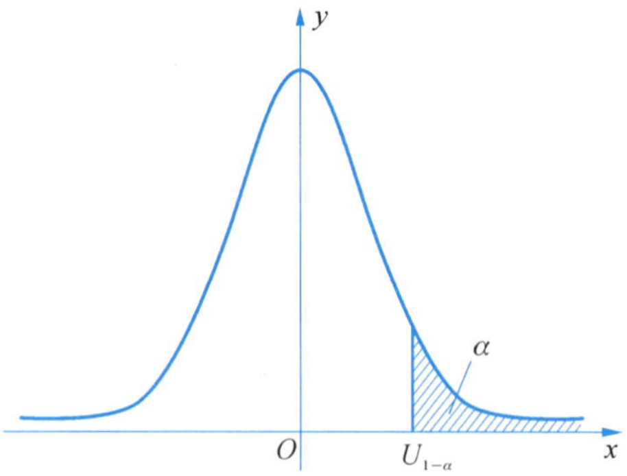

图 7.2.3

$$P\left\{\frac{\overline{X}-\mu_0}{\sigma_0/\sqrt{n}}<-U_{1-\alpha}\right\}\leqslant\alpha. \tag{7.2.2}$$

把式(7.2.2)与式(7.2.1)相比较,可知它们的差别仅仅在于等号与不等号.进一步联系到式(7.1.2)中关于显著性水平 α、W_0、W_1 的一般提法,故我们可以认为第二种情况下的拒绝域 W_1 可以取得与第一种情况相同.鉴于这种分析,我们在下面不再严格区分这两种情况.

对于第三种和第四种情况也可进行类似讨论,只不过它们涉及的是右单侧检验问题(图 7.2.3).

例 7.2.1 我们仍沿用例 7.1.1 的各项数据,但所取得的 10 个样本数据为经检修后包装机的抽样数据,问检修后包装机的产品质量是否会明显减少?

解: 对于本题可以令

$$H_0:\mu\geqslant\mu_0,\ H_1:\mu<\mu_0.$$

故应用左单侧检验法来进行讨论.

取检验统计量为

$$U=\frac{\overline{X}-\mu_0}{\sigma_0/\sqrt{n}}=\frac{\overline{X}-0.5}{0.014/\sqrt{10}}.$$

代入观察值后,由于 $\overline{X}=0.5077$,故 $\hat{U}=\dfrac{0.5077-0.5}{0.014/\sqrt{10}}=1.7393$.由水平 $\alpha=0.05$,查表得 $U_{1-\alpha}=U_{1-0.05}=U_{0.95}=1.6449$.此时的 $W_1=(-\infty,-U_{1-\alpha}]=(-\infty,-1.6449]$,由于 $\hat{U}\notin W_1$,故在水平 α 下不拒绝 H_0,认为检修后产品质量没有明显减少.

注:细心的读者可能会联系图 7.1.3,并问用 Excel 进行计算时,单尾行的两个数字 0.040 995 2, 1.644 853 5 意味着什么?事实上当 $\hat{U}>0$ 时,考虑到左单侧检验,一般它总落在接受域内,故 Excel 软件所显示的"单尾"指的是"右单尾",就是说适用于 $\widetilde{H}_0:\mu\leqslant\mu_0$, $\widetilde{H}_1:\mu>\mu_0$ 的场合.如果仍以例 7.1.1 的数据为例,由于 $U_{1-\alpha}=U_{0.95}=1.6449$,故此时的 W_1 为$[1.6449,+\infty]$,而相应于 $\hat{U}=1.7393$ 的右单尾 p 值为

$$\hat{p}=P\{U\geqslant1.7393\}=0.0409952.$$

由于 $\hat{p}<\alpha$，故 $\hat{U}$ 落入 W_1 区域，从而否定原假设 $\widetilde{H}_0$，认为 $\mu>\mu_0$. 另外要注意，当 $\hat{U}<0$ 时，Excel 软件显示的"单尾"指的是"左单尾"，就是说适用于 $\widetilde{H}_0:\mu\geqslant\mu_0$，$\widetilde{H}_1:\mu<\mu_0$ 的场合，此时所显示的 p 值正确，但临界值要用对称性（通过乘以负号）加以折算.

(2) 方差 σ^2 未知

此时我们采用的统计量为 $T=\dfrac{\overline{X}-\mu_0}{S_{n-1}/\sqrt{n}}$，使用的分布为 $t(n-1)$ 分布，而常称对应的检验法为"t 检验法". 由于检验法的推理过程与方差已知的情况基本相似，故只列出表 7.2.1，而不再进行仔细的讨论.

表 7.2.1　单个正态总体 $N(\mu, \sigma^2)$ 方差 σ^2 未知时均值 μ 的假设检验

待估参数	原假设 H_0	备择假设 H_1	统计量及使用的分布	拒绝域 W_1
均值 μ	$\mu=\mu_0$	$\mu\neq\mu_0$	$T=\dfrac{\overline{X}-\mu_0}{\frac{S_{n-1}}{\sqrt{n}}}\sim t(n-1)$	$\lvert T\rvert>t_{1-\frac{\alpha}{2}}(n-1)$
	$\mu=\mu_0$ $\mu\geqslant\mu_0$	$\mu<\mu_0$ $\mu<\mu_0$		$T<-t_{1-\alpha}(n-1)$
	$\mu=\mu_0$ $\mu\leqslant\mu_0$	$\mu>\mu_0$ $\mu>\mu_0$		$T>t_{1-\alpha}(n-1)$

例 7.2.2　用假设检验法重新判断本章引言中甲、乙两厂生产产品的均值 μ 是否等于 120（置信水平 $\alpha=0.05$）.

解： 本题的假设取为 $H_0:\mu=120$，$H_1:\mu\neq120$. 从而属双侧检验问题，又考虑到总体服从正态分布 $N(\mu, \sigma^2)$，其中的方差 σ^2 未知，故采用单个总体的 t 检验法.

对于甲厂，由 $n=5$，$\overline{X}=119.5$，$S_x\triangleq S_{n-1}=0.4$ 可得到统计量测试值

$$\hat{T}_x=\frac{\overline{X}-\mu_0}{S_x/\sqrt{n}}=\frac{119.5-120}{0.4/\sqrt{5}}=-2.795.$$

对于乙厂，由 $n=5$，$\overline{Y}=114$，$S_y\triangleq S_{n-1}=6.105$ 可得统计量测试值

$$\hat{T}_y=\frac{\overline{Y}-\mu_0}{S_y/\sqrt{n}}=\frac{114-120}{6.105/\sqrt{5}}=-2.198.$$

另外，由表 7.2.1 可知，需计算临界值 $t_{1-\frac{\alpha}{2}}(n-1)$，由于现在 $\alpha=0.05$，$n=5$. 故查表，得 $t_{0.975}(4)=2.776$，由它构成的拒绝域

$$\begin{aligned}W_1&=(-\infty, -t_{0.975}(4))\cup(t_{0.975}(4), +\infty)\\&=(-\infty, -2.776)\cup(2.776, +\infty).\end{aligned}$$

注意到 $\hat{T}_x\in W_1$，$\hat{T}_y\notin W_1$，故可以在水平 0.05 下推断甲厂产品的均值不等于 120，而乙厂产品的均值不能讲不等于 120.

面对以上统计推断结果，有些人可能会难以接受. 因为从直观上看 $\overline{X}$ 与 120 的距离，远比

$\overline{Y}$与 120 的距离要小，怎么会距离小的反倒会不合格呢?这可从两方面进行解释：其一是样本平均比较粗糙；其二是就方差而言 $S_x^2 < S_y^2$. 即甲与乙相比较，甲厂产品比较稳定，与标准值 120 的细微差别也被检验出来了；而乙厂的产品不太稳定，与标准值 120 的差别不易检验. 对此的弥补措施可以是增加样本，再重新检验.

例 7.2.3 设灯泡寿命 $\xi \sim N(\mu, \sigma^2)$，抽取容量 $n=60$ 的样本，计算得到样本均值 $\overline{X}=1\,960$(h)，样本均方差 $S_{n-1}=200$(h)，试问灯泡寿命是否已达到 2 000 h(显著水平$\alpha=0.10$)?

解：问题相当于要检验 $H_0: \mu \geqslant \mu_0 = 2\,000$, $H_1: \mu < \mu_0$. 由于 σ^2 未知，故采用 t 检验法，令 $T=\dfrac{\overline{X}-\mu_0}{S_{n-1}/\sqrt{n}}$，代入样本值后得测试值

$$\hat{T}=\frac{1\,960-2\,000}{200/\sqrt{60}}=-1.549\,2.$$

对于 $\alpha=0.10$，查 t 分布表得 $t_{0.90}(60-1)=1.295\,8$. 由表 7.2.1 可知左单侧拒绝域

$$W_1=(-\infty, -t_{1-\alpha}(n-1))=(-\infty, -1.295\,8).$$

与$\hat{T}$ 比较以后，由于 $\hat{T} \in W_1$，故拒绝 H_0，接受 H_1，即可以认为灯泡寿命没有达到 2 000 h.

2. 两个总体均值差的检验

设总体 $X \sim N(\mu_1, \sigma_1^2)$，$Y \sim N(\mu_2, \sigma_2^2)$，且相互独立，从中进行简单随机抽样，分别抽得样本 $X_1, X_2, \cdots, X_m$ 和样本 $Y_1, Y_2, \cdots, Y_n$，记它们的样本均值分别为$\overline{X}$、$\overline{Y}$，样本方差分别为 $S_x^2(=S_{x_{n-1}}^2)$、$S_y^2(=S_{y_{n-1}}^2)$. 在检验过程中按总体方差是否已知，分别选用U 检验法与t 检验法. 检验法的理论基础是 5.4 节中有关正态总体双样本的定理. 由于过程雷同，故下面只列出检验表 7.2.2.

表 7.2.2 两个正态总体均值差的假设检验

待估参数	条件	原假设 H_0	备择假设 H_1	统计量及使用的分布	拒绝域 W_1
μ	已知 σ_1、σ_2	$\mu_1=\mu_2$	$\mu_1 \neq \mu_2$	$U=\dfrac{\overline{X}-\overline{Y}}{\sqrt{\dfrac{\sigma_1^2}{m}+\dfrac{\sigma_2^2}{n}}} \sim N(0, 1)$	$\lvert U\rvert > U_{1-\frac{\alpha}{2}}$
		$\mu_1=\mu_2$ $\mu_1 \geqslant \mu_2$	$\mu_1 < \mu_2$		$U < -U_{1-\alpha}$
		$\mu_1=\mu_2$ $\mu_1 \leqslant \mu_2$	$\mu_1 > \mu_2$		$U > U_{1-\alpha}$
	未知 σ_1、σ_2，但已知 $\sigma_1=\sigma_2$	$\mu_1=\mu_2$	$\mu_1 \neq \mu_2$	$T=\dfrac{\overline{X}-\overline{Y}}{S_w\sqrt{\dfrac{1}{m}+\dfrac{1}{n}}} \sim t(m+n-2)$	$\lvert T\rvert > t_{1-\frac{\alpha}{2}}$
		$\mu_1=\mu_2$ $\mu_1 \geqslant \mu_2$	$\mu_1 < \mu_2$		$T < -t_{1-\alpha}$
		$\mu_1=\mu_2$ $\mu_1 \leqslant \mu_2$	$\mu_1 > \mu_2$		$T > t_{1-\alpha}$

表 7.2.2 中的 $S_w^2=\dfrac{(m-1)S_x^2+(n-1)S_y^2}{m+n-2}$，它可看成是样本方差 S_x^2、S_y^2 的加权平均，而检验统计量 $U=\dfrac{\overline{X}-\overline{Y}}{\sqrt{\dfrac{\sigma_1^2}{m}+\dfrac{\sigma_2^2}{n}}}$则是由 5.4 节中有关定理的原统计量 $U=\dfrac{(\overline{X}-\overline{Y})-(\mu_1-\mu_2)}{\sqrt{\dfrac{\sigma_1^2}{m}+\dfrac{\sigma_2^2}{n}}}$代入关系式 $\mu_1=\mu_2$后所构成的. 在双尾检验时，$\mu_1=\mu_2$意味着原假设 H_0 成立. 由例 7.1.1 的推断过程可知，拒绝域的推出需要用到 H_0 成立的条件，从而代入等式 $\mu_1=\mu_2$以构成新统计量. 对单尾检验和 T 统计量也可进行类似的说明.

双样本的检验问题常可利用 Excel 软件进行计算.

例 7.2.4 为判断饮酒对工作完工时间是否有影响，任选 19 个人，分成两组，让他们做同样的工作，记录完工时间(min)：

饮酒者	30，46，51，34，48，45，39，61，58，67
未饮酒者	28，22，55，45，39，35，42，38，20

问饮酒是否影响完工时间(显著水平 $\alpha=0.05$)？为方便计算，设两组工人完工时间分别为总体 $X\sim N(\mu_1,\sigma_1^2)$，$Y\sim N(\mu_2,\sigma_2^2)$，尽管 σ_1、σ_2 未知，但可设 $\sigma_1=\sigma_2$.

解: 本问题相当于要检验：$H_0:\mu_1=\mu_2$，$H_1:\mu_1\neq\mu_2$. 对照表 7.2.2，可以选用双侧 t 检验法. 利用 Excel 的"双样本等方差 t 检验"，可得双尾 p 值 $\hat{p}=0.0383$，小于 $\alpha=0.05$(图 7.2.4). 故推断 H_1 成立，即饮酒对完工时间有显著影响.

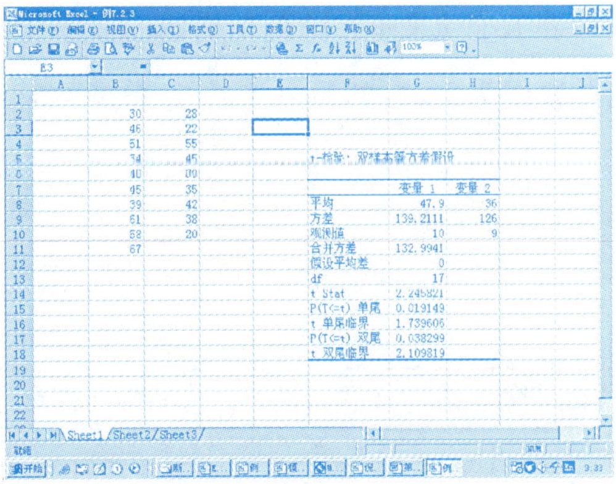

图 7.2.4

从统计学的观点看 $\overline{X}-\overline{Y}$达到了"显著性"，意味着两者差异显著，以至于在给定水平上，差异大到已不能单由随机性来解释(必须考虑 $\mu_1\neq\mu_2$ 的影响)，这也从某个角度说明了为何把采用的方法称为"显著性检验"的原因. 从图 7.2.4 中还可得

$$\overline{X}=47.9,\quad S_x^2=139.211,\quad m=10;$$
$$\overline{Y}=36,\quad S_y^2=126,\quad n=9.$$

读者可以用计算器手工计算验证以上结果，并学会如何从"p 值"或"临界值"做出统计推断. 手工验证帮助了解计算过程，而软件使用则会减少计算错误，提高应用效率. 另外，对单侧检验时，也要注意例 7.1.4 的注(1) 所指出的类似的折算问题.

7.2.2 正态总体方差的检验

在进行方差检验时，我们常用χ^2分布或F分布进行讨论，由于这两个分布是偏态（不对称）分布，所以与前面对称的$N(0,\ 1)$分布或t分布不同，在计算拒绝域边界时会使用不对称的两个临界值. 例如，对于单个总体$N(\mu,\ \sigma^2)$，均值未知时的方差检验问题，如果此时的假设为$H_0:\sigma^2=\sigma_0^2$，$H_1:\sigma^2\neq\sigma_0^2$（其中$\sigma_0^2$为已知常数），则自然会想到当$H_0$为真时$\sigma^2=\sigma_0^2$ $\left(或\frac{\sigma^2}{\sigma_0^2}=1\right)$，由于$S^2$是$\sigma^2$的无偏估计，所以$\frac{S^2}{\sigma_0^2}$应该在1附近摆动（摆动的原因是$S^2$的随机性），而不应过大或过小，这等价于$\frac{(n-1)S^2}{\sigma_0^2}$在$n-1$附近摆动. 更仔细地，由定理5.4.1有$\frac{(n-1)S^2}{\sigma^2}\sim\chi^2(n-1)$，注意到当$H_0$为真时$\sigma^2=\sigma_0^2$，故此时$\frac{(n-1)S^2}{\sigma_0^2}$也服从$\chi^2(n-1)$. 由于$\chi^2(n-1)$的均值为$n-1$，故自然可考虑把$\frac{(n-1)S^2}{\sigma_0^2}$看成是检验统计量，把检验中的接受域$W_0$设在靠近$(n-1)$的中间，把拒绝域$W_1$设在两边. 又考虑到当$H_0$不成立时，统计量$\frac{(n-1)S^2}{\sigma_0^2}$左右摆动没有倾向性. 故一般就仿照均值检验时的思路，采用双侧检验，同时要求统计量落在两侧拒绝域的概率相同（分别都取为$\frac{\alpha}{2}$）（图7.2.5）. 然而由于χ^2分布是不对称的"偏态分布"，故拒绝域的两个边界点分别是$\chi^2_{\frac{\alpha}{2}}$与$\chi^2_{1-\frac{\alpha}{2}}$，它们关于原点是不对称的.

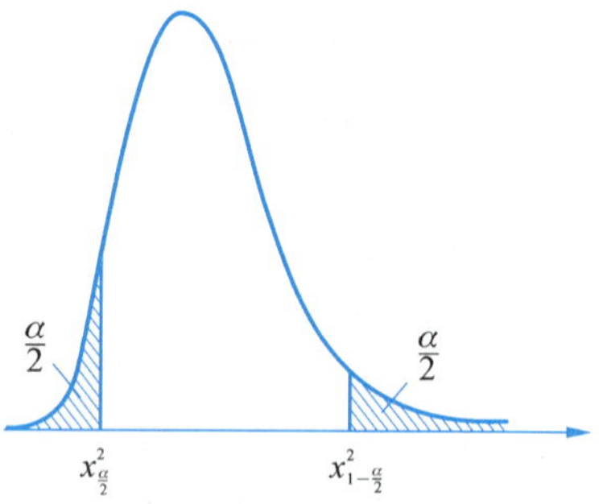

图 7.2.5

为方便起见，我们略去了推导过程，只把检验涉及的主要情况用表7.2.3列出.

表 7.2.3 单个正态总体 $N(\mu,\ \sigma^2)$ 方差 σ^2 的假设检验

待估参数	条件	原假设 H_0	备择假设 H_1	统计量及使用分布	拒绝域 W_1
σ^2	已知 $\mu=\mu_0$	$\sigma^2=\sigma_0^2$	$\sigma^2\neq\sigma_0^2$	$\chi^2=\frac{\sum_{i=1}^{n}(X_i-\mu_0)^2}{\sigma_0^2}\sim\chi^2(n)$	$(\chi^2<\chi^2_{\frac{\alpha}{2}})$或$(\chi^2>\chi^2_{1-\frac{\alpha}{2}})$
		$\sigma^2=\sigma_0^2$ $\sigma^2\geqslant\sigma_0^2$	$\sigma^2<\sigma_0^2$		$\chi^2<\chi^2_{\alpha}$
		$\sigma^2=\sigma_0^2$ $\sigma^2\leqslant\sigma_0^2$	$\sigma^2>\sigma_0^2$		$\chi^2>\chi^2_{1-\alpha}$
	未知 μ	$\sigma^2=\sigma_0^2$	$\sigma^2\neq\sigma_0^2$	$\chi^2=\frac{(n-1)S_{n-1}^2}{\sigma_0^2}\sim\chi^2(n-1)$	$(\chi^2<\chi^2_{\frac{\alpha}{2}})$或$(\chi^2>\chi^2_{1-\frac{\alpha}{2}})$
		$\sigma^2=\sigma_0^2$ $\sigma^2\geqslant\sigma_0^2$	$\sigma^2<\sigma_0^2$		$\chi^2<\chi^2_{\alpha}$
		$\sigma^2=\sigma_0^2$ $\sigma^2\leqslant\sigma_0^2$	$\sigma^2>\sigma_0^2$		$\chi^2>\chi^2_{1-\alpha}$

在表 7.2.3 中，均值已知时使用的统计量 $\chi^2=\dfrac{\sum\limits_{i=1}^{n}(X_i-\mu_0)^2}{\sigma_0^2}$ 有时也被写成 $\dfrac{(n-1)S_{n-1}^2+n(\overline{X}-\mu_0)^2}{\sigma_0^2}$. 实际上两者是相等的，这是由于

$$\begin{aligned}\sum_{i=1}^{n}(X_i-\mu_0)^2&=\sum_{i=1}^{n}(X_i-\overline{X}+\overline{X}-\mu_0)^2=\sum_{i=1}^{n}\left[(X_i-\overline{X})+(\overline{X}-\mu_0)\right]^2\\&=\sum_{i=1}^{n}(X_i-\overline{X})^2+\sum_{i=1}^{n}(\overline{X}-\mu_0)^2+2\sum_{i=1}^{n}(X_i-\overline{X})(\overline{X}-\mu_0)\\&=\sum_{i=1}^{n}(X_i-\overline{X})^2+n(\overline{X}-\mu_0)^2+2(\overline{X}-\mu_0)\sum_{i=1}^{n}(X_i-\overline{X})\\&=(n-1)S_{n-1}^2+n(\overline{X}-\mu_0)^2+0=(n-1)S_{n-1}^2+n(\overline{X}-\mu_0)^2.\end{aligned}$$

故在检验时它们都可被使用. 但相比之下前者书写简洁，后者手工计算时方便. 类似地，表 7.2.4 中的统计量 F 也可有两种书写表达式.

表 7.2.4　两个正态总体方差比的假设检验

待估参数	条件	原假设 H_0	备择假设 H_1	统计量及使用分布	拒绝域 W_1
σ^2	已知 μ_1，μ_2	$\sigma_1^2=\sigma_2^2$	$\sigma_1^2\neq\sigma_2^2$	$F=\dfrac{\frac{\sum_{i=1}^{m}(X_i-\mu_1)^2}{m}}{\frac{\sum_{i=1}^{n}(Y_i-\mu_2)^2}{n}}\sim F(m,n)$	$(F<F_{\frac{\alpha}{2}})$或$(F>F_{1-\frac{\alpha}{2}})$
		$\sigma_1^2=\sigma_2^2$ $\sigma_1^2\geqslant\sigma_2^2$	$\sigma_1^2<\sigma_2^2$		$F<F_\alpha$
		$\sigma_1^2=\sigma_2^2$ $\sigma_1^2\leqslant\sigma_2^2$	$\sigma_1^2>\sigma_2^2$		$F>F_{1-\alpha}$
	未知 μ_1，μ_2	$\sigma_1^2=\sigma_2^2$	$\sigma_1^2\neq\sigma_2^2$	$F=\dfrac{S_x^2}{S_y^2}\sim F(m-1,n-1)$	$(F<F_{\frac{\alpha}{2}})$或$(F>F_{1-\frac{\alpha}{2}})$
		$\sigma_1^2=\sigma_2^2$ $\sigma_1^2\geqslant\sigma_2^2$	$\sigma_1^2<\sigma_2^2$		$F<F_\alpha$
		$\sigma_1^2=\sigma_2^2$ $\sigma_1^2\leqslant\sigma_2^2$	$\sigma_1^2>\sigma_2^2$		$F>F_{1-\alpha}$

例 7.2.5　对于例 7.2.4 中的饮酒问题，试在水平 $\alpha=0.05$ 下检验两组工人完工时间的方差是否相等?

解: 本问题相当于要检验 $H_0:\sigma_1^2=\sigma_2^2$，$H_1:\sigma_1^2\neq\sigma_2^2$，这是个双侧检验问题. 由于均值未知，所以从表 7.2.4 可以看出，检验统计量应选择 $F=\dfrac{S_x^2}{S_y^2}$，把例 7.2.4 中已算出的 $S_x^2=139.211$，$S_y^2=126$ 代入后，得到检验统计量的测试值为 $\hat{F}=\dfrac{139.211}{126}=1.105$.

对 $\alpha=0.05$，自由度 $(m-1,n-1)=(10-1,9-1)=(9,8)$. 查分位数表，得

$$F_{0.975}(9, 8)=4.36, F_{0.025}(9, 8)=\frac{1}{F_{0.975}(8, 9)}=\frac{1}{4.10}=0.244.$$

由此构成接受域 $W_0=(0.244, 4.36)$，注意到$\hat{F}\in W_0$，故不否定 H_0，或者说在水平 0.05 下，两组工人完工时间的方差可以认为相等. 这个结论使我们可以放心地对例 7.2.4 采用双样本等方差 t 检验法进行判断.

在上述计算过程中，由于 $F_{0.025}(9, 8)$ 在书末表中查不到，故我们可以应用前面 F 分布中的有关性质，把它改为 $F_{0.975}(8, 9)$ 以后再计算. 当然如果利用 Excel 中的统计函数就不存在这个问题了. 例如，把有关参数代入 FINV 函数可得

$$\text{FINV}(0.025, 9, 8)=4.3572,$$
$$\text{FINV}(0.975, 9, 8)=0.24378.$$

与我们查表所得的 $F_{0.975}(9, 8)=4.36$ 相比较后，易知 Excel 统计函数给出的是上分位数，所以我们在使用它时要注意如何把它的“上分位数”化成我们需要的“下分位数”.

例 7.2.6 两台机床加工同一种零件，加工出来零件尺寸都服从正态分布. 今从两台机床加工出来的零件中分别抽取 11 个和 9 个零件进行测量，得到数据(单位：mm) 如下：

甲机床：6.2　5.7　6.5　6.0　6.3　5.8　5.7　6.0　6.0　5.8　6.0

乙机床：5.6　5.9　5.6　5.7　5.8　6.0　5.5　5.7　5.5

试问甲机床的加工精度是否比乙机床的加工精度差(取 $\alpha=0.05$)？

解：依题意，要求假设检验：

$$H_0: \sigma_1^2\leqslant\sigma_2^2, \quad H_1: \sigma_1^2>\sigma_2^2.$$

其中 σ_1^2，σ_2^2 分别是甲、乙机床加工尺寸对应分布的方差.

显然这是个右单侧检验问题，由于均值未知，可采用 F 检验法.

利用样本数据可得 $m=11$，$n=9$，$S_x^2=0.064$，$S_y^2=0.03$，故检验统计量 $F=\dfrac{S_x^2}{S_y^2}$ 的测试值 $\hat{F}=\dfrac{0.064}{0.03}=2.13$.

由 $\alpha=0.05$，查“分位数表”得 $F_{1-\alpha}(m-1, n-1)=F_{0.95}(10, 8)=3.35$. 其构成的拒绝域 $W_1=(3.35, +\infty)$与$\hat{F}$相比较后知道，由于$\hat{F}\notin W_1$，故不否定 H_0，或认为(在水平 0.05 下) 甲机床的加工精度不比乙机床的加工精度差.

上述过程可用 Excel 中“F-检验：双样本方差” 工具进行，其数据输入格式与输出如图 7.2.6 所示，从中容易找到关键数据. 若用“p 值” 推断，则由于现在的 p 值为 0.147 624，它远比 $\alpha=0.05$ 大，故可推断 H_0 真(或不否定 H_0).

注：(1) 当测试值 $\hat{F}>1$ 时，本工具输出适用于右单侧检验(即 $H_1: \sigma_1^2>\sigma_2^2$)；当测试值 $\hat{F}<1$ 时，适用于左单侧检验问题(即 $H_1: \sigma_1^2<\sigma_2^2$)，对应的 p 值与临界值都可直接采用.

(2) 对于像例 7.2.5 这样的双侧检验问题，如果需要(例如样本数据多，不便于手工计算)，仍可使用本工具. 实际上，比较表 7.2.4 中有关双侧与右单侧的情况后，发现它们使用的检验统计量与分布是相同的，

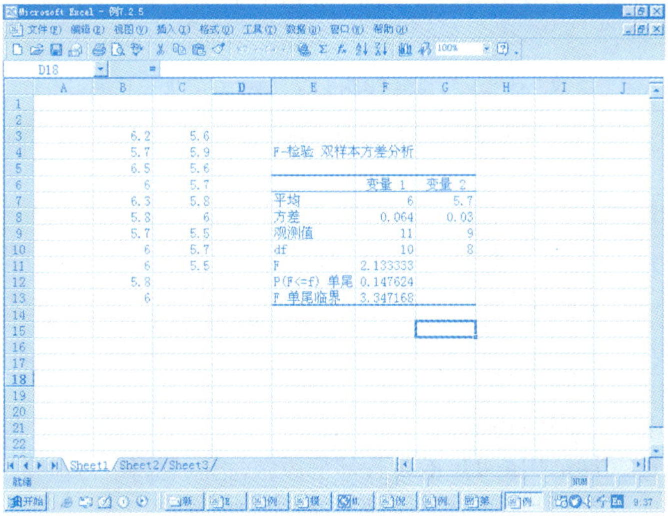

图 7.2.6

只是临界值的下标有$\frac{\alpha}{2}$与α之分，这意味着双侧与右单侧右边拒绝域所对应的概率分别是$\frac{\alpha}{2}$与α，所以在用软件作最后判别时，只要把 p 值与$\frac{\alpha}{2}$进行比较就可以了.

7.3 一般分布的假设检验

7.3.1 参数的大样本检验

第 4 章的中心极限定理告诉我们，某些独立随机变量和的分布会趋向于正态分布. 由于这个结论对被加项随机变量的分布没有太多的要求，所以常被用来讨论一般分布的假设检验. 为减少误差，当然要求样本容量 n 充分大，所使用的统计量也常用近似的正态分布来计算临界值与拒绝域 W_1. 下面以两点分布 $B(1,\ p)$中的参数 p 的检验问题为例进行说明.

1. 单个总体 $B(1,\ p)$的参数 p 的检验

当总体服从两点分布 $B(1,\ p)$时，其样本累加和 $X_1+\cdots+X_n=\sum_{i=1}^{n}X_i$ 服从于二项分布 $B(n,\ p)$. 当$n\to\infty$时，其标准化$\dfrac{\sum_{i=1}^{n}X_i-np}{\sqrt{np(1-p)}}$的分布函数会趋向于标准正态分布 $N(0,\ 1)$的分布函数. 这说明，样本平均$\overline{X}$的标准化$\dfrac{\overline{X}-p}{\sqrt{\dfrac{p(1-p)}{n}}}$在 n 充分大时，其分布近似于标准正

态分布. 从而采用与第 7.2 节相似的思想,可得到单个总体 $B(1, p)$参数 p 的假设检验法(表 7.3.1).

表 7.3.1　两点分布 $B(1, p)$的参数 p 假设检验

原假设 H_0	备择假设 H_1	检验统计量及近似分布	拒绝域 W_1
$p=p_0$	$p\neq p_0$	$U=\dfrac{\overline{X}-p_0}{\sqrt{\dfrac{p_0(1-p_0)}{n}}}\sim N(0, 1)$	$\lvert U\rvert>U_{1-\frac{\alpha}{2}}$
$p=p_0$ $p\geqslant p_0$	$p<p_0$		$U<-U_{1-\alpha}$
$p=p_0$ $p\leqslant p_0$	$p>p_0$		$U>U_{1-\alpha}$

例 7.3.1　用上述方法对例 7.1.2 所给出的厂家声明作出检验(显著水平 $\alpha=0.05$).

解: 设用户满意率为 p,则由 H_0 的包含等号原则,把问题归结为检验

$$H_0: p\leqslant 0.75, H_1: p>0.75.$$

采用检验统计量 $U=\dfrac{\overline{X}-p_0}{\sqrt{\dfrac{p_0(1-p_0)}{n}}}$,其中 $p_0=0.75$,代入已知数据 $\overline{X}=\dfrac{50}{60}$, $n=60$,则 U 的测试值 $\hat{U}=\dfrac{0.83-0.75}{\sqrt{\dfrac{0.75(1-0.75)}{60}}}=1.43.$

我们采用的右单侧检验所对应的临界值 $U_{0.95}=1.645$,注意到 $\hat{U}<1.645$, 故统计量测试值落入接受域,这说明调查数据没有提供充分证据支持厂家的说法,我们接受 H_0,认为对该厂家满意的用户比例小于或等于 75%.

2. 两个总体参数差的假设检验

今有两个总体 X、Y,分别服从二项分布 $B(1, p_1)$与 $B(1, p_2)$,从中分别抽取出相互独立的样本 $X_1, X_2, \cdots, X_m$ 和 $Y_1, Y_2, \cdots, Y_n$,设样本容量 m 和 n 都充分大,由中心极限定理可知样本平均 $\overline{X}$ 近似服从正态分布 $N\left(p_1, p_1(1-p_1)/m\right)$, $\overline{Y}$ 近似服从正态分布 $N\left(p_2, p_2(1-p_2)/n\right)$,再由样本间的独立性可知, $\overline{X}-\overline{Y}$ 近似服从分布 $N\left(p_1-p_2, p_1(1-p_1)/m+p_2(1-p_2)/n\right)$,进行标准化变化后可知,

$$U=\frac{(\overline{X}-\overline{Y})-(p_1-p_2)}{\sqrt{\dfrac{p_1(1-p_1)}{m}+\dfrac{p_2(1-p_2)}{n}}}$$

近似服从标准正态分布 $N(0, 1)$,对于双侧检验, $H_0: p_1=p_2, H_1: p_1\neq p_2$. 在 H_0 为真的条件下,由于 $p_1-p_2=0$, 故上面的检验统计量为

$$U=\frac{\overline{X}-\overline{Y}}{\sqrt{\frac{p_1(1-p_1)}{m}+\frac{p_2(1-p_2)}{n}}},$$

进一步，为简化分母，把 p_1 和 p_2 用总平均 $\hat{p}\overset{\triangle}{=}\frac{X_1+\cdots+X_m+Y_1+\cdots+Y_n}{m+n}$ 来近似，这时我们就得到了近似服从标准正态分布 $N(0,1)$的检验统计量

$$U=\frac{\overline{X}-\overline{Y}}{\sqrt{\hat{p}(1-\hat{p})\left(\frac{1}{m}+\frac{1}{n}\right)}}.$$

利用它就可给出两总体参数差的假设检验表 7.3.2.

表 7.3.2　两总体 $B(1,p_1)$，$B(1,p_2)$ 参数差 p_1-p_2 的假设检验

原假设 H_0	备择假设 H_1	检验统计量及近似分布	拒绝域 W_1
$p_1=p_2$	$p_1\neq p_2$	$U=\frac{\overline{X}-\overline{Y}}{\sqrt{\hat{p}(1-\hat{p})\left(\frac{1}{m}+\frac{1}{n}\right)}}\sim N(0,1)$	$\lvert U\rvert>U_{1-\frac{\alpha}{2}}$
$p_1=p_2$ $p_1\geqslant p_2$	$p_1<p_2$		$U<-U_{1-\alpha}$
$p_1=p_2$ $p_1\leqslant p_2$	$p_1>p_2$		$U>U_{1-\alpha}$

例 7.3.2　用铸造与锻造两种不同的方法制造某种零件，从各自制造出的零件中分别随机抽取 100 个，其中铸造的废品有 10 个，锻造的废品有 3 个，问在 $\alpha=0.05$ 的水平上，能否认为废品率与制造方法有关？又假如锻造废品数从 3 个增加到 6 个则结论又如何？

解：设铸造废品率为 p_1，锻造废品率为 p_2，此时要检验的假设为

$$H_0:p_1=p_2,\quad H_1:p_1\neq p_2.$$

我们采用双侧检验，当水平 $\alpha=0.05$ 时，对应的临界值 $U_{0.975}=1.96$. 由样本数据知 $m=100$，$n=100$.

在第一种情况下，$\overline{X}=\frac{10}{100}=0.10$，$\overline{Y}=\frac{3}{100}=0.03$，$\hat{p}=\frac{10+3}{100+100}=0.065$，把数据代入检验统计量得到测试值

$$\hat{U}=\frac{0.10-0.03}{\sqrt{0.065\times(1-0.065)\times\left(\frac{1}{100}+\frac{1}{100}\right)}}=2.0078.$$

由于 $\lvert\hat{U}\rvert=2.7008>1.96$，$\hat{U}$ 落入拒绝域 W_1 中，故在 $\alpha=0.05$ 水平上认为 H_1 成立，即废品率与制造方法有关.

在第二种情况下，$\overline{X}=0.10$，$\overline{Y}=0.06$，$\hat{p}=\frac{16}{200}=0.08$，对应的

$$\hat{U}=\frac{0.10-0.06}{\sqrt{0.08\times(1-0.08)\times\left(\frac{1}{100}+\frac{1}{100}\right)}}=1.0426.$$

它落入接受域 H_0 中，故我们不能否定 H_0，从而不能认为废品率与制造方法有关.

注：有时统计学家在做检验时，把表 7.3.1 中的检验统计量改为

$$\widetilde{U}=\frac{\overline{X}-p_0}{\sqrt{\frac{\overline{X}(1-\overline{X})}{n}}},$$

把表 7.3.2 中的统计量改为

$$\widetilde{U}=\frac{\overline{X}-\overline{Y}}{\sqrt{\frac{\overline{X}(1-\overline{X})}{m}+\frac{\overline{Y}(1-\overline{Y})}{n}}}.$$

对应的 $N(0,1)$分布以及拒绝域都不作调整.从各种数值例子看，两种不同统计量的使用效果类似，故一般我们不强调选哪一种(参阅参考文献[6]第 41 页).

7.3.2 分布的假设检验

假设检验的思想还可用于对母体分布的检验，例如，在实际问题中，总体分布形式往往一无所知，这时可以先对它做出粗略推断(例如用正态概率纸)，然后提出关于分布的假设 H_0 和 H_1，用假设检验对猜测进行较为仔细的判断.下面介绍的方法由于要用到 χ^2 分布，通常简称为 χ^2 检验法.

χ^2 检验法是一种验证经验分布与总体分布(理论分布)是否匹配的方法.其基本想法是把样本观察值分组，然后计算各组的实测频数 n_k 与理论频数 np_k 之差，以此判断样本分布是否符合理论分布.具体地讲，设 n 为样本容量，共分 r 个组，引进统计量

$$\sum\frac{(\text{实测频数}-\text{理论频数})^2}{\text{理论频数}}=\sum_{k=1}^{r}\frac{(n_k-np_k)^2}{np_k}, \tag{7.3.1}$$

要检验的假设

$$H_0:\text{总体分布函数 }F(x)=F_0(x),\ H_1:\text{总体分布函数 }F(x)\neq F_0(x).$$

当 $n\to\infty$时，统计学家皮尔逊证明了当 H_0 为真时，统计量(式(7.3.1))的分布会趋向一个 χ^2 分布，所以常把该统计量记为 χ^2.至于这个 χ^2 分布的自由度则取决于原假设 $F_0(x)$中是否有未知参数(如期望、方差等)，如果 $F_0(x)$中没有未知参数，则 χ^2 分布的自由度为 $(r-1)$；如果 $F_0(x)$中有 m 个未知参数，则 χ^2 分布的自由度减少为 $(r-m-1)$. 另外，注意到由式(7.3.1)给出的 χ^2 检验统计量的取值总大于等于 0，若理论与实测拟合得好，则 χ^2 检验统计量的取值会较小，若拟合得不好，则其取值会比较大.把它与拒绝域相联系后，容易想到我们应该采取“右单侧检验法”，从而在检验时可按下面步骤进行：

(1) 若在 H_0 为真时，$F_0(x)$形式已知，但含未知参数，则必须先用极大似然法估计总体的未知参数；

(2) 将样本可能取值空间分成互不相交的 r 个区间，一般要求样本容量 $n \geqslant 50$，样本观测值落在各区间的实测频数 $n_k \geqslant 5(k=1, 2, \cdots, r)$. 如果有些区间内频数小于5，则可重新分区间(或合并部分区间)使频数 n_k 符合上述要求；

(3) 按照 $F_0(x)$计算落在各个区间内的总体的理论概率 p_k(若 $F_0(x)$不含未知参数，则可直接计算；若 $F_0(x)$含有未知参数，则需把按第(1)步算出的未知参数估计值代入后再计算)；

(4) 选取统计量(式(7.3.1))，并代入前面算出的数值，得到统计量测试值 $\hat{\chi}^2$；

(5) 对于给定的水平 α，根据自由度 $(r-1)$(或$(r-m-1)$)，计算临界值 $\chi^2_{1-\alpha}$；

(6) 把测试值 $\hat{\chi}^2$ 与临界值 $\chi^2_{1-\alpha}$相比较，若 $\hat{\chi}^2 > \chi^2_{1-\alpha}$，则拒绝 H_0，否则接受 H_0.

注：在计算由式(7.3.1)定义的检验统计量 χ^2 时，有时可用公式 $\chi^2 = \dfrac{1}{n}\sum\limits_{k=1}^{r}\dfrac{n_k^2}{p_k} - n$，或 $\chi^2 = \sum\limits_{k=1}^{r}\dfrac{n_k^2}{np_k} - n$. 如用手工计算，前者有时会因 n_k^2 与 p_k 数量级相差太大，而引起除法误差增大；而后者因 p_k 乘上因子 n 以后，与 n_k^2 的数量级之间的差距会减小，所以对减少除法误差有时会有帮助. 其证明非常简单，实际上这是由于 $\sum\limits_{k=1}^{r} n_k = n, \sum\limits_{k=1}^{r} p_k = 1$，故式(7.3.1)

$$
\begin{aligned}
\text{右边} &= \sum_{k=1}^{r}\frac{(n_k - np_k)^2}{np_k} = \sum_{k=1}^{r}\frac{n_k^2 + (np_k)^2 - 2n_k np_k}{np_k} \\
&= \frac{1}{n}\sum_{k=1}^{r}\frac{n_k^2}{p_k} + n\sum_{k=1}^{r}p_k - 2\sum_{k=1}^{r}n_k = \frac{1}{n}\sum_{k=1}^{r}\frac{n_k^2}{p_k} + n\times 1 - 2\times n \\
&= \frac{1}{n}\sum_{k=1}^{r}\frac{n_k^2}{p_k} - n.
\end{aligned}
$$

例 7.3.3 开奖机中有编号 1, 2, 3, 4 的四种奖球，在过去已经开出的 100 个号码中，出现号码 1, 2, 3, 4 的次数，依次为 36 次、27 次、22 次和 15 次，问这台开奖机开出各种号码的概率是否相等(显著水平 $\alpha = 0.05$)？

解：若把开奖机开出的号码看作总体 X，则题目相当于要检验假设

$H_0: P(X=k) = \dfrac{1}{4} \quad (k=1, 2, 3, 4)$，

$H_1: P(X=k) \neq \dfrac{1}{4}$ (对于某个 k，k 的取值可以为 1, 2, 3, 4).

作分点 $0.5 < 1.5 < 2.5 < 3.5 < 4.5$，把 X 的取值范围分成下面 4 个区间

$$(k-0.5,\ k+0.5]\ (k=1, 2, 3, 4).$$

H_0 为真时，X 落在各区间的概率为

$$p_k = P(k-0.5 < X \leqslant k+0.5) = P(X=k) = \frac{1}{4} \quad (k=1, 2, 3, 4).$$

实测值落在区间(0.5, 1.5], (1.5, 2.5], (2.5, 3.5], (3.5, 4.5]的频数分别为 36, 27, 22, 15. 于是检验统计量实测值

$$\hat{\chi}^2=\frac{1}{n}\sum_{k=1}^{r}\frac{n_k^2}{p_k}-n=\frac{1}{100}\left(\frac{36^2}{1/4}+\frac{27^2}{1/4}+\frac{22^2}{1/4}+\frac{15^2}{1/4}\right)-100=9.36.$$

对于给定的水平 $\alpha=0.05$,由于自由度为 $r-1=3$,查 χ^2 分布表得到临界值 $\chi^2_{1-\alpha}=7.815$,把它与 $\hat{\chi}^2$ 值相比较,可知 $\hat{\chi}^2>\chi^2_{1-\alpha}$,即统计量落在拒绝域 W_1 中,从而我们认为这台开奖机开出各种号码的概率并不相等.

例 7.3.4 设总体 X 的样本观察值如下所示,试问 X 是否服从正态分布(显著水平分别为 $\alpha=0.05$ 或 0.10)?

141	158	149	142	140	140	152	132	138	147
148	150	158	141	146	131	143	142	142	140
132	140	143	140	142	143	144	142	149	142
138	147	141	145	137	141	141	143	142	140
154	148	144	135	148	149	143	153	137	137
142	144	144	147	154	148	147	149	134	152
150	150	126	146	137	135	146	146	144	145
146	149	140	141	139	148	150	149	146	143
155	145	144	136						

解: 依题目要求需检验假设

H_0:X 服从正态分布 $N(\mu,\sigma^2)$,

H_1:X 不服从正态分布 $N(\mu,\sigma^2)$.

首先,由于 H_0 的正态分布中含两个未知参数,故

第 1 步 先用"极大似然法"进行估计. 由于在前面的点估计一节中已经知道,正态分布的均值 μ 和方差 σ^2 可分别用 $\overline{X}$ 和 S_n^2 来近似. 所以可利用 Excel 中的"描述统计"工具,先直接得到 $n=84$, $\overline{X}=143.774$, $S_{n-1}^2=35.647$. 然后转化为极大似然估计中需要的 $S_n^2=\frac{n-1}{n}S_{n-1}^2=\frac{84-1}{84}\times 35.647=35.22265$. 在描述统计中顺便还知样本观察值中最大值为 158,最小值 126. 这为下一步的区间分组做好了准备(图 7.3.1).

第 2 步 分区间,计算频数 n_k. 为此我们试分成 7 个区间,并把区间端点的信息通过"直方图"工具中接受区域的"引用"输入软件.

回车后,"直方图"输出表(图 7.3.2)中的"频率"列所显示的就是频数 n_k. 然而为使检验更加有效,把小于 5 的频数加以合并,最后得到 5 个 n_k,它们分别是 5, 10, 33, 24, 12,而区间分组数,自然也由原来的 7 个减少到 5 个,即 $r=5$.

第 3 步 计算各分组区间内的理论概率 p_k. 为此先算分布函数之值,然后利用分布函数

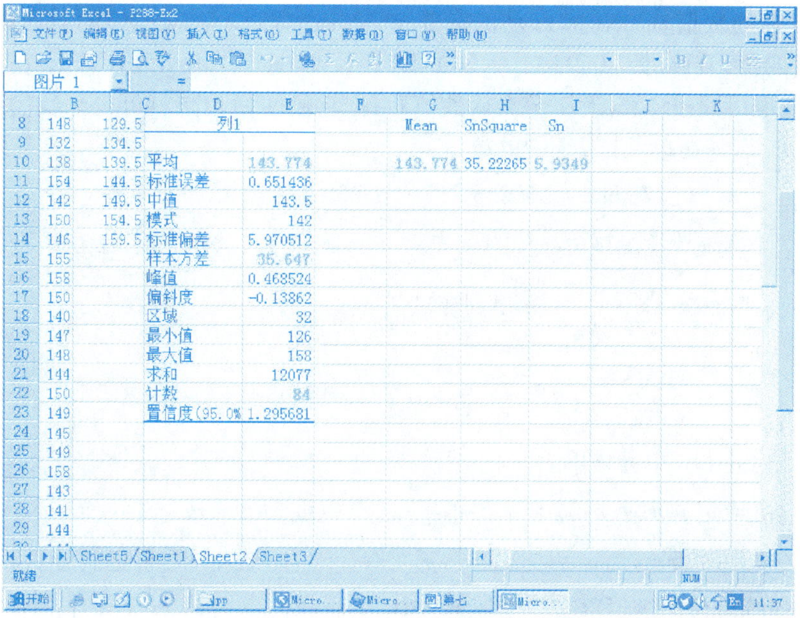

	B	C	D	E	F	G	H	I
8	148	129.5	列1			Mean	SnSquare	Sn
9	132	134.5						
10	138	139.5	平均	143.774		143.774	35.22265	5.9349
11	154	144.5	标准误差	0.651436				
12	142	149.5	中值	143.5				
13	150	154.5	模式	142				
14	146	159.5	标准偏差	5.970512				
15	155		样本方差	35.647				
16	158		峰值	0.468524				
17	150		偏斜度	-0.13862				
18	140		区域	32				
19	147		最小值	126				
20	148		最大值	158				
21	144		求和	12077				
22	150		计数	84				
23	149		置信度(95.0%	1.295681				
24	145							
25	149							
26	158							
27	143							
28	141							
29	144							

图 7.3.1

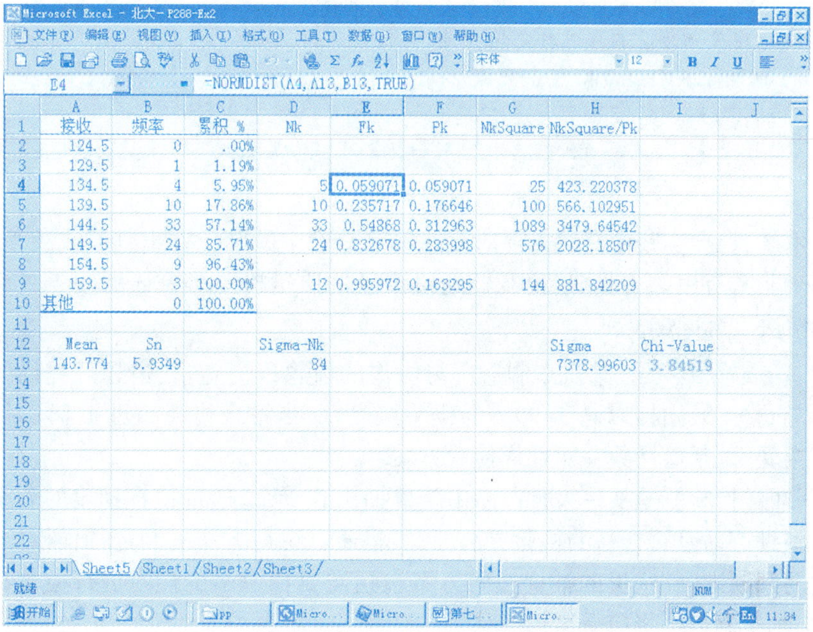

=NORMDIST(A4,A13,B13,TRUE)

	A	B	C	D	E	F	G	H	I
1	接收	频率	累积 %	Nk	Fk	Pk	NkSquare	NkSquare/Pk	
2	124.5	0	.00%						
3	129.5	1	1.19%						
4	134.5	4	5.95%	5	0.059071	0.059071	25	423.220378	
5	139.5	10	17.86%	10	0.235717	0.176646	100	566.102951	
6	144.5	33	57.14%	33	0.54868	0.312963	1089	3479.64542	
7	149.5	24	85.71%	24	0.832678	0.283998	576	2028.18507	
8	154.5	9	96.43%						
9	159.5	3	100.00%	12	0.995972	0.163295	144	881.842209	
10	其他	0	100.00%						
11									
12	Mean	Sn		Sigma-Nk				Sigma	Chi-Value
13	143.774	5.9349		84				7378.99603	3.84519

图 7.3.2

差来计算 p_k，而其中的分布函数值则可以利用统计函数 NORDIST 进行计算. 例如，图 7.3.2 中单元格 $E4$ 中的数值 0.059 071，是正态分布 $N(143.774, 5.9349^2)$ 的分布函数 $F(x)$ 在 $x=134.5$ 处的值，具体讲 0.059 071 = NORDIST($A4$, $A13$, $B13$, TRUE). 在 E 列中的其他分布函数值也可同样计算. 有了分布函数值后，把它们两两相减就可得到我们所需要的区间理论频率 p_k. 例如在单元格 $F5$ 中的数

$$0.176\,646 = 0.235\,717 - 0.059\,071 = E5 - E4.$$

第 4 步　计算统计量测试值 $\hat{\chi}^2$. 为此先算 n_k^2 再除以 p_k，其结果显示在图 7.3.2 的 H 列中，最后利用公式 $\chi^2 = \sum_{k=1}^{r} \frac{n_k^2}{np_k} - n$ 得到测试值

$$\hat{\chi}^2 = \frac{1}{84}\sum_{k=1}^{r} \frac{n_k^2}{p_k} - 84 = \frac{1}{84} \times 7\,378.996\,03 - 84 = 3.845\,19.$$

此值显示在 I 列的 $I13$ 单元格中.

第 5 步　由给定的水平 α，计算临界值 $\chi^2_{1-\alpha}$（自由度为 $r-m-1=5-2-1=2$）. 当 $\alpha=0.1$ 时，$\chi^2_{1-\alpha}=4.605$；当 $\alpha=0.05$ 时，$\chi^2_{1-\alpha}=5.991$. 把 $\hat{\chi}^2$ 值与它们分别相比较，可知 $\hat{\chi}^2 < \chi^2_{1-\alpha}$，即统计量测试值落在接受域 W_0 中，从而我们不否认 H_0，认为总体 X（在水平 α 下）服从正态分布 $N(143.774, 5.9349^2)$.

注：从前面的分析可知 α 代表了第一类犯错的概率，所以 α 的选取在实际操作时一般要考虑两个因素，即若第一类错误后果严重，则 α 应取得小一些；然而为弥补 α 减小后 β 会增加的不足，常又考虑原假设的可信程度：当 H_0 可信度较大时，α 亦可适当减小. 对于本例，若对 H_0 没有什么偏好，犯第一类错误后，其性质并不太严重，则 α 可取得相对大一些.

7.4 应用案例及分析

在工业生产、社会实践中有时需要对某些不完全确定的问题作出判断或决策，此时假设检验就是一个非常有用的工具. 这里我们通过产品的质量检验等方面的例子来说明如何应用假设检验解决实际问题.

例 7.4.1（抽样检验）　某汽车制造厂与协作的齿轮厂商定，当齿轮厂提供的产品批的不合格率不超过 0.3%时，以高于 95%的概率接受，而当不合格率超过 1.5%时，将以低于 10%的概率接受. 试制定计数一次抽样检验方案.

解：所谓抽样检验就是从一大批产品中随机抽出若干个，通过检查抽出的若干个产品的质量来判断整批产品是否合格的检验方法. 我们将通过统计方法来制定抽样检验方案，并给出一个合适的判断准则. 这里的抽样检验方案包括需要抽取多少样本进行检验和不合格不多于几个时，汽车制造厂将接受这批产品.

首先从汽车制造厂出发来讨论抽样检验，从汽车制造厂的角度，当然希望齿轮厂提供的产品批的不合格率越低越好，因此汽车制造厂可以采用如下的单边检验

$$H_0: p = p_0 = 0.3\%, H_1: p > p_0$$

由于汽车制造厂不知道产品的实际合格率,故需要通过抽样检验的结果来决定是否接受产品.另一方面,考虑到产品的不合格率不可能等于零,为了控制齿轮厂的风险,规定了汽车制造厂必须以高于95%的概率接受产品.如果产品的数量N很大,则抽取n件产品的检验就是对于$\alpha = 1 - 95\% = 0.05$,要找最大的整数A_c(称为合格判定数),使得

$$\sum_{k=A_c+1}^{n} C_n^k p_0^k (1-p_0)^{n-k} \leqslant \alpha. \tag{7.4.1}$$

当检验出的不合格品件数d不超过A_c时接受H_0,当检验出的不合格品件数d不低于A_c时拒绝H_0.

细心的读者可能会问:当实际上合格率$p < p_0$时,是否有$\sum_{k=A_c+1}^{n} C_n^k p^k (1-p)^{n-k} \leqslant \alpha$,或者说$\sum_{k=A_c+1}^{n} C_n^k p^k (1-p)^{n-k} \leqslant \sum_{k=A_c+1}^{n} C_n^k p_0^k (1-p_0)^{n-k}$,这个问题我们将在下面的讨论中给出答案.

一般来说计数抽样检验就是从某批单位产品的数量(称为批量)为N的产品中随机抽取n件产品进行检验,并且确定合格判定数A_c,然后根据检验出的不合格品件数d,决定是接受还是拒绝该批产品.在抽样检验方案中,抽样个数n和合格判定数A_c是需要确定的量,这种检验方案称为(n, A_c)方案.假设该批产品的不合格率为p,一般按(n, A_c)方案产品的接受概率(Probability of Acceptance)为

$$L(p) = \sum_{k=0}^{A_c} \frac{C_{pN}^k C_{N-pN}^{n-k}}{C_N^n}. \tag{7.4.2}$$

特别地,当$n \ll N$时,可用二项分布逼近超几何分布,即接受概率$L(p) = \sum_{k=0}^{A_c} C_n^k p^k (1-p)^{n-k}$.

对于给定抽样检验方案(n, A_c),我们由式(7.4.2)得到接受概率$L(p)$与不合格品率p之间的函数关系的曲线,称为操作特征曲线(Operating Characteristic Curve),简称为OC曲线(图7.4.1).可见接受概率$L(p)$是不合格品率p的单调递减函数.一般每一个抽样检验方案都唯一对应一条OC曲线,因此OC曲线刻画了相应的一次抽样检验方案的统计特性.

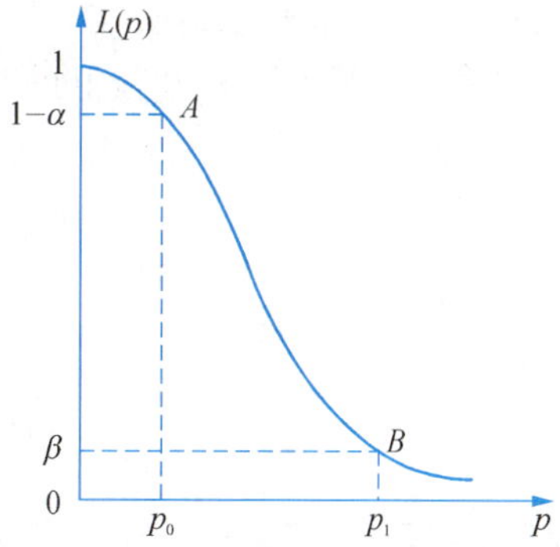

图 7.4.1 计数标准型一次抽样检验方案的 OC 曲线示意图

由于抽样检验是由部分产品(样本)的质量情况推断产品批的质量情况,因此推断错误在所难免.在抽样检验过程中,存在两类错误.第一类错误为:本应判为合格的产品批被判为不合格,这种错误称为第一类错误,出现的概率记为α;另一类错误是将本应判为不合格的产品批错判

为合格，这种错误称为第二类错误，出现的概率记为 β. α 又称为生产方风险(或厂房风险)，因为这种错判会给生产方带来损失；β 又称为使用方风险(或用户风险)，因为这种错判会给使用方带来损失. 在抽样检验中要完全避免这两类错判是不可能的，只能控制这两类错误发生的概率. 通常情况下，生产方和使用方都要承担一定的风险，具体是多少，需要双方协商决定. 例如本例中给定了生产方(齿轮厂)风险 $\alpha=1-95\%=0.05$ 和使用方(汽车制造厂)风险 $\beta=0.10$. 要求成立

$$\begin{cases} L(p)\geqslant 1-\alpha, & p\leqslant p_0, \\ L(p)\leqslant \beta, & p\geqslant p_1. \end{cases} \tag{7.4.3}$$

制定计数标准型一次抽样检验方案时，生产方和使用方需要先商定四个关键值：生产方风险 α，使用方风险 β，双方可以接受的合格质量水平 p_0 以及极限质量水平 p_1. 然后根据式(7.4.3)，以及接受概率函数单调下降的特性，可得

$$\begin{cases} L(p_0)=1-\alpha, \\ L(p_1)=\beta. \end{cases} \tag{7.4.4}$$

解出(n, A_c).

为方便操作，可以使用国家标准 GB/T 13262—91，只需要查表即可得到所要的抽样检验方案.

本例中 $p_0=0.3\%$，$p_1=1.5\%$. 从国家标准 GB/T 13262—91 提供的 $\alpha=0.05$，$\beta=0.10$ 情况下的计数标准型一次抽样方案表格中找出 $p_0=0.3\%$ 对应的行，与 $p_1=1.5\%$ 对应的列，其交点对应的数组为(450, 3)，即所要求的计数标准型一次抽样方案为：$n=450$，$A_c=3$.

注：在生产方与使用方商定 p_0 与 p_1 时，两者差距不能太小，否则会造成样本量 n 太大而增加检验工作量. 譬如在上例中，若 p_0 不变，而规定 $p_1=0.75\%$，则查表可得检验方案变为(2 055, 10)，检验工作量将变为原来的近 5 倍.

例 7.4.2(独立性检验) 通常商业网点的位置选择依赖于人群的出行方式和消费水平，在 2008 年北京奥运会期间的临时商业网点设计过程中，为了研究人们的出行方式和消费水平，我们在某个已经建设好的某运动场通过对 10 600 人次的问卷调查，得到消费水平 ξ 和出行方式 η 的数据如表 7.4.1 所示：

表 7.4.1 消费水平和出行方式的数据表 单位：人次

消费水平 \ 出行方式	1	2	3	4	5	6	总数
公交	600	900	1 528	357	96	61	3 602
出租	374	484	880	234	23	15	2 010
私车	184	230	424	105	6	9	958
地铁	842	1 015	1 836	287	32	18	4 030
总数	2 060	2 629	4 668	983	157	103	10 600

其中消费水平为分 6 档:1)0—100,2)100—200,3)200—300,4)300—400,5)400—500,6)500以上(元).

问人们的出行方式 ξ 与消费水平 η 的是否相互独立.(显著水平 $\alpha=0.05$)?

解:本例是要研究两个随机变量 ξ 和 η 的独立性.在统计中有专门的方法,称为随机变量的独立性的检验方法.这是一种非参数检验.具体地说,为了研究随机变量 ξ 和 η 的独立性,我们将随机变量 ξ 可能处于的状态分成若干个不同的部分,如 $A_1, A_2, \cdots, A_r$,同时也将随机变量 η 可能处于的状态分成若干个不同的部分,如 $B_1, B_2, \cdots, B_s$.现在进行了 n 次观察,得到(ξ, η)处于状态(A_i, B_j)的频数 n_{ij},建立联立表.

η \ ξ	B_1	$\cdots$	B_j	$\cdots$	B_s	总和
A_1	n_{11}	$\cdots$	n_{1j}	$\cdots$	n_{1s}	$n_{1\cdot}$
$\vdots$	$\vdots$		$\vdots$	$\cdots$	$\vdots$	$\vdots$
A_i	n_{i1}	$\cdots$	n_{ij}	$\cdots$	n_{is}	$n_{i\cdot}$
$\vdots$	$\vdots$		$\vdots$		$\vdots$	$\vdots$
A_r	n_{r1}	$\cdots$	n_{rj}	$\cdots$	n_{rs}	$n_{r\cdot}$
总和	$n_{\cdot 1}$	$\cdots$	$n_{\cdot j}$	$\cdots$	$n_{\cdot s}$	n

为了检验假设 H_0:ξ 与 η 独立.我们给出如下的结论:

若 H_0 为真,则当 ξ 的样本观测次数 $n\to+\infty$ 时,有统计量

$$\chi^2=n\left(\sum_{i=1}^{r}\sum_{j=1}^{s}\frac{n_{ij}^2}{n_i n_j}-1\right)\sim\chi^2((r-1)(s-1));$$

若 H_0 不真,则 χ^2 的值会偏大,统计量 χ^2 的分布,相对于 $\chi^2((r-1)(s-1))$ 分布来说,峰值位置会有一个向右的偏移.

也就是说要检验假设 H_0:ξ 与 η 独立,可采用单侧检验法.即对于给定的显著水平 α,自由度$(r-1)(s-1)$,通过查表得到 χ^2 分布的临界值 $\chi^2_{1-\alpha}((r-1)(s-1))$ 使得 $P\{\chi^2>\chi^2_{1-\alpha}((r-1)(s-1))\}=\alpha$,再从样本求出 χ^2 的值,当 $\chi^2>\chi^2_{1-\alpha}((r-1)(s-1))$ 时,拒绝假设 H_0,否则不能拒绝 H_0.

现在利用上述结论来讨论观众的出行方式 ξ 与消费水平 η 的独立性.

建立假设 H_0:ξ 与 η 独立.

计算得到:$\chi^2=n\left(\sum_{i=1}^{r}\sum_{j=1}^{s}\frac{n_{ij}^2}{n_i n_j}-1\right)=175.0$,对于给定的显著水平 $\alpha=0.05$,自由度 $(r-1)(s-1)=25$,查 χ^2 分布表,可得临界值 $\chi^2_{1-\alpha}=(r-1)(s-1)=37.652$,由于 $\chi^2=175.0>37.652$,所以拒绝假设 H_0,即人们的出行方式 ξ 与消费水平 η 是不独立的.

注:本例的数据来自于 2004 年的全国数学建模竞赛 A 题奥运会临时超市网点设计方案.

在下例中，我们要研究变量之间的相关关系. 相关关系在实际生活中非常多见，例如商品的消费量(Y)与居民收入(X)之间的关系，商品的消费量(Y)与物价(X)之间的关系，商品销售额(Y)与广告费支出(X)之间的关系，收入水平(Y)与受教育程度(X)之间的关系，父亲身高(Y)与子女身高(X)之间的关系，粮食亩产量(Y)与施肥量(X_1)、降雨量(X_2)、温度(X_3)之间的关系等. 一种简单、直观的研究方法是作散点图(Scatterplot). 将(X, Y)的 n 对观察值(x_i, y_i) $(i=1, 2, \cdots, n)$ 在直角坐标系内标出，得到 n 个点，称为散点图. 散点图可以帮助我们粗略地了解变量之间是否相关以及相关的程度. 另一种常用的统计量是样本的相关系数，定义为

$$r=\frac{\sum_{i=1}^{n}(x_i-\overline{x})(y_i-\overline{y})}{\sqrt{\sum_{i=1}^{n}(x_i-\overline{x})^2\sum_{i=1}^{n}(y_i-\overline{y})^2}}=\frac{L_{xy}}{\sqrt{L_{xx}\cdot L_{yy}}}. \tag{7.4.5}$$

它反映两个变量之间的线性相关程度. 其中，

$$L_{xy}=\sum_{i=1}^{n}(x_i-\overline{x})(y_i-\overline{y})=\sum x_iy_i-\frac{1}{n}\left(\sum x_i\right)\cdot\left(\sum y_i\right),$$

$$L_{xx}=\sum_{i=1}^{n}(x_i-\overline{x})^2=\sum x_i^2-\frac{1}{n}\left(\sum x_i\right)^2,$$

$$L_{yy}=\sum_{i=1}^{n}(y_i-\overline{y})^2=\sum y_i^2-\frac{1}{n}\left(\sum y_i\right)^2.$$

样本相关系数 r 的定义形式与概率论中的相关系数 ρ 一致. 用施瓦兹不等式可以证明样本相关系数满足：$|r|\leqslant 1$. 事实上，可以证明，样本相关系数 r 是总体相关系数 ρ 的一致(相合)估计量，即当样本量 n 不断增大时，r 以概率趋于 ρ. 图 7.4.2 给出了不同的相关系数值下散点图的示意图.

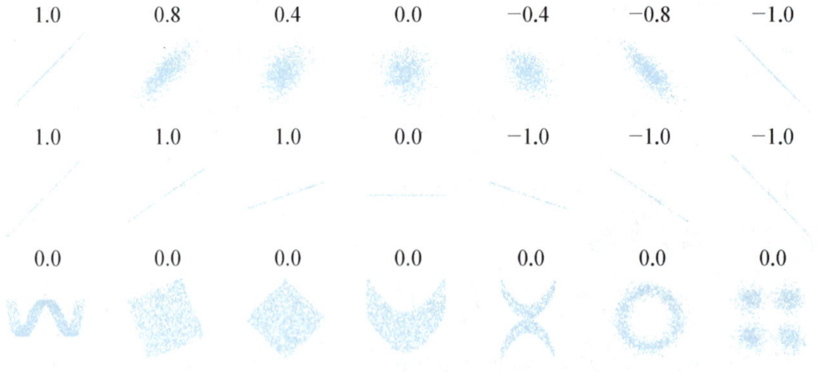

图 7.4.2 不同 r 值下散点图的示意图

当 $r=\pm 1$ 时，n 个点在同一条直线上，此时称两个变量完全线性相关，简称完全相关.

当 $r=0$ 时，n 个点可能毫无规律，也可能有某种**非直线**的趋势规律，此时称两个变量不线性相关，简称不相关. 值得注意的是，$r=0$ 只能表明两个变量之间不存在线性关系，但可以存在其他形式的关系，如图 7.4.2 所示.

当 $r>0$ 时，随着 x 值的增加，y 值也相应有增加的趋势，即 x 值与 y 值呈现同向变化的趋势，此时称两个变量正线性相关，简称正相关. 例如，收入与消费的关系.

当 $r<0$ 时，随着 x 值的增加，y 值呈现下降的趋势，即 x 值与 y 值呈现反向变化的趋势，此时称两个变量负线性相关，简称负相关. 例如，物价与消费的关系.

因此，相关系数 r 的大小可以在一定程度上揭示两个变量间的相关程度.

例 7.4.3 表 7.4.2 给出了 1964—1980 年我国钢材消费量与国民收入的数据.

表 7.4.2 我国钢材消费量与国民收入数据

年份	钢材消费量(万吨)	国民收入(亿元)	年份	钢材消费量(万吨)	国民收入(亿元)
1964	698	1 097	1973	1 765	2 286
1965	872	1 284	1974	1 762	2 311
1966	988	1 502	1975	1 960	2 003
1967	807	1 394	1976	1 902	2 435
1968	738	1 303	1977	2 013	2 625
1969	1 025	1 555	1978	2 446	2 948
1970	1 316	1 917	1979	2 736	3 155
1971	1 539	2 051	1980	2 825	3 372
1972	1 561	2 111			

分析两个变量之间的相关关系.

解：首先利用 Excel 作散点图，选择"插入/图表"，在"标准类型"中选择"XY 散点图"，(图 7.4.3)

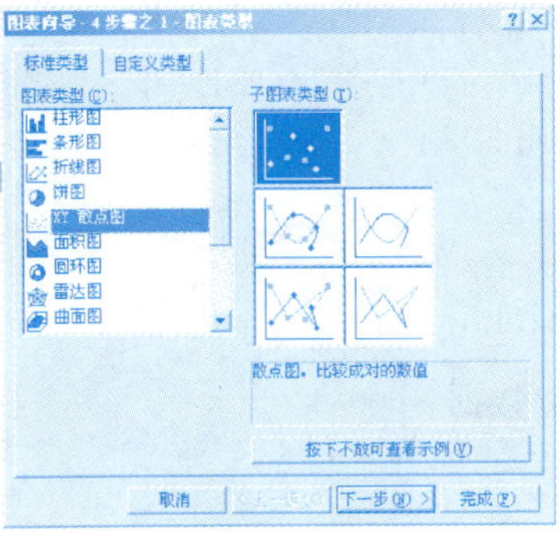

图 7.4.3

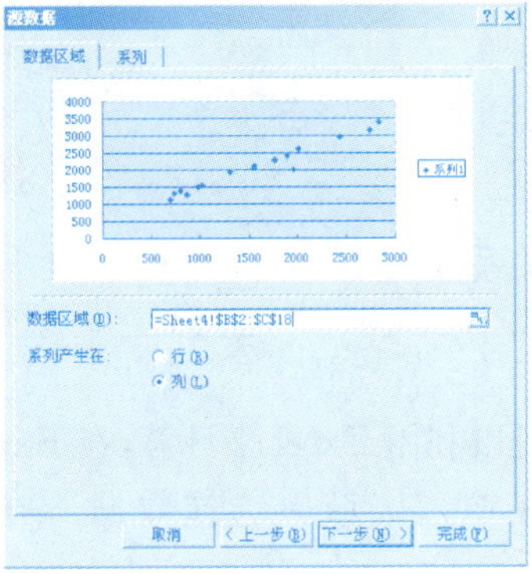

图 7.4.4

按“下一步”按钮，选择数据所在区域，见图 7.4.4。

再按“下一步”按钮，在“图表标题”中填入“钢材消费量与国民收入的散点图”，在“数量轴”中分别填入“钢材消费量”、“国民收入”，如图 7.4.5 所示.

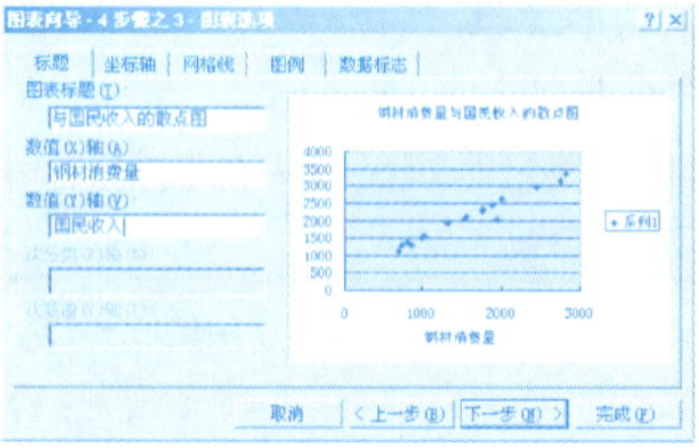

图 7.4.5

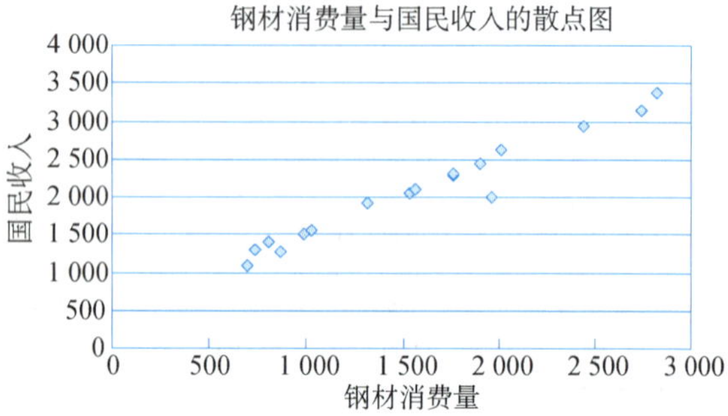

图 7.4.6 钢材消费量与国民收入的散点图

再按“下一步”按钮，以及“完成”按钮，得到图 7.4.6.

从图 7.4.6 可以看出，钢材消费量与国民收入之间确实有关，当钢材消费量增加时，国民收入也呈现出增长的趋势，且大致呈直线增长趋势.

现在来计算我国国民收入 Y 与钢材消费量 X 的相关系数. 如果利用前面的公式(7.4.5)，需要计算

$$
\begin{aligned}
L_{xy} &= \sum_{i=1}^{n}(x_i-\overline{x})(y_i-\overline{y}) = \sum x_i y_i - \frac{1}{n}\left(\sum x_i\right)\cdot\left(\sum y_i\right) \\
&= 63\,341\,244 - 26\,953\times 35\,349/17 = 7\,296\,444,
\end{aligned}
$$

$$
\begin{aligned}
L_{xx} &= \sum_{i=1}^{n}(x_i-\overline{x})^2 = \sum x_i^2 - \frac{1}{n}\left(\sum x_i\right)^2 \\
&= 50\,187\,827 - 26\,953^2/17 = 7\,454\,638,
\end{aligned}
$$

$$
\begin{aligned}
L_{yy} &= \sum_{i=1}^{n}(y_i-\overline{y})^2 = \sum y_i^2 - \frac{1}{n}\left(\sum y_i\right)^2 \\
&= 80\,918\,439 - 35\,349^2/17 = 7\,415\,392.
\end{aligned}
$$

得到相关系数

$$r = 7\,296\,444/\sqrt{7\,454\,638\times 7\,415\,392} = 0.981\,4.$$

也可以利用 Excel 来计算，在 Excel 中选择“工具/数据分析”，在输入区域中选择数据所在的区域，如图 7.4.7 所示.

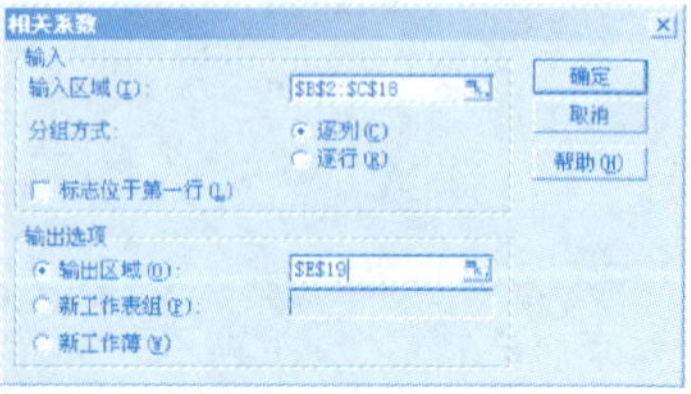

图 7.4.7

“确认”后，得到表格

	列 1	列 2
列 1	1	
列 2	0.981 366	1

得到我国国民收入 Y 与钢材消费量 X 的相关系数为 $r=0.981\,4$.

一般来说样本的相关系数绝对值越接近 1，两个变量之间越线性相关. 为了判断两个变量之间是否具有线性关系，还需要对相关系数进行显著性检验. 当随机向量 (X, Y) 服从二维正态分布时，该检验问题可写为

$$H_0: \rho=0, \ H_1: \rho \neq 0.$$

当原假设 $H_0: \rho=0$ 成立时，一定条件下，可以证得

$$F \stackrel{\Delta}{=} \frac{r^2}{1-r^2}(n-2) \sim F(1, n-2). \tag{7.4.6}$$

从而，在显著性水平 α 下，作出决策：若 $F>F_{1-\alpha}(1, n-2)$，则拒绝 H_0，认为线性关系显著；否则不能拒绝 H_0，即认为线性关系不显著.

假设钢材消费量 X 与国民收入 Y 服从二维正态分布，对于给定 $\alpha=0.05$，容易算出

$$\frac{r^2}{1-r^2}(n-2)=\frac{0.981\,4^2}{1-0.981\,4^2} \times 15=392.011>F_{0.95}(1, 15)=4.543\,1.$$

因此拒绝 H_0，即认为我国国民收入与钢材消费量的显著具有某种线性关系.

本章小结

本章讲述假设检验的原理与方法. 重点介绍了假设检验的基本概念、假设检验中的两类错误、“小概率事件实际不可能”原理、假设检验的一般步骤、正态分布总体参数的假设检验、非正态分布总体参数的大样本检验以及总体分布的假设检验等. 另外，本章的最后结合一个案例介绍了回归分析的基本建模思想和方法. 本章的部分内容如假设检验中的两类错误、“小概率事件实际不可能”原理等涉及一些哲学的思想，初学者可能较难理解. 另外，在实际应用时，读者应注意原假设与对立假设的写法以及对于检验结果的解释.

- 假设检验
  - 基本概念：原假设、对立假设、两类错误(拒真、受伪)、显著性检验、显著性水平、检验功效、p 值
  - 基本原理：“小概率事件实际不可能原理”
  - 检验形式
    - 总体参数的检验
      - 正态总体
        - 单总体
          - 均值的检验
          - 方差的检验
        - 两总体
          - 均值的检验
          - 方差的检验
      - 非正态总体
        - 单总体：大样本检验
        - 两总体：大样本检验
    - 总体分布的检验：χ^2 检验法

思考题

1. 怎样理解假设检验的“小概率事件不可能”原理？
2. 怎样理解假设检验的两类错误？两类错误是否可以同时避免？为同时减小两类错误发生的概率，可行的办法是什么？
3. 为什么说原假设是受保护的假设？在显著性检验中，为什么只有当原假设被拒绝时，才可称检验是显著的？
4. 在显著性检验中，如果显著性水平 $\alpha = 0.01$ 时拒绝了原假设，则当 $\alpha = 0.05$ 时，结论如何？
5. 为什么在书写原假设与对立假设时，需要遵循“等号在原假设”的原则？
6. 双侧检验与单侧检验的检验步骤的相同之处是什么？不同之处是什么？
7. 单个正态总体 $N(\mu, \sigma^2)$下，对于均值 μ 进行检验时，若 $\sigma^2 = \sigma_0^2$ 已知，我们采用检验统计量 $U = \dfrac{\overline{X} - \mu_0}{\sigma_0 / \sqrt{n}}$.

   此时，为什么不选用 $T = \dfrac{\overline{X} - \mu_0}{S_{n-1} / \sqrt{n}}$？

习题七

基本练习题

7-1 已知在正常生产情况下某种汽车零件的质量服从正态分布 $N(54, 0.75^2)$，在某日生产的零件中抽取 10 件，测得质量(g)如下：54.0，55.1，53.8，54.2，52.1，54.2，55.0，55.8，55.1，55.3，如果标准差不变，该日生产的零件质量的均值是否有显著差异(显著水平 $\alpha = 0.05$)？

7-2 设 101 克一盒的巧克力重量服从正态分布 $N(\mu, 4^2)$，为了检验假设 $H_0: \mu = 101$，备选假设 $H_1: \mu > 101$，取容量为 16 的样本，测得样本均值 $\bar{x} = 104$，(1) 问对于给定的显著水平 $\alpha = 0.05$，是接受假设 H_0 还是拒绝假设 H_0？(2) p 值是多少？

7-3 在对方差已知的单个正态总体的均值进行假设检验时，有时可用双样本平均差检验 Z-检验法进行检验，今设显著水平 $\alpha = 0.05$，取一组数据为样本观测值，另一组数据取为要检验的均值 10.5(方差取为 10^{-11})，用 Excel 中“数据分析”的“Z-检验：双样本平均差检验”得到如下结果，请问：(1) 下表中的 $P(Z <= z)$ 单尾，$P(Z <= z)$ 双尾，z 单尾临界，z 双尾临界分别表示什么？(2) 在双侧检验时，我们可以得到什么结论？

Z-检验：双样本均值分析

	变量 1	变量 2		
平均	10.486 666 67	10.5	$P(Z <= z)$ 单尾	0.408 680 708
已知协方差	0.05	1E-11	z 单尾临界	1.644 853
观测值	15	1	$P(Z <= z)$ 双尾	0.817 361 417
假设平均差	0		z 双尾临界	1.959 961 082
z	−0.230 940 107			

7-4 从一批矿砂中，抽取 5 个样品，测得它们的镍含量(单位：%)如下：3.25，3.27，3.24，3.26，3.24，设镍含量服从正态分布，问能否认为这批矿砂中镍含量的平均值为 3.25(显著水平 $\alpha=0.05$)？

7-5 在对两个正态总体的均值差进行假设检验时，有时可用双样本等方差 t-检验法进行检验，今设显著水平 $\alpha=0.05$，同时如下表格是对两组数据用 Excel 中"数据分析"的"t-检验：双样本等方差假设"得到的结果，请问(1) 下表中的 $P(T<=t)$ 单尾，$P(T<=t)$ 双尾，t 单尾临界，t 双尾临界分别表示什么？(2) 在双侧检验时，我们可以得到什么结论？

t-检验：双样本等方差假设

	变量 1	变量 2		
平均	12.075 294 12	12.015	t Stat	2.361 005 449
方差	0.002 326 471	0.000 966 667	$P(T<=t)$ 单尾	0.014 531 55
观测值	17	4	t 单尾临界	1.729 131 327
合并方差	0.002 111 765		$P(T<=t)$ 双尾	0.029 063 1
假设平均差	0		t 双尾临界	2.093 024 705
df	19			

7-6 设 $X_1, \cdots, X_n$ 是取自于正态总体 $N(\mu, \sigma^2)$的随机样本，其中 μ, σ^2 未知. 为了检验假设 $H_0:\sigma^2=\sigma_0^2$，备选假设 $H_0:\sigma^2>\sigma_0^2$，其拒绝域为 $\chi^2=\dfrac{(n-1)s^2}{\sigma_0^2}>c$，其中 s^2 为样本方差，(1) 如果给定显著水平 $\alpha=0.025$，样本容量 $n=13$，确定临界值 c；(2) 问当样本方差 $s^2>\dfrac{c\sigma_0^2}{(n-1)}$ 时，是接受假设 H_0 还是拒绝假设 H_0？

7-7 某工厂生产的铜丝的折断力(N)服从正态分布 $N(2\,820, 40^2)$，某日抽取 10 根铜丝进行折断力试验，测得结果如下：2 830，2 800，2 795，2 785，2 820，2 850，2 830，2 890，2 860，2 875，是否可以认为该日生产的铜丝折断力的方差也是 $40^2(N^2)$ ($\alpha=0.05$)？

7-8 从某锌矿的东、西两支矿脉中，各抽取样本容量分别为 9 与 8 的样本进行测试，得样本含锌平均数及样本方差如下：东支，$\bar{x}=0.230$，$S_x^2=0.133\,7$；西支，$\bar{y}=0.269$，$S_y^2=0.173\,6$.

若东、西两支矿脉的含锌量都服从正态分布，(1) 为检验东、西两支矿脉含锌量的方差是否相同，问需要的零假设和备选假设？(2) 当 $\alpha=0.05$ 时，拒绝域是多少？(3) 对上面的数据，给出你的推断 ($\alpha=0.05$)？

7-9 在对两个正态总体的方差比进行假设检验时，有时可用双样本方差分析 F-检验法进行检验，今设显著水平 $\alpha=0.05$，同时如下表格是对两组数据用 Excel 中"数据分析"的"F-检验：双样本方差分析"得到的结果，请问：(1) 下表中的 $P(F<=f)$ 单尾，F 单尾临界分别表示什么？(2) 在单侧检验时，我们可以说第一组数据的方差比第二组数据的方差大？

F-检验：双样本方差分析

	变量 1	变量 2		
平均	19.95	20	F	0.249 084 249
方差	0.048 571 429	0.195	$P(F<=f)$ 单尾	0.041 629 159
观测值	8	9	F 单尾临界	0.204 108 73
df	7	8		

7-10 研究矽肺患者肺功能的变化情况，某医院对Ⅰ、Ⅱ期矽肺患者各33名测其肺活量，得到Ⅰ期患者的平均数为2 710毫升，标准差为147毫升；Ⅱ期患者的平均数为2 830毫升，标准差为118毫升，假定Ⅰ、Ⅱ期患者的肺活量服从正态分布 $N(\mu_1, \sigma_1^2)$，$N(\mu_2, \sigma_2^2)$，试问在显著性水平 $\alpha = 0.05$ 下，第Ⅰ、Ⅱ期矽肺患者的肺活量有无显著差异？

强化练习题

7-11 有一批子弹，出厂时，其初速 $v \sim N(950, 100)$（单位：m/s），经过较大时间储存，取9发进行测试，得样本值（单位：m/s）如下：

$$914, 920, 910, 934, 953, 945, 912, 924, 940$$

据经验，子弹经储存后其初速仍服从正态分布，其标准差保持不变，问是否可认为这批子弹的初速有显著变化 $(\alpha = 0.05)$？

7-12 设需要对某正态总体的均值进行假设检验

$$H_0: \mu = 15, \qquad H_1: \mu < 15.$$

已知 $\sigma^2 = 2.5$，取 $\alpha = 0.05$，若要求当 H_1 中的 $\mu \leqslant 13$ 时犯第二类错误的概率不超过0.05，求所需的样本容量.

7-13 求一种元件平均使用寿命不得低于1 000 h，生产者从一批这种元件中随机抽取25件，测得其寿命的平均值为950 h，已知该种元件寿命服从标准差为 $\sigma = 100$ h 的正态分布，试在显著水平 $\alpha = 0.05$ 下判断这批元件是否合格.

7-14 热敏电阻测温仪间接测量地热勘探井底温度，重复测量7次. 测得温度(℃)：

$$112.0, 113.4, 111.2, 112.0, 114.5, 112.9, 113.6$$

而用某精确办法测得温度为112.6（可看作温度真值），试问热敏电阻测温仪间接测温有无系统偏差？

7-15 进行5次试验，测得锰的熔化点(℃)如下：

$$1\,269, 1\,271, 1\,256, 1\,265, 1\,254$$

已知锰的熔化点服从正态分布，是否可以认为锰的熔化点显著高于1 250℃ $(\alpha = 0.01)$？

7-16 从切割机切割所得的金属棒中，随机抽取15根，测得长度（单位：cm）：

$$10.5, 10.6, 10.1, 10.4, 10.5, 10.3, 10.3, 10.2,$$
$$10.9, 10.6, 10.8, 10.5, 10.7, 10.2, 10.7$$

设金属棒长度 $\xi \sim N(\mu, \sigma^2)$. 问：

(1) 是否可以认为计算金属棒长度的平均值 $\mu = 10.5 (\alpha = 0.05)$？

(2) 是否可以认为计算金属棒长度的标准差 $\sigma = 0.15 (\alpha = 0.05)$？

7-17 某种导线的电阻（单位：Ω）服从正态分布，按照规定，电阻的标准差不得超过0.005. 今在一批导线中任取9根，测得样本标准差 $S = 0.007$，这批导线的电阻的标准差，比起规定的电阻的标准差来是否显著地偏大 $(\alpha = 0.05)$？

7-18 根据题7-8的数据，在方差相同的条件下，问东、西两支矿脉含锌量的均值是否相同 $(\alpha = 0.05)$？

7-19 为比较不同季节出生的新生女孩体重的方差，从1998年6月及12月的新生女孩中分别抽取10名和6名，测得其体重(g)如下：

6 月:3 060, 3 220, 3 000, 2 920, 3 080, 3 740, 3 220, 3 760, 2 940, 3 060

12 月:2 960, 3 260, 3 960, 2 560, 2 960, 3 520

假定新生儿体重服从正态分布,问冬季的新生女孩体重的方差是否比夏季的小 ($\alpha = 0.05$)?

7-20 为了提高振动板的硬度,热处理车间选择两种淬火温度 T_1 及 T_2 进行试验,测得振动板的硬度数据如下:

T_1:85.6, 85.9, 85.7, 85.8, 85.7, 86.0, 85.5, 85.4

T_2:86.2, 85.7, 86.5, 85.7, 85.8, 86.3, 86.0, 85.8

设两种淬火温度下振动板的硬度都服从正态分布,检验:

(1) 两种淬火温度下振动板硬度的方差是否有显著差异 ($\alpha = 0.05$)?

(2) 淬火温度对振动板的硬度是否有显著影响 ($\alpha = 0.05$)?

7-21 按两种不同的配方生产橡胶,测得橡胶伸长率(单位:%)如下:

配方一:540, 533, 525, 520, 544, 531, 536, 529, 534

配方二:565, 577, 580, 575, 556, 542, 560, 532, 570, 561

如果橡胶的伸长率服从正态分布,两种配方生产的橡胶伸长率的标准差是否有显著差异 ($\alpha = 0.05$)?

7-22 下面给出两种型号的计算器充电以后所能使用的时间(h)的观测值:

型号 A:5.5, 5.6, 6.3, 4.6, 5.3, 5.0, 6.2, 5.8, 5.1, 5.2, 5.9

型号 B:3.8, 4.3, 4.2, 4.0, 4.9, 4.5, 5.2, 4.8, 4.5, 3.9, 3.7, 4.6

设两样本独立且数据所属的两总体的密度函数至多差一个平移量,试问能否认为型号 A 的计算器平均使用时间比型号 B 来得长 ($\alpha = 0.01$)?

7-23 有两台机器生产金属部件,分别在两台机器所生产的部件中各取一容量为 $m = 14$ 和 $n = 12$ 的样本,测得部件重量的样本方差分别为 $S_1^2 = 15.46$ 和 $S_2^2 = 9.66$,设两样本相互独立,试在水平 $\alpha = 0.05$ 下检验假设

$$H_0: \sigma_1^2 = \sigma_2^2 \quad 备选假设为\ H_1: \sigma_1^2 > \sigma_2^2.$$

7-24 有人称某地成年人中大学毕业生比例不低于 30%,为检验之,随机调查该地 15 名成年人,发现有 3 名大学生,取 $\alpha = 0.05$,问该人看法是否成立?

7-25 对某产品的制造工艺的改革效果进行评价,从工艺改革前、后所生产的产品中各抽查 200 件样品,在工艺改革前的样品中发现 20 件次品,在工艺改革后的样品中发现 13 件次品,问能否认为工艺改革后显著降低了产品的次品率(取 $\alpha = 0.05$)?

7-26 袋中装有 8 个球,其中红球数未知,在其中任取 3 只,记录红球的个数 X;然后放回,再任取 3 只,记录红球的个数;然后放回,如此重复进行了 112 次,其结果如下:

X	0	1	2	3
次数	1	31	55	25

试取 $\alpha = 0.05$,检验假设

$$H_0: X\ 服从超几何分布\ P(X = k) = C_5^k C_3^{3-k} / C_8^3,\ k = 0, 1, 2, 3$$

即检验假设 H_0：红球的个数为 5.

7－27 某段公路上，观测每 15 秒内通过的汽车辆数，得到数据如下：

每 15 秒内通过的汽车数 x_i	0	1	2	3	4	5	6	≥7
频数 m_i	24	67	58	35	10	4	2	0

问该段公路上每 15 秒内通过的汽车辆数是否服从泊松分布(取 $\alpha=0.05$)？

7－28 某车床生产滚珠，随机抽取了 50 个产品，测得它们的直径(单位：mm)：

15.0	15.8	15.2	15.1	15.9	14.7	14.8	15.5	15.6
15.3	15.1	15.3	15.0	15.6	15.7	14.8	14.5	14.2
14.9	14.9	15.2	15.0	15.3	15.6	15.1	14.9	14.2
14.6	15.8	15.2	15.9	15.2	15.0	14.9	14.8	14.5
15.1	15.5	15.5	15.1	15.1	15.0	15.3	14.7	14.5
15.5	15.0	14.7	14.6	14.2				

问滚珠直径是否服从正态分布？

7－29 收集生活中某种商品的产量和价格的数据，绘出散点图展示其产量和价格之间的关系.

7－30 在钢丝碳含量 $X(\%)$ 对于电阻 $Y(\mu\Omega)$ 的效应的研究中，得到以下的数据：

x_i	0.10	0.30	0.40	0.55	0.70	0.80	0.95
y_i	15	18	19	21	22.6	23.8	26

(1) 画出散点图；

(2) 求相关系数；

(3) 假设 (X, Y) 服从二维正态分布，在显著性水平 $\alpha=0.05$ 下，讨论这两个变量之间是否呈线性关系.

自测题

选择题

7－31 在一个确定的假设检验中，与判断结果相关的因素有________.　　(　　)

(A) 样本值与样本容量

(B) 显著性水平 α

(C) 检验统计量

(D) A, B, C 同时成立

7－32 某厂生产某种零件，其尺寸服从正态分布 $N(\mu, \sigma^2)$，今从生产的一批零件中抽出 6 个样品，测得尺寸数据(单位：mm)：

52.56，49.66，51.64，50.00，52.87，51.03

为了检验样品的平均尺寸是否达到 52.20(mm)，首先建立原假设 $H_0: \mu=52.20$，备选假设 $H_1: \mu\neq 52.20$，然后选择________作为统计量，经过 Excel 中“描述统计”的计算后得到：

平均	51.293 33
标准误差	0.536 045
中值	51.335
标准偏差	1.313 037
样本方差	1.724 067
区域	3.21
最小值	49.66
最大值	52.87
求和	307.76
计数	6
置信度(95.0%)	1.377 946

在显著水平 $\alpha=0.05$ 下,最后得到________原假设的结论,其中 S_{n-1} 为样本标准差. ( )

(A) $\dfrac{\overline{X}-52.20}{\sigma}\sqrt{n}$;接受　　(B) $\dfrac{\overline{X}-52.20}{S_{n-1}}\sqrt{n}$;接受

(C) $\dfrac{\overline{X}-52.20}{\sigma}\sqrt{n}$;拒绝　　(D) $\dfrac{\overline{X}-52.20}{S_{n-1}}\sqrt{n}$;拒绝

7-33 某商店出售的大米,按规定每袋质量应为 25 kg,设每袋质量服从正态分布,$\sigma=0.1$ kg,为检验大米的质量是否合格,随机抽取 6 袋,其质量为 26.1, 23.6, 25.1, 25.4, 23.7, 24.5,通过 Excel 计算得到如下表格,若假设 $\alpha=0.05$,则下列结论正确的是 ( )

(A) 无法判断大米的质量是否合格　　(B) 大米的质量不合格(即每袋的质量不是 25 kg)

(C) 大米的质量合格(即每袋的质量是 25 kg)　　(D) 大米的质量不服从正态分布

Z-检验:双样本均值分析

	变量 1	变量 2
平均	24.733 333	25
已知协方差	0.1	1E-11
观测值	6	1
假设平均差	0	
z	−2.065 591	
$P(Z<=z)$ 单尾	0.019 433 6	
z 单尾临界	1.644 853 6	
$P(Z<=z)$ 双尾	0.038 867 1	
z 双尾临界	1.959 964	

计算题

7-34 机器自动包装某食品，设每袋食品的净重服从正态分布，规定每袋食品的标准质量为 500 g. 某天开工后，为了检查机器是否正常工作，从包装好的食品中随机抽取 9 袋检查，测得净重为

497, 507, 510, 475, 488, 524, 491, 515, 512

在下列两种情况下检验包装机是否工作正常(显著性水平为 $\alpha=0.05$).

(1) 若 σ^2 未知，该选用什么统计量，什么分布?

(2) 若 $\sigma^2=16$，通过 Excel 计算得到以下表格，判断包装机是否工作正常.

Z-检验：双样本均值分析

	变量 1	变量 2
平均	502.111 111 1	500
已知协方差	16	1E-11
观测值	9	1
假设平均差	0	
z	1.583 333 333	
$P(Z<=z)$ 单尾	0.056 672 755	
z 单尾临界	1.644 853 627	
$P(Z<=z)$ 双尾	0.113 345 509	
z 双尾临界	1.959 963 985	

7-35 切割机切割所得的金属棒中随机抽取 15 根，测得长度(单位：cm)为

10.5, 10.6, 10.1, 10.4, 10.5, 10.3, 10.3, 10.2, 10.9, 10.6,
10.8, 10.5, 10.7, 10.2, 10.7

设金属棒长度 $\xi\sim N(\mu,\sigma^2)$，这里 μ, σ^2 未知. 问是否可以认为金属棒的平均长度为 $\mu=10.5$ ($\alpha=0.05$)?

7-36 在产妇骨密度(单位：g/cm^3)的研究中，孕妇孕期介入补充钙制剂者作为试验组，孕期采用传统膳食者作为对照组. 其测定结果如下表所示.

分组编号	分组	样本容量	样本均值	样本标准差
1	传统膳食者	12	0.896	0.054
2	补充钙制剂者	11	1.054	0.043

若假设两组孕妇的骨密度都服从正态分布，试说明传统膳食和孕期补钙的产妇：(1) 骨密度总体的方差是否有明显差异? (2) 平均骨密度有无明显差异?

8 应用回归分析

本章所讨论的是数理统计中应用十分广泛的一个分支，涉及内容主要是数学模型的建立. 与一般的建模方法不同，这里比较强调“简明扼要”，具体讲回归建模往往有以下特点：(1) 注意宏观趋势，不过多纠缠于微观细节；(2) 抓住模型中的主要线性部分；(3) 努力减少变量个数. 回归时的线性模型并不局限于 $Y=\beta_0+\beta_1 X$ 这样的形式，像 $Y=\beta_0+\beta_1 X+\beta_2 X^2$ 这种关于 X，Y 的非线性关系也可以通过引进新变量把它化为 $Y=\beta_0+\beta_1 X_1+\beta_2 X_2$ 这样的线性形式，其中重要的理由是统计中涉及的主要是回归系数(β_0，β_1，β_2). 所以尽管上面例子中的 X_1 与 X_2 有平方关系，但模型本身相对于系数(β_0，β_1，β_2)而言仍是线性的，以后我们把这一类统统归为线性模型.

回归时涉及随机变量，所以针对随机变量的概率特性在讨论时就显得非常重要. 这说明回归分析中遇到的问题以及使用的方法，与“高等数学”中简单地利用求导配直线的方法有着很多实质性的差别. 例如，一般不能简单地用数学恒等变形原理由回归方程 $Y=\beta_0+\beta_1 X$ 推导出 $X=-\dfrac{\beta_0}{\beta_1}+\dfrac{1}{\beta_1}Y$ (例 8.1.2). 对于这一点初学者必须要有充分的认识.

使用回归分析方法讨论实际问题时，常按以下步骤进行：

(1) 在适当(预假设)的条件下，给出(初步的)回归模型：

$$Y=\beta_0+\beta_1 X+\varepsilon,$$

其中 X 为确定性变量，ε 为随机变量，它服从正态分布 $N(0,\sigma^2)$.

(2) 收集试验数据 (x_i, y_i)，$i=1, 2, \cdots, n$. 利用它计算模型中三个待估参数(β_0，β_1，σ^2).

(3) 对回归模型进行 F 假设检验，对回归变量进行 t 假设检验.

(4) 利用“残差分析”，检测试验数据中可能存在的离群数据(Outlier)，验证第一步中的预假设条件.

(5) 对回归结果进行调整与总结，求出回归方程并进行解释.

正如本章标题所示，我们关心的是如何应用回归分析. 所以在下面讨论时重点介绍其关键思想与方法，不过多拘泥于严格的数学推理，其计算过程尽量用软件实现，有时还会用到统计学家所推荐的“姆指法则”.

8.1 一元线性回归

正如上一章最后一节所述，相关系数在一定程度上可以反映两个变量间的线性相关程度，但它们之间的具体联系形式仅由相关系数是无法给出的. 利用线性回归我们可以仔细讨论两个变量间的线性关系，有时尽管它们之间存在的是非线性关系，但也可在很大程度上用线性关系来刻画其中的主要部分，如图 8.1.1 所示.（注：所谓主要部分，可以用后面的“可决系数”(Coefficient of Determination)来具体给出）

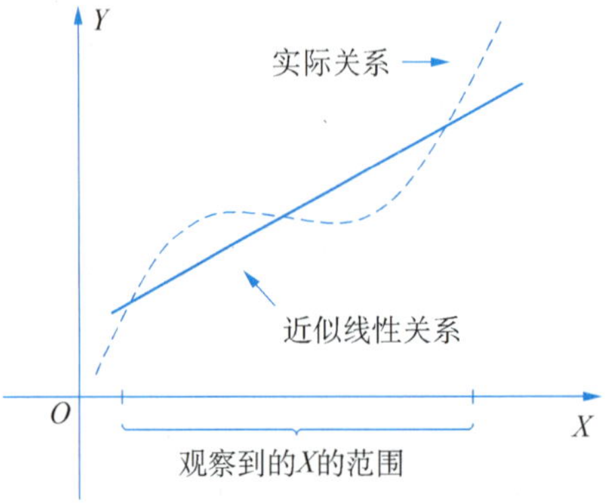

图 8.1.1　非线性关系的线性近似

8.1.1 一元线性回归模型及待定参数的估计

两个变量间的一元线性回归模型可简单描述为

$$Y=\beta_0+\beta_1 X+\varepsilon, \tag{8.1.1}$$

式中 X 为非随机的确定性变量，其值是可以精确测量或严格控制的. 通常称 X 为自变量或解释变量，称 Y 为响应变量或被解释变量. (β_0, β_1)为未知的待估参数. ε 为随机误差项，它是一个特殊的随机变量，反映了未列入线性方程的其他因素对 Y 的影响，即不能由 X 与 Y 之间线性关系所解释的因素（包括随机误差）.

由于(β_0, β_1)未知，需要根据观测到的数据 (x_i, y_i)，$i=1, 2, \cdots, n$ 对其进行估计，这样一元线性回归模型可更仔细地写为

$$y_i=\beta_0+\beta_1 x_i+\varepsilon_i, \quad i=1, 2, \cdots, n. \tag{8.1.2}$$

为以后讨论方便，常对随机变量 $\varepsilon_i(i=1, 2, \cdots, n)$ 提出下面三个预假设成立的条件：

(1) 正态性——ε_i 都服从正态分布 $N(0, \sigma^2)$；

(2) 独立性——ε_i 间相互独立；

(3) 方差齐性——ε_i 服从的分布中，方差 σ^2 与 i 无关.

应该指出的是：

(1) 理论分析时，要求上面三个条件得到满足，这样后面各节中所推导的公式与分析方法才能保证成立. 所以在讨论实际问题时，需要对它们进行验证，而验证过程常可通过残差分析加以实现.

(2) 在式(8.1.2)中 x_i 是确定性变量，y_i 是服从正态分布 $N(\beta_0+\beta_1 x_i, \sigma^2)$ 的随机变量. 由此可知 x_i 与 y_i 的地位是不对等的，不能随意地将 y_i 视为回归自变量，将 x_i 视为回归响应变量.

(3) 由于 ε_i 分布中的 σ^2 往往也是未知的，这样待估参数就由原来回归系数 (β_0, β_1) 增加到 $(\beta_0, \beta_1, \sigma^2)$.

在估计参数时，采用第 6 章中指出的方法，先用极大似然法进行点估计，然后再进行区间估计.

注意到 $y_i \sim N(\beta_0+\beta_1 x_i, \sigma^2)$ 其对应的密度函数为

$$p(y)=\frac{1}{\sqrt{2\pi}\sigma}\exp\left[-\frac{1}{2\sigma^2}(y-(\beta_0+\beta_1 x_i))^2\right].$$

利用 y_i 间的独立性后，由式(6.1.10)可构造似然函数

$$L(\beta_0, \beta_1, \sigma^2)=\frac{1}{(2\pi\sigma^2)^{n/2}}\exp\left[-\frac{1}{2\sigma^2}\sum_{i=1}^{n}(y_i-\beta_0-\beta_1 x_i)^2\right].$$

根据极大似然法，待估参数可通过极大化函数 L 求得. 为方便计算，先考虑 (β_0, β_1)，此时可视 σ^2 为定值，这样 L 的极大化与指数函数中的和式 $\sum$ 的极小化就等价了，为此引进新目标函数

$$Q(\beta_0, \beta_1)=\sum_{i=1}^{n}(y_i-\beta_0-\beta_1 x_i)^2. \tag{8.1.3}$$

显然 (β_0, β_1) 的极大似然估计，就是使 Q 取得最小值的 $(\hat{\beta}_0, \hat{\beta}_1)$. 平时人们常把极小化式(8.1.3)得到的估计称为最小二乘估计(Least Square Estimation, LSE).

LSE 的求取可以利用高等数学中求偏导等于 0 的方法实现，于是通过求解联立方程 $\frac{\partial Q}{\partial \beta_0}=0$, $\frac{\partial Q}{\partial \beta_1}=0$，可得到点估计公式

$$\begin{cases}\hat{\beta}_1=\dfrac{\sum\limits_{i=1}^{n}(x_i-\overline{x})(y_i-\overline{y})}{\sum\limits_{i=1}^{n}(x_i-\overline{X})^2}\overset{\Delta}{=}\dfrac{L_{xy}}{L_{xx}},\\ \hat{\beta}_0=\dfrac{1}{n}\sum\limits_{i=1}^{n}y_i-\hat{\beta}_1\cdot\left(\dfrac{1}{n}\sum\limits_{i=1}^{n}x_i\right)=\overline{y}-\hat{\beta}_1\overline{x},\end{cases} \tag{8.1.4}$$

其中 $\overline{x}=\frac{1}{n}\sum_{i=1}^{n}x_i$，$\overline{y}=\frac{1}{n}\sum_{i=1}^{n}y_i$ 分别为$\{x_i\}$，$\{y_i\}$ 的算术平均.

对于 $\hat{\sigma}$，类似地用极大似然法可得到估计

$$\hat{\sigma}^2=\frac{1}{n}\sum_{i=1}^{n}(y_i-\hat{\beta}_0-\hat{\beta}_1x_i)^2\triangleq\frac{1}{n}SSE, \tag{8.1.5}$$

其中的 $SSE=\sum_{i=1}^{n}(y_i-\hat{\beta}_0-\hat{\beta}_1x_i)^2$ 是残差平方和(Sum of Squares due to Error)的简写，它在后面的方差分析与自变量选择时有着重要的应用. 可以证明在预假设条件下由 SSE 构成的随机变量 $\frac{1}{\sigma^2}SSE\sim\chi^2(n-2)$(参阅参考文献[1]第 402 页). 注意到 $E\chi^2(n-2)=n-2$，故为了得到 σ^2 的无偏估计，往往把式(8.1.5)加以修正，即令

$$\hat{\sigma}^2=\frac{1}{n-2}SSE=\frac{1}{n-2}\sum_{i=1}^{n}(y_i-\hat{\beta}_0-\hat{\beta}_1x_i)^2, \tag{8.1.6}$$

并用此来作为 σ^2 的点估计.

可以证明由式(8.1.4)给出的 $\hat{\beta}_0$，$\hat{\beta}_1$ 是 β_0，β_1 的无偏估计. 而为了更仔细地考虑参数的"区间估计"，还需要下面的关于 $\hat{\beta}_0$，$\hat{\beta}_1$ 的分布定理(参阅参考文献[1]第 398 页)：

由式(8.1.4)给出的统计量 $\hat{\beta}_0$，$\hat{\beta}_1$ 都服从正态分布，其中分布中的两个参数分别为

$$\begin{aligned}&E\hat{\beta}_0=\beta_0,\ D\hat{\beta}_0=\sigma^2\left[\frac{1}{n}+\frac{(\overline{x})^2}{\sum_{i=1}^{n}(x_i-\overline{x})^2}\right],\\&E\hat{\beta}_1=\beta_1,\ D\hat{\beta}_1=\frac{\sigma^2}{\sum_{i=1}^{n}(x_i-\overline{x})^2}.\end{aligned} \tag{8.1.7}$$

进一步可以构造服从 $t(n-2)$ 分布的统计量

$$t_{\beta_0}=\frac{\hat{\beta}_0-\beta_0}{S_{\hat{\beta}_0}},\qquad t_{\beta_1}=\frac{\hat{\beta}_1-\beta_1}{S_{\hat{\beta}_1}}, \tag{8.1.8}$$

其中的 $S_{\hat{\beta}_0}=\sqrt{D\hat{\beta}_0}\Big|_{\sigma=\hat{\sigma}}$，$S_{\hat{\beta}_1}=\sqrt{D\hat{\beta}_1}\Big|_{\sigma=\hat{\sigma}}$，而涉及的 $\hat{\sigma}$ 则可以用式(8.1.5)计算. 从而仿照第 6 章的区间估计，对给定的置信水平 $1-\alpha$，系数 β_0 的置信区间为

$$[\hat{\beta}_0-S_{\hat{\beta}_0}\times t_{1-\frac{\alpha}{2}}(n-2),\ \hat{\beta}_0+S_{\hat{\beta}_0}\times t_{1-\frac{\alpha}{2}}(n-2)], \tag{8.1.9}$$

系数 β_1 的置信区间为

$$[\hat{\beta}_1-S_{\hat{\beta}_1}\times t_{1-\frac{\alpha}{2}}(n-2),\ \hat{\beta}_1+S_{\hat{\beta}_1}\times t_{1-\frac{\alpha}{2}}(n-2)]. \tag{8.1.10}$$

例 8.1.1("恩格尔系数"的估算) 所谓的食品支出的"恩格尔函数"是由德国统计学家恩格尔提出的反映食品支出与收入水平之间关系的函数关系式. 在最简单的恩格尔函数中，

假设商品价格不变，而食品支出 Y 与收入水平 X 间可用线性关系表示，即 $Y=\beta_0+\beta_1 X$. 然而由于时间与随机因素的存在，进一步把关系式表示为 $Y_t=\beta_0+\beta_1 X_t+\varepsilon_t$. 其中 X_t、Y_t 分别为人均月收入与月支出的第 t 次观察值；而 ε_t 则为相应的观察误差及其他因素合并而成的随机变量，对不同的 t，它们相互独立且服从相同的正态分布 $N(0,\sigma^2)$. 下面设法用抽样数据，对未知的三个参数 β_0、β_1、σ^2 进行估计，并进一步进行检验，最后用估计关系式进行预测. 已知的 15 个抽样数据分别为

编号 t	1	2	3	4	5	6	7	8	9	10	11	12	13	14	15
人均月收入 X	1 020	960	970	1 020	910	1 580	540	830	1 230	1 060	1 290	1 380	810	920	640
人均月支出 Y	270	260	250	280	270	360	190	260	310	310	340	380	270	280	200

解: 利用题中数据及式(8.1.4)、式(8.1.6)，不难用计算器算出

$$\hat{\beta}_0=99.87,\ \hat{\beta}_1=0.180\,2,\ \hat{\sigma}^2=334.37(\hat{\sigma}=\sqrt{334.37}=18.286)$$
$$SSE=4\,346.82,$$

于是回归方程为

$$\hat{Y}_t=\hat{\beta}_0+\hat{\beta}_1 X_t=99.87+0.180\,2X_t.$$

根据该式，可算出食品月支出在月收入中所占比例（“恩格尔系数”）

$$\frac{\hat{Y}_t}{X_t}=\frac{99.87}{X_t}+0.180\,2.$$

这意味着恩格尔系数会随着 X_t 的增大而减小.

进一步利用公式(8.1.9)以及(8.1.10)可得到 β_0，β_1 的区间估计. 对于我们的例子

$$S_{\hat{\beta}_1}=\hat{\sigma}\Big/\sqrt{\sum_{i=1}^{n}(x_i-\overline{x})^2}=18.286/\sqrt{1\,043\,693}=0.017\,9.$$

取 $\alpha=0.05$，代入 $n=15$，查 t 分布表可得 β_1 的置信区间为

$$\begin{aligned}\beta_1\ 置信区间&=[0.180\,2-0.017\,9\times 2.160\,4,\ 0.180\,2+0.017\,9\times 2.160\,4]\\&=[0.141\,5,\ 0.218\,9].\end{aligned}$$

类似地可得 β_0 的置信区间

$$\beta_0\ 置信区间=[59.481\,7,\ 140.261\,5].$$

以上计算过程都可由 Excel 中的“回归”工具实现，其中已知的样本数据可以通过“引用”填入对话框的 Y 与 X 输入区域，软件的计算(输出)结果如图 8.1.2 中所示的 SUMMARY OUTPUT 部分. 其中的“*Coefficients*”列中有我们需要的 $\hat{\beta}_0$ 与 $\hat{\beta}_1$，在“回归统计”中的“标准误差”中可以发现我们的 $\hat{\sigma}$，而系数 β_0，β_1 的区间估计则可在“下限 95.0%”与“上限 95.0%”两列中分别找到，这两列中的第一行为 β_0 的区间估计，第二行为 β_1 的区间估计.

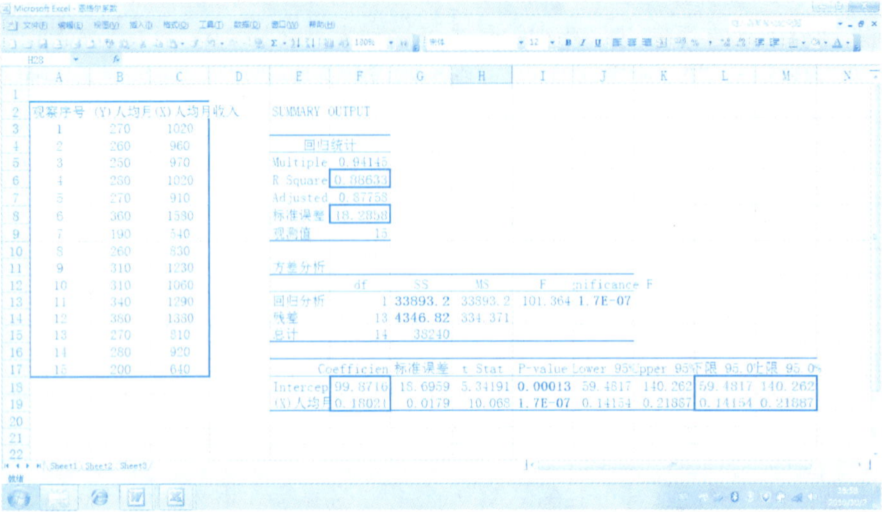

图 8.1.2 “恩格尔系数”例子的 Excel“回归”输入与输出

8.1.2 模型整体的 F 检验与可决系数 R^2

由上节可知线性回归中的未知参数(β_0, β_1)可由观察数据(x_i, y_i)算出，进而拟合出回归模型 $\hat{y}=\hat{\beta}_0+\hat{\beta}_1 x$. 然而如果注意到观察数据中会含有随机因素，所以即使对同一对象由于随机因素的存在，所得到的不同批次的观察数据也可能有所变化. 这样就产生了一个疑问：由不同批次观察数据是否会推导出迥然不同的回归方程？甚至是否可能把原来无线性关系的变量误导为线性关系？要解决这种问题，就需要对回归方程进行整体的显著性检验，即检验 Y 或 $E(Y)$与 X 间的线性关系是否显著.

容易看出，对于一元线性回归方程，$E(Y)$与 X 间的线性关系体现于系数β_1. 若 $\beta_1=0$，则不管 X 如何变化，$E(Y)$ 不会随 X 的变化而变化，此时求得的一元线性回归方程就没有意义，称回归方程不显著. 反之，若 $\beta_1 \neq 0$，则当 X 变化时，$E(Y)$ 就会随 X 的变化而作线性变化，此时求得的一元线性回归方程就有意义，称回归方程显著. 因此对于一元线性回归模型，检验回归方程的显著性等价于检验假设：

$$H_0:\beta_1=0, \ H_1:\beta_1 \neq 0. \tag{8.1.11}$$

联系到 7.1 节中原假设 H_0 的选择三原则，其中的“等号原则”此时仍得到保证，但是其他两个原则却没有得到保证. 所以在回归分析的显著性检验时，要特别注意检验结论的正确提法（详见下面解释）.

为构造能用于检验的 F 统计量，需要所谓的“方差分析法”(Analysis of Variance)，简记为 ANOVA.

首先注意到观察数据 (x_i, y_i), $i=1, 2, \cdots, n$ 中响应变量的 y_i 取值往往是不同的，其波动在统计中常称之为离差(Deviation).离差来源于两个方面:一是由于自变量 x_i 的取值不同造成的;二是来源于除 x 以外的其他因素(例如 x 对 y 的非线性影响,测量误差等).对一个具体观察值来说,离差的大小可以通过该实际观察值与其均值之差 $y_i-\overline{y}$ 来体现.

在回归分析中经常要用到方差分析中的重要公式:

$$SST = SSR + SSE,$$

其中

$$SST = \sum_{i=1}^{n}(y_i-\overline{y})^2,\text{ 总偏差平方和(Total Sum of Squares)},$$

$$SSR = \sum_{i=1}^{n}(\hat{y}_i-\overline{y})^2,\text{ 回归平方和(Sum of Squares Due to Regression)},$$

$$SSE = \sum_{i=1}^{n}(y_i-\hat{y})^2,\text{ 残差平方和(Sum of Squares Due to Error)}.$$

注意到 SST 中的 $(y_i-\overline{y})=(y_i-\hat{y}_i)+(\hat{y}_i-\overline{y})$,故

$$\begin{aligned} SST &= \sum_{i=1}^{n}(y_i-\overline{y})^2 = \sum_{i=1}^{n}[(y_i-\hat{y}_i)+(\hat{y}_i-\overline{y})]^2 \\ &= \sum_{i=1}^{n}(y_i-\hat{y}_i)^2+\sum_{i=1}^{n}(\hat{y}_i-\overline{y})^2+2\sum_{i=1}^{n}(y_i-\hat{y}_i)(\hat{y}_i-\overline{y}). \end{aligned}$$

然而在模型的假设条件下,上述右边第三项为 0,故

$$SST = \sum_{i=1}^{n}(y_i-\hat{y})^2+\sum_{i=1}^{n}(\hat{y}_i-y)^2 = SSE+SSR.$$

从 SSR 的表达式易看出,它反映了 $\hat{y}_i$ 的离差.而 $\hat{y}_i=\hat{\beta}_0+\hat{\beta}_1x_i$,故它表示自变量 X 变化时,由线性回归方程所带来的 Y 的取值变化.而 SSE 则反映了 y_i 总波动中不能用线性关系解释的其他因素对 Y 取值的影响,SSE 的大小在一定程度上反映了回归方程拟合效果的好坏.特别当观察数据全部落在一条直线上时,$SSE=0$.

不难发现,对于一组观察数据 (x_i, y_i),$i=1, 2, \cdots, n$,通过比较 SSR 与 SSE 的大小就可以刻画回归方程拟合的好坏,并由此进一步判断回归模型是否显著.为此需要下面的定理:① $\dfrac{SSE}{\sigma^2}\sim\chi^2(n-2)$;② 若式(8.1.11)中原假设 H_0 成立,则 $\dfrac{SSR}{\sigma^2}\sim\chi^2(1)$;③$SSR$ 与 SSE、$\overline{Y}$ 相互独立(参阅参考文献[1]第 402 页).所以可构造统计量:

$$F=\frac{SSR/1}{SSE/(n-2)}=\frac{\sum_{i=1}^{n}(\hat{y}_i-\overline{y})^2/1}{\sum_{i=1}^{n}(y_i-\hat{y})^2/(n-2)}\overset{(H_0\text{成立})}{\sim}F(1, n-2). \qquad (8.1.12)$$

并由此得到判别法:

对于给定的显著性水平 α，当 $F > F_{1-\alpha}(1, n-2)$ 时，拒绝 H_0，即认为 $\beta_1 \neq 0$ 或线性回归方程显著；当 $F < F_{1-\alpha}(1, n-2)$ 时，不能拒绝 H_0（注意不是武断地接受 H_0），即无充分证据表明线性回归方程显著，此时存在两种可能：其一是 β_1 确实等于 0 或绝对值很小，这说明可能选错了自变量以致不存在线性关系；其二是 β_1 实际上不等于 0，但我们的证据不够充分，或许是样本太少，以致随机误差干扰太大，掩盖了自变量的作用. 到底是哪种情况，要作具体分析. 但无论如何，此时总说明用原数据导出的回归方程不理想，不适宜直接用于实际.

对于恩格尔系数例 8.1.1 而言，不难算出 $SSR = 33\,893.18$，$SSE = 4\,346.82$，进而由式(8.2.2)得到 F 检验统计量的值 $F = 101.364\,1$. 假设显著性水平 $\alpha = 0.05$，其对应的临界值 $F_{0.95}(1, 13) = 4.667\,2$，将 $F = 101.364\,1$ 与 $F_{0.95}(1, 13) = 4.667\,2$ 相比较，显然 $F > F_{0.95}(1, 13)$，因此拒绝 H_0，认为回归方程显著. 上述数据亦可从 Excel 软件输出表中直接读出，其中方差分析表中 F 列下面的 101.364 1 就是由式(8.2.2)计算出的 F 统计量的值. 表中没有 $F_{0.95}(1, 13)$ 值，取代它的是“*Significance F*（F 显著性）”判别，它的作用与“P 值”相似. 在本例中，它的值为 1.663 14$E-07$，远远小于 $\alpha=0.05$，这说明 F 统计量落在拒绝域内，故判断变量 X 与 Y 之间（在置信水平 α 下）有显著的统计线性相关关系.

在 Excel 输出表中还有一些数据可以用于自变量系数的 t 检验. 然而对一元线性回归，F 检验与 t 检验是等价的（请注意在 *P-value* 下有一个数据 1.66$E-07$，它与 *Significance F* 值相等），所以对于一元回归，t 检验价值不大.

在 Excel 输出表中，有个非常重要的数据，它在解释回归方程的作用时是至关重要的，这就是所谓的“可决系数”(Coefficient of Determination)，记为 R^2 或 *R Square*，可以从输出表的回归统计栏里的“*R Square*”行找到. 对于例 8.1.1，“*R Square*”$=0.886\,328$，它实际上被定义为 SSR 与 SST 的比，即“*R Square*”$=SSR/SST$. 由定义可知它反映了“总偏差平方和” SST 中能由线性回归方程所解释的 SSR 所占的比例，其取值范围在$[0, 1]$，所以统计学家常用它来说明回归方程的作用. 对本例而言，我们说：所导出的线性模型可以解释食品月支出 Y 的总变动中约 89%. 与高等数学中常用微分（线性主部）来近似差分（非线性）的思想类似，在回归中亦常用线性关系（回归方程）来近似非线性关系. 只不过前者常要求自变量在很小的局部范围内变化，而后者则可利用 R^2 来控制整体的近似程度.

“可决系数”与前面学过的“相关系数”类似，但后者常用于一元回归，而“可决系数”不仅有上面提到的重要解释意义，而且还可用于多元回归. 故统计学家多用“可决系数”而少用“相关系数”对回归方程进行注释. Excel 表中的“*Multiple R*”实际上就是一元回归时“相关系数”的绝对值，至于输出表中的另一个“*Adjusted R Square*”值，常用在多元线性回归时比较不同模型的优劣，将在后面一节中对它进行详细的讨论.

8.1.3 回归模型的应用与注意事项

对于观测数据 (x_i, y_i)，$i = 1, 2, \cdots, n$ 进行回归计算，并验证了预假设条件后就可利用该模型进行讨论与分析. 作为应用，常可通过模型研究各个自变量的作用，并进一步讨论优化目标函数或响应变量的办法. 许多试验设计软件都有这方面的功能,其界面亦设计得很漂亮. 这里我们仅仅考察预测问题. 为此首先把指定的自变量值 x_f 代入回归方程,得到估计值 $\hat{y}_f=\hat{\beta}_0+\hat{\beta}_1x_f$,它是与 x_f 对应的真值 y_f 的点估计. 为进一步给出更仔细的区间估计,我们注意到 $y_f=\beta_0+\beta_1x_f+\varepsilon_f$, 而两者之差

$$e_f\overset{\Delta}{=}y_f-\hat{y}_f=(\beta_0+\beta_1x_f+\varepsilon_f)-(\hat{\beta}_0+\hat{\beta}_1x_f)=(\beta_0-\hat{\beta}_0)+(\beta_1-\hat{\beta}_1)x_f+\varepsilon_f.$$

容易证明 e_f 服从正态分布,其参数 $Ee_f=0$, $De_f=\sigma^2\left[1+\frac{1}{n}+\frac{(x_f-\overline{x})^2}{\sum_{i=1}^{n}(x_i-\overline{x})^2}\right]$. 由于式中 σ^2 往往不知,故常用式(8.1.6)中的 $\hat{\sigma}^2=\frac{1}{n-2}SSE$ 来近似,此时 De_f 近似为

$$S_{e_f}^2=\hat{\sigma}^2\left[1+\frac{1}{n}+\frac{(x_f-\overline{x})^2}{\sum_{i=1}^{n}(x_i-\overline{x})^2}\right]. \tag{8.1.13}$$

进一步可以证明统计量 $t=\frac{y_f-\hat{y}_f}{S_{e_f}}\sim t(n-2)$,所以 y_f 的置信水平为 $(1-\alpha)$ 的置信区间为

$$\left[\hat{y}_f-S_{e_f}\times t_{1-\frac{\alpha}{2}}(n-2),\ \hat{y}_f+S_{e_f}\times t_{1-\frac{\alpha}{2}}(n-2)\right]. \tag{8.1.14}$$

当 x_f 变化时,上述区间给出了一个以回归直线 $\hat{y}_f=\hat{\beta}_0+\hat{\beta}_1x_f$ 为中心,中间窄,左右两边宽的平面区域.

当 n 充分大时,由于 $S_{e_f}\approx\hat{\sigma}$, $t_{1-\frac{\alpha}{2}}(n-2)\approx U_{1-\frac{\alpha}{2}}$,故置信区间式(8.1.14)简化为

$$\left[\hat{y}_f-\hat{\sigma}\times U_{1-\frac{\alpha}{2}},\ \hat{y}_f+\hat{\sigma}\times U_{1-\frac{\alpha}{2}}\right]. \tag{8.1.15}$$

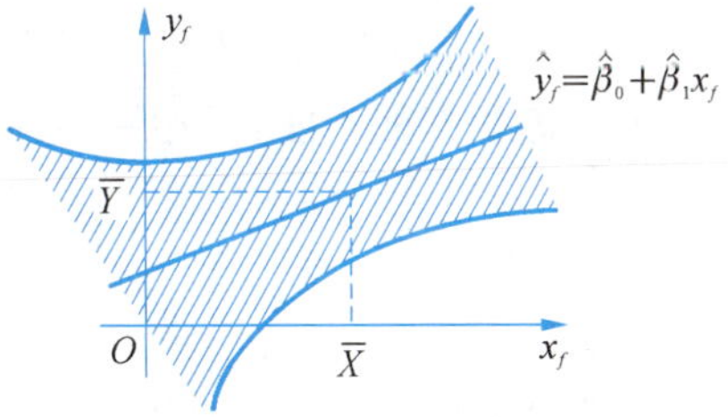

图 8.1.3 x_f 变化时, y_f 的置信区域

它是一个以 $\hat{y}_f=\hat{\beta}_0+\hat{\beta}_1x_f$ 为中心的带状区域. 对于恩格尔系数例子,如假定 $x_f=2\,000$,代入回归方程可得点估计

$$\hat{y}_f=99.87+0.180\,2x_f=460.27(\text{元}).$$

为求 $\alpha=0.05$ 时的置信区间,注意到

$$\begin{aligned}S_{e_f}&=\hat{\sigma}\left[1+\frac{1}{n}+\frac{(x_f-\overline{x})^2}{\sum_{i=1}^{n}(x_i-\overline{x})^2}\right]^{\frac{1}{2}}\\&=18.286\left(1+\frac{1}{15}+\frac{(2\,000-1\,010.67)^2}{1\,043\,693}\right)^{\frac{1}{2}}\\&=25.89(\text{元}).\end{aligned}$$

而临界值 $t_{1-\frac{\alpha}{2}}(n-2)=t_{0.975}(13)=2.160\,4$,代入公式(8.1.14)得在水平 95% 时 y_f 的预测

区间为[404.34, 516.19].

回归模型在应用时要充分意识到一点,即它只能用在解释变量间是如何关联的,而不能误用作因果关系的一种证据,下面的例子是初学者很容易引起误解的反例.

例 8.1.2 对于"恩格尔系数"例 8.1.1,试用人均月支出 Y 作为回归自变量,人均月收入 X 作为回归响应变量,重新推导回归方程.

解: 在 Excel 的"回归"工具中,重新填入自变量以及响应变量数据的信息,可得到输出表.从中可发现新回归方程

$$\hat{X}_t = -376.33 + 4.9184 Y_t.$$

把它与例 8.1.1 中解出的原回归方程

$$\hat{Y}_t = 99.87 + 0.1802 X_t.$$

相比较可以看出它们是不同的两个方程.实际上,由原回归方程经过移项可得到方程

$$X_t = -554.22 + 5.5494 \hat{Y}_t.$$

该方程的两个系数与新回归方程显然不同.

以上指出的不匹配结果,对于习惯了确定性思维的初学者来讲,似乎不可理解.但实际上如果注意到:(1) 在回归时要事先假定回归自变量是确定性的,响应变量是随机的;(2) 由系数计算公式(8.1.4)也可看出 X 与 Y 的位置不能轻易地对换;(3) 回归方程只在一定程度上反映了 X 与 Y 的线性关联性,并不代表全部,则容易理解为何不能轻易地由方程恒等变形推导新的回归方程.另外若有人企图由新回归方程推出结论:由于我吃得多(指 Y 增加)所以我挣得多(指 X 亦相应增加),那真是天大的笑话了!所以统计学家在介绍回归分析时,总是强调回归方程一般不能解释因果关系.

8.2 多元线性回归

上一节介绍了只有一个自变量的回归分析.然而,在实际问题中,对响应变量有影响的因素往往是多方面的,相应的线性模型也变成了多变量的形式

$$Y = \beta_0 + \beta_1 X_1 + \beta_2 X_2 + \cdots + \beta_p X_p + \varepsilon, \tag{8.2.1}$$

有时模型虽然为非线性的,例如

$$Y = \beta_0 + \beta_1 X + \beta_2 X^2 + \varepsilon,$$

但此时可以通过令 $X_1 = X$, $X_2 = X^2$,把上述方程改写为

$$Y = \beta_0 + \beta_1 X_1 + \beta_2 X_2 + \varepsilon.$$

它与式(8.2.1)具有一样的表达形式.在本章中我们把这一类问题统统归入为多元线性回归的模型.

与一元线性回归的不同,这里自变量的个数增加了,所以其导出的计算公式以及假设检

验当然比以前要繁琐一些，但好在可以利用计算机软件实现，故不存在太大的问题. 另一个是自变量个数多了以后会产生自变量如何筛选的新问题，这一点在学习时要引起注意.

8.2.1 多元线性回归模型及待定参数的估计

在线性模型式(8.2.1)中$(\beta_0, \beta_1, \cdots, \beta_p)$是未知的回归系数，$X_1, X_2, \cdots, X_p$ 是 p 个确定性的自变量(也称解释变量)；Y 为响应变量，它是随机的，其随机性的来源在于 ε 项. 与一元回归相同，为讨论模型，需要观察数据

$$(y_i;\ x_{i1}, x_{i2}, \cdots, x_{ip}),\ i=1, 2, \cdots, n.$$

把它们代入式(8.2.1)就得到以下的关系式

$$\begin{cases} y_1 = \beta_0 + \beta_1 x_{11} + \beta_2 x_{12} + \cdots + \beta_p x_{1p} + \varepsilon_1, \\ y_2 = \beta_0 + \beta_1 x_{21} + \beta_2 x_{22} + \cdots + \beta_p x_{2p} + \varepsilon_2, \\ \cdots \\ y_n = \beta_0 + \beta_1 x_{n1} + \beta_2 x_{n2} + \cdots + \beta_p x_{np} + \varepsilon_n, \end{cases} \tag{8.2.2}$$

写成矩阵形式

$$Y = X\beta + \varepsilon, \tag{8.2.3}$$

其中

$$Y = \begin{pmatrix} y_1 \\ y_2 \\ \vdots \\ y_n \end{pmatrix}_{n\times 1},\ X = \begin{pmatrix} 1 & x_{11} & x_{12} & \cdots & x_{1p} \\ 1 & x_{21} & x_{22} & \cdots & x_{2p} \\ \vdots & \vdots & \vdots & \ddots & \vdots \\ 1 & x_{n1} & x_{n2} & \cdots & x_{np} \end{pmatrix}_{n\times(p+1)},\ \beta = \begin{pmatrix} \beta_0 \\ \beta_1 \\ \vdots \\ \beta_p \end{pmatrix}_{(p+1)\times 1},\ \varepsilon = \begin{pmatrix} \varepsilon_1 \\ \varepsilon_2 \\ \vdots \\ \varepsilon_n \end{pmatrix}_{n\times 1}.$$

对于随机向量 ε，与一元回归时相似，假设其 n 个分量都满足正态性、独立性、方差齐性，其均值皆为 0.

为了设法利用式(8.2.2)求解出包含 ε_i 中方差 σ^2 在内的 $p+2$ 个待定参数$(\beta_0, \beta_1, \cdots, \beta_p, \sigma^2)$，与一元回归相似，利用的 y_i 正态性，建立似然函数，然后设法通过极大似然法解出待定参数. 经过简单的分析，可知$(\beta_0, \beta_1, \cdots, \beta_p)$的点估计值，实际上是使目标函数

$$Q(\beta_0, \beta_1, \cdots, \beta_p) = \sum_{i=1}^{n} (y_i - \beta_0 - \beta_1 x_{i1} - \cdots - \beta_p x_{ip})^2$$

达到最小值的 β(常称之为最小二乘估计 *LSE*). 在 X 矩阵的列向量线性无关时(此条件如何满足，下面会专门讨论). 令 $L = X'X$，则 L 是满秩的$(p+1)$ 阶方阵，它的逆矩阵存在. 而我们所需要的 β 的最小二乘估计则可用下式表示：

$$\hat{\beta} = (X'X)^{-1}X'Y = L^{-1}X'Y, \tag{8.2.4}$$

相应地，方差 σ^2 的无偏估计则为

$$\hat{\sigma}^2 = \frac{(Y - X\hat{\beta})'(Y - X\hat{\beta})}{n-p-1} \triangleq \frac{SSE}{n-p-1}. \tag{8.2.5}$$

请注意此式与一元回归时的式(8.1.6)相似，只是其中的 $p=1$. 容易联想到这里的 SSE 在后面的假设检验中也会有重要的作用.

例 8.2.1 试根据表中资料，以每个居民的月收入(百元)和 A 商品的价格(十元)为自变量，拟合 A 商品的需求函数.

表 8.2.1 某城市有关 A 商品的统计数据

年 份	1	2	3	4	5	6	7	8	9	10
销售量(Y)(百件)	10	10	15	13	14	20	18	24	19	23
人均收入(X_1)(百元)	5	7	8	9	9	10	10	12	13	15
单价(X_2)(十元)	2	3	2	5	4	3	4	3	5	4

解：假定 A 商品的销售量取决于社会对该商品的需求，即销售量可代表需求量. 建立模型

$$Y = \beta_0 + \beta_1 X_1 + \beta_2 X_2 + \varepsilon,$$

代入表中数据，令

$$Y = \begin{pmatrix} 10 \\ 10 \\ \vdots \\ 23 \end{pmatrix}, \quad X = \begin{pmatrix} 1 & 5 & 2 \\ 1 & 7 & 3 \\ \vdots & \vdots & \vdots \\ 1 & 15 & 4 \end{pmatrix},$$

其中矩阵 X 的第二列取自表 8.2.1 中人均收入，X 的第三列取自单价. 则显然有

$$L \triangleq X'X = \begin{pmatrix} 10 & 98 & 35 \\ 98 & 1\,038 & 359 \\ 35 & 359 & 133 \end{pmatrix}, \qquad X'Y = \begin{pmatrix} 166 \\ 1\,743 \\ 592 \end{pmatrix},$$

进而有

$$L^{-1} = \begin{pmatrix} 1.641\,6 & -0.083\,9 & -0.205\,4 \\ -0.083\,9 & 0.018\,8 & -0.028\,6 \\ -0.205\,4 & -0.028\,6 & 0.138\,9 \end{pmatrix}.$$

将上式代入式(8.2.4)可得回归系数的估计值：

$$\hat{\beta} = \begin{pmatrix} \hat{\beta}_0 \\ \hat{\beta}_1 \\ \hat{\beta}_2 \end{pmatrix} = L^{-1}X'Y = \begin{pmatrix} 4.587\,51 \\ 1.868\,47 \\ -1.799\,57 \end{pmatrix},$$

进一步可得样本回归方程：

$$\hat{Y}_t = \hat{\beta}_0 + \hat{\beta}_1 X_{1t} + \hat{\beta}_2 X_{2t} = 4.587\,5 + 1.868\,5X_{1t} - 1.799\,6X_{2t}.$$

同样由式(8.2.5)可得随机误差 ε 的方差 σ^2 的估计值

$$\hat{\sigma}^2 = \frac{SSE}{n-p-1} = \frac{27.079\,28}{7} = 3.868\,47,$$

从而

$$\hat{\sigma} = \sqrt{3.868\,47} = 1.966\,8.$$

以上的计算结果很容易从 Excel 软件输出表中读出. 实际上在 Excel 的"工具"栏中选择"数据分析",然后把样本数据输入到"回归"分析工具中的输入对话框,再按"确定"键可得回归输出表,如图 8.2.1 所示.

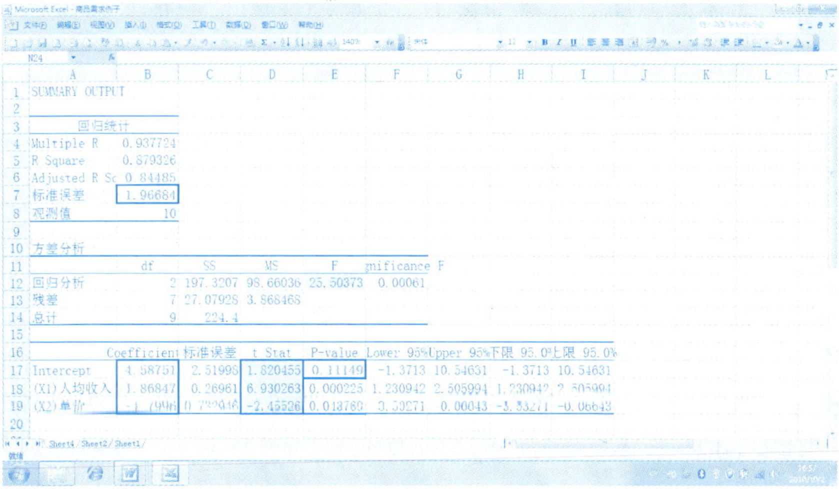

	A	B	C	D	E	F	G	H	I
1	SUMMARY OUTPUT								
2									
3	回归统计								
4	Multiple R	0.937724							
5	R Square	0.879326							
6	Adjusted R Sc	0.84485							
7	标准误差	1.96684							
8	观测值	10							
9									
10	方差分析								
11		df	SS	MS	F	gnificance F			
12	回归分析	2	197.3207	98.66036	25.50373	0.00061			
13	残差	7	27.07928	3.868468					
14	总计	9	224.4						
15									
16		Coefficient	标准误差	t Stat	P-value	Lower 95%	Upper 95%	下限 95.0%	上限 95.0%
17	Intercept	4.58751	2.51998	1.820455	0.11149	-1.3713	10.54631	-1.3713	10.54631
18	(X1)人均收入	1.86847	0.26961	6.930263	0.000225	1.230942	2.505994	1.230942	2.505994
19	(X2)单价	[illegible]	[illegible]	-2.45526	0.013760	[illegible]	0.00043	-3.53271	-0.06643
20									

图 8.2.1 "商品需求"例子 Excel 输出表

从输出表中很容易发现我们需要的点估计($\hat{\beta}_0$, $\hat{\beta}_1$, $\hat{\beta}_2$, $\hat{\sigma}^2$). 另外由表中还可发现方差分析中 F 检验与 t 检验的有关信息,这些就是下一节要介绍的内容.

8.2.2 模型方程及参数的假设检验

多元回归中的假设检验分两步,第一步是回归模型整体的 F 检验,第二步是每个回归系数的 t 检验. 两个检验各有用处.

1. 回归方程的 F 检验

注意到若 Y 与 X_1, X_2, $\cdots$, X_p 之间存在线性关系(其拟合程度当然可好可差),则回归系数 β_1, β_2, $\cdots$, β_p 中至少有一个不为 0(注意其中不包含 β_0),因此考虑如下假设检验问题

$$\begin{aligned} &H_0: \beta_1 = \beta_2 = \cdots = \beta_p = 0, \\ &H_1: \beta_1, \beta_2, \cdots, \beta_p \text{ 不全为 } 0, \end{aligned} \tag{8.2.6}$$

与一元回归时式(8.1.12)相似,在我们预假设成立的前提下可证明统计量

$$F \triangleq \frac{SSR/p}{SSE/(n-p-1)} \sim F(p,\ n-p-1), \tag{8.2.7}$$

其中 SSR 为回归平方和, SSE 为残差平方和,它们的定义与一元回归时基本相似,即

$$SSR = \sum_{i=1}^{n}(\hat{y}_i - \overline{y})^2, \qquad SSE = \sum_{i=1}^{n}(y_i - \hat{y})^2$$

$$\overline{y} = \frac{1}{n}\sum_{i=1}^{n} y_i, \qquad \hat{y}_i = \hat{\beta}_0 + \hat{\beta}_1 x_{i1} + \hat{\beta}_2 x_{i2} + \cdots + \hat{\beta}_p x_{ip}.\ (i = 1,\ 2,\ \cdots,\ n).$$

因此,对给定的显著性水平 $\alpha > 0$,若 $F > F_{1-\alpha}(p,\ n-p-1)$,即当统计量落入拒绝域时,拒绝 H_0,认为回归方程显著或回归方程可被采用;若 $F < F_{1-\alpha}(p,\ n-p-1)$ 时,即当统计量落入接受域时,我们不拒绝 H_0,此时有可能 H_0 确实成立,亦可能 H_0 本身不成立,但由于样本信息量不够(例如样本容量大小),导致随机误差掩盖了所选自变量的作用. 但不管如何,总说明由目前试验数据搜索推导出的回归方程不够理想,一般就不采用了.

对于上面提到的例 8.2.1,若令 $\alpha = 0.05$,则由 Excel 回归输出表(图 8.2.1)可发现

$$SSR = 197.3207,\ SSE = 27.07928,\ F = 25.50373,$$

同时由"$Significance\ F$" $= 0.00061 < 0.05 = \alpha$,可得结论:回归方程显著性成立.

2. 回归系数的 t 检验

从上面的分析可知,若回归方程显著,则说明 $\beta_1,\ \beta_2,\ \cdots,\ \beta_p$ 中至少有一个不为 0,这只是统计假设检验的第一步. 作为回归分析还企图找到相对比较简单的回归方程,比如自变量的个数是否能逐步减少. 因此还需要对每一个自变量的系数 β_j 进行检验,以确定其对应的自变量 x_j 对响应变量 Y 的线性作用是否显著. 为此对每一个 $j=0,\ 1,\ 2,\ \cdots,\ p$,分别考虑以下的检验假设

$$H_{0j}: \beta_j = 0,\ H_{1j}: \beta_j \neq 0, \tag{8.2.8}$$

并引进统计量

$$t_{\hat{\beta}_j} = \frac{\hat{\beta}_j}{S_{\hat{\beta}_j}}, \tag{8.2.9}$$

其中 $\hat{\beta}_j$ 是回归系数的估计值,可由式(8.2.4)计算;而 $S_{\hat{\beta}_j}$ 是 $\hat{\beta}_j$ 的标准差的估计值,它可按下式计算:

$$S_{\hat{\beta}_j} = \sqrt{\frac{SSE}{n-p-1} \times \psi_{jj}},$$

其中 ψ_{jj} 则是矩阵 $L^{-1} \triangleq (X'X)^{-1}$ 中的第 j 个对角元素,可以证明

$$t_{\hat{\beta}_j} \sim t(n-p-1).$$

故对给定的显著性水平 α,若 $|t_{\hat{\beta}_j}| > t_{1-\frac{\alpha}{2}}(n-p-1)$,则统计量落入拒绝域,认为自变量 X_j

对响应变量 Y 的线性影响是显著的；若 $|t_{\hat{\beta}_j}|<t_{1-\frac{\alpha}{2}}(n-p-1)$，说明统计量落入接受域，此时无法断言自变量 X_j 对响应变量 Y 是否有显著的线性影响. 其原因要具体分析，有时可考虑删除该变量或增加信息量，有时可考虑其中是否存在所谓的“多重共线性现象”(Multicollinearity)——请看后面一节中的详细讨论.

对于例 8.2.1 而言，由于 $\psi_{00}=1.6416$，$\psi_{11}=0.0188$，$\psi_{22}=0.1389$. $SSE=27.07928$，$n=10$，$p=2$ 代入式(8.2.8)可得

$$t_{\hat{\beta}_0}=4.5875\Big/\sqrt{\frac{27.07928}{7}\times 1.6416}=1.820455,$$

$$t_{\hat{\beta}_1}=1.86847\Big/\sqrt{\frac{27.07928}{7}\times 0.0188}=6.930263,$$

$$t_{\hat{\beta}_2}=-1.7996\Big/\sqrt{\frac{27.07928}{7}\times 0.1389}=-2.45526,$$

与 $t_{1-\frac{\alpha}{2}}(7)=t_{0.975}(7)=2.3646$ 相比较可知 $t_{\hat{\beta}_1}$ 与 $t_{\hat{\beta}_2}$ 落在拒绝域，而 $t_{\hat{\beta}_0}$ 落入接受域. 这说明人均收入(X_1)与商品单价(X_2)对商品销售量的线性影响是显著的. 以上结果亦可从 Excel 输出表(图 8.2.1)中看出，其中统计量 t 的三个结果可从“t Stat”一列中找到. 尽管表中没有 $t_{0.975}(7)$的值，但对应的“P-$value$”分别是 0.11149、0.000225、0.043769，与 $\alpha=0.05$ 比较 p 值后可知 $t_{\hat{\beta}_0}$ 落入接受域，而 $t_{\hat{\beta}_1}$，$t_{\hat{\beta}_2}$ 则落入拒绝域. 如果对于 $t_{\hat{\beta}_0}$ 对应的 p 值 0.11149 不过于计较，则可以认可回归得到的结束；但如果认为 0.11149 与 $\alpha=0.05$ 相差甚远，则还必须顾及 $\hat{\beta}_0$，即回归模型常数项系数可能存在的问题. 为解决此问题，不少人建议可以在模型中删除此常数项后，再次拟合样本回归方程(参阅参考文献[11]第 215 页). 为考察此方法的有效性，不妨利用 Excel 软件做个试验. 要达到回归模型中不出现常数项的目的，可在“回归”工具的输入界面对话框中选择“常数为零(<u>Z</u>)”选项，这时输出结果如图 8.2.2 所示.

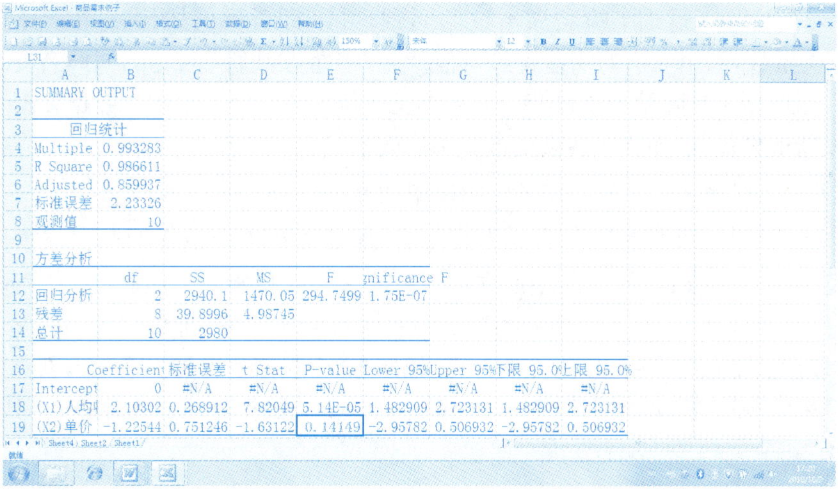

	A	B	C	D	E	F	G	H	I
1	SUMMARY OUTPUT								
2									
3	回归统计								
4	Multiple	0.993283							
5	R Square	0.986611							
6	Adjusted	0.859937							
7	标准误差	2.23326							
8	观测值	10							
9									
10	方差分析								
11		df	SS	MS	F	gnificance F			
12	回归分析	2	2940.1	1470.05	294.7499	1.75E-07			
13	残差	8	39.8996	4.98745					
14	总计	10	2980						
15									
16		Coefficient	标准误差	t Stat	P-value	Lower 95%	Upper 95%	下限 95.0%	上限 95.0%
17	Intercept	0	#N/A	#N/A	#N/A	#N/A	#N/A	#N/A	#N/A
18	(X1)人均	2.10302	0.268912	7.82049	5.14E-05	1.482909	2.723131	1.482909	2.723131
19	(X2)单价	-1.22544	0.751246	-1.63122	0.14149	-2.95782	0.506932	-2.95782	0.506932

图 8.2.2 常数项为 0 时的回归输出表

然而使我们吃惊的是表中单价(X_2)对应的“P - $value$”变成了我们不愿看到的 0.141 49，它远比 $\alpha = 0.05$ 要大.

以上例子说明回归方程总体 F 检验通过后，对于回归系数的 t 检验中所出现的“落入接受域”(或不通过检验)的现象要仔细地进行分析，不能轻易地试图用“删除此回归变量”的办法来解决问题.

8.2.3 多重共线性问题与修正可决系数

上一节中提到了多元线性回归时常会碰到“F 检验通过而部分 t 检验通不过”的现象. 造成此现象的原因是多方面的，不能简单地归结为对应的第 j 个自变量不起作用. 实际上统计量 $t_{\hat{\beta}_j}$ 落入接受域时，有可能确实 H_0 为真，即 $\beta_j = 0$；也可能 H_0 不真，即 $\beta_j \neq 0$，但证据不足(注：造成此结果的原因是假设检验中 H_0 的“尊重原假设”要求，在回归分析中常常无法得到保证). 除了以上原因外还有一个原因就是所谓的“多重共线性”(Multicollinearity) 问题，简单讲“多重共线性”指的是回归自变量之间存在着高相关性. 例如，原来的模型是：$\hat{y} = b_0 + b_1 x$，然后有时把 x 拆成了两个新变量，即令 $x = x_1 + 2x_2$，其中 $x_1 = \dfrac{x}{2}$，$x_2 = \dfrac{x}{4}$. 此时如果硬把 x_1 与 x_2 作为两个新的回归自变量，并构造回归模型 $\hat{y} = b_0 + b_{11}x_1 + b_{12}x_2$. 在对此新模型进行检验时就很有可能产生 F 检验通过，而两个 t 检验都通不过的尴尬结果(即 $t_{\hat{b}_{11}}$ 与 $t_{\hat{b}_{12}}$ 都落入接受域). 其原因则是由变量 x_1 与 x_2 的高相关性而产生的. 事实上，如果 $b_{11} = 0$ 成立，则 x_1 的作用可由 x_2 替代，如果 $b_{12} = 0$，则 x_2 的作用亦可由 x_1 替代，此时 F 检验仍能通过. 但是如果同时有 $b_{11} = 0$，$b_{12} = 0$，则常常会使 F 检验不能通过了. 统计学家为避免这一类使人头痛问题的发生，往往在回归前先进行相关性分析. 对于相关系数绝对值大于 0.7 的变量进行筛选，仅留下最有用的，然后再进行回归(参考文献[20]). 另外去除高相关性的自变量亦可使回归系数计算公式(8.2.4) 中的逆矩阵存在，这也从另一个角度保证了回归过程能顺利地进行下去.

总之，对 F 检验通过而 t 检验通不过的问题，可以针对不同原因采用三种改进方法：(1) 计算相关系数，利用 0.7 的阈值剔除可能产生“多重共线性”问题的回归自变量；(2) 针对 $\beta_j = 0$，在原模型中剔除第 j 个自变量 x_j 后重新回归；(3) 考虑到样本数据证据不足，有时可采取补充新观察值，增加样本容量的方法加以改进.

例 8.2.2 对例 8.2.1 商品需求回归模型的改进.

解：由上一节可知对例 8.2.1，如以人均收入(X_1)与单价(X_2)作回归自变量进行回归，其回归模型 $\hat{Y} = \hat{\beta}_0 + \beta_1 X_1 + \beta_2 X_2$ 中的常数项系数 $\hat{\beta}_0$ 在 t 检验时不能通过. 注意到为解决此问题，如果采取令 $\beta_0 = 0$(即上面提到的第二个解决方法)时，也不能解决此问题. 今设法用第三种办法，即设法增加样本容量. 为方便计算，把原 10 个观察值增加到 20 个，新添的 10 个观察数据与原来的 10 个完全相同，此时样本容量 $n = 20$，数据经 Excel 计算，得到输出如图 8.2.3 所示.

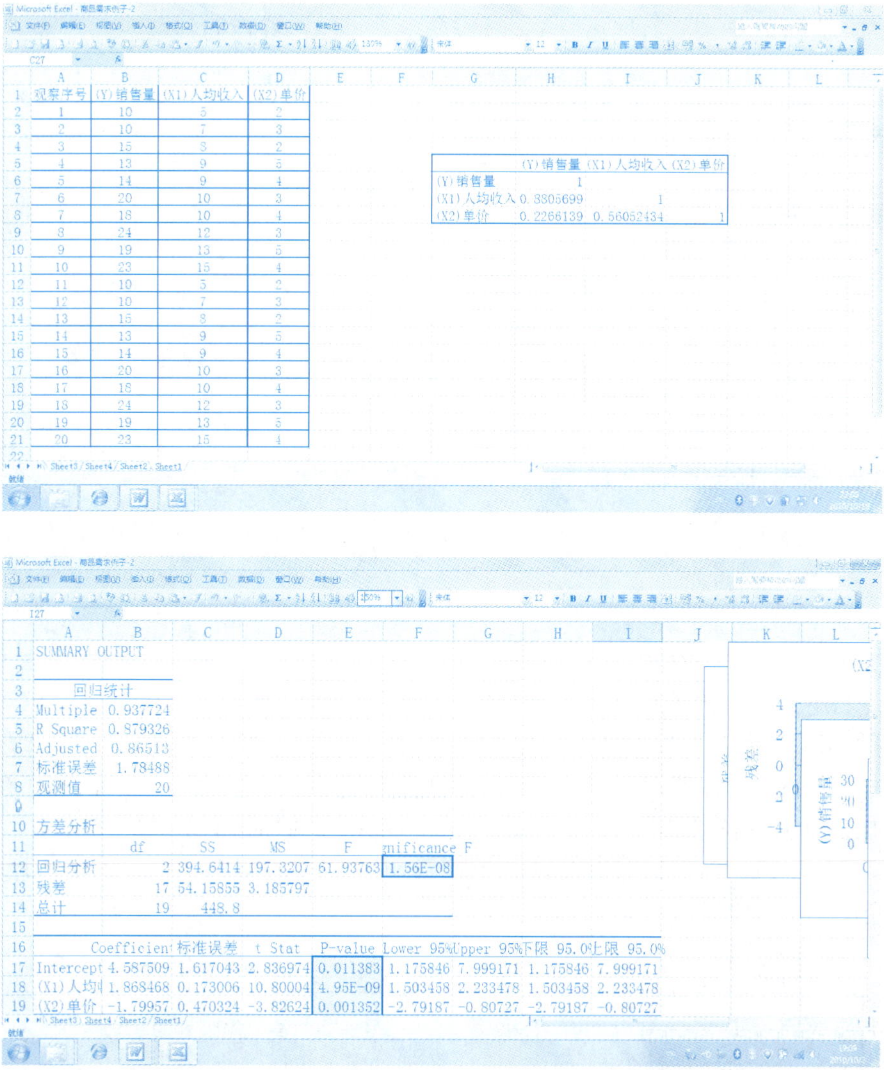

观察序号	(Y)销售量	(X1)人均收入	(X2)单价
1	10	5	2
2	10	7	3
3	15	8	2
4	13	9	5
5	14	9	4
6	20	10	3
7	18	10	4
8	24	12	3
9	19	13	5
10	23	15	4
11	10	5	2
12	10	7	3
13	15	8	2
14	13	9	5
15	14	9	4
16	20	10	3
17	18	10	4
18	24	12	3
19	19	13	5
20	23	15	4

	(Y)销售量	(X1)人均收入	(X2)单价
(Y)销售量	1		
(X1)人均收入	0.3805699	1	
(X2)单价	0.2266139	0.56052434	1

SUMMARY OUTPUT

回归统计	
Multiple	0.937724
R Square	0.879326
Adjusted	0.86513
标准误差	1.78488
观测值	20

方差分析

	df	SS	MS	F	gnificance F
回归分析	2	394.6414	197.3207	61.93763	1.56E-08
残差	17	54.15855	3.185797		
总计	19	448.8			

	Coefficient	标准误差	t Stat	P-value	Lower 95%	Upper 95%	下限 95.0%	上限 95.0%
Intercept	4.587509	1.617043	2.836974	0.011383	1.175846	7.999171	1.175846	7.999171
(X1)人均	1.868468	0.173006	10.80004	4.95E-09	1.503458	2.233478	1.503458	2.233478
(X2)单价	-1.79957	0.470324	-3.82624	0.001352	-2.79187	-0.80727	-2.79187	-0.80727

图 8.2.3　样本容量增加后的“商品需求”模型的回归

从图中可知此时的“$Significance\ F$”$=1.56E-08$，t 检验的三个“$P-value$”分别等于 0.011 383，4.95E-09，0.001 352，故 F 检验、t 检验都能通过，这说明增加样本容量有时确能解决 t 检验通不过的现象.

例 8.2.3　某种水泥在凝固时放出的热量 y(卡/克)与水泥中下列四种化学成分有关，

$$x_1:3CaO\cdot Al_2O_3\ 的成分(\%)$$
$$x_2:3CaO\cdot SiO_2\ 的成分(\%)$$
$$x_3:4CaO\cdot Al_2O_3\cdot Fe_2O_3\ 的成分(\%)$$

x_4：$2CaO \cdot SiO_2$ 的成分(%)

现测得 13 组数据(表 8.2.2)，试建立 y 与 x_1，x_2，x_3，x_4 的线性回归模型.

表 8.2.2 水泥凝固时放出的热量数据

试验序号	y	x_1	x_2	x_3	x_4
1	78.5	7	26	6	60
2	74.3	1	29	15	52
3	104.3	11	56	8	20
4	87.6	11	31	8	47
5	95.9	7	52	6	33
6	109.2	11	55	9	22
7	102.7	3	71	17	6
8	72.5	1	31	22	44
9	93.1	2	54	18	22
10	115.9	21	47	4	26
11	83.8	1	40	23	34
12	113.3	11	66	9	12
13	109.4	10	68	8	12

解：先利用 Excel 中“数据分析”中的“相关系数”工具，把有关 y，x_1，x_2，x_3 信息输入对话框后可得相关系数表 8.2.3. 从该表中可看出：(1) x_1 与 x_3 的相关系数为−0.824 13，x_2 与 x_4 的相关系数为−0.972 95，它们都远比−0.7 小，故(x_1，x_3)、(x_2，x_4)间都存在多重共线性现象，必须去除两个自变量；(2) x_1 与 x_3 相比，它们对输出 y 的相关系数分别为 0.730 717 、−0.534 67，取绝对值大的，故在变量 x_1，x_3 中间留 x_1 剔除 x_3，类似地在 x_2 与 x_4 两个变量中，为保留对 y 贡献大的变量，剔除 x_2，最后选择 x_1 与 x_4 作为回归自变量.

表 8.2.3 水泥凝固模型的度量相关系数表

	Y	X_1	X_2	X_3	X_4
Y	1				
X_1	**0.730 717**	1			
X_2	0.816 253	0.228 579	1		
X_3	−0.534 67	**−0.824 13**	−0.139 24	1	
X_4	**−0.821 31**	−0.245 45	**−0.972 95**	0.029 537	1

利用 Excel 进行计算，得回归输出表，见图 8.2.4. 从表中可见“方差分析”表中 F 检验所对应的“*Significance F*”＝1.581 06*E*−08，t 检验的三个“*P-value*”分别为 3.324 34*E*−13、1.105 28*E*−06、1.814 89*E*−07，与 $\alpha = 0.05$ 相比较，它们都通过了检验.

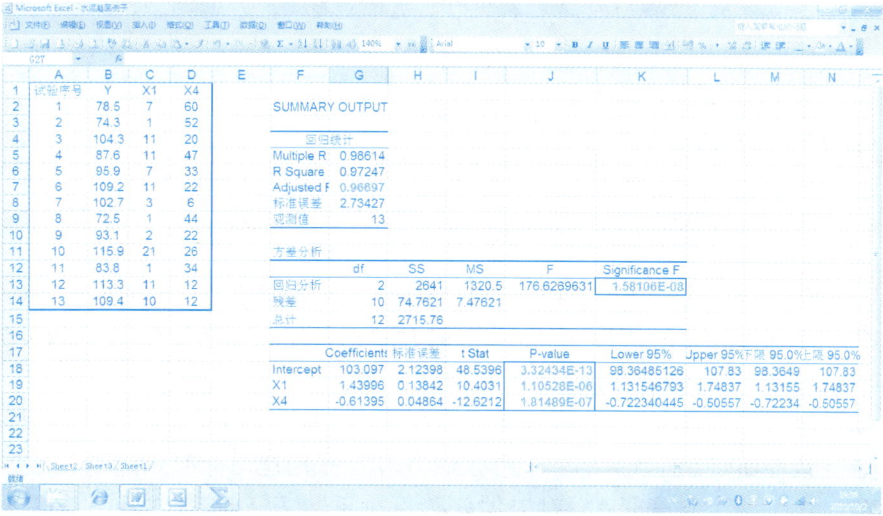

试验序号	Y	X1	X4
1	78.5	7	60
2	74.3	1	52
3	104.3	11	20
4	87.6	11	47
5	95.9	7	33
6	109.2	11	22
7	102.7	3	6
8	72.5	1	44
9	93.1	2	22
10	115.9	21	26
11	83.8	1	34
12	113.3	11	12
13	109.4	10	12

SUMMARY OUTPUT

回归统计	
Multiple R	0.98614
R Square	0.97247
Adjusted F	0.96697
标准误差	2.73427
观测值	13

方差分析

	df	SS	MS	F	Significance F
回归分析	2	2641	1320.5	176.6269631	1.58106E-08
残差	10	74.7621	7.47621		
总计	12	2715.76			

	Coefficient:	标准误差	t Stat	P-value	Lower 95%	Jpper 95%	下限 95.0%	上限 95.0%
Intercept	103.097	2.12398	48.5396	3.32434E-13	98.36485126	107.83	98.3649	107.83
X1	1.43996	0.13842	10.4031	1.10528E-06	1.131546793	1.74837	1.13155	1.74837
X4	-0.61395	0.04864	-12.6212	1.81489E-07	-0.722340445	-0.50557	-0.72234	-0.50557

图 8.2.4 “水泥凝固”模型回归输入与输出表

作为比较，同时把不剔除 x_2 与 x_3 变量时的回归输出表列出(图 8.2.5). 从表中可看出 F 检验能通过，而 5 个 t 检验都通不过.

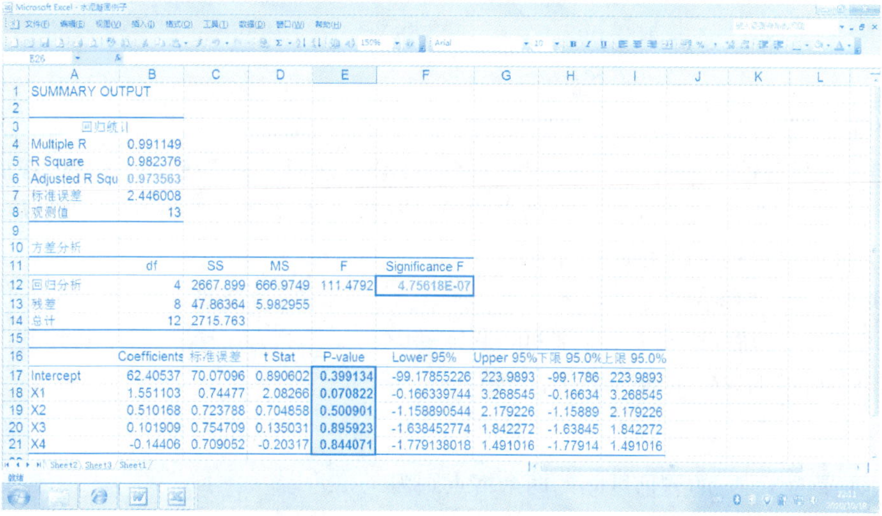

SUMMARY OUTPUT

回归统计	
Multiple R	0.991149
R Square	0.982376
Adjusted R Squ	0.973563
标准误差	2.446008
观测值	13

方差分析

	df	SS	MS	F	Significance F
回归分析	4	2667.899	666.9749	111.4792	4.75618E-07
残差	8	47.86364	5.982955		
总计	12	2715.763			

	Coefficients	标准误差	t Stat	P-value	Lower 95%	Upper 95%	下限 95.0%	上限 95.0%
Intercept	62.40537	70.07096	0.890602	**0.399134**	-99.17855226	223.9893	-99.1786	223.9893
X1	1.551103	0.74477	2.08266	**0.070822**	-0.166339744	3.268545	-0.16634	3.268545
X2	0.510168	0.723788	0.704858	**0.500901**	-1.158890544	2.179226	-1.15889	2.179226
X3	0.101909	0.754709	0.135031	**0.895923**	-1.638452774	1.842272	-1.63845	1.842272
X4	-0.14406	0.709052	-0.20317	**0.844071**	-1.779138018	1.491016	-1.77914	1.491016

图 8.2.5 变量不剔除时“水泥凝固”模型的回归输出表

从下面的分析中可知在多元线性回归时，自变量的个数常会发生变化. 考虑到 R^2(可决系数)在解释回归模型时的重要作用，同时又注意到：(1) 回归自变量个数增加常常会引起 R^2 的上升；(2) 为实际应用的简洁性需要，希望自变量个数能适当减少. 统计学家在综合以上两个因素后，在“可决系数”R^2 的基础上，又构造了可同时兼顾 R^2 与自变量个数(p)的“修正可决系数”R_a^2(Adjusted Multiple Coefficient of Determination, Adjusted R Square). 其定义为

$$R_a^2=1-(1-R^2)\frac{n-1}{n-p-1},\tag{8.2.10}$$

在上式中如果代入 R^2 的定义式 $\frac{SSR}{SST}=1-\frac{SSE}{SST}$，则有

$$R_a^2=1-\left(\frac{SSE}{SST}\right)\frac{n-1}{n-p-1}=1-\frac{SSE/(n-p-1)}{SST/(n-1)}\triangleq 1-\frac{MSE}{MST},$$

这说明“修正可决系数”其实是用平均平方和(MSE、MST)取代了“可决系数”中的平方和(SSE、SST). 另外要注意的是 $R^2\in[0,1]$，但 R_a^2有时可能会变为负数，此时为避免不必要的麻烦，有的软件就会强制性地令它为 0.

由于 R_a^2兼顾了变量个数 $p+1$，又考虑到了 R^2 的值，故作为一个综合指标，常被统计学家用作衡量多元线性回归方程优劣的一个指标，本书中也采用这一标准. 对于“水泥凝固”例子而言，取(x_1, x_4) 两个自变量时，对应的修正可决系数 $R_a^2(x_1, x_4)=0.966\,965$；而取($x_1$, x_2, x_3, x_4) 四个自变量时，回归所得的修正可决系数 $R_a^2(x_1, x_2, x_3, x_4)=0.973\,563$. 这两个数据都可从 Excel 的回归输出表“回归统计”列下的“*Adjusted R Square*”中找到. 应该说仅从两个系数的数据值看，相差不多，甚至后者比前者还略好，但后者的假设检验不理想，故最后决定选择(x_1, x_4) 两个自变量的回归模型，即取

$$\hat{y}=103.097\,4+1.439\,958X_1-0.613\,95X_4.$$

8.2.4 预测与例子

在给定的显著性水平 α 下，当多元线性回归能顺利地通过 F 检验与 t 检验，修正可决系数 R_a^2达到我们的要求，同时如果可以确定或验证预假设条件都成立(验证方法见后面“残差分析”节)，此时就可利用所得的回归方程进行预测或优化.

在预测时，通常要给出自变量 x_{f_1}, x_{f_2}, …, x_{f_p} 的数值，为方便计算，我们把它们添上数字 1(注相应于 x_{f_0})后，构成 $p+1$ 维列向量 $x_f=(1, x_{f_1}, x_{f_2}, \cdots, x_{f_p})'$. 将这些已知值代入回归方程，可得响应变量的预测点估计值：

$$\hat{y}_f=\hat{\beta}'x_f=\hat{\beta}_0+\hat{\beta}_1x_{f_1}+\hat{\beta}_2x_{f_2}+\cdots+\hat{\beta}_px_{f_p},\tag{8.2.11}$$

而对应的水平为 $1-\alpha$ 的置信区间的两个端点则为

$$\hat{y}_f\pm t_{1-\frac{\alpha}{2}}(n-p-1)\times\hat{\sigma}\times\sqrt{1+\frac{1}{n}+(x_f-\overline{x})'L^{-1}(x_f-\overline{x})},$$

或等价地

$$\hat{y}_f\pm t_{1-\frac{\alpha}{2}}(n-p-1)\times\hat{\sigma}\times\sqrt{1+x_f'L^{-1}x_f},\tag{8.2.12}$$

其中的 $L=X'X$(式(8.2.4))，而 $\hat{\sigma}$ 则可由公式(8.2.5) 进行计算($\overline{x}$ 为观察数据的算术平均,

当然其第一个分量仍为常数 1).

注意到多元时的上述公式与一元时的式(8.1.14)相似,从而当 n 充分大时,也可简化为

$$\left[\hat{y}_f - \hat{\sigma} \cdot U_{1-\frac{\alpha}{2}},\ \hat{y}_f + \hat{\sigma} \cdot U_{1-\frac{\alpha}{2}}\right]. \tag{8.2.13}$$

例 8.2.4(油漆销售例子) 美国某公司对不同地区的油漆销售量(Y),促销支出(A),销售价格(P),居民可支配收入(M)作了调查,列表 8.2.4:

表 8.2.4 "油漆销售"模型观察数据表

销售地区编号	销售量 Y (kg)	促销支出 A /千美元	销售价格 P /(\$/g)	收入 M /千美元
1	160	150	15	19
2	220	160	13.5	17.5
3	140	50	16.5	14
4	190	190	14.5	21
5	130	90	17	15.5
6	160	60	16	14.5
7	200	140	13	21.5
8	150	110	18	18
9	210	200	12	18.5
10	190	100	15.5	20

试作出回归模型,并对某地区在促销支出为 185 000(美元) 即 $A=185$,销售价格为 $P=15$ 美元 /g,家庭居民可支配收入为 19 500(美元),即 $M=19.5$ 时,其可能的销售量予以估计.

解:由相关系数表

表 8.2.5 相关系数表

	(Y)销售量	(A)促销支出	(P)销售价格	(M)收入
(Y)销售量	1			
(A)促销支出	0.720 589 79	1		
(P)销售价格	−0.866 179 7	−0.739 469 36	1	
(M)收入	0.614 922 79	0.709 619 498	−0.513 648 61	1

注:保留变量 P, M.

可知 A 与(P, M)可能存在多重共线性现象,故剔除 A 变量保留 P, M 两个作为回归自变量. 把数据代入 Excel"回归"工具得到输出表(图 8.2.6).

从中发现 F 检验能通过,但 t 检验中 M 变量对应的"P-$value$" = 0.290 73. 对于 $\alpha=0.05$ 而言,此检验不能通过. 为解决此问题,试着剔除该 M 变量,并对留下的 P 自变量以及 Y 响应变量进行 Excel 回归,得输出表(图 8.2.7).

从输出表看,对应于 F 检验的"$Significance\ F$" = 0.001 19 < $\alpha=0.05$,同时它的两个 t 检验对应的"P-$value$" 分别等于 2.14E-05 与 0.001 19,它们都小于 α 的值,从而说明两个假设检验皆通过. 另外从表中还可看出 $R_a^2=0.719\,05$,它还是可接受的,故最后选择回归方

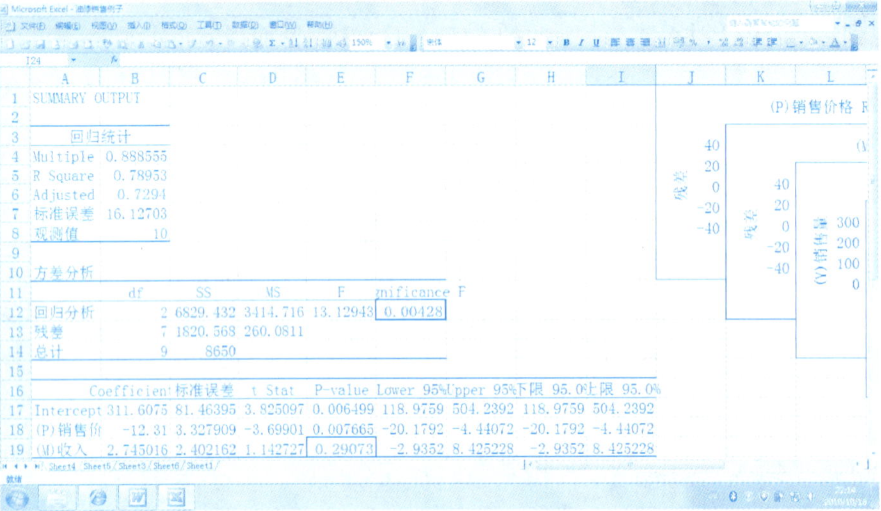

图 8.2.6 “油漆销售”模型回归(1)

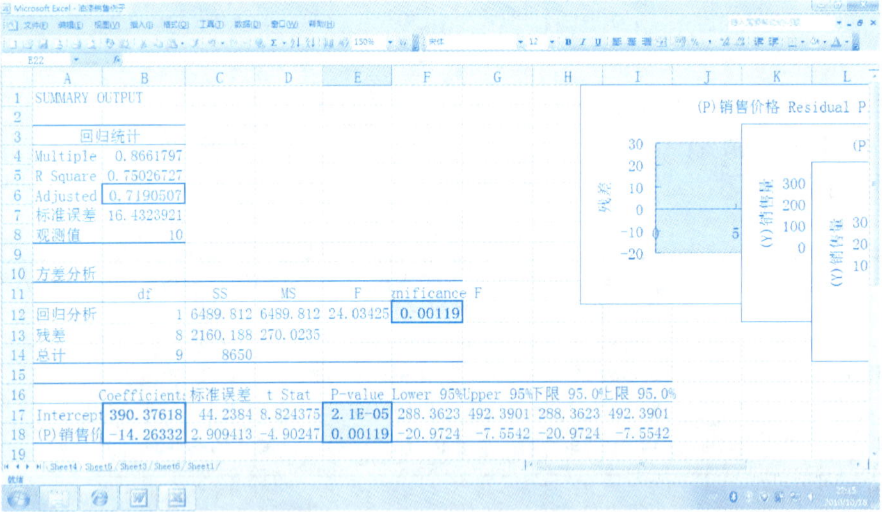

图 8.2.7 “油漆销售”模型回归(2)

程为

$$\hat{Y} = 390.376\,2 - 14.263\,3P.$$

在预测时把 $x_f = (A_f, P_f, M_f) = (185, 15, 19.5)$ 代入上述方程可得油漆销售量的点估计：

$$\hat{y}_f = 390.376\,2 - 14.263\,3 \times 15 = 176.43(\times 1\,000\ \mathrm{g}),$$

而对应的 95%的近似预测区间则为

$$[\hat{y}_f - \hat{\sigma} \cdot U_{1-\frac{\alpha}{2}},\ \hat{y}_f + \hat{\sigma} \cdot U_{1-\frac{\alpha}{2}}] \approx [\hat{y}_f - 2\hat{\sigma},\ \hat{y}_f + 2\hat{\sigma}] = [143.57,\ 209.29],$$

其中的 $U_{1-\frac{\alpha}{2}} = U_{0.975} = 1.96$，$\hat{\sigma} = 16.43239$.

8.3 残差分析

残差分析(Residual Analysis)指的是回归后对残差 $e_i = y_i - \hat{y}_i (i = 1, 2, \cdots, n)$ 进行分析，以验证预假设条件，同时对观察数据及结果进行讨论，其中 y_i 为观察数据中的响应变量的值，而 $\hat{y}_i = \hat{\beta}_0 + \hat{\beta}_1 x_{i1} + \cdots + \hat{\beta}_p x_{ip}$ 为回归模型计算值(预测值)，e_i 的数值可以通过选择 Excel“回归”工具对话框中的“残差”选择框从输出表中读取. 例如对例 8.2.2，在回归输出表中(图 8.3.1)可发现“RESIDUAL OUTPUT”表，其中的“残差”列就是分析时要用到的数据 e_i，例如 $e_1 = -0.33071$，$e_2 = -2.26807$，… 例 8.2.2 的残差图见图 8.3.2.

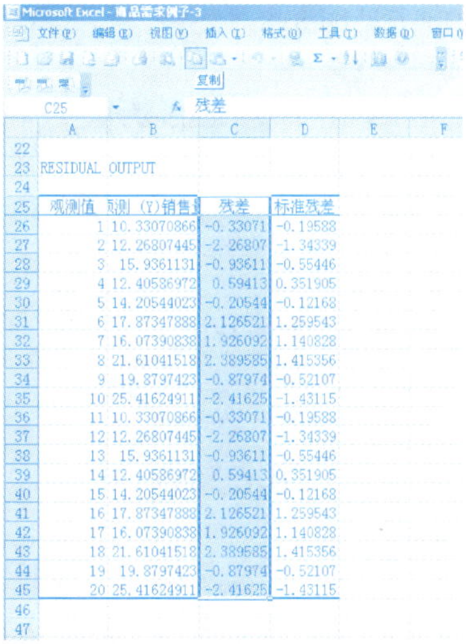

RESIDUAL OUTPUT

观测值	预测 (Y)销售量	残差	标准残差
1	10.33070866	-0.33071	-0.19588
2	12.26807445	-2.26807	-1.34339
3	15.9361131	-0.93611	-0.55446
4	12.40586972	0.59413	0.351905
5	14.20544023	-0.20544	-0.12168
6	17.87347888	2.126521	1.259543
7	16.07390838	1.926092	1.140828
8	21.61041518	2.389585	1.415356
9	19.8797423	-0.87974	-0.52107
10	25.41624911	-2.41625	-1.43115
11	10.33070866	-0.33071	-0.19588
12	12.26807445	-2.26807	-1.34339
13	15.9361131	-0.93611	-0.55446
14	12.40586972	0.59413	0.351905
15	14.20544023	-0.20544	-0.12168
16	17.87347888	2.126521	1.259543
17	16.07390838	1.926092	1.140828
18	21.61041518	2.389585	1.415356
19	19.8797423	-0.87974	-0.52107
20	25.41624911	-2.41625	-1.43115

图 8.3.1 样本容量增加后的“商品需求”模型的残差

8.3.1 回归模型预假设条件的验证

对于回归模型，在进行前面两节所进行的讨论时，总要作一些重要的假设. 例如，对一元线性回归，除了模型满足式(8.1.2)的线性要求之外，很重要的就是对误差项 ε_i，$i = 1, 2, \cdots, n$ 所提出的“正态性”、“独立性”与“方差齐性”，即所谓的“三性”要求. 如果这三个假设条件不成立，则前面几节所进行的一切讨论与得到的结果都是不正确的. 由于统计中遇到的实际问题在事先往往不可能确定此三个要求是否被满足，所以利用观察数据进行事后验证就显得十分重要了. 而这里所介绍的残差分析就是一个十分简便的验证方法.

仍以一元回归为例，在 8.1.3 节中我们曾提到在预测时，预测误差项 $e_f \overset{\Delta}{=} y_f - \hat{y}_f$ 是个服从均值为 0、方差为 $De_f = \sigma^2 \left[1 + \frac{1}{n} + \frac{(x_f - \overline{x})^2}{\sum_{i=1}^{n} (x_i - \overline{x})^2}\right]$ 的正态随机变量. 当 n 比较大时，$De_f \approx \sigma^2$. 其中的 σ^2 就是式(8.1.2) 模型中 ε_i 的方差，它是个不依赖于 i 的常量.

对于残差分析中的 $e_i (i = 1, 2, \cdots, n)$，它具有与 e_f 类似的特征，即当 ε_i 满足“三性”预假设时，残差 e_i 也近似满足“三性”，这就为通过 e_i 的特性倒过来验证 ε_i 的预假设条件提供了方便. 为验证“独立性”与“方差齐性”，常通过作残差图后观察其性状的办法来作判断，而为验证“正态性”，则常要利用正态概率纸或某种软件作正态图以观察其是否服从正态分布，对应的均值是否为 0，方差是否也符合我们的要求.

所谓"残差图"常有几种：第一种是以残差 e_i 为纵坐标、以某回归自变量 x_j ($j=1, 2, \cdots, p$) 为横坐标所作的散点图，这种图有 p 个，在 Excel"回归"输出中可以通过选择回归输入对话框中的"残差图"选择框而直接得到；第二种是以残差 e_i 为纵坐标、以预测值 $\hat{y}_i$ 为横坐标所作的散点图，这种图即使对于多元线性回归，也只有一张图，由于图的张数少，故常被众多统计学家和软件所采用. 如果想要画它其实也不难，只要在 Excel 中选择"x y 散点图"工具，利用"回归"输出中的"RESIDUAL OUTPUT"的第 2 列，第 3 列数据就可直接作出，具体的例子见图 8.3.1.

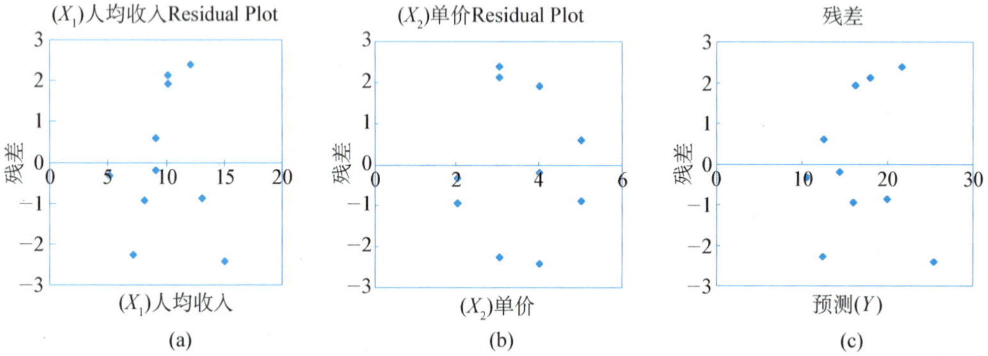

图 8.3.2 例 8.2.2 所对应的三张残差图

对于线性回归中的残差图，往往会出现下面几种形态：

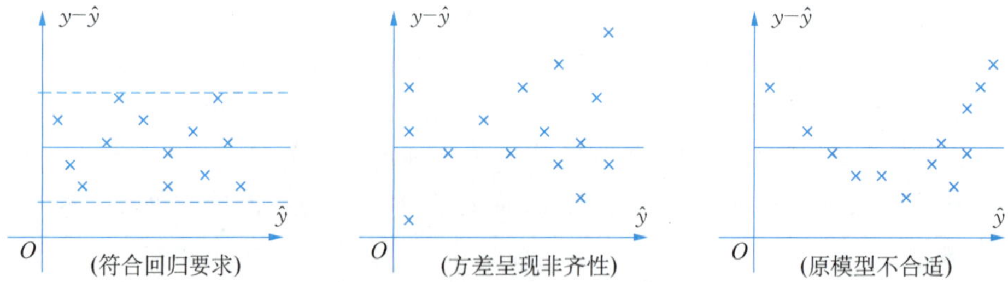

图 8.3.3 三种不同形态的残差图

注意到图 8.3.3 最左边图中的散点，发现它们比较均匀地落在以零为中心的、上下宽度相等的水平带状区域内，从而可推断 ε_i 基本符合"独立性"，"方差齐性"，"均值为 0"的预假设要求. 对上图中间的散点，由于它们随 $\hat{y}$ 的变化，其上下变化的幅度也会有所变化，这显示出 ε_i 不符合"方差齐性"的预假设要求，这种情况在回归时是不希望发生的. 上面最右边的图中的散点虽然也是呈现方差非齐性的不足，但如果注意到它们的散布呈现一定的规律(如抛物线形或楔形)，这时统计学家常建议可作适当的变量变换，以改善方差非齐性的问题.

例 8.3.1(商品需求模型的对数变换)　由图 8.3.2 最右边的残差图,可以发现其中的点子呈现非齐性,但是它们又有着振幅左小右大的楔子形特点,从而启发我们试用对数变换重新建立模型以后再回归. 为此把原例 8.2.2 中的观察数据经对数变换后,重新列成数据表,其中的$(y, x_1, x_2) \to (\ln y, \ln x_1, \ln x_2)$(图 8.3.4),相应的回归模型亦变成了

$$\ln y = \beta_0 + \beta_1 \ln x_1 + \beta_2 \ln x_2 + \varepsilon$$

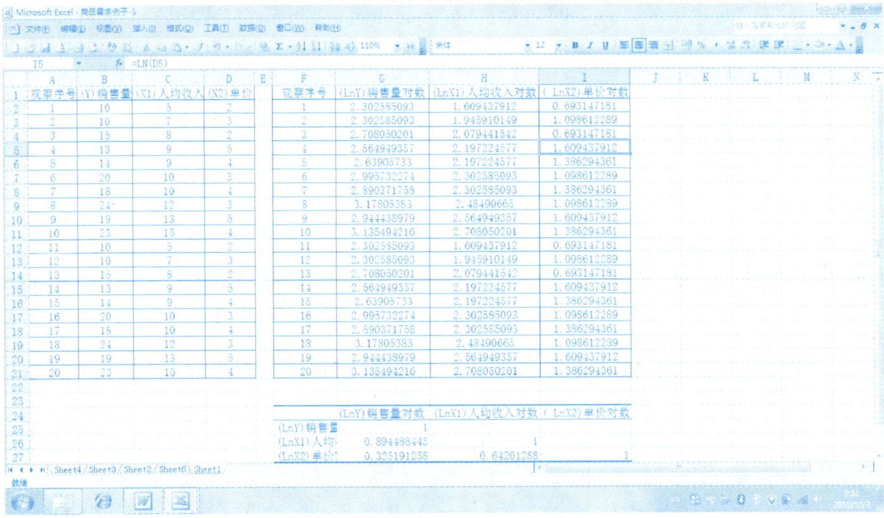

I5　=LN(D5)

观察序号	(Y)销售量	(X1)人均收入	(X2)单价	观察序号	(LnY)销售量对数	(LnX1)人均收入对数	(LnX2)单价对数
1	10	5	2	1	2.302585093	1.609437912	0.693147181
2	10	7	3	2	2.302585093	1.945910149	1.098612289
3	15	8	2	3	2.708050201	2.079441542	0.693147181
4	13	9	5	4	2.564949357	2.197224577	1.609437912
5	14	9	4	5	2.63905733	2.197224577	1.386294361
6	20	10	3	6	2.995732274	2.302585093	1.098612289
7	18	10	4	7	2.890371758	2.302585093	1.386294361
8	24	12	3	8	3.17805383	2.48490665	1.098612289
9	19	13	5	9	2.944438979	2.564949357	1.609437912
10	23	15	4	10	3.135494216	2.708050201	1.386294361
11	10	5	2	11	2.302585093	1.609437912	0.693147181
12	10	7	3	12	2.302585093	1.945910149	1.098612289
13	15	8	2	13	2.708050201	2.079441542	0.693147181
14	13	9	5	14	2.564949357	2.197224577	1.609437912
15	14	9	4	15	2.63905733	2.197224577	1.386294361
16	20	10	3	16	2.995732274	2.302585093	1.098612289
17	18	10	4	17	2.890371758	2.302585093	1.386294361
18	24	12	3	18	3.17805383	2.48490665	1.098612289
19	19	13	5	19	2.944438979	2.564949357	1.609437912
20	23	15	4	20	3.135494216	2.708050201	1.386294361

	(LnY)销售量对数	(LnX1)人均收入对数	(LnX2)单价对数
(LnY)销售量	1		
(LnX1)人均	0.894488445	1	
(LnX2)单价	0.325191258	0.64201288	1

图 8.3.4　"商品需求"例子观察值的对数

经 Excel"回归"计算,输出如图 8.3.5 所示.

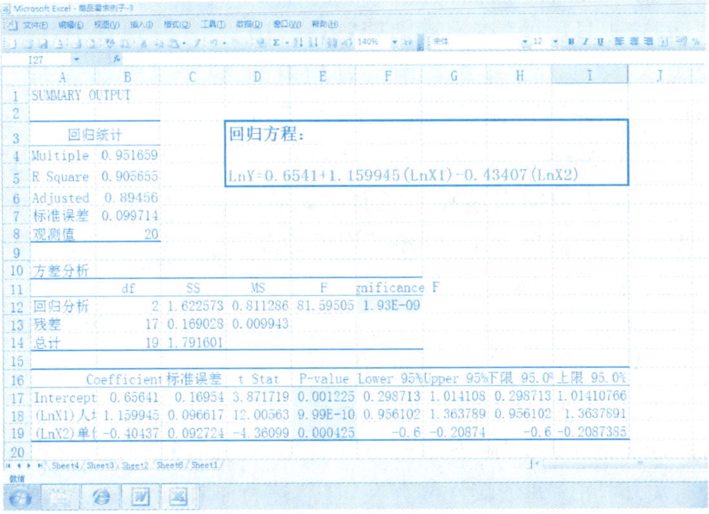

SUMMARY OUTPUT

回归统计	
Multiple	0.951659
R Square	0.905655
Adjusted	0.89456
标准误差	0.099714
观测值	20

回归方程:

LnY=0.6541+1.159945(LnX1)-0.43407(LnX2)

方差分析

	df	SS	MS	F	gnificance F
回归分析	2	1.622573	0.811286	81.59505	1.93E-09
残差	17	0.169028	0.009943		
总计	19	1.791601			

	Coefficient	标准误差	t Stat	P-value	Lower 95%	Upper 95%	下限 95.0%	上限 95.0%
Intercept	0.65641	0.16954	3.871719	0.001225	0.298713	1.014108	0.298713	1.01410766
(LnX1)人均	1.159945	0.096617	12.00563	9.99E-10	0.956102	1.363789	0.956102	1.3637891
(LnX2)单价	-0.40437	0.092724	-4.36099	0.000425	-0.6	-0.20874	-0.6	-0.2087385

图 8.3.5　对数变换后的回归输出

其对应的残差图如图 8.3.6 所示.

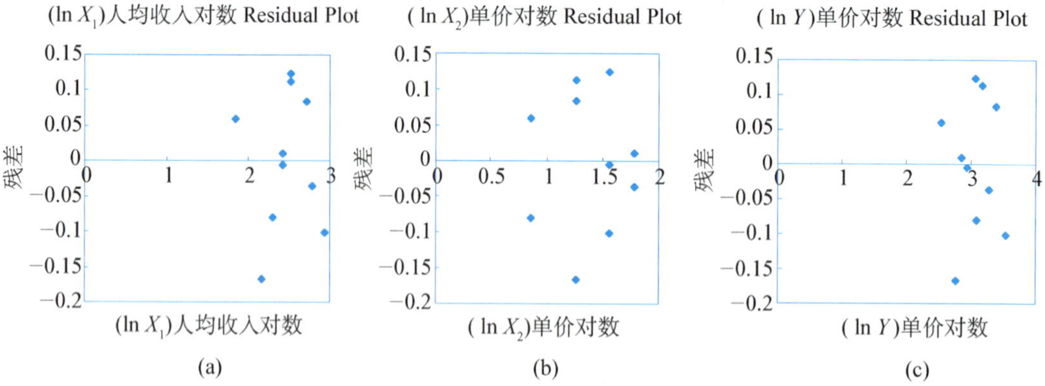

图 8.3.6　对数变换后的回归残差图

从最右边的残差图中可以发现原来的楔形分布已得到了改善. 回到图 8.3.5,我们可看到由于“*Significance F*” = 1.93*E*-09,三个 t 检验的“*P*-*value*”分别是 0.001 225, 9.99*E*-10,与 0.000 425. 它们都通过了显著水平为 0.05 时的假设检验,从而最后可得新模型:

$$\ln Y = 0.654\,1 + 1.159\,945(\ln X_1) - 0.434\,07(\ln X_2),$$

即

$$Y = e^{0.654\,1} \times X_1^{1.159\,945} \times X_2^{-0.434\,07} = 1.927\,859 \times X_1^{1.159\,945} \times X_2^{-0.434\,07},$$

其对应的“修正可决系数” $R_a^2 = 0.894\,56$,与未经对数变换时的例 8.2.2 相比,由于 $0.894\,56 > 0.831\,8$,故本例所得结果要优于例 8.2.2 中的结果.

模型中关于 ε_i 的“正态性”预假设验证时,一般不推荐选用 Excel“回归”工具中的“正态概率图”方式,因为它所讨论的对象不是“残差”. 在实践中可以利用例 2.6.2 所示的方法,把“回归”输出中的“残差”数据通过在“正态概率纸”上作图来验证. 对于例8.3.1,由软件可得结果输出图 8.3.7,由于数据点落在一条直线附近,故 e_i 服从正态分布. 另外经简单计算,可知其均值为 0,其标准差为 0.097 5,这与回归输出表中的“标准误差”值 0.099 714 也十分相近.

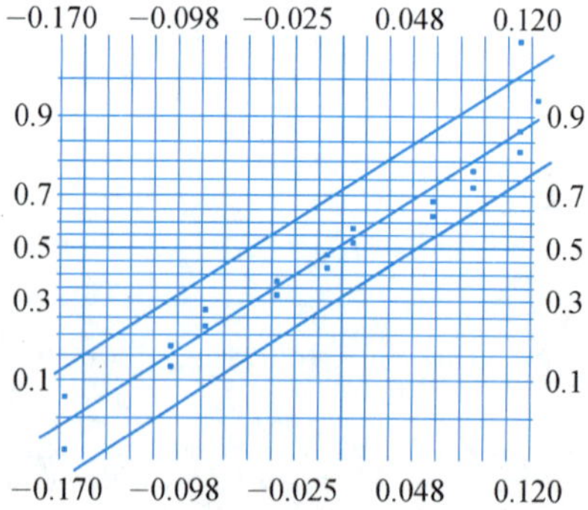

图 8.3.7　商品需求例子正态概率纸检测

当观察数据的下标与时间有关时,还可以用残差图来检测前后数据间是否存在着某种依赖性,常称之为“时间序列依赖性”(Time Serial Dependence). 例如,今天的股票价格与昨天有关,明天的股票价格又与今天有关. 时间序列依赖性的存在,显然违背了在回归分析时所要求的 ε_i 项之间相互独立的预假设,所以统计学家常希望预先检查是否存在这种情况,并设法予以解决,以保证回归的顺利进行. 在检测时常以前后相邻的残差值构成平面点,即如令 $v_1, v_2, \cdots, v_n$ 为按时间由小到大而排列成的残差项，则可以用$(n-1)$个点(v_1, v_2)，(v_2, v_3)，…，(v_{n-1}, v_n)作散点图. 假定散点图上的点子呈现某种规律，则常提示原数据间存在序列依赖性，详细可见参考文献[21]，本书就不再详细介绍了.

8.3.2 残差分析中的数据诊断

利用残差分析还可对原始观察数据进行诊断，常见的有离群数据(Outlier)与强影响数据(Influential Data)的检测.

所谓离群数据，如图 8.3.8 所示.

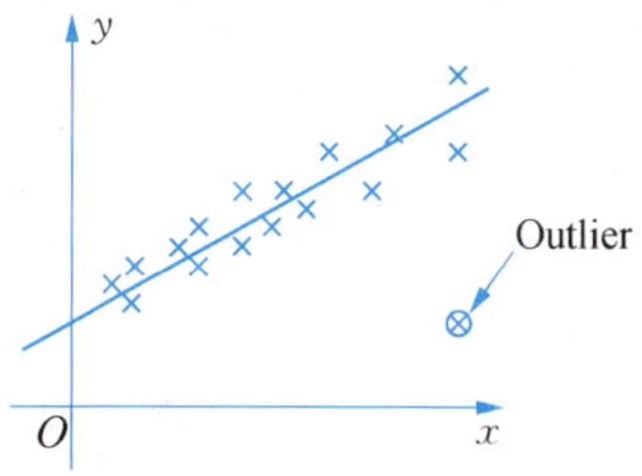

图 8.3.8 带有一个离群值的观察数据集合

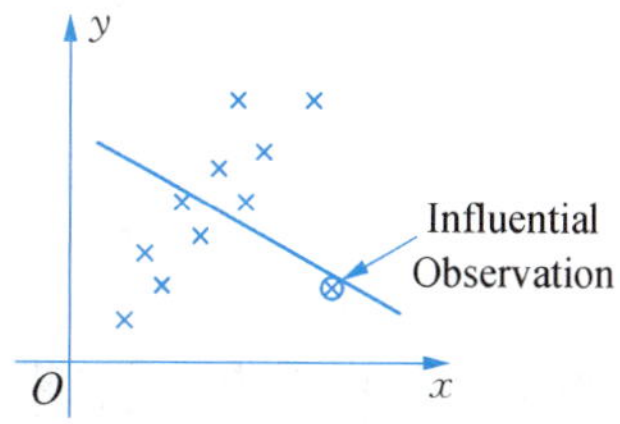

图 8.3.9 带一个强影响值的观察数据

其中右下方的一个观察数据与其他数据明显不合群，即与其他数据所表现的趋势或模式不匹配，常把这种数据称为“离群数据”或“异常数据”. 这种数据产生的原因是多方面的，有的是数据记录有误，有的则是该数据产生的前提与其他的背景不一样(例如实验方法不同、突发事件产生等)；另一种数据称为具强影响的或具人杠杆率的数据，如图 8.3.9 所示，其中右下方观察数据的存在与否会在很大程度上改变其他观察数据的回归结果. 其产生原因有时是由于存在离群的 y 值，有时则是由于极端 x 值的存在. 由于这种点子的存在与否对回归结果影响巨大，故在处理时亦要特别仔细(当然不是轻易地予以删除).

本节主要介绍离群数据的检测问题. 对于一元线性回归可以简单地从观察数据散点图中发现，但对于多元线性回归，常通过把残差标准化，利用标准化残差服从 t 分布，而 t 分布随机变量以大概率落在$(-2, +2)$或$(-3, +3)$范围内的特性来发现离群值. 具体方法为：利用公式$(y_i-\hat{y}_i)/\hat{\sigma}$得到近似的标准化残差值，并以 2(或 3)作为临界值，当标准化残差值的绝对值超过 2(或 3)时就可认定该数据为离群数据.

例 8.3.2 今有观察数据如表 8.3.1 所示，试通过残差分析找出可能存在的离群值，并在修改后重新进行回归.

表 8.3.1 原始观察数据

观察序号	1	2	3	4	5	6	7	8	9	10
x_i	1	1	2	3	3	3	4	4	5	6
y_i	45	55	50	75	40	45	30	35	25	15

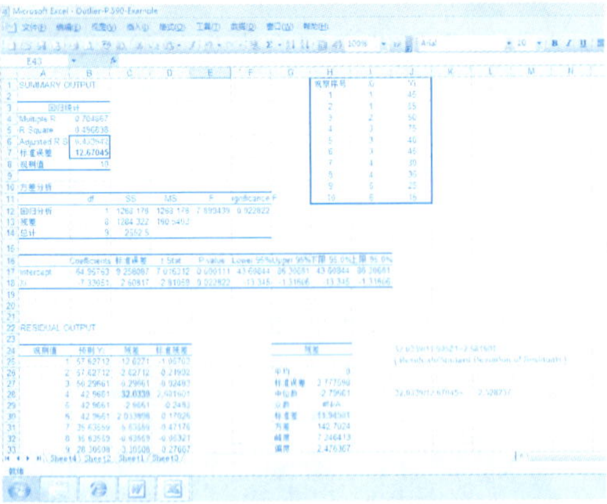

图 8.3.10　原始数据回归输出

解：把该数据信息填入 Excel“回归”工具输入对话框，得到输出如图 8.3.10 所示.

从“RESIDUAL OUTPUT”表中的“标准残差”列中发现第 4 个观察数据对应的标准残差值=2.681 601，其绝对值超过 2，故初步判定第 4 个观察值可能为离群值，需仔细分析. 应该指出的本输出图中的 2.681 601 是残差值 32.033 9，与利用“描述统计”工具对“残差”列数据进行的初步样本统计后得到的残差“标准差”=11.945 81，进行相除后得到的，即 32.033 9/ 11.945 81=2.681 601. 然而其他一些软件中标准残差的值是残差 32.033 9 除以回归输出中的“标准误差”12.670 45，即 32.033 9/ 12.670 45=2.528 237，由于两种算法得到的结果相差不多，故这里为方便计算仍用前者.

例 8.3.3（修改离群值后新数据的回归）

针对上例发现的离群值进行了分析，发现它是误录入了错误数据，为此对第 4 个观察值进行了修改，把它从原来的 75 改为现在的 30 得到新数据表 8.3.2.

表 8.3.2　修改后的观察数据

观察序号	1	2	3	4	5	6	7	8	9	10
x_i	1	1	2	3	3	3	4	4	5	6
y_i	45	55	50	30	40	45	30	35	25	15

把新数据输入 Excel 进行回归，得到输出如图 8.3.11：

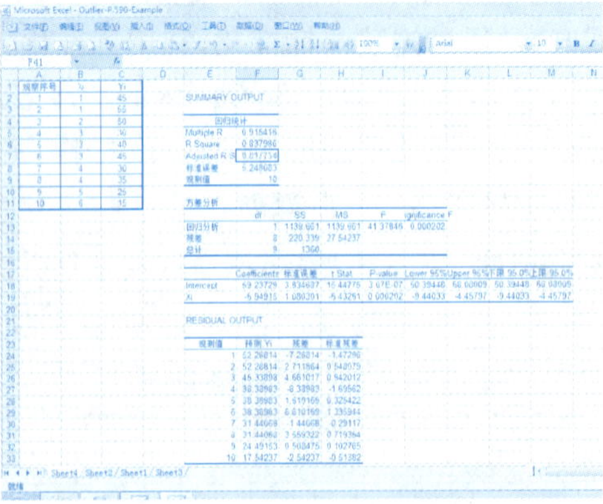

图 8.3.11　修改后的回归输出

从图中可见 10 个标准残差值的绝对值都比 2 小，故此时已不存在离群值了，对应的修正可决系数 $R_a^2 = 0.817\ 734$，也比未经修改时模型的修正可决系数 0.433 942 要好得多.

8.4 应用案例及分析

从实际中收集的统计数据，其数据量一般都比较大，同时存在变量个数多、作用不太清楚的问题，另外也可能包含非量化的定性变量(Qualitative Independent Variables)，例如性别、地区、品牌等.

对于定性变量我们常可通过引进哑变量把它们数量化，例如对具有 K 个状态的某定性变量，可引进 $K-1$ 个哑变量，使其每个状态对应于不同的 0 和 1 值(注：若引进个 K 个哑变量，则可能会产生多重共线性的麻烦). 在后面例子中如果把地区分类为西部、北部、南部与中西部四个不同的状态，则可以引进 X_1，X_2，X_3 三个哑变量，使具对应关系：

地区	X_1	X_2	X_3
西部	1	0	0
北部	0	1	0
南部	0	0	1
中西部	0	0	0

对于实际统计数据所带来的，诸如变量个数过多或作用不明确等问题，则常可通过筛选变量等办法加以处理.

变量选取有多种方法，前面曾提到的通过考察相关系数，剔除可能存在的多重共线性现象就是一种在实行回归计算前常采用的预鉴别手段.

计算机统计软件提供了多种变量选择程序，常见的有“逐步回归”、“向前回归”、“向后回归”、“最优子集回归”等. 在这些程序中经常利用引进 F 统计量的方法来确定添加或剔除自变量，其定义可按下式表示

$$F = \frac{\dfrac{SSE(x_1, \cdots, x_q) - SSE(x_1, \cdots, x_q, x_{q+1}, \cdots, x_p)}{p-q}}{\dfrac{SSE(x_1, \cdots, x_q, x_{q+1}, \cdots, x_p)}{n-p-1}}, \tag{8.4.1}$$

其中的 $SSE(x_1, \cdots, x_q)$代表自变量为 x_1，x_2，…，x_q 时，进行线性回归而产生的残差平方和，其计算公式可见 8.1.2 节，其数值结果可在 Excel 回归输出表中找到. 而 $SSE(x_1, \cdots, x_q, x_{q+1}, \cdots, x_p)$则是自变量个数增加到 $p(p>q)$ 时，由回归而产生的残差平方和. 注意到当回归自变量个数增加时，其残差平方和一般会减少. 这样由式(8.4.1)构成的统计量 F 的取值常是大于 0 的. 在假设检验中，如令

$$H_0: \beta_{q+1} = \beta_{q+2} = \cdots = \beta_p = 0,$$
$$H_1: \text{上述系数中至少有一个不等于 } 0,$$

则在 H_0 成立时 F 服从 $F(p-q, n-p-1)$ 分布. 这样在规定的显著水平 α 下，当 $F > F_\alpha$ 时，我们拒绝原假设，即认为新增的 $x_{q+1}, x_{q+2}, \cdots, x_p$ 自变量对方程的回归有显著的作用，否则当 $F < F_\alpha$ 时，则认为 $x_{q+1}, x_{q+2}, \cdots, x_p$ 自变量的引入对方程回归无显著作用.

例 8.4.1 下面数据引自“美国新闻与世界报道”2009 年的美国排名前 50 名的大学统计资料(参考文献[22]). 今希望以 Graduation Rate (学生毕业率的百分数) 作为回归响应变量 Y，以其他的作为回归自变量进行回归.

表 8.4.1 美国学生毕业率原始数据统计信息表

Rank	School	State	Region	(Y)Graduation Rate	(X1)% of Classes Under 20	(X2)% of Classes of 50 or More	(X3) Student/Faculty Ratio	(X4) Acceptance Rate	(X5)1st-Year Students in Top 10% of HS Class	(X6) Academic Repu-tation Score
1	Harvard Univ.	MA	N	98	77	8	7	8	95	4.9
1	Princeton Univ.	NJ	N	96	75	9	5	10	97	4.9
3	Yale Univ.	CT	N	97	79	7	6	9	97	4.8
4	California Institute of Technology	CA	W	88	71	6	3	17	97	4.6
4	Massachusetts Inst. of Technology	MA	N	94	65	13	7	12	97	4.9
4	Stanford Univ.	CA	W	94	72	12	6	9	92	4.9
4	Univ. of Pennsylvania	PA	N	95	73	7	6	17	99	4.5
8	Columbia Univ.	NY	N	95	77	8	6	10	94	4.6
8	Univ. of Chicago	IL	MW	92	73	5	6	28	86	4.6
10	Duke Univ.	NC	S	95	71	5	8	22	90	4.4
11	Dartmouth College	NH	N	95	63	9	8	13	90	4.3
12	Northwestern Univ.	IL	MW	93	75	7	7	26	85	4.3
12	Washington Univ. in St. Louis	MO	MW	94	74	9	7	22	96	4.1
14	John Hopkins Univ.	MD	S	91	65	11	11	25	84	4.5

(续 表)

Rank	School	State	Region	(Y)Graduation Rate	(X1)% of Classes Under 20	(X2)% of Classes of 50 or More	(X3) Student/Faculty Ratio	(X4) Acceptance Rate	(X5)1st-Year Students in Top 10% of HS Class	(X6) Academic Repu-tation Score
15	Cornell Univ.	NY	N	93	58	17	10	21	88	4.5
16	Brown Univ.	RI	N	94	71	9	8	14	93	4.4
17	Emory Univ.	GA	S	88	68	7	7	27	88	4.0
17	Rice Univ.	TX	W	93	65	8	5	23	85	4.0
17	Vanderbuilt Univ.	TN	S	89	68	7	8	25	84	4.0
20	Univ. of Notre Dame	IN	MW	96	55	9	12	27	87	3.8
21	Univ. of California-Berleley	CA	W	90	60	15	15	22	98	4.7
22	Carnegie Mellon Univ.	PA	N	87	64	11	11	38	73	4.2
23	Georgetown Univ.	PA	N	93	56	6	11	19	93	4.0
24	Univ. of California-Los Angeles	CA	W	89	54	20	16	23	97	4.2
24	Univ. of Virginia	VA	S	93	50	14	15	37	88	4.3
26	Univ. of Southern California	CA	W	88	64	11	9	22	87	3.9
27	Univ. of Michigan-Ann Arbor	MI	MW	88	46	18	15	42	92	4.4
28	Tufts Univ.	MA	N	92	73	5	7	26	85	3.6
28	Univ. of North Carolina-Chapel Hill	NC	S	88	44	11	14	34	79	4.1
28	Wake Forest Univ.	NC	S	88	56	2	11	38	64	3.5
31	Brandeis Univ.	MA	N	90	69	7	9	32	82	3.5
32	New York Univ.	NY	N	84	60	11	12	32	68	3.8
33	College of William and Mary	VA	S	91	45	7	11	34	79	3.8

(续 表)

Rank	School	State	Region	(Y)Graduation Rate	(X1)% of Classes Under 20	(X2)% of Classes of 50 or More	(X3) Student/Faculty Ratio	(X4) Acceptance Rate	(X5)1st-Year Students in Top 10% of HS Class	(X6) Academic Reputa-tion Score
34	Boston College	MA	N	91	47	8	13	26	80	3.5
35	Georgia Institute of Technology	GA	S	77	40	22	14	61	64	4.0
35	Lehigh Univ.	PA	N	85	48	10	9	28	93	3.2
35	Univ. of California-San Diego	CA	W	85	42	30	19	42	100	3.8
35	Univ. of Rochester	NY	N	84	61	13	9	43	75	3.4
39	Univ. of Illinois-Urbana Champaign	IL	MW	82	39	18	17	69	55	4.0
39	Univ. of Wisconsin-Madison	WI	MW	82	44	19	17	53	58	4.1
41	Case Western Reserve Univ.	OH	MW	81	59	11	10	73	63	3.5
42	Rensselaer Polytechnic Inst.	NY	N	82	53	10	14	44	64	3.5
42	Univ. of California-Davis	CA	W	81	34	28	19	53	98	3.8
42	Univ. of California-Santa Barbara	CA	W	87	49	17	17	49	96	3.5
42	Univ. of Washington	WA	W	77	35	17	11	61	87	3.8
46	Univ. of California-Irvine	CA	W	81	44	19	19	49	96	3.6
47	Pennsylvania State Univ.	PA	N	85	32	18	17	51	43	3.8
47	Univ. of Florida	FL	S	82	40	22	20	39	75	3.6
47	Univ. of Texas-Austin	TX	W	78	36	23	17	44	75	3.9
50	Tulane Univ.	LA	S	74	65	5	9	27	59	3.3
50	Univ. of Miami	FL	S	77	52	5	11	39	66	3.1

为讨论方便，根据各大学所在州的地理位置，把它们分别归为四个不同的“地区”(Region)，同时为了把“地区”这个非定量的指标数量化，引进三个哑变量：X_7(Region-West)，X_8(Region-North)，X_9(Region-South). 这样所有可供选择的自变量都成为数量化的自变量了，它们分别是

X_1：学生班级中人数不到 20 个人的班级百分比；

X_2：学生班级中人数大于(等于)50 个人的班级百分比；

X_3：学生数与教师数的比；

X_4：接受入学的人数与申请入学的人数之百分比；

X_5：一年级新学生中优秀学生的百分比(优秀是指他们在原来的高中期间位于学生的前 10%)；

X_6：学校的学术声望打分；

X_7：学校位于美国西部区域的州；

X_8：学校位于美国北部区域的州；

X_9：学校位于美国南部区域的州.

从原始数据表 8.4.1 可知共有 51 个观察数据，每个观察数据都包括 10 个分数据(其中 1 个为 Y，9 个为 X). 针对这么多数据，应如何进行回归分析呢？下面分几步来逐步调整.

解：第一步　初选变量. 利用 Excel“数据分析”中的“相关系数”工具，对这 10 个变量计算相关系数，其结果如图 8.4.1 所示.

(Y)Gradua	(X1)% of	(X2)% of	(X3)Stude	(X4)Accep	(X5)1st-Y	(X6)Acade	(X7)Regio	(X8)Regio	(X9)Region-South
1									
0.665339	1								
-0.4558	-0.7087	1							
-0.55423	-0.8567	0.78295	1						
-0.77424	-0.7529	0.532695	0.6672	1					
0.584382	0.395809	-0.0117	-0.2928	-0.59064	1				
0.659703	0.502697	-0.07235	-0.4011	-0.58137	0.490544	1			
-0.21715	-0.24332	0.470995	0.25386	0.099747	0.363718	0.013155	1		
0.355413	0.306253	-0.25913	-0.31552	-0.38265	0.061168	0.119929	-0.42743	1	
-0.2018	-0.11034	-0.18263	0.074042	0.082145	-0.27781	-0.19103	-0.30769	-0.42743	1

图 8.4.1　变量相关系数表

注意到其中相关系数绝对值超过 0.7 的有四对，即(X_1，X_2)，(X_1，X_3)，(X_1，X_4)，(X_2，X_3). 这说明它们之间可能存在着统计学家不愿看到的“多重共线性”现象. 故在回归前先把 X_1，X_2 两个变量剔除掉. 另外又注意到(X_3，X_4)间的相关系数为 0.667 195，它也接近于阈值 0.7，故暂时虽仍保留这两个变量，但在下面分析时要保持清醒. 最后根据自变量对响应变量 Y 的回归系数绝对值大小(实际它往往意味着对响应变量变化的贡献率大小)，结合前面的分析，把将要回归的自变量前后排序为：X_4，X_6，X_5，X_3，X_8，X_7，X_9.

第二步　变量回归与再筛选. 令 $\alpha = 0.05$.

(1) 以 Y 为响应变量，以上面排序中靠前的 X_4，X_6 为自变量进行回归，得回归输出图 8.4.2.

从图中可知“$Significance\ F$” $= 3.77E-12$，“$P-value$” $= (2.34E-17,\ 5.92E-07,\ 0.003\,354)$，它们都可通过 $\alpha = 0.05$ 的假设检验. 另外，为强调回归时自变量为 X_4 与 X_6，记 $SSE = SSE(4,\ 6)$，$R_a^2 = R_a^2(4,\ 6)$. 则由图又可知 $SSE(4,\ 6) = 618.311\,4$，$R_a^2(4,\ 6) = 0.651\,881$. 问题到此似乎还算满意，但是如果进一步看“RESIDUAL OUTPUT” 中“标准残差”列中的第 50 个数据的对应值为 $-3.506\,6$，这就使我们警觉到第 50 个数据为“离群数据”，要重新仔细审核. 为下面叙述方便计，我们以 3 作为判“离群数据” 的阈值，而对离群数据则采取简单的删除数据的方法.

SUMMARY OUTPUT

回归统计	
Multiple	0.815969
R Square	0.665806
Adjusted	**0.65188**
标准误差	3.589079
观测值	51

方差分析

	df	SS	MS	F	Significance F
回归分析	2	1231.845	615.9227	47.8145674	**3.76677E-12**
残差	48	**618.311**	12.88149		
总计	50	1850.157			

	Coefficient	标准误差	t Stat	P-value	Lower 95%	Upper 95%	下限 95.0%	上限 95.0%
Intercept	79.18675	6.085313	13.01276	**2.342E-17**	66.95140546	91.42209	66.95141	91.42209
(X4)Accep	-0.22561	0.039202	-5.75505	**5.921E-07**	-0.304431456	-0.14679	-0.30443	-0.14679
(X6)Acade	4.010835	1.299243	3.087056	**0.0033537**	1.398533045	6.623138	1.398533	6.623138

RESIDUAL OUTPUT

观测值	)Graduati	残差	标准残差	观测值	)Graduati	残差	标准残差
1	97.03496	0.965041	0.274427	26	89.86558	-1.86558	-0.53051
2	96.58374	-0.58374	-0.166	27	87.35879	0.641207	0.182339
3	96.40827	0.591734	0.168271	28	87.75989	4.240111	1.205754
4	93.80122	-5.80122	-1.64968	29	87.96042	0.039576	0.011254
5	96.13252	-2.13252	-0.60642	30	84.65148	3.348518	0.952213
6	96.80935	-2.80935	-0.79889	31	86.00514	3.994857	1.136011
7	93.40013	1.599867	0.454952	32	87.20839	-3.20839	-0.91237
8	95.38049	-0.38049	-0.1082	33	86.75717	4.242826	1.206526
9	91.3195	0.680496	0.193512	34	87.35881	3.641195	1.035441
10	91.871	3.129002	0.889789	35	81.46786	-4.46786	-1.27052
11	93.50041	1.499593	0.426437	36	85.70433	-0.70433	-0.20029
12	90.56747	2.432527	0.691734	37	84.95229	0.047709	0.013567
13	90.66775	3.332253	0.947587	38	83.12235	0.877653	0.249577
14	91.59525	-0.59525	-0.16927	39	79.66298	2.337019	0.664574
15	92.49769	0.502308	0.142841	40	83.67383	-1.67383	-0.47598
16	93.67588	0.32412	0.092169	41	76.75512	4.244877	1.207109
17	89.13861	-1.13861	-0.32379	42	83.29782	-1.29782	-0.36906
18	90.04105	2.958946	0.841431	43	82.47058	-1.47058	-0.41819
19	89.58983	-0.58983	-0.16773	44	82.16977	4.830231	1.373565
20	88.33645	7.663555	2.17927	45	80.6657	-3.6657	-1.04241
21	93.07425	-3.07425	-0.87422	46	82.57085	-1.57085	-0.4467
22	87.45907	-0.45907	-0.13054	47	82.9218	2.078201	0.590975
23	90.94349	2.056505	0.584805	48	84.82696	-2.82696	-0.8039
24	90.84322	-1.84322	-0.52415	49	84.90215	-6.90215	-1.96275
25	88.08576	4.914239	1.397455	50	86.33103	-12.331	-3.5066
				51	82.82154	-5.82154	-1.65546

注：第50个观察数据有问题，予以删除

图 8.4.2 $(X_4,\ X_6)$与 Y 的回归输出

(2) 把表 8.4.2 中原来的 51 个数据删除一个后，得到新观察数据图，其数据个数亦相应地变成 50 个，对应于新数据图，我们再次以 X_4，X_6 为自变量，以 Y 为响应变量进行回归，得到回归输出图 8.4.3. 在图中为与前面由 51 个数据回归出的结果相区别，这里对应于 50 个数据

的变量符号都在前面添加了字母 R，例如 $Y \to RY$，$X_1 \to RX_1$，…，$X_q \to RX_q$.

从图中可知，回归可通过 F 检验和 t 检验，其“标准残差”中的所有数据的绝对值都不超过 3，另外可知

$$R_a^2(4,6) = 0.716\,11,\ SSE(4,6) = 447.201.$$

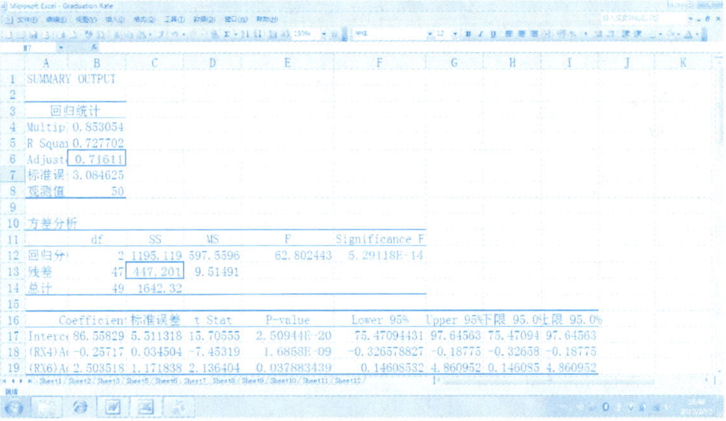

SUMMARY OUTPUT								
回归统计								
Multip	0.853054							
R Squai	0.727702							
Adjust	0.71611							
标准误	3.084625							
观测值	50							
方差分析								
	df	SS	MS	F	Significance F			
回归分	2	1195.119	597.5596	62.802443	5.29118E-14			
残差	47	447.201	9.51491					
总计	49	1642.32						
	Coefficien	标准误差	t Stat	P-value	Lower 95%	Upper 95%	下限 95.0%	上限 95.0%
Interc	86.55829	5.511318	15.70555	2.50944E-20	75.47094431	97.64563	75.47094	97.64563
(RX4)A	-0.25717	0.034504	-7.45319	1.6858E-09	-0.326578827	-0.18775	-0.32658	-0.18775
(RX6)A	2.503518	1.171838	2.136404	0.037883439	0.14608532	4.860952	0.146085	4.860952

图 8.4.3 (RX_4, RX_6) 与 RY 的回归输出

(3) 下面以 $(RX_4, RX_6, RX_5, RX_3, RX_8)$ 为自变量，以 RY 为响应变量进行回归，得输出图 8.4.4.

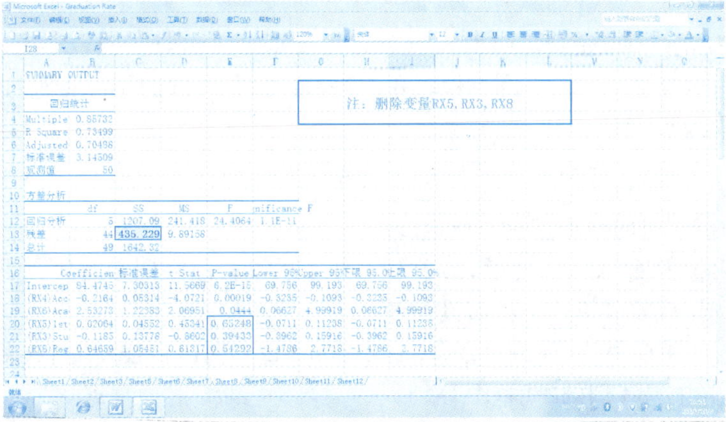

SUMMARY OUTPUT								
回归统计								
Multiple	0.85732							
R Square	0.73499							
Adjusted	0.70488							
标准误差	3.14509							
观测值	50							
方差分析								
	df	SS	MS	F	nificance F			
回归分析	5	1207.09	241.418	24.4064	1.1E-11			
残差	44	435.229	9.89158					
总计	49	1642.32						
	Coefficien	标准误差	t Stat	P-value	Lower 95%	Upper 95%	下限 95.0%	上限 95.0%
Intercep	84.4745	7.30315	11.5669	6.2E-15	69.756	99.193	69.756	99.193
(RX4)Acc	-0.2164	0.05314	-4.0721	0.00019	-0.3235	-0.1093	-0.3235	-0.1093
(RX6)Aca	2.53273	1.22383	2.06951	0.0444	0.06627	4.99919	0.06627	4.99919
(RX5)1st	0.02064	0.04552	0.45341	0.65248	-0.0711	0.11238	-0.0711	0.11238
(RX3)Stu	-0.1183	0.13778	-0.8602	0.39433	-0.3962	0.15916	-0.3962	0.15916
(RX8)Reg	0.64659	1.05481	0.61317	0.54292	-1.4786	2.7718	-1.4786	2.7718

注：删除变量RX5, RX3, RX8

图 8.4.4 $(RX_4, RX_6, RX_5, RX_3, RX_8)$ 与 RY 的回归输出

从图中可知 (RX_5, RX_3, RX_8) 三个变量不能通过 t 检验，进一步如果用公式(8.4.1)来计算，则由于 $q=2$，$p=5$，故统计量

$$F = \frac{[SSE(RX_4, RX_6) - SSE(RX_4, RX_6, RX_5, RX_3, RX_8)]/(5-2)}{SSE(RX_4, RX_6, RX_5, RX_3, RX_8)/(50-5-1)}$$

$$= \frac{(447.201 - 435.229)/3}{435.229/44} = 0.40344.$$

与 $F_{0.95}(3, 44) = 2.82$ 相比较后，可知由于 $0.40344 < 2.82$，故统计量 F 落入接受域，从而在回归时，把新添的三个自变量剔除掉.

(4) 按前面的排序 X_4，X_6，X_5，X_3，X_8，X_7，X_9，剔除 X_5，X_3，X_8 后，下面一个为 X_7，故这次以 (RX_4, RX_6, RX_7) 为自变量，以 RY 为响应变量进行回归，得输出图 8.4.5.

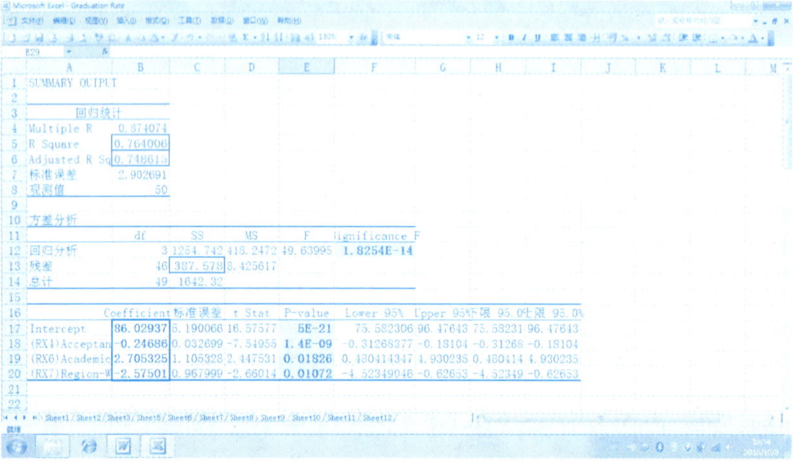

	A	B	C	D	E	F	G	H	I
1	SUMMARY OUTPUT								
2									
3	回归统计								
4	Multiple R	0.874074							
5	R Square	0.764006							
6	Adjusted R Sq	0.748615							
7	标准误差	2.902691							
8	观测值	50							
9									
10	方差分析								
11		df	SS	MS	F	ignificance F			
12	回归分析	3	1254.742	418.2472	49.63995	1.8254E-14			
13	残差	46	387.578	8.425617					
14	总计	49	1642.32						
15									
16		Coefficient	标准误差	t Stat	P-value	Lower 95%	Upper 95%	下限 95.0%	上限 95.0%
17	Intercept	86.02937	5.190066	16.57577	5E-21	75.582306	96.47643	75.58231	96.47643
18	(RX4)Acceptan	-0.24686	0.032699	-7.54955	1.4E-09	-0.31268377	-0.18104	-0.31268	-0.18104
19	(RX6)Academic	2.705325	1.105328	2.447531	0.01826	0.480414347	4.930235	0.480414	4.930235
20	(RX7)Region-W	-2.57501	0.967999	-2.66014	0.01072	-4.52349046	-0.62653	-4.52349	-0.62653

图 8.4.5 (RX_4, RX_6, RX_7) 与 RY 的回归输出

从图中可看出"*Significance F*" $= 1.8E-14$，"*P-value*" $= (5E-21, 1.4E-09, 0.01826, 0.01072)$，它们对应于 $\alpha = 0.05$ 的 F 检验和 t 检验都可通过. 此时不存在绝对值超过 3 的"标准误差"值，相应地

$$R_a^2(RX_4, RX_6, RX_7) = 0.74861, \quad SSE(RX_4, RX_6, RX_7) = 387.578,$$

与 (RX_4, RX_6) 回归时的结果相比有所进步.

如进一步再把 RX_9 添入自变量，由于不能通过 t 检验，故在回归时放弃了它.

第三步　利用残差分析验证预假设条件.

(1) 利用图 8.4.5 中的"预测(RY)Graduation Rate"列，与"残差"列数据，作散点图(图 8.4.6)(此图实际上是我们的"残差图").

从图中可见残差点比较均匀地落在以 0 为中心的水平带状区域内，这说明关于均值为零的误差 ε_i 的"方差齐性"的预假设是成立的.

(2) 再利用图 8.4.5 中的"残差列"，做正态性检验，在"正态概率纸"上可得图 8.4.7. 由于图中点子落在一条斜直线附近，可断言残差服从正态分布，进一步更可从图中看出对应的 $\mu = 0$，$\hat{\sigma} = 2.8414$，它与图 8.4.5 中"回归统计"下的"标准误差"值 2.902691 比较接近.

通过以上分析，可断言回归分析得以正确进行的预假设条件都得到了验证. 故所求的回归模型可以采用.

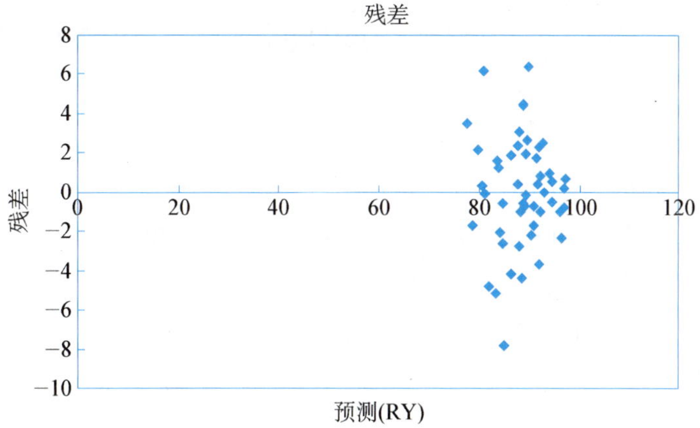

图 8.4.6 "Graduation Rate"回归残差图

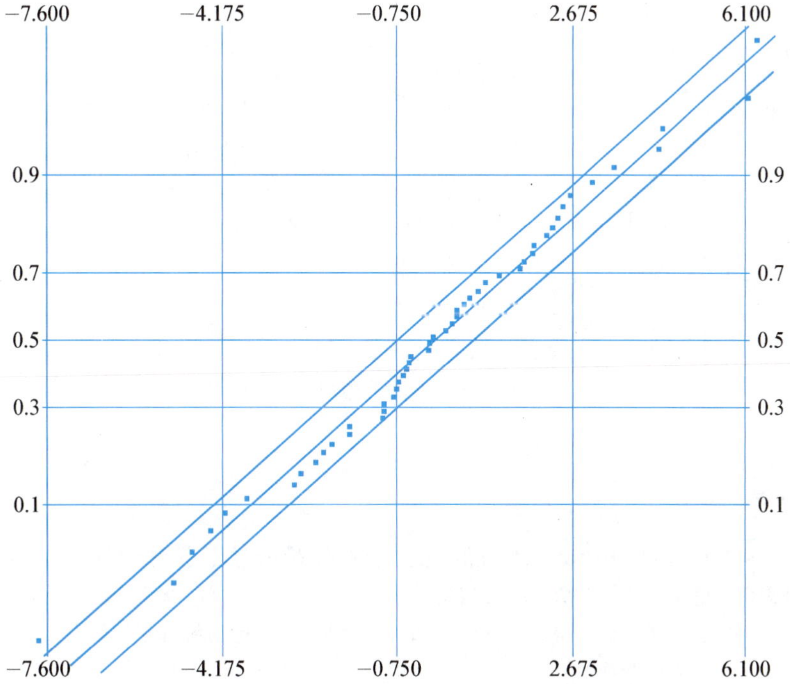

图 8.4.7 "Graduation Rate"回归残差正态性检验

第四步 给出最终的回归方程并予以解释.

由图 8.4.5 可知,所得回归方程为

$$Y = 86.02937 - 0.24686X_4 + 2.705325X_6 - 2.57501X_7.$$

由表中"$R\ Square$" = 0.764 006 可知上述模型可以解释响应变量 Y 的变差中约 76%的变化

原因.

由方程还可知，对于属于美国西部地区的学校，由于 $X_7=1$，故其模型为

$$\begin{aligned} Y &= 86.029\,37-0.246\,86X_4+2.705\,325X_6-2.575\,01X_7 \\ &= 83.454\,36-0.246\,86X_4+2.705\,325X_6. \end{aligned}$$

而位于美国其他三个地区的学校，由于对应的 $X_7=0$，故回归模型为

$$Y=86.029\,37-0.246\,86X_4+2.705\,325X_6.$$

这两个模型有个共同特点，就是对于名声比较好的学校，如果其入学率比较低，则相应地学生毕业率就比较高，另外在同样的 $(X_4,\ X_6)$ 条件下，西部地区的学生毕业率要稍微低于其他地区.

本章小结

本章从实用的角度出发讲述统计中重要的回归方法，利用它可以综合前面已学的概率统计知识，建立随机变量的数学模型. 由于涉及随机对象，所以“概率”在讨论中起了很大的作用. 在学习中不仅要注意“随机性”与“确定性”的差别，同时要兼顾回归计算与回归分析两个方面的联系.

- 回归分析方法
  - 回归模型中待估参数的计算
  - 回归中的方差分析与假设检验
  - 模型的分析
    - 自变量的选择
    - 回归模型的改进
  - 回归诊断
    - 预假设条件的验证
    - 离群值与强影响值的检测

思考题

1. 回归分析中为何要计算 ε 的方差 σ^2 的估计值？它在回归分析中起什么作用？
2. 回归分析是否仅仅适用于线性对象的模型讨论？
3. 回归分析中为何要进行两种假设检验？检验后如果发现某个”t -检验统计量”落入接受区域，此时应该如何下结论？又应该如何处理？
4. “多重共线性”现象是什么？在统计中为何要避免发生？
5. 为何要进行“回归诊断”？如果发现存在“离群值”是否可以马上把它删除？
6. 回归中为何要进行自变量筛选？“可决系数”与“修正可决系数”又在回归分析中起什么作用？
7. 回归分析中有哪些重要的预假设条件？如何通过“残差分析图”进行事后验证？

习题八

基本练习题

8-1 虽然回归分析研究一个变量对另一个(或一些)变量的依赖关系,但它并不一定意味着因果关系,用肯德尔(Kendall)和斯图尔特(Stuart)的话说:“一个统计关系式,不管多强也不管多么有启发性,却永远不能确定因果方面的联系——对因果关系的理念,必须来自统计学之外,最终来自这种或那种理论”.请结合一个例子说明你对这一表述的理解.

8-2 假设合成纤维的强度 $Y(\mathrm{N/mm^2})$ 与其拉伸倍数 X 之间存在线性关系,测得试验数据如下:

强度 y_i	16	24	25	27	35	42	50	64	65	73	80	81
拉伸倍数 x_i	2	2.5	2.7	3.5	4	4.5	5.2	6.3	7.1	8	9	10

(1) 画出散点图和样本相关系数;

(2) 假设 Y 与 X 服从一元线性回归模型,$Y=\beta_0+\beta_1 X+\varepsilon$,且随机误差满足预假设条件,求 Y 关于 X 的线性回归方程.

8-3 对题 7-30,假设 Y 与 X 服从一元线性回归模型 $Y=\beta_0+\beta_1 X+\varepsilon$,且随机误差满足预假设条件,求:

(1) 系数 β_0,β_1 的点估计;

(2) 系数 β_0,β_1 的置信度为 95%的置信区间.

8-4 一个钢材试件被压缩了 x(mm)时,测得所得压力为 y(N).试验数据为

压力 y_i/N	51	61	43	73	78	83	145	137	151	272	260	259	254	265	380	386	383	371	260
压缩量 x_i/mm	5	5	5	10	10	10	20	20	20	40	40	40	40	40	60	60	60	60	60

假设已从理论上分析出,在试验中 x 的变化范围内 $\hat{y}$ 与 x 有线性关系 $\hat{y}=\beta_0+\beta_1 x$.

(1) 求 β_0 与 β_1;

(2) 求系数 β_1 的置信度为 95%的置信区间;

(3) 在显著性水平 $\alpha=0.05$ 下,对回归方程系数 β_1 进行显著性检验;

(4) 在显著性水平 $\alpha=0.05$ 下,分别用 F 检验、可决系数 R^2 进行一元线性回归方程显著性检验.

8-5 对题 8-2 在显著性水平 $\alpha=0.05$ 下,

(1) 对回归方程系数 β_0、β_1 进行显著性检验;

(2) 用 F 检验、可决系数 R^2 进行一元线性回归方程显著性检验.

8-6 对题 8-3 在显著性水平 $\alpha=0.05$ 下,检验线性回归方程的显著性,当 $x=1.2$ 时,求 Y 的预测值以及 Y 的置信度为 95%的预测区间.

8-7 对题 8-4,当压缩量 $x=70$ mm 时,求 Y 的预测值以及 Y 的置信度为 95%的预测区间.

8-8 对一匀加速直线运动的物体进行观测,在时间 $t=1,2,3,4,5,6,7,8,9,10$(秒)测得位移 S 分别为 17.1, 28.1, 42.9, 62.1, 84.5, 111.9, 143.1, 177.8, 217.2, 260.2(米).根据运动方程知 $S=S_0+V_0 t+\frac{1}{2}at^2$,求它的初位置 S_0、初速度 V_0 和加速度 a(提示:若令 $x_1=t$,$x_2=t^2$,可化为多元线性方程来讨论).

8-9 以下是某地区 7 年来乡镇企业总产值 Y(亿元)、从业者人数 X_1(万人)、固定资产原值 X_2(亿元)的统计资料：

乡镇企业总产值 y_i	4.91	5.4	6.5	7.21	8.4	9.98	14.3
从业者人数 x_{1i}	28.27	29.09	30	29.7	31.12	32.35	39
固定资产原值 x_{2i}	2.3	2.8	3.2	3.8	4.3	4.76	5.75

假设 Y 与 X_1，X_2 服从二元线性回归模型以及预假设条件，则：

(1) 求二元线性回归方程和预假设条件中随机误差 ε 的方差 σ^2 的估计值；

(2) 计算可决系数并对回归方程进行显著水平为 0.05 的显著性检验；

(3) 对回归方程的每个系数进行显著水平为 0.05 的显著性检验.

8-10 下面是某地区 18 年某种消费品销售情况数据：

消费品的销售额 y	7.8	8.4	8.7	9.0	9.6	10.3	10.6	10.9	11.3
居民可支配收入 x_1	81.2	82.9	83.2	85.9	88.0	99.0	102.0	105.3	117.7
该类消费品的价格指数 x_2	85.0	92.0	91.5	92.9	93.0	96.0	95.0	95.5	98.9
其他消费品平均价格指数 x_3	87.0	94.0	95.0	95.5	96.0	97.0	97.5	98.0	101.2
消费品的销售额 y	12.3	13.5	14.2	14.9	15.9	18.5	19.5	19.9	20.5
居民可支配收入 x_1	126.4	131.2	148.0	153.0	161.0	170.0	174.0	185.0	189.0
该类消费品的价格指数 x_2	101.5	102.0	105.0	106.0	109.0	112.0	112.5	113.0	114.0
其他消费品平均价格指数 x_3	102.5	104.0	105.9	109.5	111.0	110.0	112.0	112.3	113

(1) 求三元线性回归方程；

(2) 计算可决系数并对回归方程进行显著水平为 0.05 的显著性检验；

(3) 对回归方程的每个系数进行显著水平为 0.05 的显著性检验，如果假设 $\beta_j=0$ 不能拒绝，则在原模型(1)中剔除第 j 个自度量 x_j 后重新回归，并计算剔除前后的修正可决系数；

(4) 计算相关系数. 利用 0.7 的阈值剔除可能产生“多重共线性”现象的回归自变量后，建立子集回归模型，并对回归方程进行显著水平为 0.05 的显著性检验.

8-11 对题 8-9，当从业者人数 $x_1=40$(万人)、固定资产原值 $x_2=6.1$(亿元)时，求乡镇企业总产值 Y 的预测值以及 Y 的置信度为 95%的预测区间.

8-12 对题 8-3、题 8-4，分别利用残差分析检验预假设条件.

强化练习题

8-13 设弹簧长度 Y 与挂重 X 存在线性关系，对不同的挂重 X 测得弹簧长度 Y 的数据如下：

弹簧长度 y_i	7.25	8.12	8.95	9.9	10.9	11.8
挂重 x_i	50	100	150	200	250	300

假设 Y 与 X 服从一元线性回归模型，

(1) 求 Y 关于 X 的线性回归方程；

(2) 对回归方程进行显著水平为 0.05 的显著性检验；

(3) 对回归系数进行显著水平为 0.05 的显著性检验，并求 X 前系数的置信度为 0.95 的置信区间；

(4) 当 $x=160$ 时，求 Y 的置信度为 0.95 的预测区间；

(5) 验证回归模型的预假设条件.

8-14 在彩色显影中，测得染色光学密度 Y 与析出银的光学密度 X 的试验数据如下：

染色光学密度 y_i	0.1	0.14	0.23	0.37	0.59	0.79	1	1.12	1.19	1.25	1.29
析出银的光学密度 x_i	0.05	0.06	0.07	0.1	0.14	0.2	0.25	0.31	0.38	0.43	0.47

(1) 求 Y 关于 X 的线性回归方程；对回归系数进行显著水平为 0.05 的显著性检验，检验回归模型的预假设条件；

(2) 令 $V=\ln Y$, $U=1/X$，建立回归方程 $V=\beta_0+\beta_1 U+\varepsilon$，并对回归系数进行显著水平为 0.05 的显著性检验，检验回归模型的预假设条件，求 Y 关于 X 的回归方程.

8-15 某石化厂为提高原油蒸馏装置轻油拔出率和总拔出率，制定了两项控制指标，一是常四线 350℃含量，二是减压渣油运动黏度. 控制前者可提高轻质油收率；控制后者，可以提高总拔出率. 要求常四线 350℃馏分含量不大于 16%，减压渣油运动黏度为 $\nu_{100℃}$ 不大于 700 m^2/s. 虽然操作员严格调整操作，两年来始终未达到要求. 车间工人从装置、原油品种、操作平稳等几方面查找原因，发现常四线 350℃含量和减压渣运动黏度与馏出口温度控制有关，各收集了 10 组数据见下表.

常四线 350℃含量 y_1/%	馏出口温度 x_1/℃
22	334
20	335
19	338
18	340
16	343
15	343
14	344
13	345
12	346
10	347

减压渣油运动黏度 y_2/(m^2/s)	馏出口温度 x_2/℃
500	370
550	372
590	373
640	375
700	377
730	378
750	379
800	380
850	382
890	383

假设 Y_i 与 X_i 服从一元线性回归模型 $Y_i=\beta_0+\beta_1 X_i+\varepsilon$，$i=1, 2$，且随机误差满足预假设条件，

(1) 分别求 Y_i 关于 X_i 的一元线性回归方程，$i=1, 2$；

(2) 分别对回归方程进行显著水平为 0.05 的显著性检验；

(3) 分别给出当馏出口温度 $t=344$℃ 时，常四线 350℃ 含量 Y_1% 以及当馏出口温度 $t=376.3$℃ 时，减压渣油运动黏度 Y_2 m^2/s 的预测值；根据常四线 350℃ 含量不大于 16% 且减压渣油运动黏度不大于 700 m^2/s 确定馏出口温度的控制范围.

8-16 设 $\hat{\beta}_0$ 为最小二乘估计式(8.1.4)，验证：

$$E\hat{\beta_0} = \beta_0,\ D\hat{\beta_0} = \sigma^2\left(\frac{1}{n} + \frac{(\overline{x})^2}{\sum\limits_{i=1}^{n}(x_i - \overline{x})^2}\right).$$

8-17 对某种化工产品的产量 Y(kg)，生产时的处理压力 X_1(大气压)和温度 X_2(℃)作测量，得到数据如下：

产量 y_i	40	49	55	63	65	57	58	62	65	58	59	67	56	72	68
压力 x_{1i}	6.8	7.2	7.6	8	8.2	8.4	8.6	8.8	9.1	9.3	9.5	9.7	10	10.3	10.5
温度 x_{2i}	665	685	690	700	695	670	675	690	700	680	685	700	650	690	670

假设 Y 与 X_1，X_2 服从二元线性回归模型，则：

(1) 求二元线性回归方程；

(2) 估计标准差 $\hat{\sigma}$；

(3) 检验回归模型的预假设条件；

(4) 对回归方程进行显著水平为 0.05 的显著性检验；

(5) 对回归系数进行显著水平为 0.05 的显著性检验，并求 X_1 前系数的置信度为 0.95 的置信区间.

8-18 以下资料给出了某企业近年来总成本 Y(万元)与产量 X(件)的数据：

年份	1	2	3	4	5	6	7	8	9	10	11	12
总成本 y_i	4	6	5	7	8	10	9	12	11	13	14	15
产量 x_i	329	524	424	629	741	1 000	863	1 390	1 157	1 548	1 787	2 031

(1) 根据经验已知 Y 与 X 有近似关系：$Y = \beta_0 + \beta_1 X + \beta_2 X^2 + \beta_3 X^3$，求回归方程；

(2) 对残差分析，找出残差在(−2, 2)之外的离群数据，删除后重新回归；

(3) 检验回归系数进行显著性检验 ($\alpha = 0.05$).

8-19 轧制压力计算中的应力状态系数 Q_p 是变形程度 ε，轧辊半径 R 和轧件出口厚度 h 的函数，即 $Q_p = f\left(\varepsilon, \sqrt{\frac{R}{h}}\right)$. 对轧辊半径 $R = 100$ mm，在 200 轧机上实测得到 16 组数据如下：

序号	应力状态系数 Q_p	变形程度 ε	轧件出口厚度 h
1	2.395 2	0.35	1.23
2	2.169 8	0.30	1.4
3	1.868 0	0.25	1.5
4	1.491 9	0.15	1.7
5	1.435 5	0.10	1.8
6	2.391 4	0.40	1.8
7	2.051 2	0.33	2.0
8	1.900 3	0.26	2.2

（续 表）

序号	应力状态系数 Q_p	变形程度 ε	轧件出口厚度 h
9	1.493 7	0.16	2.5
10	1.291 9	0.10	2.7
11	2.098 5	0.37	2.5
12	1.688 2	0.27	2.9
13	1.585 8	0.23	3.05
14	1.518 3	0.17	3.3
15	1.324 0	0.10	3.6
16	1.079 4	0.05	3.8

应力状态系数 $Q_p = f\left(\varepsilon, \sqrt{\frac{R}{h}}\right)$ 用如下多项式近似

$$Q_p = \beta_0 + \beta_1 x_1 + \beta_2 x_2 + \beta_3 x_3 + \beta_4 x_4,$$

其中 $x_1 = \varepsilon$，$x_2 = \sqrt{\frac{R}{h}}$，$x_3 = \varepsilon^2$，$x_4 = \varepsilon\sqrt{\frac{R}{h}}$，求：

(1) 四元线性回归方程；

(2) 计算可决系数并对回归方程进行显著水平为 0.1 的显著性检验；

(3) 对回归方程的每个系数进行显著水平为 0.1 的显著性检验，如果假设 $\beta_j = 0$ 不能拒绝，则在原模型(1)中剔除第 j 个自度量 x_j 后重新回归，计算可决系数并对回归方程进行显著水平为 0.1 的显著性检验.

自测题

填空题

8-20 为了得到维尼纶纤维的耐热水性 Y(摩尔分数)与生产时的甲醛浓度 X(克/升)的关系，现安排了一批试验，并将 7 次试验的数据输入 Excel 中，通过“数据分析”中的“回归”，得到如下结果：

SUMMARY OUTPUT

回归统计	
Multiple R	0.959 732
R Square	0.921 085
Adjusted R Square	0.905 302
标准误差	0.366 123
观测值	7

方差分析

	df	SS	MS	F	Significance F
回归分析	1	7.822 857	7.822 857	58.359 62	0.000 612
残差	5	0.670 229	0.134 046		
总计	6	8.493 086			

	Coefficients	标准误差	t Stat	P－value	Lower 95%	Upper 95%
Intercept	22.648 57	0.841 741	26.906 83	1.33E－06	20.484 81	24.812 33
X Variable 1	0.264 286	0.034 595	7.639 347	0.000 612	0.175 356	0.353 216

则耐热水性 Y 与甲醛浓度 X 的相关系数为________；耐热水性 Y 关于甲醛浓度 X 的回归方程为________________；根据“方差分析”的______________________________得到耐热水性 Y 与甲醛浓度 X 之间(在显著水平为 0.05 下)的存在显著的统计线性相关性；σ^2 的无偏估计为__________________；甲醛浓度 X 前系数的置信度为 0.95 的置信区间为_____________.

计算题

8－21 在某种产品表面进行腐蚀刻线试验，得到腐蚀深度 Y(微米)和腐蚀时间 X(秒)的数据如下：

腐蚀深度 y_i	6	10	10	13	16	17	19	23	25	29	46
腐蚀时间 x_i	5	10	15	20	30	40	50	60	70	90	120

(1) 求腐蚀深度 Y 关于腐蚀时间 X 的线性回归方程；

(2) 对回归系数进行显著水平为 0.05 的显著性检验；

(3) 验证回归模型的预假设条件；

(4) 当 $x=85$ 时，求腐蚀深度 Y 的置信度为 0.95 的预测区间.

8－22 在物理实验中，测得精确的时间 T(秒)和带有随机误差的路程 S(米)，实验数据如下：

路程 s	时间 t
1.23	0.5
4.91	1.0
11.04	1.5
19.62	2.0
30.65	2.5

假设路程 s 与时间的平方 t^2 服从一元线性回归模型，

(1) 试建立一元线性回归方程 $s=\beta_0+\beta_1 t^2$；

(2) 对回归系数 β_0 进行显著水平为 0.01 的显著性检验；如果不能拒绝假设 $\beta_0=0$，则剔除常数项 β_0 后，重新作回归，然后根据理论关系式 $s=\frac{1}{2}gt^2$ 来确定 g 的值.

8-23 轻重两组不同成品油混合得到的润滑油，为了研究润滑油的黏度下降值 Y 与轻重组分调合比 X_1 和重轻组分黏度比 X_2 的关系，作了一些测试，得到数据如下：

效率 y_i	出钢量 x_{1i}	氧化铁 x_{2i}	效率 y_i	出钢量 x_{1i}	氧化铁 x_{2i}
0.63	1.1	2.08	0.73	0.5	2.22
0.12	0.14	1.67	0.36	0.27	1.95
1.51	1.14	2.79	1.31	1.33	2.19
1.91	0.65	3.09	1.57	1.63	2.34
3.85	1.05	4.24	0.51	2.82	1.79
1.13	3.00	2.28	0.34	1.92	1.57
0.56	0.78	1.73	1.07	0.55	2.56
0.77	1.32	1.91	0.50	0.34	2.02
0.37	1.79	1.86	0.60	0.84	1.86
0.26	0.80	1.61	0.47	0.33	2.02
0.29	0.37	1.73	0.96	0.33	2.52
4.55	0.99	4.63	0.34	0.1	2.28
4.00	0.95	4.18	0.53	0.15	2.39
0.41	0.41	1.87	0.49	0.57	1.92
0.83	0.69	2.24	0.19	0.13	1.85

(1) 求黏度下降值 Y 与轻重组分调合比 X_1 和重轻组分黏度比 X_2 的二元线性回归方程；

(2) 对回归方程进行显著水平为 0.05 的显著性检验；

(3) 对回归系数进行显著水平为 0.05 的显著性检验，并求所有系数的置信度为 0.95 的置信区间.

附　　录

附表 1　常用分布表

分布名称	概率分布与密度函数 $p(x)$	数学期望	方差
退化分布 $I(x-c)$	$p_c=1$（c 为常数）	c	0
伯努利分布 （两点分布）	$p_k=\begin{cases}q, & k=0,\\ p, & k=1,\end{cases}$ $0<p<1,\ q=1-p$	p	pq
二项分布 $B(n,\ p)$	$b(k;\ n,\ p)=\binom{n}{k}p^k q^{n-k}$ $k=0,\ 1,\ \cdots,\ n$ $0<p<1,\ q=1-p$	np	npq
泊松分布 $P(\lambda)$	$p(k;\ \lambda)=\frac{\lambda^k}{k!}e^{-\lambda},\ k=0,\ 1,\ 2,\ \cdots$ $\lambda>0$	λ	λ
几何分布	$g(k;\ p)=q^{k-1}p$ $k=1,\ 2,\ \cdots$ $0<p<1,\ q=1-p$	$\frac{1}{p}$	$\frac{q}{p^2}$
超几何分布	$p_k=\frac{\binom{M}{k}\binom{N-M}{n-k}}{\binom{N}{n}},\ k=0,\ 1,\ 2,\ \cdots,\ \min(M,\ n)$, $M\leqslant N,\ n\leqslant N,\ M,\ N,\ n$ 为正整数	$\frac{nM}{N}$	$\frac{nM}{N}\left(1-\frac{M}{N}\right)\cdot\frac{N-n}{N-1}$
巴斯卡分布	$p_k=\binom{k-1}{r-1}p^r q^{k-r},\ k=r,\ r+1,\ \cdots$ $0<p<1,\ q=1-p,\ r$ 为正整数	$\frac{r}{p}$	$\frac{rq}{p^2}$

（续 表）

分布名称	概率分布与密度函数 $p(x)$	数学期望	方差
正态分布（高斯分布）$N(a, \sigma^2)$	$p(x)=\dfrac{1}{\sqrt{2\pi}\sigma}e^{-\frac{(x-a)^2}{2\sigma^2}}$ $-\infty<x<\infty$, a, $\sigma>0$，常数	a	σ^2
均匀分布 $U[a, b]$	$p(x)=\begin{cases}\dfrac{1}{b-a}, & a\leqslant x\leqslant b,\\ 0, & 其他,\end{cases}$ $a<b$，常数	$\dfrac{a+b}{2}$	$\dfrac{(b-a)^2}{12}$
指数分布 $E(\lambda)$	$p(x)=\begin{cases}\lambda e^{-\lambda x}, & x\geqslant 0,\\ 0, & 其他\end{cases}$ $\lambda>0$，常数	λ^{-1}	λ^{-2}
χ^2 分布	$p(x)=\begin{cases}\dfrac{1}{2^{\frac{n}{2}}\Gamma\left(\frac{n}{2}\right)}x^{\frac{n}{2}-1}e^{-\frac{x}{2}}, & x\geqslant 0,\\ 0, & x<0\end{cases}$ n 为正整数	n	$2n$
柯西分布	$p(x)=\dfrac{1}{\pi}\cdot\dfrac{\lambda}{\lambda^2+(x-\mu)^2}$, $-\infty<x<\infty$, $\lambda>0$, μ 为常数	不存在	不存在
t 分布	$p(x)=\dfrac{\Gamma\left(\frac{n+1}{2}\right)}{\sqrt{n\pi}\,\Gamma\left(\frac{n}{2}\right)}\left(1+\dfrac{x^2}{n}\right)^{-\frac{n+1}{2}}$, $-\infty<x<\infty$, n 为正整数	$0\ (n>1)$	$\dfrac{n}{n-2}\ (n>2)$
F 分布	$p(x)=\begin{cases}\dfrac{\Gamma\left(\frac{k_1+k_2}{2}\right)}{\Gamma\left(\frac{k_1}{2}\right)\Gamma\left(\frac{k_2}{2}\right)}k_1^{\frac{k_1}{2}}k_2^{\frac{k_2}{2}}\cdot\dfrac{x^{\frac{k_1}{2}-1}}{(k_2+k_1x)^{\frac{k_1+k_2}{2}}}, & x\geqslant 0,\\ 0, & x<0,\end{cases}$ k_1, k_2 为正整数	$\dfrac{k_2}{k_2-2}$ $(k_2>2)$	$\dfrac{2k_2^2(k_1+k_2-2)}{k_1(k_2-2)^2(k_2-4)}$ $(k_2>4)$

附表 2 正态总体参数区间估计

	待估参数	给定条件	枢轴量	对应的分布
单个总体	μ	σ 已知	$U=\dfrac{\overline{X}-\mu}{\frac{\sigma}{\sqrt{n}}}$	$N(0,1)$
		σ 未知	$T=\dfrac{\overline{X}-\mu}{\frac{S}{\sqrt{n}}}$	$t(n-1)$
	σ^2	μ 已知	$\chi^2=\dfrac{(n-1)S^2+n(\overline{X}-\mu)^2}{\sigma^2}$	$\chi^2(n)$
		μ 未知	$\chi^2=\dfrac{(n-1)S^2}{\sigma^2}$	$\chi^2(n-1)$
两个总体	$\mu_1-\mu_2$	σ_1，σ_2 已知	$U=\dfrac{(\overline{X}-\overline{Y})-(\mu_1-\mu_2)}{\sqrt{\frac{\sigma_1^2}{m}+\frac{\sigma_2^2}{n}}}$	$N(0,1)$
		σ_1，σ_2 未知，但 $\sigma_1=\sigma_2$	$T=\dfrac{(\overline{X}-\overline{Y})-(\mu_1-\mu_2)}{S_w\sqrt{\frac{1}{m}+\frac{1}{n}}}$	$t(m+n-2)$
	$\dfrac{\sigma_1^2}{\sigma_2^2}$	μ_1，μ_2 已知	$F=\dfrac{\frac{\frac{m-1}{m}S_x^2+(\overline{X}-\mu_1)^2}{\sigma_1^2}}{\frac{\frac{n-1}{n}S_y^2+(\overline{Y}-\mu_2)^2}{\sigma_2^2}}$	$F(m,n)$
		μ_1，μ_2 未知	$F=\dfrac{\frac{S_x^2}{\sigma_1^2}}{\frac{S_y^2}{\sigma_2^2}}$	$F(m-1,n-1)$

注：统计量 $S_w^2=\dfrac{(m-1)S_x^2+(n-1)S_y^2}{m+n-2}$.

附表3 泊松分布的概率 $P\{\xi=k\}=\dfrac{\lambda^k}{k!}e^{-\lambda}$

k \ λ	0.1	0.2	0.3	0.4	0.5	0.6	0.7	0.8	0.9	1.0	1.5
0	0.904 8	0.818 7	0.740 8	0.670 3	0.606 5	0.548 8	0.496 6	0.449 3	0.406 6	0.367 9	0.223 1
1	0.090 5	0.163 7	0.222 2	0.268 1	0.303 3	0.329 3	0.347 6	0.359 5	0.365 9	0.367 9	0.334 7
2	0.004 5	0.016 4	0.033 3	0.053 6	0.075 8	0.098 8	0.121 7	0.143 8	0.164 7	0.183 9	0.251 0
3	0.000 2	0.001 1	0.003 3	0.007 2	0.012 6	0.019 8	0.028 4	0.038 3	0.049 4	0.061 3	0.125 5
4		0.000 1	0.000 3	0.000 7	0.001 6	0.003 0	0.005 0	0.007 7	0.011 1	0.015 3	0.047 1
5				0.000 1	0.000 2	0.000 4	0.000 7	0.001 2	0.002 0	0.003 1	0.014 1
6							0.000 1	0.000 2	0.000 3	0.000 5	0.003 5
7										0.000 1	0.000 8
8											0.000 1

k \ λ	2.0	2.5	3.0	3.5	4.0	4.5	5.0	6.0	7.0	8.0	9.0
0	0.135 3	0.082 1	0.049 8	0.030 2	0.018 3	0.011 1	0.006 7	0.002 5	0.000 9	0.000 3	0.000 1
1	0.270 7	0.205 2	0.149 4	0.105 7	0.073 3	0.050 0	0.033 7	0.014 9	0.006 4	0.002 7	0.001 1
2	0.270 7	0.256 5	0.224 0	0.185 0	0.146 5	0.112 5	0.084 2	0.044 6	0.022 3	0.010 7	0.005 0
3	0.180 4	0.213 8	0.224 0	0.215 8	0.195 4	0.168 7	0.140 4	0.089 2	0.052 1	0.028 6	0.015 0
4	0.090 2	0.133 6	0.168 0	0.188 8	0.195 4	0.189 8	0.175 5	0.133 9	0.091 2	0.057 3	0.033 7
5	0.036 1	0.066 8	0.100 8	0.132 2	0.156 3	0.170 8	0.175 5	0.160 6	0.127 7	0.091 6	0.060 7
6	0.012 0	0.027 8	0.050 4	0.077 1	0.104 2	0.128 1	0.146 2	0.160 6	0.149 0	0.122 1	0.091 1
7	0.003 4	0.009 9	0.021 6	0.038 5	0.059 5	0.082 4	0.104 4	0.137 7	0.149 0	0.139 6	0.117 1
8	0.000 9	0.003 1	0.008 1	0.016 9	0.029 8	0.046 3	0.065 3	0.103 3	0.130 4	0.139 6	0.131 8
9	0.000 2	0.000 9	0.002 7	0.006 6	0.013 2	0.023 2	0.036 3	0.068 8	0.101 4	0.124 1	0.131 8
10		0.000 2	0.000 8	0.002 3	0.005 3	0.010 4	0.018 1	0.041 3	0.071 0	0.099 3	0.118 6
11			0.000 2	0.000 7	0.001 9	0.004 3	0.008 2	0.022 5	0.045 2	0.072 2	0.097 0
12			0.000 1	0.000 2	0.000 6	0.001 6	0.003 4	0.011 3	0.026 3	0.048 1	0.072 8
13				0.000 1	0.000 2	0.000 6	0.001 3	0.005 2	0.014 2	0.029 6	0.050 4
14					0.000 1	0.000 2	0.000 5	0.002 2	0.007 1	0.016 9	0.032 4
15						0.000 1	0.000 2	0.000 9	0.003 3	0.009 0	0.019 4
16								0.000 3	0.001 4	0.004 5	0.010 9
17								0.000 1	0.000 6	0.002 1	0.005 8
18									0.000 2	0.000 9	0.002 9
19									0.000 1	0.000 4	0.001 4
20										0.000 2	0.000 6
21										0.000 1	0.000 3
22											0.000 1

（续　表）

λ / k	10	11	12	13	14	15	16	17	18	19	20
0											
1	0.000 5	0.000 2	0.000 1								
2	0.002 3	0.001 0	0.000 4	0.000 2	0.000 1						
3	0.007 6	0.003 7	0.001 8	0.000 8	0.000 4	0.000 2	0.000 1				
4	0.018 9	0.010 2	0.005 3	0.002 7	0.001 3	0.000 6	0.000 3	0.000 1	0.000 1		
5	0.037 8	0.022 4	0.012 7	0.007 0	0.003 7	0.001 9	0.001 0	0.000 5	0.000 2	0.000 1	0.000 1
6	0.063 1	0.041 1	0.025 5	0.015 2	0.008 7	0.004 8	0.002 6	0.001 4	0.000 7	0.000 4	0.000 2
7	0.090 1	0.064 6	0.043 7	0.028 1	0.017 4	0.010 4	0.006 0	0.003 4	0.001 9	0.001 0	0.000 5
8	0.112 6	0.088 8	0.065 5	0.045 7	0.030 4	0.019 4	0.012 0	0.007 2	0.004 2	0.002 4	0.001 3
9	0.125 1	0.108 5	0.087 4	0.066 1	0.047 3	0.032 4	0.021 3	0.013 5	0.008 3	0.005 0	0.002 9
10	0.125 1	0.119 4	0.104 8	0.085 9	0.066 3	0.048 6	0.034 1	0.023 0	0.015 0	0.009 5	0.005 8
11	0.113 7	0.119 4	0.114 4	0.101 5	0.084 4	0.066 3	0.049 6	0.035 5	0.024 5	0.016 4	0.010 6
12	0.094 8	0.109 4	0.114 4	0.109 9	0.098 4	0.082 9	0.066 1	0.050 4	0.036 8	0.025 9	0.017 6
13	0.072 9	0.092 6	0.105 6	0.109 9	0.106 0	0.095 6	0.081 4	0.065 8	0.050 9	0.037 8	0.027 1
14	0.052 1	0.072 8	0.090 5	0.102 1	0.106 0	0.102 4	0.093 0	0.080 0	0.065 5	0.051 4	0.038 7
15	0.034 7	0.053 4	0.072 4	0.088 5	0.098 9	0.102 4	0.099 2	0.090 6	0.078 6	0.065 0	0.051 6
16	0.021 7	0.036 7	0.054 3	0.071 9	0.086 6	0.096 0	0.099 2	0.096 3	0.088 4	0.077 2	0.064 6
17	0.012 8	0.023 7	0.038 3	0.055 0	0.071 3	0.084 7	0.093 4	0.096 3	0.093 6	0.086 3	0.076 0
18	0.007 1	0.014 5	0.025 5	0.039 7	0.055 4	0.070 6	0.083 0	0.090 9	0.093 6	0.091 1	0.084 4
19	0.003 7	0.008 4	0.016 1	0.027 2	0.040 9	0.055 7	0.069 9	0.081 4	0.088 7	0.091 1	0.088 8
20	0.001 9	0.004 6	0.009 7	0.017 7	0.028 6	0.041 8	0.055 9	0.069 2	0.079 8	0.086 6	0.088 8
21	0.000 9	0.002 4	0.005 5	0.010 9	0.019 1	0.029 9	0.042 6	0.056 0	0.068 4	0.078 3	0.084 6
22	0.000 4	0.001 2	0.003 0	0.006 5	0.012 1	0.020 4	0.031 0	0.043 3	0.056 0	0.067 6	0.076 9
23	0.000 2	0.000 6	0.001 6	0.003 7	0.007 4	0.013 3	0.021 6	0.032 0	0.043 8	0.055 9	0.066 9
24	0.000 1	0.000 3	0.000 8	0.002 0	0.004 3	0.008 3	0.014 4	0.022 6	0.032 8	0.044 2	0.055 7
25		0.000 1	0.000 4	0.001 0	0.002 4	0.005 0	0.009 2	0.015 4	0.023 7	0.033 6	0.044 6
26			0.000 2	0.000 5	0.001 3	0.002 9	0.005 7	0.010 1	0.016 4	0.024 6	0.034 3
27			0.000 1	0.000 2	0.000 7	0.001 6	0.003 4	0.006 3	0.010 9	0.017 3	0.025 4
28				0.000 1	0.000 3	0.000 9	0.001 9	0.003 8	0.007 0	0.011 7	0.018 1
29				0.000 1	0.000 2	0.000 4	0.001 1	0.002 3	0.004 4	0.007 7	0.012 5
30					0.000 1	0.000 2	0.000 6	0.001 3	0.002 6	0.004 9	0.008 3
31						0.000 1	0.000 3	0.000 7	0.001 5	0.003 0	0.005 4
32						0.000 1	0.000 1	0.000 4	0.000 9	0.001 8	0.003 4
33							0.000 1	0.000 2	0.000 5	0.001 0	0.002 0
34								0.000 1	0.000 2	0.000 6	0.001 2
35									0.000 1	0.000 3	0.000 7
36									0.000 1	0.000 2	0.000 4
37										0.000 1	0.000 2
38											0.000 1
39											0.000 1

附表 4　标准正态分布的分布函数

$$\xi \sim N(0,\ 1),\ \Phi(x)=P\{\xi \leqslant x\}=\frac{1}{\sqrt{2\pi}}\int_{-\infty}^{x} \mathrm{e}^{-\frac{t^2}{2}}\,\mathrm{d}t$$

表中是与 x 对应的 $N(0,\ 1)$分布的分布函数 $\Phi(x)$的值.

x	0.00	0.01	0.02	0.03	0.04	0.05	0.06	0.07	0.08	0.09
0.0	0.500 0	0.504 0	0.508 0	0.512 0	0.516 0	0.519 9	0.523 9	0.527 9	0.531 9	0.535 9
0.1	0.539 8	0.543 8	0.547 8	0.551 7	0.555 7	0.559 6	0.563 6	0.567 5	0.571 4	0.575 3
0.2	0.579 3	0.583 2	0.587 1	0.591 0	0.594 8	0.598 7	0.602 6	0.606 4	0.610 3	0.614 1
0.3	0.617 9	0.621 7	0.625 5	0.629 3	0.633 1	0.636 8	0.640 6	0.644 3	0.648 0	0.651 7
0.4	0.655 4	0.659 1	0.662 8	0.666 4	0.670 0	0.673 6	0.677 2	0.680 8	0.684 4	0.687 9
0.5	0.691 5	0.695 0	0.698 5	0.701 9	0.705 4	0.708 8	0.712 3	0.715 7	0.719 0	0.722 4
0.6	0.725 7	0.729 1	0.732 4	0.735 7	0.738 9	0.742 2	0.745 4	0.748 6	0.751 7	0.754 9
0.7	0.758 0	0.761 1	0.764 2	0.767 3	0.770 4	0.773 4	0.776 4	0.779 4	0.782 3	0.785 2
0.8	0.788 1	0.791 0	0.793 9	0.796 7	0.799 5	0.802 3	0.805 1	0.807 8	0.810 6	0.813 3
0.9	0.815 9	0.818 6	0.821 2	0.823 8	0.826 4	0.828 9	0.831 5	0.834 0	0.836 5	0.838 9
1.0	0.841 3	0.843 8	0.846 1	0.848 5	0.850 8	0.853 1	0.855 4	0.857 7	0.859 9	0.862 1
1.1	0.864 3	0.866 5	0.868 6	0.870 8	0.872 9	0.874 9	0.877 0	0.879 0	0.881 0	0.883 0
1.2	0.884 9	0.886 9	0.888 8	0.890 7	0.892 5	0.894 4	0.896 2	0.898 0	0.899 7	0.901 5
1.3	0.903 2	0.904 9	0.906 6	0.908 2	0.909 9	0.911 5	0.913 1	0.914 7	0.916 2	0.917 7
1.4	0.919 2	0.920 7	0.922 2	0.923 6	0.925 1	0.926 5	0.927 9	0.929 2	0.930 6	0.931 9
1.5	0.933 2	0.934 5	0.935 7	0.937 0	0.938 2	0.939 4	0.940 6	0.941 8	0.942 9	0.944 1
1.6	0.945 2	0.946 3	0.947 4	0.948 4	0.949 5	0.950 5	0.951 5	0.952 5	0.953 5	0.954 5
1.7	0.955 4	0.956 4	0.957 3	0.958 2	0.959 1	0.959 9	0.960 8	0.961 6	0.962 5	0.963 3
1.8	0.964 1	0.964 9	0.965 6	0.966 4	0.967 1	0.967 8	0.968 6	0.969 3	0.969 9	0.970 6
1.9	0.971 3	0.971 9	0.972 6	0.973 2	0.973 8	0.974 4	0.975 0	0.975 6	0.976 1	0.976 7
2.0	0.977 2	0.977 8	0.978 3	0.978 8	0.979 3	0.979 8	0.980 3	0.980 8	0.981 2	0.981 7
2.1	0.982 1	0.982 6	0.983 0	0.983 4	0.983 8	0.984 2	0.984 6	0.985 0	0.985 4	0.985 7
2.2	0.986 1	0.986 4	0.986 8	0.987 1	0.987 5	0.987 8	0.988 1	0.988 4	0.988 7	0.989 0
2.3	0.989 3	0.989 6	0.989 8	0.990 1	0.990 4	0.990 6	0.990 9	0.991 1	0.991 3	0.991 6
2.4	0.991 8	0.992 0	0.992 2	0.992 5	0.992 7	0.992 9	0.993 1	0.993 2	0.993 4	0.993 6
2.5	0.993 8	0.994 0	0.994 1	0.994 3	0.994 5	0.994 6	0.994 8	0.994 9	0.995 1	0.995 2
2.6	0.995 3	0.995 5	0.995 6	0.995 7	0.995 9	0.996 0	0.996 1	0.996 2	0.996 3	0.996 4
2.7	0.996 5	0.996 6	0.996 7	0.996 8	0.996 9	0.997 0	0.997 1	0.997 2	0.997 3	0.997 4
2.8	0.997 4	0.997 5	0.997 6	0.997 7	0.997 7	0.997 8	0.997 9	0.997 9	0.998 0	0.998 1
2.9	0.998 1	0.998 2	0.998 2	0.998 3	0.998 4	0.998 4	0.998 5	0.998 5	0.998 6	0.998 6

（续　表）

x	0.00	0.01	0.02	0.03	0.04	0.05	0.06	0.07	0.08	0.09
3.0	0.998 7	0.998 7	0.998 7	0.998 8	0.998 8	0.998 9	0.998 9	0.998 9	0.999 0	0.999 0
3.1	0.999 0	0.999 1	0.999 1	0.999 1	0.999 2	0.999 2	0.999 2	0.999 2	0.999 3	0.999 3
3.2	0.999 3	0.999 3	0.999 4	0.999 4	0.999 4	0.999 4	0.999 4	0.999 5	0.999 5	0.999 5
3.3	0.999 5	0.999 5	0.999 5	0.999 6	0.999 6	0.999 6	0.999 6	0.999 6	0.999 6	0.999 7
3.4	0.999 7	0.999 7	0.999 7	0.999 7	0.999 7	0.999 7	0.999 7	0.999 7	0.999 7	0.999 8
3.5	0.999 8	0.999 8	0.999 8	0.999 8	0.999 8	0.999 8	0.999 8	0.999 8	0.999 8	0.999 8
3.6	0.999 8	0.999 8	0.999 9	0.999 9	0.999 9	0.999 9	0.999 9	0.999 9	0.999 9	0.999 9
3.7	0.999 9	0.999 9	0.999 9	0.999 9	0.999 9	0.999 9	0.999 9	0.999 9	0.999 9	0.999 9
3.8	0.999 9	0.999 9	0.999 9	0.999 9	0.999 9	0.999 9	0.999 9	0.999 9	0.999 9	0.999 9
3.9	1.000 0	1.000 0	1.000 0	1.000 0	1.000 0	1.000 0	1.000 0	1.000 0	1.000 0	1.000 0

附表 5　标准正态分布的临界值

$\xi \sim N(0, 1)$, $P\{\xi \leqslant U_p\} = p$

表中是与 p 对应的 $N(0, 1)$ 分布的临界值 U_p.

p	0.000	0.001	0.002	0.003	0.004	0.005	0.006	0.007	0.008	0.009
0.50	0.000 0	0.002 5	0.005 0	0.007 5	0.010 0	0.012 5	0.015 0	0.017 5	0.020 1	0.022 6
0.51	0.025 1	0.027 6	0.030 1	0.032 6	0.035 1	0.037 6	0.040 1	0.042 6	0.045 1	0.047 6
0.52	0.050 2	0.052 7	0.055 2	0.057 7	0.060 2	0.062 7	0.065 2	0.067 7	0.070 2	0.072 8
0.53	0.075 3	0.077 8	0.080 3	0.082 8	0.085 3	0.087 8	0.090 4	0.092 9	0.095 4	0.097 9
0.54	0.100 4	0.103 0	0.105 5	0.108 0	0.110 5	0.113 0	0.115 6	0.118 1	0.120 6	0.123 1
0.55	0.125 7	0.128 2	0.130 7	0.133 2	0.135 8	0.138 3	0.140 8	0.143 4	0.145 9	0.148 4
0.56	0.151 0	0.153 5	0.156 0	0.158 6	0.161 1	0.163 7	0.166 2	0.168 7	0.171 3	0.173 8
0.57	0.176 4	0.178 9	0.181 5	0.184 0	0.186 6	0.189 1	0.191 7	0.194 2	0.196 8	0.199 3
0.58	0.201 9	0.204 5	0.207 0	0.209 6	0.212 1	0.214 7	0.217 3	0.219 8	0.222 4	0.225 0
0.59	0.227 5	0.230 1	0.232 7	0.235 3	0.237 8	0.240 4	0.243 0	0.245 6	0.248 2	0.250 8
0.60	0.253 3	0.255 9	0.258 5	0.261 1	0.263 7	0.266 3	0.268 9	0.271 5	0.274 1	0.276 7
0.61	0.279 3	0.281 9	0.284 5	0.287 1	0.289 8	0.292 4	0.295 0	0.297 6	0.300 2	0.302 9
0.62	0.305 5	0.308 1	0.310 7	0.313 4	0.316 0	0.318 6	0.321 3	0.323 9	0.326 6	0.329 2
0.63	0.331 9	0.334 5	0.337 2	0.339 8	0.342 5	0.345 1	0.347 8	0.350 5	0.353 1	0.355 8
0.64	0.358 5	0.361 1	0.363 8	0.366 5	0.369 2	0.371 9	0.374 5	0.377 2	0.379 9	0.382 6
0.65	0.385 3	0.388 0	0.390 7	0.393 4	0.396 1	0.398 9	0.401 6	0.404 3	0.407 0	0.409 7
0.66	0.412 5	0.415 2	0.417 9	0.420 7	0.423 4	0.426 1	0.428 9	0.431 6	0.434 4	0.437 2
0.67	0.439 9	0.442 7	0.445 4	0.448 2	0.451 0	0.453 8	0.456 5	0.459 3	0.462 1	0.464 9
0.68	0.467 7	0.470 5	0.473 3	0.476 1	0.478 9	0.481 7	0.484 5	0.487 4	0.490 2	0.493 0
0.69	0.495 9	0.498 7	0.501 5	0.504 4	0.507 2	0.510 1	0.512 9	0.515 8	0.518 7	0.521 5
0.70	0.524 4	0.527 3	0.530 2	0.533 0	0.535 9	0.538 8	0.541 7	0.544 6	0.547 6	0.550 5
0.71	0.553 4	0.556 3	0.559 2	0.562 2	0.565 1	0.568 1	0.571 0	0.574 0	0.576 9	0.579 9
0.72	0.582 8	0.585 8	0.588 8	0.591 8	0.594 8	0.597 8	0.600 8	0.603 8	0.606 8	0.609 8
0.73	0.612 8	0.615 8	0.618 9	0.621 9	0.625 0	0.628 0	0.631 1	0.634 1	0.637 2	0.640 3
0.74	0.643 3	0.646 4	0.649 5	0.652 6	0.655 7	0.658 8	0.662 0	0.665 1	0.668 2	0.671 3

（续 表）

p	0.000	0.001	0.002	0.003	0.004	0.005	0.006	0.007	0.008	0.009
0.75	0.674 5	0.677 6	0.680 8	0.684 0	0.687 1	0.690 3	0.693 5	0.696 7	0.699 9	0.703 1
0.76	0.706 3	0.709 5	0.712 8	0.716 0	0.719 2	0.722 5	0.725 7	0.729 0	0.732 3	0.735 6
0.77	0.738 8	0.742 1	0.745 4	0.748 8	0.752 1	0.755 4	0.758 8	0.762 1	0.765 5	0.768 8
0.78	0.772 2	0.775 6	0.779 0	0.782 4	0.785 8	0.789 2	0.792 6	0.796 1	0.799 5	0.803 0
0.79	0.806 4	0.809 9	0.813 4	0.816 9	0.820 4	0.823 9	0.827 4	0.831 0	0.834 5	0.838 1
0.80	0.841 6	0.845 2	0.848 8	0.852 4	0.856 0	0.859 6	0.863 3	0.866 9	0.870 5	0.874 2
0.81	0.877 9	0.881 6	0.885 3	0.889 0	0.892 7	0.896 5	0.900 2	0.904 0	0.907 8	0.911 6
0.82	0.915 4	0.919 2	0.923 0	0.926 9	0.930 7	0.934 6	0.938 5	0.942 4	0.946 3	0.950 2
0.83	0.954 2	0.958 1	0.962 1	0.966 1	0.970 1	0.974 1	0.978 2	0.982 2	0.986 3	0.990 4
0.84	0.994 5	0.998 6	1.002 7	1.006 9	1.011 0	1.015 2	1.019 4	1.023 7	1.027 9	1.032 2
0.85	1.036 4	1.040 7	1.045 0	1.049 4	1.053 7	1.058 1	1.062 5	1.066 9	1.071 4	1.075 8
0.86	1.080 3	1.084 8	1.089 3	1.093 9	1.098 5	1.103 1	1.107 7	1.112 3	1.117 0	1.121 7
0.87	1.126 4	1.131 1	1.135 9	1.140 7	1.145 5	1.150 3	1.155 2	1.160 1	1.165 0	1.170 0
0.88	1.175 0	1.180 0	1.185 0	1.190 1	1.195 2	1.200 4	1.205 5	1.210 7	1.216 0	1.221 2
0.89	1.226 5	1.231 9	1.237 2	1.242 6	1.248 1	1.253 6	1.259 1	1.264 6	1.270 2	1.275 9
0.90	1.281 6	1.287 3	1.293 0	1.298 8	1.304 7	1.310 6	1.316 5	1.322 5	1.328 5	1.334 6
0.91	1.340 8	1.346 9	1.353 2	1.359 5	1.365 8	1.372 2	1.378 7	1.385 2	1.391 7	1.398 4
0.92	1.405 1	1.411 8	1.418 7	1.425 5	1.432 5	1.439 5	1.446 6	1.453 8	1.461 1	1.468 4
0.93	1.475 8	1.483 3	1.490 9	1.498 5	1.506 3	1.514 1	1.522 0	1.530 1	1.538 2	1.546 4
0.94	1.554 8	1.563 2	1.571 8	1.580 5	1.589 3	1.598 2	1.607 2	1.616 4	1.625 8	1.635 2
0.95	1.644 9	1.654 6	1.664 6	1.674 7	1.684 9	1.695 4	1.706 0	1.716 9	1.727 9	1.739 2
0.96	1.750 7	1.762 4	1.774 4	1.786 6	1.799 1	1.811 9	1.825 0	1.838 4	1.852 2	1.866 3
0.97	1.880 8	1.895 7	1.911 0	1.926 8	1.943 1	1.960 0	1.977 4	1.995 4	2.014 1	2.033 5
0.98	2.053 7	2.074 9	2.096 9	2.120 1	2.144 4	2.170 1	2.197 3	2.226 2	2.257 1	2.290 4
0.99	2.326 3	2.365 6	2.408 9	2.457 3	2.512 1	2.575 8	2.652 1	2.747 8	2.878 2	3.090 2

附表 6 t 分布的临界值

$$T \sim t(k),\ P\{T \leqslant t_p(k)\} = p$$

表中是与 p 和自由度 k 对应的 t 分布的临界值 $t_p(k)$.

k \ p	0.90	0.95	0.975	0.99	0.995
1	3.077 7	6.313 8	12.706 2	31.820 5	63.656 7
2	1.885 6	2.920 0	4.302 7	6.964 6	9.924 8
3	1.637 7	2.353 4	3.182 4	4.540 7	5.840 9
4	1.533 2	2.131 8	2.776 4	3.746 9	4.604 1
5	1.475 9	2.015 0	2.570 6	3.364 9	4.032 1
6	1.439 8	1.943 2	2.446 9	3.142 7	3.707 4
7	1.414 9	1.894 6	2.364 6	2.998 0	3.499 5
8	1.396 8	1.859 5	2.306 0	2.896 5	3.355 4
9	1.383 0	1.833 1	2.262 2	2.821 4	3.249 8
10	1.372 2	1.812 5	2.228 1	2.763 8	3.169 3
11	1.363 4	1.795 9	2.201 0	2.718 1	3.105 8
12	1.356 2	1.782 3	2.178 8	2.681 0	3.054 5
13	1.350 2	1.770 9	2.160 4	2.650 3	3.012 3
14	1.345 0	1.761 3	2.144 8	2.624 5	2.976 8
15	1.340 6	1.753 1	2.131 4	2.602 5	2.946 7
16	1.336 8	1.745 9	2.119 9	2.583 5	2.920 8
17	1.333 4	1.739 6	2.109 8	2.566 9	2.898 2
18	1.330 4	1.734 1	2.100 9	2.552 4	2.878 4
19	1.327 7	1.729 1	2.093 0	2.539 5	2.860 9
20	1.325 3	1.724 7	2.086 0	2.528 0	2.845 3
21	1.323 2	1.720 7	2.079 6	2.517 6	2.831 4
22	1.321 2	1.717 1	2.073 9	2.508 3	2.818 8
23	1.319 5	1.713 9	2.068 7	2.499 9	2.807 3
24	1.317 8	1.710 9	2.063 9	2.492 2	2.796 9
25	1.316 3	1.708 1	2.059 5	2.485 1	2.787 4
26	1.315 0	1.705 6	2.055 5	2.478 6	2.778 7
27	1.313 7	1.703 3	2.051 8	2.472 7	2.770 7
28	1.312 5	1.701 1	2.048 4	2.467 1	2.763 3
29	1.311 4	1.699 1	2.045 2	2.462 0	2.756 4
30	1.310 4	1.697 3	2.042 3	2.457 3	2.750 0
40	1.303 1	1.683 9	2.021 1	2.423 3	2.704 5
50	1.298 7	1.675 9	2.008 6	2.403 3	2.677 8
60	1.295 8	1.670 6	2.000 3	2.390 1	2.660 3
120	1.288 6	1.657 7	1.979 9	2.357 8	2.617 4
∞	1.281 6	1.644 9	1.960 0	2.326 3	2.575 8

附表 7 χ^2 分布的临界值

$$\chi^2 \sim \chi^2(k),\ P\{\chi^2 \leqslant \chi^2{}_p(k)\} = p$$

表中是与 p 和自由度 k 对应的 χ^2 分布的临界值 $\chi^2{}_p(k)$.

k \ p	0.005	0.01	0.025	0.05	0.10	0.90	0.95	0.975	0.99	0.995
1	0.000	0.000	0.001	0.004	0.016	2.706	3.841	5.024	6.635	7.879
2	0.010	0.020	0.051	0.103	0.211	4.605	5.991	7.378	9.210	10.597
3	0.072	0.115	0.216	0.352	0.584	6.251	7.815	9.348	11.345	12.838
4	0.207	0.297	0.484	0.711	1.064	7.779	9.488	11.143	13.277	14.860
5	0.412	0.554	0.831	1.145	1.610	9.236	11.070	12.833	15.086	16.750
6	0.676	0.872	1.237	1.635	2.204	10.645	12.592	14.449	16.812	18.548
7	0.989	1.239	1.690	2.167	2.833	12.017	14.067	16.013	18.475	20.278
8	1.344	1.646	2.180	2.733	3.490	13.362	15.507	17.535	20.090	21.955
9	1.735	2.088	2.700	3.325	4.168	14.684	16.919	19.023	21.666	23.589
10	2.156	2.558	3.247	3.940	4.865	15.987	18.307	20.483	23.209	25.188
11	2.603	3.053	3.816	4.575	5.578	17.275	19.675	21.920	24.725	26.757
12	3.074	3.571	4.404	5.226	6.304	18.549	21.026	23.337	26.217	28.300
13	3.565	4.107	5.009	5.892	7.042	19.812	22.362	24.736	27.688	29.819
14	4.075	4.660	5.629	6.571	7.790	21.064	23.685	26.119	29.141	31.319
15	4.601	5.229	6.262	7.261	8.547	22.307	24.996	27.488	30.578	32.801
16	5.142	5.812	6.908	7.962	9.312	23.542	26.296	28.845	32.000	34.267
17	5.697	6.408	7.564	8.672	10.085	24.769	27.587	30.191	33.409	35.718
18	6.265	7.015	8.231	9.390	10.865	25.989	28.869	31.526	34.805	37.156
19	6.844	7.633	8.907	10.117	11.651	27.204	30.144	32.852	36.191	38.582
20	7.434	8.260	9.591	10.851	12.443	28.412	31.410	34.170	37.566	39.997
21	8.034	8.897	10.283	11.591	13.240	29.615	32.671	35.479	38.932	41.401
22	8.643	9.542	10.982	12.338	14.041	30.813	33.924	36.781	40.289	42.796
23	9.260	10.196	11.689	13.091	14.848	32.007	35.172	38.076	41.638	44.181
24	9.886	10.856	12.401	13.848	15.659	33.196	36.415	39.364	42.980	45.559
25	10.520	11.524	13.120	14.611	16.473	34.382	37.652	40.646	44.314	46.928
26	11.160	12.198	13.844	15.379	17.292	35.563	38.885	41.923	45.642	48.290
27	11.808	12.879	14.573	16.151	18.114	36.741	40.113	43.195	46.963	49.645
28	12.461	13.565	15.308	16.928	18.939	37.916	41.337	44.461	48.278	50.993
29	13.121	14.256	16.047	17.708	19.768	39.087	42.557	45.722	49.588	52.336
30	13.787	14.953	16.791	18.493	20.599	40.256	43.773	46.979	50.892	53.672
35	17.192	18.509	20.569	22.465	24.797	46.059	49.802	53.203	57.342	60.275
40	20.707	22.164	24.433	26.509	29.051	51.805	55.758	59.342	63.691	66.766
45	24.311	25.901	28.366	30.612	33.350	57.505	61.656	65.410	69.957	73.166
50	27.991	29.707	32.357	34.764	37.689	63.167	67.505	71.420	76.154	79.490
60	35.534	37.485	40.482	43.188	46.459	74.397	79.082	83.298	88.379	91.952

附表 8　F 分布的临界值

$$F \sim F(k_1, k_2),\ P\{F \leqslant F_p(k_1, k_2)\} = p$$

表中是与 p 和自由度 (k_1, k_2) 对应的 F 分布临界值 $F_p(k_1, k_2)$.

p	k_2 \ k_1	1	2	3	4	5	6	7	8	9	10	11	12
0.95		161	200	216	225	230	234	237	239	241	242	243	244
0.975	1	648	799	864	900	922	937	948	957	963	969	973	977
0.95		18.5	19.0	19.2	19.2	19.3	19.3	19.4	19.4	19.4	19.4	19.4	19.4
0.975	2	38.5	39.0	39.2	39.2	39.3	39.3	39.4	39.4	39.4	39.4	39.4	39.4
0.95		10.1	9.55	9.28	9.12	9.01	8.94	8.89	8.85	8.81	8.79	8.76	8.74
0.975	3	17.4	16.0	15.4	15.1	14.9	14.7	14.6	14.5	14.5	14.4	14.4	14.3
0.95		7.71	6.94	6.59	6.39	6.26	6.16	6.09	6.04	6.00	5.96	5.94	5.91
0.975	4	12.2	10.6	9.98	9.60	9.36	9.20	9.07	8.98	8.90	8.84	8.79	8.75
0.95		6.61	5.79	5.41	5.19	5.05	4.95	4.88	4.82	4.77	4.74	4.70	4.68
0.975	5	10.0	8.43	7.76	7.39	7.15	6.98	6.85	6.76	6.68	6.62	6.57	6.52
0.95		5.99	5.14	4.76	4.53	4.39	4.28	4.21	4.15	4.10	4.06	4.03	4.00
0.975	6	8.81	7.26	6.60	6.23	5.99	5.82	5.70	5.60	5.52	5.46	5.41	5.37
0.95		5.59	4.74	4.35	4.12	3.97	3.87	3.79	3.73	3.68	3.64	3.60	3.57
0.975	7	8.07	6.54	5.89	5.52	5.29	5.12	4.99	4.90	4.82	4.76	4.71	4.67
0.95		5.32	4.46	4.07	3.84	3.69	3.58	3.50	3.44	3.39	3.35	3.31	3.28
0.975	8	7.57	6.06	5.42	5.05	4.82	4.65	4.53	4.43	4.36	4.30	4.24	4.20
0.95		5.12	4.26	3.86	3.63	3.48	3.37	3.29	3.23	3.18	3.14	3.10	3.07
0.975	9	7.21	5.71	5.08	4.72	4.48	4.32	4.20	4.10	4.03	3.96	3.91	3.87
0.95		4.96	4.10	3.71	3.48	3.33	3.22	3.14	3.07	3.02	2.98	2.94	2.91
0.975	10	6.94	5.46	4.83	4.47	4.24	4.07	3.95	3.85	3.78	3.72	3.66	3.62
0.95		4.84	3.98	3.59	3.36	3.20	3.09	3.01	2.95	2.90	2.85	2.82	2.79
0.975	11	6.72	5.26	4.63	4.28	4.04	3.88	3.76	3.66	3.59	3.53	3.47	3.43
0.95		4.75	3.89	3.49	3.26	3.11	3.00	2.91	2.85	2.80	2.75	2.72	2.69
0.975	12	6.55	5.10	4.47	4.12	3.89	3.73	3.61	3.51	3.44	3.37	3.32	3.28
0.95		4.67	3.81	3.41	3.18	3.03	2.92	2.83	2.77	2.71	2.67	2.63	2.60
0.975	13	6.41	4.97	4.35	4.00	3.77	3.60	3.48	3.39	3.31	3.25	3.20	3.15

（续 表）

p	k_1 \ k_2	13	14	15	16	17	18	19	20	30	40	60	120
0.95 0.975	1	245 980	245 983	246 985	246 987	247 989	247 990	248 992	248 993	250 1 001	251 1 006	252 1 010	253 1 014
0.95 0.975	2	19.4 39.4	19.4 39.4	19.4 39.4	19.4 39.4	19.4 39.4	19.4 39.4	19.4 39.4	19.4 39.4	19.5 39.5	19.5 39.5	19.5 39.5	19.5 39.5
0.95 0.975	3	8.73 14.3	8.71 14.3	8.70 14.3	8.69 14.2	8.68 14.2	8.67 14.2	8.67 14.2	8.66 14.2	8.62 14.1	8.59 14.0	8.57 14.0	8.55 13.9
0.95 0.975	4	5.89 8.71	5.87 8.68	5.86 8.66	5.84 8.63	5.83 8.61	5.82 8.59	5.81 8.58	5.80 8.56	5.75 8.46	5.72 8.41	5.69 8.36	5.66 8.31
0.95 0.975	5	4.66 6.49	4.64 6.46	4.62 6.43	4.60 6.40	4.59 6.38	4.58 6.36	4.57 6.34	4.56 6.33	4.50 6.23	4.46 6.18	4.43 6.12	4.40 6.07
0.95 0.975	6	3.98 5.33	3.96 5.30	3.94 5.27	3.92 5.24	3.91 5.22	3.90 5.20	3.88 5.18	3.87 5.17	3.81 5.07	3.77 5.01	3.74 4.96	3.70 4.90
0.95 0.975	7	3.55 4.63	3.53 4.60	3.51 4.57	3.49 4.54	3.48 4.52	3.47 4.50	3.46 4.48	3.44 4.47	3.38 4.36	3.34 4.31	3.30 4.25	3.27 4.20
0.95 0.975	8	3.26 4.16	3.24 4.13	3.22 4.10	3.20 4.08	3.19 4.05	3.17 4.03	3.16 4.02	3.15 4.00	3.08 3.89	3.04 3.84	3.01 3.78	2.97 3.73
0.95 0.975	9	3.05 3.83	3.03 3.80	3.01 3.77	2.99 3.74	2.97 3.72	2.96 3.70	2.95 3.68	2.94 3.67	2.86 3.56	2.83 3.51	2.79 3.45	2.75 3.39
0.95 0.975	10	2.89 3.58	2.86 3.55	2.85 3.52	2.83 3.50	2.81 3.47	2.80 3.45	2.79 3.44	2.77 3.42	2.70 3.31	2.66 3.26	2.62 3.20	2.58 3.14
0.95 0.975	11	2.76 3.39	2.74 3.36	2.72 3.33	2.70 3.30	2.69 3.28	2.67 3.26	2.66 3.24	2.65 3.23	2.57 3.12	2.53 3.06	2.49 3.00	2.45 2.94
0.95 0.975	12	2.66 3.24	2.64 3.21	2.62 3.18	2.60 3.15	2.58 3.13	2.57 3.11	2.56 3.09	2.54 3.07	2.47 2.96	2.43 2.91	2.38 2.85	2.34 2.79
0.95 0.975	13	2.58 3.12	2.55 3.08	2.53 3.05	2.51 3.03	2.50 3.00	2.48 2.98	2.47 2.96	2.46 2.95	2.38 2.84	2.34 2.78	2.30 2.72	2.25 2.66

（续　表）

p	k_2 \ k_1	1	2	3	4	5	6	7	8	9	10	11	12
0.95		4.60	3.74	3.34	3.11	2.96	2.85	2.76	2.70	2.65	2.60	2.57	2.53
0.975	14	6.30	4.86	4.24	3.89	3.66	3.50	3.38	3.29	3.21	3.15	3.09	3.05
0.95		4.54	3.68	3.29	3.06	2.90	2.79	2.71	2.64	2.59	2.54	2.51	2.48
0.975	15	6.20	4.77	4.15	3.80	3.58	3.41	3.29	3.20	3.12	3.06	3.01	2.96
0.95		4.49	3.63	3.24	3.01	2.85	2.74	2.66	2.59	2.54	2.49	2.46	2.42
0.975	16	6.12	4.69	4.08	3.73	3.50	3.34	3.22	3.12	3.05	2.99	2.93	2.89
0.95		4.45	3.59	3.20	2.96	2.81	2.70	2.61	2.55	2.49	2.45	2.41	2.38
0.975	17	6.04	4.62	4.01	3.66	3.44	3.28	3.16	3.06	2.98	2.92	2.87	2.82
0.95		4.41	3.55	3.16	2.93	2.77	2.66	2.58	2.51	2.46	2.41	2.37	2.34
0.975	18	5.98	4.56	3.95	3.61	3.38	3.22	3.10	3.01	2.93	2.87	2.81	2.77
0.95		4.38	3.52	3.13	2.90	2.74	2.63	2.54	2.48	2.42	2.38	2.34	2.31
0.975	19	5.92	4.51	3.90	3.56	3.33	3.17	3.05	2.96	2.88	2.82	2.76	2.72
0.95		4.35	3.49	3.10	2.87	2.71	2.60	2.51	2.45	2.39	2.35	2.31	2.28
0.975	20	5.87	4.46	3.86	3.51	3.29	3.13	3.01	2.91	2.84	2.77	2.72	2.68
0.95		4.24	3.39	2.99	2.76	2.60	2.49	2.40	2.34	2.28	2.24	2.20	2.16
0.975	25	5.69	4.29	3.69	3.35	3.13	2.97	2.85	2.75	2.68	2.61	2.56	2.51
0.95		4.17	3.32	2.92	2.69	2.53	2.42	2.33	2.27	2.21	2.16	2.13	2.09
0.975	30	5.57	4.18	3.59	3.25	3.03	2.87	2.75	2.65	2.57	2.51	2.46	2.41
0.95		4.08	3.23	2.84	2.61	2.45	2.34	2.25	2.18	2.12	2.08	2.04	2.00
0.975	40	5.42	4.05	3.46	3.13	2.90	2.74	2.62	2.53	2.45	2.39	2.33	2.29
0.95		4.00	3.15	2.76	2.53	2.37	2.25	2.17	2.10	2.04	1.99	1.95	1.92
0.975	60	5.29	3.93	3.34	3.01	2.79	2.63	2.51	2.41	2.33	2.27	2.22	2.17
0.95		3.92	3.07	2.68	2.45	2.29	2.18	2.09	2.02	1.96	1.91	1.87	1.83
0.975	120	5.15	3.80	3.23	2.89	2.67	2.52	2.39	2.30	2.22	2.16	2.10	2.05
0.95		3.84	3.00	2.60	2.37	2.21	2.10	2.01	1.94	1.88	1.83	1.79	1.75
0.975	∞	5.02	3.69	3.12	2.79	2.57	2.41	2.29	2.19	2.11	2.05	1.99	1.94

（续 表）

p	k_2 \ k_1	13	14	15	16	17	18	19	20	30	40	60	120
0.95	14	2.51	2.48	2.46	2.44	2.43	2.41	2.40	2.39	2.31	2.27	2.22	2.18
0.975		3.01	2.98	2.95	2.92	2.90	2.88	2.86	2.84	2.73	2.67	2.61	2.55
0.95	15	2.45	2.42	2.40	2.38	2.37	2.35	2.34	2.33	2.25	2.20	2.16	2.11
0.975		2.92	2.89	2.86	2.84	2.81	2.79	2.77	2.76	2.64	2.59	2.52	2.46
0.95	16	2.40	2.37	2.35	2.33	2.32	2.30	2.29	2.28	2.19	2.15	2.11	2.06
0.975		2.85	2.82	2.79	2.76	2.74	2.72	2.70	2.68	2.57	2.51	2.45	2.38
0.95	17	2.35	2.33	2.31	2.29	2.27	2.26	2.24	2.23	2.15	2.10	2.06	2.01
0.975		2.79	2.75	2.72	2.70	2.67	2.65	2.63	2.62	2.50	2.44	2.38	2.32
0.95	18	2.31	2.29	2.27	2.25	2.23	2.22	2.20	2.19	2.11	2.06	2.02	1.97
0.975		2.73	2.70	2.67	2.64	2.62	2.60	2.58	2.56	2.44	2.38	2.32	2.26
0.95	19	2.28	2.26	2.23	2.21	2.20	2.18	2.17	2.16	2.07	2.03	1.98	1.93
0.975		2.68	2.65	2.62	2.59	2.57	2.55	2.53	2.51	2.39	2.33	2.27	2.20
0.95	20	2.25	2.22	2.20	2.18	2.17	2.15	2.14	2.12	2.04	1.99	1.95	1.90
0.975		2.64	2.60	2.57	2.55	2.52	2.50	2.48	2.46	2.35	2.29	2.22	2.16
0.95	25	2.14	2.11	2.09	2.07	2.05	2.04	2.02	2.01	1.92	1.87	1.82	1.77
0.975		2.48	2.44	2.41	2.38	2.36	2.34	2.32	2.30	2.18	2.12	2.05	1.98
0.95	30	2.06	2.04	2.01	1.99	1.98	1.96	1.95	1.93	1.84	1.79	1.74	1.68
0.975		2.37	2.34	2.31	2.28	2.26	2.23	2.21	2.20	2.07	2.01	1.94	1.87
0.95	40	1.97	1.95	1.92	1.90	1.89	1.87	1.85	1.84	1.74	1.69	1.64	1.58
0.975		2.25	2.21	2.18	2.15	2.13	2.11	2.09	2.07	1.94	1.88	1.80	1.72
0.95	60	1.89	1.86	1.84	1.82	1.80	1.78	1.76	1.75	1.65	1.59	1.53	1.47
0.975		2.13	2.09	2.06	2.03	2.01	1.98	1.96	1.94	1.82	1.74	1.67	1.58
0.95	120	1.80	1.78	1.75	1.73	1.71	1.69	1.67	1.66	1.55	1.50	1.43	1.35
0.975		2.01	1.98	1.94	1.92	1.89	1.87	1.84	1.82	1.69	1.61	1.53	1.43
0.95	∞	1.72	1.69	1.67	1.64	1.62	1.60	1.59	1.57	1.46	1.39	1.32	1.22
0.975		1.90	1.87	1.83	1.80	1.78	1.75	1.73	1.71	1.57	1.48	1.39	1.27

参 考 文 献

[1] 茆诗松,程依明,濮晓龙. 概率论与数理统计教程. 北京:高等教育出版社,2004.

[2] 李贤平. 概率论基础. 2 版. 北京:高等教育出版社,1997.

[3] 沈恒范. 概率论与数理统计教程. 4 版. 北京:高等教育出版社,2003.

[4] 李贤平,等. 概率论与数理统计. 上海:复旦大学出版社,2005.

[5] 章昕. 概率统计习题集. 北京:机械工业出版社,2002.

[6] Hogg R V, Tanis E A. Probability and Statistical Inference. New Jersey: Prentice Hall, 2001.

[7] Dickman Greg. Business Statistics. Melbourne: International Thomson Publishing, 1998.

[8] Hillier F S. Introduction to Management Science. New York: McGraw-Hill Companies, Inc, 2001.

[9] 肖筱南,等. 新编概率论与数理统计. 北京:北京大学出版社,2002.

[10] 陈希孺. 概率论与数理统计. 北京:科学出版社,2003.

[11] 黄良文,等. 统计学原理. 北京:中国统计出版社,2000.

[12] 华中科技大学数学系. 概率论与数理统计教程. 2 版. 北京:高等教育出版社,2003.

[13] 陈家鼎,刘婉如,汪仁官. 概率统计讲义. 北京:高等教育出版社,2004.

[14] Efron B. Bootstrap Methods: Another Look at the Jackknife. The Annals of statistics,1979,7(1):1-26.

[15] Musil R, Baur M, Pfister W. Testing Practices for the AC Breakdown Voltage Testing of Insulation Liquids. IEEE Electrical Insulation Magazine, 1995:21-26.

[16] 刘剑平,陆元鸿. 概率论与数理统计方法. 上海:华东理工大学出版社,2001.

[17] 盛骤,谢式千,潘承毅. 概率论与数理统计学习辅导与习题选解. 北京:高等教育出版社,2003.

[18] 夏宁茂,等. 概率论与数理统计学习辅导. 上海:华东理工大学出版社,2005.

[19] Wei Deling, Chen Jie, Xu Hui. The Coming Oil Crisis. The UMAP Journal, 2005,26(2):127-144.

[20] Anderson D R, Sweeney D J, Williams T A. Statistics for Business and Economics. 8th ed. Thomson Learning, 2002.

[21] Box G E P, Jenkins G M, Reinsel G C. Time Series Analysis: Forecasting and Control. 3rd ed. NJ: Prentice-Hall,1994.

[22] America's Best Colleges. U.S. News & World Report LP, 2009:88-89.

索 引

内 容 提 要

本书共分为8章,内容包括:随机事件与概率,抽样数据的描述统计和随机变量的概率分布,随机向量及其函数的概率分布,随机变量序列的极限分布,数理统计中的统计量及其分布,参数估计,假设检验和应用回归分析.

本书可作为大学本科公共基础课教材,亦可作为其他专业师生以及相关工作者的参考书.